计算机导论

主　编　郑逢斌

副主编　房彩丽　罗慧敏

科学出版社

北京

内 容 简 介

本书是高等院校计算机专业学生学习计算机专业知识的入门教材和基础课教材,内容涉及计算机学科的多个方面。主要包括:计算机的发展简史、计算机应用以及计算机学科方面的内容,计算机内部数据存储和表示,计算机的软硬件系统基础知识,程序设计语言和算法,数据库基础知识,多媒体技术相关知识,计算机网络和安全知识,软件工程知识等内容。

本书在内容编排上,在力求保持学科广度的同时,兼顾主题内容的深度,同时将有关实验的内容和理论的知识贯穿起来,并将软、硬件技术贯穿于全书中的简单实际应用,使学生能够了解和熟悉计算机各个领域的最新应用,并掌握扎实的基础操作方法。

本书可作为高等院校计算机专业及相关专业的基础课教材,也可作为一般的计算机基础读物。

图书在版编目(CIP)数据

计算机导论/郑逢斌主编. —北京:科学出版社,2011
ISBN 978-7-03-032255-5

Ⅰ.①计… Ⅱ.①郑… Ⅲ.①电子计算机 Ⅳ.①TP3

中国版本图书馆 CIP 数据核字(2011)第 175798 号

责任编辑:王鑫光 张丽花/ 责任校对:陈玉凤
责任印制:张克忠 / 封面设计:迷底书装

科学出版社 出版
北京东黄城根北街 16 号
邮政编码:100717
http://www.sciencep.com

骏圭印刷厂 印刷
科学出版社发行 各地新华书店经销

*

2011 年 9 月第 一 版 开本:787×1092 1/16
2011 年 9 月第一次印刷 印张:25 1/2
印数:1—3 000 字数:624 000

定价:52.00 元

(如有印装质量问题,我社负责调换)

前　言

本书是学习计算机专业知识的入门课程教材,是计算机专业完整知识体系的绪论。本书在各个章节的安排中,根据理论知识的阐述,尽量列举出计算机每个知识领域在实际生活中的简单应用,并在内容上做到承上启下、系统性的编排。

全书分为两部分。第一部分共 11 章,第 1 章对计算机的发展历史、分类、应用领域等方面进行了分析,同时也介绍了计算机科学的学科基础;第 2 章主要介绍了数值数据和非数值数据的编码、表示与运算,并介绍了简单的处理电路逻辑;第 3 章介绍了计算机硬件系统的组成,包括计算机主要的部件 CPU、存储设备、主板等;第 4~7 章分别阐述了计算机软件系统基础、程序设计基础、算法设计与数据组织,并对计算机科学中的组成原理、系统结构、程序设计、操作系统、算法和简单的数据组织、数据库系统等基本概念、基本原理和简单的操作作了全面的分析、论述和举例;第 8 章介绍了计算机多媒体技术相关的内容;第 9 章介绍了计算机网络的基础知识;第 10 章是计算机用户普遍关心的安全问题,介绍了网络攻击和恶意软件基本概念以及相应的防范相关知识;第 11 章对软件工程中相关的概念和内容作了介绍,力求使学生了解软件开发的工程化方法,知道软件开发的各种模型和软件过程工程的概念,对软件开发能力成熟度模型有比较形象的了解。第二部分为实验的具体内容。

由于本书涉及的内容较多,书中有关章节的内容,教师可根据教学的需要进行删减处理或适当调换章节等。

本书由房彩丽、罗慧敏、王强、苗茹和赵雅靓、潘伟合作完成,其中房彩丽编写了第 1、2、9 章,以及实验 1~实验 4;罗慧敏编写了第 3、4、10、11 章;王强编写了第 7、8 章;苗茹编写了第 5、6 章;赵雅靓编写了实验 5~实验 9;赵雅靓和潘伟共同编写了实验 10 和实验 11。全书由郑逢斌教授统一审稿和定稿。

本书的出版得到了科学出版社的大力支持和帮助,作者在此致以衷心的感谢。

由于作者水平有限,书中难免有不妥之处,敬请读者批评指正。

编　者

2011 年 7 月

目　录

第二部分

第一部分

第1章 绪 论

1.1 计算机的产生

计算机作为一种通用的电子数字计算机,它的产生不是偶然的,在人类文明的发展历史长河中,计算机经历了从简单到复杂、从低级到高级的发展过程。

1. ENIAC 的产生

1946 年 2 月,人类历史上第一台电子数字计算机 ENIAC(Electronic Numerical Integrator And Computer)在美国宾夕法尼亚大学莫尔学院受美国军方请求,为使美国军方快速计算导弹弹道的需求而诞生,它的全称为"电子数字积分和计算机"。该计算机由 18800 多个电子管、1500 多个继电器等组成,占地 170 多平方米,重达 30 多吨,耗电量每小时 150 千瓦,耗电投资 40 多万美元。这样的一个"庞然大物",每秒能完成 5000 次加法,300 多次乘法,比当时最快的计算工具快 300 倍,但是它的功能远不如现在的几十元一个的函数计算器。计算机的程序通过"外接"线路实现,并未采用"程序存储"方式,但是它将科学家们从繁重的计算中解放出来了。ENIAC 计算机于 1945 年年底宣告完成,1946 年 2 月 15 日正式向世人发布,它标志着人类计算工具历史性的变革。

ENIAC 奠定了电子计算机的发展基础,开辟了一个计算机科学技术的新纪元。有人将其称为人类第三次产业革命开始的标志。

2. 冯·诺依曼思想的提出

1944 年夏天,冯·诺依曼加入了莫尔小组的研发工作,经过对 ENIAC 不足之处的认真分析和讨论,冯·诺依曼提出了重大的改进理论。

研究小组在冯·诺依曼的主持下承担了新型计算机 EDVAC 的研究任务,EDVAC(Electronic Discrete Variable Automatic Computer)意即"离散变量自动电子计算机",这就是人们所说的冯·诺依曼式计算机,根据图灵提出的存储程序式计算机的思想,研究小组完成了 EDVAC 设计方案报告的初稿。1945 年 6 月,一个全新的存储程序式通用电子计算机的设计方案 EDVAC 诞生了。

冯·诺依曼思想的核心要点是:

1)计算机的基本结构应由五大部件组成:运算器、控制器、存储器、输入设备和输出设备,并描述了这五部分的职能和相互关系。

2)计算机中应采用二进制形式表示数据和指令。

3)提出了"二进制"与"存储程序"的设计思想。

该计算机采用"二进制"代码表示数据和指令,并提出了"存储程序"的概念,指令和数据一起存储。这个概念被誉为"计算机发展史上的一个里程碑",它奠定了现代计算机的基础。

它标志着电子计算机时代的真正开始,指导着以后的计算机设计,也是当今几乎所有电子计算机的基本工作原理。人们把根据冯·诺依曼原理制造的计算机称为冯·诺依曼结构计算机。

随着科学技术的进步，今天人们又认识到"冯·诺依曼机"的不足，它妨碍着计算机速度的进一步提高，进而提出了"非冯·诺依曼机"的设想。

1.2　计算机的发展

计算机是 20 世纪最辉煌的成就之一，在计算机出现以来的 60 多年间，其发展的速度非常迅速，渗透人类社会的范围非常广泛，现代社会正朝着高度信息化、自动化方向发展。随着计算机硬件的不断成熟，成本不断降低，而计算机的硬件是支持计算机本身不断升级改造的根本力量，作为计算工具的物质基础，按照采用的电子器件划分，大致可将计算机的发展划分为五个阶段。

1.2.1　第一代计算机（1946～1957 年）

1946 年 ENIAC 的面世代表了计算机发展史上的里程碑，其主要特征是主要逻辑元件采用电子管。这一代的计算机也称为电子管计算机。这个时期计算机的主存储器先采用汞延迟线，后采用磁鼓；输入设备采用穿孔卡片。编制程序使用的语言是机器语言和汇编语言，主要用于数值运算。

第一代计算机体积大、运算速度低、存储容量小、可靠性低，几乎没什么软件配置，主要用于科学运算。尽管如此，对以后计算机的发展却产生极其深远的影响。其代表机型有 ENIAC、EDVAC、IBM650 等。

电子管虽然使人们进入了电子时代之门。但今天，我们已经不再生产电子管收音机和电子管计算机了。因为随着科技的进步，发明创造也不断推陈出新，20 世纪 40 年代，晶体管出现后，它以体积小、功耗低、可靠性高、寿命长等优势，迅速取代了电子管在电子时代的地位，成了电子科技发展的支柱。不过，如果我们看看周围，还是能发现以电子管为主要部件的产品，微波炉就是一例。

最早发现微波加热现象的斯宾瑟是美国军方的一位工程师。他在一个试验室参观磁控电子管的一个试验时，发现口袋中的糖果融化了。他决定试验一下是不是磁控电子管产生的微波效应。于是他就拿一袋爆米花靠近磁控电子管，很快发现爆米花爆开了。第二天他又拿了个鸡蛋进行试验，发现鸡蛋也被加热。于是，他就把加热食品的新方法进行改进，这就是人们所说的微波炉。今天的微波炉，比起斯宾瑟发明时，可谓花样百出，但千变万变，里面的磁控电子管不变，它还是微波炉的主要器件。随着科技的进步，电子管这个百岁"老人"，也失去了往日的辉煌。但人们永远不会忘记这项曾为人类文明发展做出巨大贡献的发明。

1.2.2　第二代计算机（1958～1964 年）

1948 年，晶体管发明代替了体积庞大的电子管，电子设备的体积不断减小。1956 年晶体管在计算机中使用，晶体管和磁心存储器导致了第二代计算机的产生。这一代计算机也称为晶体管计算机。这个时期计算机的内存储器主要采用磁心体，外存采用磁带或磁盘，利用 I/O 处理机提高了输入输出能力。

晶体管代替电子管，不仅使计算机的体积大大减小，同时也增加了计算机的稳定性，提高了计算机的运算速度，并开始有了系统软件。除应用于科学计算外，它还开始应用于数据处理和工业控制等方面。其代表机型有 IBM7090、IBM7094。

1.2.3 第三代计算机(1965～1970 年)

1958 年集成电路 IC(Integrated Circuit)产生了,其原理是将三种电子元件结合到一片小小的硅片上。更多的元件集成到单一的半导体芯片上,使得计算机体积变得更小、功耗更低、速度更快。其主要特征用半导体中、小规模集成电路作为元器件代替晶体管等分立元件,用半导体存储器代替了磁心存储器,使用微程序设计技术简化了处理机的结构,又进一步减小了计算机的体积,并使计算速度和存储容量大大提高。例如,80386 微处理器,在面积约为 10mm×10mm 的单个芯片上,可以集成大约 32 万个晶体管。软件方面则广泛引入多道程序、并行处理、虚拟存储系统和功能完备的操作系统,同时还提供了大量面向用户的应用程序。

1.2.4 第四代计算机(1970～1980 年)

大规模集成电路 LSI 可以在一个芯片上容纳几百个元件。其主要特征是使用大规模、超大规模集成电路。计算机的体积更小、功能更强、造价更低。1977 年超大规模集成电路面世,一个硅晶片中已经可以集成 15 万个以上的晶体管,到后来将数字扩充到百万级,再到 1993 年随着集成了 1000 万个晶体管的 16M FLASH 和 256M DRAM 的研制成功,进入了特大规模集成电路 ULSI (Ultra Large-Scale Integration)时代。

集成电路的集成度从小规模到大规模、再到超大规模的迅速发展以及广泛应用,极大地推动了社会经济的发展,加速了信息时代的到来。

1.2.5 新一代计算机(1981 年至今)

新一代计算机过去习惯上称为第五代计算机,是对第四代计算机以后的各种未来型计算机的总称。新一代计算机的体系结构将改变传统的冯·诺依曼结构,它是一种具有知识存储和知识库管理功能,具有利用已有知识进行推理判断、联想和学习功能的新型智能化计算机系统。新一代计算机的目标相当高,它牵涉很多高新技术领域,如微电子学、计算机体系结构、高级信息处理、软件工程方法、知识工程和知识库、人工智能和人机界面(理解自然语言、处理声音、光、像的交互)等。新一代电子计算机是从 20 世纪 80 年代开始研制的,至今尚无突破性的进展,但新一代计算机的诞生必将对人类的发展产生更加深远的影响。

1.3 计算机的分类

由于计算机科学技术的迅速发展,计算机已经形成一个庞大的体系。按照不同的分类标准,计算机具有不同的分类。这些分类的标准只是相对的,只能就某一时期而言。

1. 按照用途分类

根据功能和用途,计算机可分为通用计算机(general purpose computer)和专用计算机(special purpose computer)。

(1)通用计算机是为解决诸如科学计算、学术研究、工程设计、数据处理、自动控制、辅助设计等多方面问题而设计的。例如,平时人们购买的品牌机、兼容机都是通用计算机。其功能多,配置全,用途广,结构复杂,因而价格也偏高。

(2)专用计算机是指为解决专门问题而设计的计算机,所以专用计算机能高速度、高效率地解决特定问题,具有功能单纯,使用面窄甚至专机专用的特点。模拟计算机通常都是专用计算机,在军事控制系统中被广泛使用,如飞机的自动驾驶仪和坦克上的兵器控制计算机,当前用于弹道控制、地震监测等方面的计算机也多为专用计算机。

2. 按综合性能指标分类

按照计算机的主要技术指标,如字长、运算速度、主频、存储容量、输入/输出能力、外部设备配置、软件配置等,可分为巨型机(supercomputer)、大型机(mainframe)、小型机(minicomputer)、微型机(microcomputer)和工作站(workstation)等类型。

1)巨型计算机

巨型计算机是一种超大型电子计算机,通常指运算速度每秒超过1亿次的超大型计算机。具有很强的计算和处理数据的能力,主要特点表现为高速度和大容量,配有多种外部和外围设备及丰富的、高功能的软件系统,主要用于复杂的科学计算及军事等专门的领域。例如,大范围天气预报、原子核物的探索、研究洲际导弹、宇宙飞船等,依靠巨型计算机能较顺利地完成。我国研制的"银河"和"曙光"系列计算机就属于这种类型。

2)大型机

大型机包括通常所说的大型机、中型机。该类计算机运算速度高、存储空间大。通常用于大型企业、商业管理或大型数据库管理系统及作为大型系统的主服务器。

3)小型机

小型机机器规模小,结构简单,设计试制周期短,便于及时采用先进工艺。这类机器由于可靠性高,对运行环境要求低,易于操作且便于维护,用户使用机器不必经过长期的专门训练。因此,小型机对广大用户具有吸引力,加速了计算机的推广普及。

小型机应用范围广泛,如用于工业自动控制、大型分析仪器、测量仪器、医疗设备中的数据采集、分析计算等,也用作大型、巨型计算机系统的辅助机,并广泛运用于企业管理以及大学和研究所的科学计算等。

4)微型机

微型机也称个人计算机。1971年,美国的Intel公司成功地在一个芯片上实现了中央处理器的功能,制成了世界上第一片4位微处理器MPU(Micro Processing Unit),也称为Intel 4004,并由它组成了第一台微型计算机MCS-4,由此揭开了微型计算机大普及的序幕。微型机是由大规模集成电路组成的、体积较小的电子计算机。由微处理机(核心)、存储片、输入和输出片、系统总线等组成。特点是体积小、灵活性大、价格便宜、使用方便。

5)工作站

工作站主要用于计算机辅助工程设计,具有高质量图形特性和良好人机交互作用的高性能台式计算机,简称工作站;也用于需要有良好图形显示性能的商业和办公室自动化等其他方面。

1.4 计算机的应用领域

随着计算机技术的飞速发展,其应用领域已经渗透到社会的各行各业,对人类社会的发展产生巨大而深刻的影响。按照应用领域划分,计算机的主要用途有以下几个方面。

1. 科学计算和科学研究

科学计算是计算机应用的一个非常重要的领域,也是应用最早的领域。所谓科学计算,是指使用计算机来完成科学研究和工程技术中所遇到的数学问题的计算。例如,数学、化学、物理、地理学、天文学、航天飞行、人造卫星的研制、海洋工程、环保与气象、国防工业、水利水电、生物信息学等方面的计算都可能要归结到一些数学模型的计算,这些模型具有内容复杂,结构庞大,计算精度高,计算量大等特点,所以必须以计算机为工具来计算才能快速、准确地得到满意的结果,并节约了大量的时间、人力和物力。

例如,法国天文学家 Delaunay 为了用天体力学的方法求解月球的运动轨迹,花了 10 年的时间去求解一个摄动级数展开式。后来为了验证结论,又花了 10 年功夫,整整 20 年的"笔"和"纸"的辛劳,于 1867 年公布了他的研究成果并出版了专著,其中记述了计算月球轨迹运动的 Delaunay 公式,这个公式证明长达 400 页。100 多年后的 1970 年,美国波音科学实验室的三位青年学家用计算机代数的算法,在一台小型计算机上仅花了 20 小时的时间就验算了 Delaunay 公式,并发现 Delaunay 公式有三处错误。这就是不同时代计算机在实际应用中的差别。

2. 数据处理

数据处理(信息处理)是计算机应用的又一个重要的领域,数据处理是指对各种数据进行收集、存储、整理、分类、统计、加工、转换、检索等一系列活动的统称。例如,人口统计、档案管理、银行业务、情报检索、企业管理、办公自动化、交通调度、市场预测等都有大量的数据处理工作。

目前,数据处理已广泛地应用于办公自动化、企事业计算机辅助管理与决策、情报检索、图书管理、电影电视动画设计、会计电算化等各行各业。信息正在形成独立的产业,多媒体技术使信息展现在人们面前的不仅是数字和文字,也有声情并茂的声音和图像信息。

3. 自动控制

自动控制是涉及面很广的一门学科,应用于工业、农业、国防等操作复杂的生产中,计算机是生产自动化的基本技术工具,它对生产自动化的影响有两个方面:一是在自动控制理论上;二是在自动控制系统的组织上。生产自动化程度越高,对信息传递的速度和准确度的要求也就越高,这一任务靠人工操作已无法完成,只有计算机才能胜任。

使用计算机进行自动化控制和管理自动化能大大提高控制的实时性和准确性,提高劳动生产率、产品质量,降低成本,缩短生产周期。

4. 辅助工程

(1)计算机辅助设计 CAD(Computer Aided Design):利用计算机的高速处理、大容量存储和图形处理功能,辅助设计人员进行产品设计。CAD 不仅可以进行计算,而且可以在计算的同时绘图,甚至可以进行动画设计,使设计人员从不同的侧面观察了解设计的效果,对设计进行评估,以求取得最佳效果,大大提高了设计效率和质量。

(2)计算机辅助制造 CAM(Computer Aided Made):在机器制造业中利用计算机控制各种机床和设备,自动完成离散产品的加工、装配、检测和包装等制造过程的技术,称为计算机辅助制造。近年来,各工业发达国家又进一步将计算机集成制造系统 CIMS(Computer Integrated Manufacturing System)作为自动化技术的前沿方向,CIMS 是集工程设计、生产过程控制、生产经营管理为一体的高度计算机化、自动化和智能化的现代化生产大系统。

例如,利用计算机在服装设计上进行自动裁床、服装纸样的制作,然后利用计算机自动控制技术完成服装的熨烫、粘合等。

（3）计算机辅助教学 CAI(Computer Aided Instruction)：通过学生与计算机系统之间的"对话"实现教学的技术称为计算机辅助教学。"对话"是在计算机指导程序和学生之间进行的，它使教学内容生动、形象逼真，能够模拟其他手段难以做到的动作和场景。通过交互方式帮助学生自学、自测，方便灵活，可满足不同层次人员对教学的不同要求。

此外，还有其他计算机辅助系统，如利用计算机作为工具辅助产品测试的计算机辅助测试(CAT)，利用计算机对学生的教学、训练和对教学事务进行管理的计算机辅助教育(CAE)，利用计算机对文字、图像等信息进行处理、编辑、排版的计算机辅助出版系统(CAP)，计算机管理教学(CMI)等。

5. 人工智能

人工智能 AI(Artificial Intelligence)是用计算机模拟人类的智能活动，判断、理解、学习、图像识别、问题求解等。它是计算机应用的一个崭新领域，是计算机向智能化方向发展的趋势。现在，人工智能的研究已取得不少成果，有的已开始走向实用阶段。例如，能模拟高水平医学专家进行疾病诊疗的专家系统、具有一定思维能力的智能机器人等。

指纹识别是人工智能研究的一项重要成果。北京大学相关专家对数字图像的离散几何性研究，成功研制了适于民用身份鉴定的全自动指纹鉴定系统，以及适于公安刑事侦破的指纹鉴定系统，从而开创了我国指纹自动识别系统应用的先河。北京大学指纹自动识别系统的推出，使我国公安干警从指纹查对的繁重人工处理中解放出来。

6. 计算机网络

所谓计算机网络，就是利用通信设备和线路将地理位置不同的、功能独立的多个计算机系统互联起来，以功能完善的网络软件实现网络中资源共享和信息交换的系统。人们熟悉的全球信息查询、邮件传送、电子商务等都是依靠计算机网络来实现的。计算机网络已进入千家万户，给人们的生活带来了极大的方便。

1.5 计算机的特点

电子计算机是能够高速、精确、自动地进行科学计算及信息处理的现代化电子设备。它与过去的计算工具相比，有以下几个主要特点。

1. 运算速度快

电子计算机能以极高的速度进行运算和逻辑判断，这是电子计算机最显著的特点。从本质上讲，计算机是通过一系列非常简单的算术运算、逻辑运算及逻辑判断来解决各种复杂问题的。由于计算机运算速度快，使得许多过去无法快速处理好的问题能够及时得到解决。例如，天气预报，需要迅速分析处理大量的气象数据资料后，才能作出及时的预报。如果用手摇计算机，往往要花一两个星期时间，从而达不到预报的目的，而使用一台中型电子计算机，只需几分钟即可完成。

2. 计算精度高

电子计算机具有过去计算工具所无法比拟的计算精度，一般可达到十几位，甚至几十位、几百位以上有效数字的精度。事实上,计算机的计算精度可由实际需要而定。这是因为在计算机中是用二进制表示数据,采用的二进制位数越多越精确,因此人们可以用增加位数的方法来提高计算精度。当然,这将使设备变得复杂,或使运算速度降低。

1949 年,美国人瑞特威斯纳(Reitwiesner)用 ENIAC 把圆周率算到小数点后 2037 位,打破了商克斯(W. Shanks)花了 15 年时间于 1873 年创下的小数 707 位的记录。1973 年,有人用计算机进一步把圆周率算到小数 100 万位。这样的计算精度是任何其他计算工具不可能达到的。

3. 具有逻辑判断和“记忆”能力

人是有思维能力的,而思维能力本质上是一种逻辑判断能力。计算机借助于逻辑运算,可以进行逻辑判断,并根据判断结果自动地确定下一步该做什么,从而使计算机能解决各种不同的问题,具有很强的通用性。1976 年,美国数学家阿皮尔(K. Apple)和海肯(W. Haken)用计算机进行了上百亿次的逻辑判断,通过对 1900 多个定理的证明,解决了 100 多年来未能解决的著名数学难题——四色问题。

计算机的存储系统由内存和外存组成,具有存储和“记忆”大量信息的能力,现代计算机的内存容量已经达到几吉字节,并且外存也有惊人的容量。

正因为电子计算机具有“记忆”和逻辑判断的能力,因此它能先把输入的程序和数据存储起来,在运行时再将程序和数据取出,进行翻译、判断、执行,从而实现工作自动化。

4. 可靠性高

随着微电子技术和计算机技术的发展,现代电子计算机连续无故障运行时间可达到几十万小时以上,具有极高的可靠性。例如,安装在宇宙飞船上的计算机可以连续几年时间可靠地运行。计算机应用在管理中也具有很高的可靠性,而人却很容易因疲劳而出错。另外,计算机对于不同的问题,只是执行的程序不同,因而具有很强的稳定性和通用性。用同一台计算机能解决各种问题,应用于不同的领域。

5. 适用范围广,通用性强

计算机能够在各行各业得到广泛的应用,原因之一就是具有很强的通用性。计算机可以将任何复杂的信息处理任务分解成一系列的基本算术运算和逻辑运算,反映在计算机的指令操作按照各种规律要求的先后次序把它们组织成各种不同的程序,存入存储器中。在计算机的工作过程中,这种程序指挥和控制计算机进行自动、快速的信息处理,并且十分灵活、方便、易于变更,这就使计算机具有极大的通用性。同一台计算机,只要安装不同的软件或连接到不同的设备上,就可以完成不同的任务。

1.6　著名的计算机组织团体和计算机科学家

1. 著名的计算机组织团体

著名的计算机团体主要有以下几大组织。

1)国际标准化组织

国际标准化组织 ISO(International Organization for Standardization),是世界上最大的非政

府性标准化专门机构,其成员由来自世界上 100 多个国家的标准化团体组成,是国际标准化领域中一个十分重要的组织。ISO 的任务是促进全球范围内的标准化及其有关活动,以利于国际上产品与服务的交流,以及在知识、科学、技术和经济活动中发展国际上的相互合作。它显示了强大的生命力,吸引了越来越多的国家参与其活动。

ISO 与国际电工委员会(IEC)有密切的联系,中国参加 IEC 的国家机构是国家技术监督局。ISO 和 IEC 作为一个整体担负着制订全球协商一致的国际标准的任务,ISO 和 IEC 都是非政府机构,它们制订的标准实质上是自愿性的,这就意味着这些标准必须是优秀的标准,它们会给工业和服务业带来收益,所以他们自觉使用这些标准。ISO 和 IEC 不是联合国机构,但它们与联合国的许多专门机构保持技术联络关系。ISO 和 IEC 有约 1000 个专业技术委员会和分委员会,各会员国以国家为单位参加这些技术委员会和分委员会的活动。ISO 和 IEC 还有约 3000 个工作组,ISO、IEC 每年制订和修订 1000 个国际标准。

标准的内容涉及广泛,从基础的紧固件、轴承各种原材料到半成品和成品,其技术领域涉及信息技术、交通运输、农业、保健和环境等。每个工作机构都有自己的工作计划,该计划列出需要制订的标准项目(试验方法、术语、规格、性能要求等)。

2)美国电气和电子工程师协会

美国电气和电子工程师协会 IEEE(Institute of Electrical and Electronics Engineers)是一个国际性的电子技术与信息科学工程师的协会,是世界上最大的专业技术组织之一。1963 年 1 月 1 日,由美国无线电工程师协会(IRE,创立于 1912 年)和美国电气工程师协会(AIEE,创立于 1884 年)合并而成,它有一个区域和技术互为补充的组织结构,以地理位置或者技术中心作为组织单位(如 IEEE 费城分会和 IEEE 计算机协会)。IEEE 在 150 多个国家中它拥有 300 多个地方分会。透过多元化的会员,该组织在太空、计算机、电信、生物医学、电力及消费性电子产品等领域中都是主要的权威。专业上它有 35 个专业学会和两个联合会。IEEE 发表多种杂志、学报、书籍和每年组织 300 多次专业会议。IEEE 定义的标准在工业界有极大的影响。

IEEE 学会成立的目的在于为电气电子方面的科学家、工程师、制造商提供国际联络交流的场合,为他们交流信息,并提供专业教育和提高专业能力的服务。

IEEE 定位在科学和教育,并直接面向电子电气工程、通信、计算机工程、计算机科学理论和原理研究的组织,以及相关工程分支的艺术和科学。为了实现这一目标,IEEE 承担着多个科学期刊和会议组织者的角色。它也是一个广泛的工业标准开发者,主要领域包括电能、能源、生物技术和保健、信息技术、信息安全、通信、消费电子、运输、航天技术和纳米技术。在教育领域 IEEE 积极发展和参与,例如在高等院校推行电子工程课程的学校授权体制。

IEEE 制定了全世界电子和电气还有计算机科学领域 30% 的文献,另外它还制定了超过 900 个现行工业标准。IEEE 由 37 个协会组成,还组织了相关的专门技术领域,每年本地组织有规律的召开超过 300 次会议。IEEE 出版广泛的同级评审期刊,是主要的国际标准机构(900 现行标准,700 研发中标准)。

3)ACM 美国计算机协会

1947 年,即世界第一台电子数字计算机(ENIAC)问世的第二年,ACM 美国计算机协会(Association for Computing Machinery)即成为第一个,也一直是世界上最大的科学教育计算机组织。它的创立者和成员都是数学家和电子工程师,其中之一是约翰·迈克利(John Mauchly),他是 ENIAC 的发明家之一。成立这个组织的初衷是为了计算机领域和新兴工业的科学家和技术人员能有一个共同交换信息、经验知识和创新思想的场合。几十年的发展,ACM 的成员们为今天我们所称为的"信息时代"做出了贡献。他们所取得的成就大部分出版在 ACM 印刷刊物上，并获得了 ACM 颁发的在各种领域中的杰出贡献奖。

ACM 组织成员大部分是专业人员、发明家、研究员、教育家、工程师和管理人员；三分之二以上的 ACM 成员，又是属于一个或多个 SIGs（Special Interest Group）专业组织成员。他们都对创造和应用信息技术有着极大的兴趣。有些最大的最领先的计算机企业和信息工业也都是 ACM 的成员。

ACM 就像一个伞状的组织，为其所有的成员提供信息，包括最新的尖端科学的发展，从理论思想到应用的转换，提供交换信息的机会。正像 ACM 建立时的初衷，它仍一直保持着它的发展"信息技术"的目标，ACM 成为一个永久的更新最新信息领域的源泉。ACM 颁发图灵奖给计算机领域作出杰出贡献的人士。该奖项被称为计算机领域的诺贝尔奖。2000 年，华人姚期智由于在计算理论方面的贡献而获得图灵奖。

4）中国计算机学会

中国计算机学会（CCF）成立于 1962 年，是中国计算机科学与技术领域群众性学术团体，属一级学会，独立法人单位，是中国科学技术协会的成员。学会的宗旨是团结和组织计算机科技界、应用界、产业界的专业人士，促进计算机科学技术的繁荣和发展，促进学术成果、新技术的交流、普及和应用，促进科技成果向现实生产力的转化，促进产业的发展，发现、培养和扶植年轻的科技人才。学会具有广泛的业务范围，包括学术交流、科学普及、技术咨询、教育评估、优秀成果及人物评奖、刊物出版、计算机名词标准化等。学会与国际许多相关学术组织有密切的合作，如 IEEE-CS、ACM、IFIP 等。学会下设 9 个工作委员会、33 个专业委员会，这些专业委员会涵盖了计算机研究及应用的各个领域，学会自己编辑出版的刊物有《中国计算机学会通信》，由不同单位编辑出版的学会刊物有 14 种。

2. 著名的计算机科学家

在计算机发展的历史长河中，许多计算机学家为之贡献了自己全部的心血，计算机学家分别在软件、硬件和通信方面等作出了重大贡献。简单介绍如下。

1）冯·诺依曼（John Von Neumann）

美籍匈牙利裔科学家、数学家，被誉为"计算机之父"。冯·诺依曼由 ENIAC 机研制组的戈尔德斯廷中尉介绍参加 ENIAC 机研制小组后，1945 年，他们在共同讨论的基础上，发表了一个全新的"存储程序通用电子计算机方案"——EDVAC（Electronic Discrete Variable Automatic Computer）。在这个过程中，冯·诺依曼显示出他雄厚的数理基础知识和综合分析的能力，充分发挥了他的顾问作用。冯·诺依曼以"关于 EDVAC 的报告草案"为题，起草了长达 101 页的总结报告。报告广泛而具体地介绍了一个全新的存储程序通用电子计算机方案，从计算机的逻辑图式和功能部件以及相互间的作用与关系等，整个设计都是在冯·诺依曼思想的指导下完成的。这份报告是计算机发展史上一个划时代的文献，它向世界宣告：电子计算机的时代开始了。ED-VAC 方案明确奠定了新机器由五个部分组成，包括：运算器、逻辑控制装置、存储器、输入和输出设备，并描述了这五部分的职能和相互关系。报告中，冯·诺依曼对 EDVAC 中的两大设计思想作了进一步的论证，为计算机的设计树立了一座里程碑。

设计思想之一是二进制，他根据电子元件双稳工作的特点，建议在电子计算机中采用二进制。报告提到了二进制的优点，并预言，二进制的采用将大简化机器的逻辑线路。现在使用的计算机，其基本工作原理是存储程序和程序控制。

程序内存是冯·诺依曼的另一杰作。通过对 ENIAC 的考察,冯·诺依曼敏锐地抓住了它的最大弱点——没有真正的存储器。ENIAC 只在 20 个暂存器,它的程序是外插型的,指令存储在计算机的其他电路中。这样,解题之前,必须先将所需的全部指令,通过手工把相应的电路联通。这种准备工作要花几小时甚至几天时间,而计算本身只需几分钟。计算的高速与程序的手工存在着很大的矛盾。

针对这个问题,冯·诺依曼提出了程序内存的思想:把运算程序存在机器的存储器中,程序设计员只需要在存储器中寻找运算指令,机器就会自行计算,这样就不必每个问题都重新编程,从而大大加快了运算速度。这一思想标志着自动运算的实现,标志着电子计算机的成熟,已成为电子计算机设计的基本原则。

2)阿兰·麦席森·图灵(Alan Mathison Turing)

图灵,英国数学家、逻辑学家,他被视为计算机科学之父、人工智能之父,是计算机逻辑的奠基者,提出了"图灵机"和"图灵测试"等重要概念。人们为纪念其在计算机领域的卓越贡献而设立"图灵奖"。

1936 年,图灵向伦敦权威的数学杂志投了一篇论文,题为《论数字计算在决断难题中的应用》。在这篇开创性的论文中,图灵给"可计算性"下了一个严格的数学定义,并提出著名的"图灵机"(Turing Machine)的设想。"图灵机"不是一种具体的机器,而是一种思想模型,可制造一种十分简单但运算能力极强的计算装置,用来计算所有能想象得到的可计算函数。"图灵机"与"冯·诺依曼机"齐名,被永远载入计算机的发展史中。1950 年 10 月,图灵又发表了另一篇题为《机器能思考吗》的论文,成为划时代之作。也正是这篇文章,为图灵赢得了"人工智能之父"的称号。

3)克劳德·香农(Claude Elwood Shannon)

克劳德·香农,美国数学家,现代信息论的著名创始人,信息论及数字通信时代的奠基人。1948 年,香农长达数十页的论文《通信的数学理论》成了信息论正式诞生的里程碑。在他的通信数学模型中,清楚地提出信息的度量问题,他把哈特利的公式扩大到概率 pi 不同的情况,得到了著名的计算信息熵 H 的公式:$H = \sum -pi \log pi$。如果计算中的对数 log 是以 2 为底的,那么计算出来的信息熵就以比特(bit)为单位。今天在计算机和通信中广泛使用的字节(Byte)、KB、MB、GB 等词都是从比特演化而来。"比特"的出现标志着人类知道了如何计量信息量。香农的信息论为明确什么是信息量概念作出了决定性的贡献。

4)西蒙·克雷(Seymor Cray)

谁最早提出了超级计算机的概念?至今存在很大的争议。有人说是最早开发集成电路的肖克利在自己的工作日记中透露了超级计算机的构思,也有人说是当时为军方服务的 Lawrence Livermore 国家实验室的想法。但从真正意义上来说,研发出符合超级计算机定义产品的人应该是西蒙·克雷博士,他后来被西方称为"巨型机之父"。西蒙·克雷 1925 年 9 月出生于美国威斯康星州的一个工程师世家。克雷先后在工程研究学会和雷明顿·兰德公司从事计算机研究。在那里,他设计出他的第一台计算机 ERA1101。1963 年 8 月,克雷终于从"密林"深处复出,把一台被他亲切称为"简单的蠢东西"的 CDC6600 超级计算机公布于世。CDC6600 是真正意义上的超级计算机,共安装了 35 万个晶体管,运算速度为 1Mflops。至 1969 年,克雷研制的 CDC6600 以及改进型 CDC7600 巨型机共售出 150 余台。

1.7　计算机科学及研究的领域

计算机科学是科学还是工程学科?或者只是一门技术、一个计算商品的研制者和销售者?

学科的智力本质是什么？它将持续兴旺下去还是在我们的下一代衰落下去？计算机科学和工程目前的核心课程是否反映了这一领域？怎样把理论和实验室的工作集成在计算课程中？各核心课程能培养计算方面的能力吗？这些老问题的争论仍在继续。

1.7.1 计算机科学的定义

建议一种面向技术的学科描述，其基础是数学和工程。计算机科学注重分析和抽象；计算机工程注重抽象和设计。这里，计算学科（discipline of computing）一词用来包括计算机科学和工程。

学科的第一个含义，是指学术的分类，指一定科学领域或一门科学的专业分支，如自然科学中的物理学、生物学，人文社会科学中的史学、教育学等。而计算机学科是最近几十年来围绕计算机的制造和应用而迅猛发展的学科，社会各行各业的强烈需求和计算机的广泛适用性以及其他学科的发展等等奠定了计算机科学坚实的基础。

计算机是21世纪最重大的科学技术成就之一，它已成为现代化国家各行各业广泛使用的强有力信息处理工具。计算机使当代社会的经济、政治、军事、科研、教育、服务等方面在概念和技术上发生了革命性的变化，对人类社会的进步已经并且将产生极为深刻的影响。目前，计算机是世界各发达国家激烈竞争的科学技术领域之一。

电子计算机虽然叫做"计算机"，其早期功能主要也确实是计算，但后来高水平的计算机已远远超越了单纯计算的功能，还可以模拟、思维、进行自适应反馈处理等等，把它叫做"电脑"更合乎实际。由于电子计算机功能的飞跃发展，应用于生产和生活的各个方面，直接显著地提高了生产、工作和生活的效率、节奏和水平，在软科学研究和应用中它也起着关键作用，因此，它已被公认是现代技术的神经中枢，是未来信息社会的心脏和灵魂。在这种背景下，从对计算机的技术研究，又上升到了对计算机的科学研究，于是，计算机科学逐渐建立起来了。

计算机科学是一门包含各种各样与计算和信息处理相关的系统性学科。它寻求为计算机设计、计算机程序设计、信息处理、问题的算法解和算法过程本身等主题建立科学的基础。它既是当今计算机应用的支柱，又是今后应用的基础。

还可以这样认为，计算机科学是研制并利用计算机完成数据处理任务所涉及的理论、方法和技术的学科。完成这个学科任务，要研究基本理论、揭示基本规律，也要解决能够在计算机上实现的技术方法、理论支持技术、技术体现理论，两者相辅相成、互相融合是计算机科学的特点。因此，计算机科学的特征是科学性和工程性并重，理论性和实践性相结合。在短短的几十年里，计算机科学就发展成为众多分支领域，内容非常丰富，应用极其广泛的学科。

计算机科学研究备受全世界各国政府的重视，许多国家都制定了长期发展规划。许多著名的计算机公司，如 IBM 公司、AT&T 的贝尔（Bell）实验室都对计算机科学的发展做出了重要的贡献。

1.7.2 计算机科学的研究领域

目前，计算机科学的研究领域可以概括为以下七个方面。

1. 计算机系统结构的研究

传统的计算机系统基于冯·诺依曼的顺序控制流结构，从根本上限制了计算过程并行性的开发和利用，迫使程序员受制于"逐字思维方式"，从而使程序复杂性无法控制，软件质量无法保证,生产率无法提高。因此,对新一代计算机系统结构的研究是计算机科学面临的一项艰巨任务。人们已经探索了许多非冯·诺依曼结构,如并行逻辑结构、归约结构、数据流结构等。

智能计算机以及其他新型计算机的研究也具有深远的意义,如光学计算机、生物分子计算机、化学计算机等处理方法的潜在影响是不可忽视的。

2. 程序设计科学与方法论的研究

冯·诺依曼系统结构决定了传统程序设计风格的缺陷,逐字工作方式,语言臃肿无力,缺少必要的数学性质。新一代语言要从面向数值计算转向知识处理,因此新一代语言必须从冯·诺依曼设计风格中解放出来。这就需要分析新一代系统对语言的模型设计新的语言,再由新的语言推出新的系统结构。

3. 软件工程基础理论的研究

软件工程的研究对软件生存期作了合理的划分,引入了一系列软件开发的原则和方法,取得较明显的效果。但未能从根本上解决"软件危机"问题。

软件复杂性无法控制的主要原因在于软件开发的非形式化。为了保证软件质量及开发维护效率,程序的开发过程应是一种基于形式推理的形式化构造过程。从要求规范的形式描述出发,应用形式规范导出算法版本,逐步求精,直至得到面向具体机器指令系统的可执行程序。由于形式规范是对求解问题的抽象描述,信息高度集中,简明易懂,使软件的可维护性得到提高。

显然,形式化软件构造方法必须以科学的程序设计理论和方法为基础,以集成程序设计环境为支持。近年来这些方面虽取得不少进展,但距离形式化软件开发的要求还相差甚远。因此,这方面仍有不少难题有待解决。

4. 人工智能与知识处理的研究

人工智能的研究正将计算机技术从逻辑处理的领域推向现实世界中自然产生的启发式知识的处理,如感知、推理、理解、学习、解决问题等。为了建立以知识为基础的系统,提高解决问题的综合能力,以启发式知识表达为基础的程序语言和程序环境的研究就成为普遍关心的重要课题。

人工智能还包括许多分支领域,如人工视觉、听觉、触觉以及力觉的研究,模式识别与图像处理的研究,自然语言理解与语音合成的研究,智能控制以及生物控制的研究等。总之,人工智能向各方面的深化,对计算机技术的发展将产生深远的影响。

5. 网络、数据库及各种计算机辅助技术的研究

计算机通信网络覆盖面的日趋扩大,各行业数据库的深入开发,各种计算机辅助技术如计算机辅助设计(CAD)、计算机辅助制造(CAM)、计算机辅助翻译(CAT)、计算机辅助工程(CAE)、计算机集成化制造(CIM)等的广泛使用,也为计算机科学提出许多值得研究的问题,如编码理论,数据库的安全与保密,异种机联网与网间互联技术,显示技术与图形学,图像压缩、存储及传输技术的研究等。

6. 理论计算机科学的研究

自动机及可计算性理论的研究,如图灵机的理论研究还有许多工作可做。理论计算机科学使用的数学工具主要是信息论、排队论、图论、符号逻辑等,这些工具本身也需进一步发展。

7. 计算机科学史的研究

在计算机科学的发展史上,有许多对认识论、方法论是很值得借鉴的丰富有趣的史料,它们同样是人类精神宝库的重要财富。

计算机科学作为一个学科的新思路,即在讲述内容时,强调基本概念、原理和特性。同时,也建议按照其他学科的教育模式重新设计本学科的核心课程。先讲解有用特性的存在性,然后进行培养能力的实践。

本 章 小 结

本章从计算机的产生出发,对计算机发展和分类作了比较感性的阐述,并从扩充学生知识面的角度考虑,对计算机科学进一步简单明了的介绍。

习 题

1. 简述计算机发展史。
2. 计算机的特点有哪些?
3. 根据你的了解,查阅资料,列出中国的计算机科学家,并列出他们在哪些方面有重大贡献。
4. 搜索其他资料,了解计算机的发展过程中有关大规模和超大规模集成电路的现状。

第 2 章　数据存储与表示

计算机的基本功能就是对信息进行不同的处理,人类用文字、图表、数字表达和记录世界上各种各样的信息。在计算机处理信息时,首先要解决的一个问题是如何表示信息。从计算机应用的角度看,计算机既能处理数值类型的信息,又能处理非数值类型的信息。现在可以把这些信息都输入到计算机中,由计算机来保存和处理。

2.1　数据的表示形式

信息和数据是计算机中常用的两个概念。

一般来说,信息既是对各种事物的变化和特征的反映,又是事物之间相互作用和联系的表征。人们通过接收信息来认识事物,从这个意义上说,信息是一种知识,是接收者原来不了解的知识。数据是信息的载体,数值、文字、语言、图形、图像等都是不同形式的数据。信息是有意义的,而数据则没有。

信息在计算机内部具体的表示形式就是数据。

数据分为数值型数据与非数值型数据(如字符、图像等),这些数据在计算机中都是以二进制形式来表示、存储和处理的。通常在计算机中如果不严格区分,信息与数据两个词常常被互换使用。

计算机要解决的现实问题是如何在计算机中表示信息,可以归纳出这样一个重要的概念:信息表示数字化,这是了解计算机工作原理的基础。从硬件的角度看,信息的表示问题涉及采用何种形式的信号。计算机内部采用数字型电信号表示各类信息,便于传送和处理加工。从软件的角度,信息的表示问题涉及采用何种格式表示各类数据或程序。

对硬件而言,电子装置可以有两种状态,如开关的“开”和“关”,电路的“通”和“断”。通常情况下,用“0”和“1”这两个符号分别表示这两种状态。而“0”和“1”只是两个标识符号,如整数里的符号“0”和“1”,或者字符符号“a”和“b”,而不是对应的数字概念。当然,如果用符号“0”和“1”分别表示数字 0 和数字 1,那它们就是数字 0 和数字 1 了。

作为标识符号,单个的符号“0”和符号“1”只能表示两个最基本的符号或状态。但是,如果把若干位这样的符号组合起来,也可以表示数字、字符、汉字、图像等各种形式的数据。

像十进制一样表示数字时,可用 0 ～ 9 十个数字来表示十进制的数据,而计算机中的所有数据都是采用的二进制形式表示的,即当符号“0”和“1”分别表示数字 0 和数字 1 时,就可以构造“逢二进一”的二进制计数系统了。

在计算机系统内部,数值运算是以二进制数字的形式来表示和处理的,而非数值型信息是以二进制编码的形式来表示和处理的。采用二进制而不采用人们熟悉的十进制来存取和处理数据,主要的原因有以下几个方面。

(1)易于物理实现。若使用十进制数,则需要这样的电子器件,它必须有能表示 0～9 数码的 10 个状态,这在技术上几乎是不可能的。而使用二进制,只需表示“0”和“1”如两个状态,如晶体管通为"1",截止为"0";高电压为"1",低电压为"0";灯亮为"1",灯灭为"0"。计算机采用具有两种不同稳定状态的电子或磁性器件表示"0"和"1",这在技术上是轻而易举的。

(2)二进制数运算简单。二进制数的运算法则比较简单,如两个二进制数和、积运算组合各有三种规则。因此使计算机运算器的结构大大简化,控制也简单多了,并提高了运算速度。

(3)机器可靠性高。使用二进制数只有两个状态,数字的传输和处理不容易出错,计算机工作可靠性高。

(4)通用性强。由于二进制数只有 0 和 1 两个数,可以代表逻辑代数中的"真"和"假",因而逻辑代数能够成为计算机设计的数学基础,即计算机中使用二进制数的逻辑性。

在计算机中只能识别二进制数码信息,因此一切字母、数字、符号等信息都必须用二进制特定编码来表示,信息才能传送、存储和处理。

计算机中数据的表示经常用到下面有关计算机中数据的单位几个概念。

(1)位(bit)。二进制数据中的一个,是计算机存储数据的最小单位。一个二进制位只能表示 0 或 1 两种状态,要表示更多的信息,就要把多个位组合成一个整体,一般以 8 位二进制组成一个基本单位。

(2)字节(Byte)。字节是计算机数据存储和处理的最常用的基本单位。字节简记为 B,规定一个字节为 8 位,即 1B=8bit,每个字节由 8 个二进制位组成。计算机的存储器通常是以字节来表示容量的。

(3)字(Word)。字是计算机一次处理的二进制数。一个字通常由一个或若干个字节组成。字长是计算机进行数据处理时,一次存取、加工和传送的数据长度。由于字长是计算机一次所能处理信息的实际位数,因此它决定了计算机数据处理的速度,是衡量计算机性能的一个重要指标,计算机字长越长,反映出它的性能越好。

还有其他的衡量数据容量的单位:

- KB,千字节,简称 K,$1KB=2^{10}B=1024B$。
- MB,兆字节,简称 M,$1MB=2^{10}KB=2^{20}B$。
- GB,吉字节,简称 G,$1GB=2^{10}MB=2^{30}B$。
- TB,太字节,简称 T,$1TB=2^{10}GB=2^{40}B$。

2.2 数 值 数 据

计算机只认识二进制编码形式的指令和代码。因此,数字、字符、声音、图形、图像、视频等都必须经过某种方式转换成二进制的形式,才能提供给计算机进行识别和处理。下面将对计算机中的各种数据表示进行详细叙述。

2.2.1 数制

数是生活中常用的。在日常生活中,人们最熟悉的是十进制数。而计算机中常用的数制是二进制、八进制、十六进制和十进制数制。

日常生活中数值计算采用的是十进制计数,而在计算机内所有的数据都是以二进制代码的形式存储、处理和传送的。但是在输入/输出或书写时,为了用户的方便,也经常用到八进制和十六进制。

在生活中常见的十进制系统中,进位原则是"逢十进一"。由此可以推知,在二进制系统中,其进位原则是"逢二进一";在八进制系统中,其进位原则是"逢八进一";在十六进制系统中,其进位原则是"逢十六进一"等。为了弄清进制概念及其关系,有必要掌握各种进位制的数的表示方法以及不同进制的数的相互转换的方法。

在进位计数的数字系统中,如果只用 R 个基本符号(如 $0,1,2,\cdots,R-1$)来表示数值,则称其为"基 R 数制"。在进制中,基数和位权这两个基本概念对数制的理解和多种数制之间的转换起着至关重要的作用。

(1)基数。称 R 为该数制的"基数",简称"基"或底。例如,十进制数制的基 $R=10$。

(2)位权。数值中每一个固定位置对应的单位称为"位权",简称"权"。它以数制的基为底,以整数为指数组成。例如,十进制数制的位权为 $\cdots,10^2,10^1,10^0,10^{-1},10^{-2},\cdots$。

对十进制数,可知 $R=10$,它的基本符号有 10 个,分别为 $0,1,2,\cdots,9$。对二进制数制,则取 $R=2$,其基本符号为 $0,1$。

进位基数的编码符合"逢 R 进位"的原则,各位的权是以 R 为底的幂,一个数可按权展开多项式。

【例 2.1】 十进制数 $349.34=3\times10^2+4\times10^1+9\times10^0+3\times10^{-1}+4\times10^{-2}$。因此,可将任意数制的数 K 表示为如下通式:

$$K=K_{n-1}\times R^{n-1}+K_{n-2}\times R^{n-2}+\cdots+K_1\times R^1+K_0\times R^0+K_{-1}\times R^{-1}+K_{-2}\times R^{-2}$$
$$+\cdots+K_{-m}\times R^{-m}=\sum_{i=n-1}^{-m}K_i\times R^i$$

式中,i 为数位;m、n 为正整数;R 为基数;K_i 为第 i 位数码。

总之,位置计数法(带权记数法)的数制均有以下几个主要特点:

(1)数码个数等于基数,最大数码比基数小 1。

(2)每个数码都要乘以基数的幂次,而该幂次是由每个数所在的位置决定的,即"位权"。

(3)低位向高位的进位是"逢基数进一"。

在计算机中常用的数制有二进制、八进制、十六进制和十进制,它们的基、位权及其基本符号如表 2.1 所示。

表 2.1 各种进制的基数、位权及其符号

进制名称	基数 R	位权	基本符号
二进制	2	$\cdots,2^2,2^1,2^0,2^{-1},2^{-2},\cdots$	0,1
八进制	8	$\cdots,8^2,8^1,8^0,8^{-1},8^{-2},\cdots$	$0,1,2,\cdots,7$
十进制	10	$\cdots,10^2,10^1,10^0,10^{-1},10^{-2},\cdots$	$0,1,2,\cdots,9$
十六进制	16	$\cdots,16^2,16^1,16^0,16^{-1},16^{-2},\cdots$	$0,1,2,\cdots,9,A,B,C,D,E,F$

2.2.2 数制的表示

数制的表示方法有很多种,常用的有下标法和字母法。

1. 下标法

用小括号将所表示的数括起来,然后在右括号外的右下角写上数制的基数 R。

【例 2.2】 $(1056.78)_{10}$、$(756)_8$、$(1101.0101)_2$、$(23DF)_{16}$ 分别表示十进制数、八进制数、二进制数、十六进制数。

2. 字母法

在所表示的数的末尾加上相应数制字母。对应的进制与字母如表 2.2 所示。

表 2.2　进制与字母

进制	二进制	八进制	十进制	十六进制
所用字母	B	Q	D	H

注：八进制用"Q"表示，即 Octal 字头，为避免将字母"O"与数字"0"相混淆，将"O"改为用"Q"。

【例 2.3】　1011.01B、678Q、156D(通常 D 可省略)、79DH 分别表示一个二进制数、八进制数、十进制数、十六进制数。

3. 进制间的基本关系

4 位二进制数与其他数制的基本关系如表 2.3 所示。

表 2.3　4 位二进制数与其他数制的对照

二进制数	十进制数	八进制数	十六进制数
0000	0	0	0
0001	1	1	1
0010	2	2	2
0011	3	3	3
0100	4	4	4
0101	5	5	5
0110	6	6	6
0111	7	7	7
1000	8	10	8
1001	9	11	9
1010	10	12	A
1011	11	13	B
1100	12	14	C
1101	13	15	D
1110	14	16	E
1111	15	17	F

2.2.3　数制之间的转换

任何一个数字,既可以表示为十进制的形式,也可以表示为二进制等其他进制的形式。人们习惯了十进制的表示形式,十进制描述虽然符合习惯被人接受,却很难与计算机结构直接关联,因为十六进制数与二进制数之间的 4 位对应 1 位的特殊关系,十六进制描述有些内容(如地址、代码等信息)时,更方便,更有利于结合计算机硬件结构来进行理解。所以,引入十六进制作为过渡,就能较好地解决人与计算机之间的沟通问题。但二进制的表现形式的数字对计算机来说最适合,这就产生了不同进制数之间的转换问题。

在进行数制之间转换时需要考虑计数制的运算规则。

进位计数制有两个共同点,即按基数来进位与借位:用位权值来计数。

所谓按基数进位与借位,就是在执行加法与减法时,要遵守"逢 R 进一,借一当 R"的规则。

1. 其他进制数转换为十进制数

具体转换方法:相应位置的数码乘以对应位的权值,再将所有的乘积进行累加,即得对应的十进制数,对任意的 R 进制数可以表示为

$$K_{n-1} \times R^{n-1} + K_{n-2} \times R^{n-2} + \cdots + K_1 \times R^1 + K_0 \times R^0 + K_{-1} \times R^{-1} + \cdots + K_{-m} \times R^{-m}$$

【例 2.4】 分别把 $(1101.1)_2$ 和 $(653)_8$ 转化为十进制数。

解 $(1101.1)_2 = 1 \times 2^3 + 1 \times 2^2 + 0 \times 2^1 + 1 \times 2^0 + 1 \times 2^{-1} = 8 + 4 + 0 + 1 + 0.5 = 13.5$

$(653)_8 = 6 \times 8^2 + 5 \times 8^1 + 3 \times 8^0 = 384 + 40 + 3 = 427$

2. 十进制数转换为 R 进制数

十进制数转换为 R 进制数分整数转换与小数转化两种情形。

1）十进制整数转换为 R 进制整数

（1）将这个十进制数除以 R，得到一个商数和余数；再将得到的商数除以 R，又得到一个商数和余数；这样一直继续下去，直到商数等于 0 为止。

（2）第一次得到的余数是对应二进制数的最低位，最后一次得到的余数为对应的二进制数的最高位，其他余数依次类推。这种转换方法称为"除 R 反向取余法"。

2）十进制小数转换为 R 进制小数

首先不断地对前次得到的积的小数部分乘 R 并列出该次得到的整数数值，直到小数部分乘积为 0，然后按从前向后的次序排列。这种方法简称"乘 R 取整法"。

【例 2.5】 将十进制数 358.375 转换为二进制数。

因为 $(358)D = (101100110)B$，$(0.375)D = (0.011)B$。

具体步骤如下：

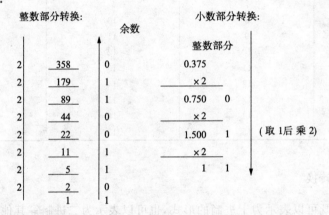

所以将整数和小数合并在一起，$(358.375)D = (101100110.011)B$。

但是在十进制小数转换为二进制小数过程中，有时会出现乘积的小数部分总不等于 0 的情况，如 $(0.4435)_{10}$ 就不能在十步内使乘积的小数部分等于 0；甚至还会出现循环小数的情况，如 $(0.6)_{10} = (0.100110011001\cdots)_2$。

在上述两种情况下，乘 2 过程的结束由所要求的转换精度确定。

【例 2.6】 将 $(0.2)_{10}$ 转换成二进制小数。

具体步骤如下：

$0.2 \times 2 = 0.4$ 0

$0.4 \times 2 = 0.8$ 0

$0.8 \times 2 = 1.6$ 1

$0.6 \times 2 = 1.2$ 1

$0.2 \times 2 = 0.4$ 0

$0.4 \times 2 = 0.8$ 0

$0.8 \times 2 = 1.6$ 1

$0.6 \times 2 = 1.2$ 1

…（至满足需要精度为止）

3. 二进制数与八进制数、十六进制数之间的转换

二进制数、八进制数、十六进制数实质上都是同一类数,它们可视为本质相同的数的不同表示,其间的相互转换也十分简单。

1)二进制数转换为八进制数和十六进制数的具体方法

由 3 位二进制数组成 1 位八进制数、4 位二进制数组成 1 位十六进制数。对于同时有整数和小数部分的数,则以小数点为界,对小数点前后的数分别向左向右进行分组处理,不足的位数用 0 补足,对整数部分的 0 补在数的左边,对小数部分则将 0 补在数的右边。

可以将二进制数转换为八进制数称为"三位一并法",二进制数转换为十六进制数称为"四位一并法",这样才不至于发生差错。

【例 2.7】 $(1\ 011.101\ 1)_2 = (001\ 011.101\ 100)_2 = (13.54)_8$

【例 2.8】 $(11\ 0110\ 1110.1101\ 01)_2 = (0011\ 0110\ 1110.1101\ 0100)_2 = (36E.D4)_{16}$

2)八进制数和十六进制数转换为二进制数的具体方法

十六进制数转换成二进制数时,方法为以小数点为界,向左或向右每一位十六进制数用相应的四位二进制数取代,然后将其连在一起即可。

注意:整数部分的最高有效位"1"前面的若干个"0"无意义;小数部分的最低有效位"1"后面的若干个"0"无意义,在结果中可以舍去。

【例 2.9】 $(175.4E)_{16} = (0001\ 0111\ 0101.0100\ 1110)_2 = (101110101.0100111)_2$

$(A3B.C)_{16} = (1010\ 0011\ 1011.1100)_2 = (1010\ 0011\ 1011.11)_2$

同样,八进制数转换为二进制数时,以小数点为界,向左或向右每一位八进制数用相应的三位二进制数取代,然后将其连在一起即可。可以将十六进制数转换为二进制数称为"一分为四",八进制数转换为二进制数称为"一分为三"法。

2.2.4 二进制运算

二进制的加法和乘法运算规则如下:

(1) 加法运算规则:

$0+0=0$ $1+0=1$ $0+1=1$ $1+1=10$

(2) 乘法运算规则:

$0 \times 0 = 0$ $1 \times 0 = 0$ $0 \times 1 = 0$ $1 \times 1 = 1$

【例 2.10】 $1101 + 1011 = 11000$

$$\begin{array}{r} 1101 \\ +1011 \\ \hline 11000 \end{array}$$

【例 2.11】 $1101 - 0110 = 0111$

$$\begin{array}{r} 1101 \\ -0110 \\ \hline 0111 \end{array}$$

2.3　数据在计算机中的表示

计算机中用到的数据在计算机内部都是用二进制表示的，计算机只能识别二进制数码。在实际应用中，计算机除了要对数码进行处理外，还要对其他信息（如语言、符号、声音、图像等）进行识别和处理，因此必须先把信息编成二进制数码，才能让计算机接收。这种把信息编成二进制数码的方法，称为计算机的编码。

对于数值数据和字符等其他数据需要采用不同的编码方式。在计算机中参与运算的数有两大类：无符号数和用符号数。

2.3.1　无符号数

无符号数是指没有符号的数，即非负整数，机器字长中的全部数位均用来表示整数值的大小，相当于数的绝对值，如 1001 0110B 表示十进制数 150。当存放有符号数时，则需留出位置存放符号。因此，在机器字长相同时，无符号数和有符号数所对应的数值范围是不同的。字长为 n 位的无符号数的表示范围是 $0 \sim (2^n - 1)$。例如，机器字长为 16 位，则无符号数的表示范围为 $0 \sim 65535$。

2.3.2　有符号数

1. 真值和机器数

有符号数是指将符号数字化后放在有效数位的最前面组成的数。数值数据有正负之分，通常在绝对值前加"＋"、"－"符号来表示这种带符号的数据。但在计算机中，这种符号计算机无法理解，可将"＋"、"－"符号分别用"1"和"0"代替，也就是将数的符号数字化。这种在机器中使用的包括符号在内的数字化的数称为机器数，而把它所代替的实际值称为机器数的真值。

在选择机器数的表示方式时，需要考虑以下几个因素：①要表示的数的类型（小数、整数、实数和复数）；②可能遇到的数值范围，因为机器数的位数一般是固定的；③数值精确度；④数据存储和处理所需要的硬件代价。

在计算机中机器数的表示，通常把最高位作为符号位，并规定用"0"表示正数，用"1"表示负数，其余位作为数值位。

设 8 位二进制有符号数的表示示例如下：

真值 $(+0010)_2$　　机器数　0000 0010

真值 $(-1100)_2$　　机器数　1000 1100

真值 $(+0.1011)$　机器数　0.000 1011（实际上在计算机中小数点是不出现的，即 0000 1011）

而数值部分的表示跟具体的表现形式有关，也是为了区别符号和数值，二进制在计算机中的表示形式通常有原码、反码、补码三种表示方法。

2. 原码

原码表示法是最简单的机器数表示法，用最高位表示符号位，符号位"0"表示该数为正，符号位"1"表示该数为负。数值部分就是原来的数值，即真值的绝对值，所以原码表示又称为带符号的绝对值表示。以下数据均用 8 位来表示。

一般用 X 表示真值，$[X]_原$ 表示原码，则：

$X=+1001,[X]_原=0000\ 1001,X=-1001,[X]_原=1000\ 1001$，若不用 8 位表示，则 $X=-1001$，则 $[X]=11001$。

$X=-0.1001,[X]_原=1.1001,X=0.1001,[X]_原=0.1001$

用原码表示时，0 的原码不唯一，有两种表示形式。

若是整数即：$X=+0,[X]_原=0000\ 0000,X=-0,[X]_原=1000\ 0000$

若是小数即：$[+0]_原=0.000\ 0000,[-0]_原=1.000\ 0000$

事实上数的真值和原码之间的对应关系很简单：$[X]_原=$ 符号位 $+|X|$，如上所示。

原码表示方法简单，与真值的转换方便。在做乘除法运算时，可将符号位和数值位分开处理。结果数的符号可用参加操作的两个操作数符号进行异或运算求得；结果数的数值可由操作数原码的数值部分按乘除规则运算获得。因此，原码适合用于乘除运算；但当两个数做加法运算时，如果两个数码符号相同，则数值相加，符号不变；如果两符号不同，数值部分实际上相减，这时必须比较哪个数绝对值大，才能决定哪一个数为被减数。所以不便于加减运算。

3. 反码

反码的符号位表示法与原码相同，用最高位表示符号位，符号位"0"表示该数为正，符号位"1"表示该数为负；与原码不同的是，反码数值部分的形式和它的符号位有关。正数的反码的数值和原码的数值相同，而负数反码的数值这是原码的数值按位求反。

一般用 X 表示真值，$[X]_反$ 表示反码，则：

$X=+1001,[X]_反=0000\ 1001,X=-1001,[X]_反=1111\ 0110$

用原码表示时，0 有两种表示形式，即：

$X=+0,[X]_反=0000\ 0000,X=-0,[X]_反=1111\ 1111$

4. 补码

补码是应用最广泛的一种机器数的表示方法。补码可以使减法转换为加法，它不必判断数的正负，只要将符号位也参与运算，就能得到正确的结果。从而使正负数的加减运算转化为单纯的正数相加的运算，简化了判断过程，提高计算机的运算速度，并节省设备开销。

补码表示方法，最高位表示符号位，若符号位为"0"，表示该数为正，补码与原码相同；若符号位为"1"，表示该数为负，数值位按位求反后再在最末尾加 1。

一般用 X 表示真值，$[X]_补$ 表示补码，则：

$X=+1001,[X]_补=0000\ 1001,X=-1001,[X]_补=1111\ 0111$

用补码表示时，0 只有表示一种形式，即：

$X=+0,[X]_补=0000\ 0000;X=-0,[X]_补=0000\ 0000$，即 $[+0]_补=[-0]_补=0000\ 0000$

以上 0 的原码、反码、补码的表示注意区分。

字长为 n 位的有符号数表示范围为 $-2^n \sim 2^n-1$。例如，机器字长为 16 位，则有符号数的补码表示范围为 $-32768 \sim +32767$。

2.3.3　定点数和浮点数

计算机处理的数值数据有多数带有小数，小数点在计算机中通常有两种表示方法：一种是约定所有数值数据的小数点隐含在某一个固定位置上，称为定点表示法，简称定点数，其中定点数又分为有符号定点数和无符号定点数；另一种是小数点位置可以浮动，称为浮点表示法，简称浮点数。

定点数可以是原码、反码或补码形式。浮点数的尾数也可以用原码和补码来表示，在不同的标准中有定性的规定。例如，在 IEEE 754 标准中浮点数的尾数用原码来表示。

1. 定点数表示法

所谓定点格式，即约定机器中所有数据的小数点位置是固定不变的。在计算机中通常采用两种简单的约定：将小数点的位置固定在数据的最高位之前，或者是固定在最低位之后。一般常称前者为定点小数，后者为定点整数。小数点"."实际上是不表示出来的，是事先约定好固定的。对一台计算机来说，一旦确定了一种小数点的位置，整个系统就不再改变。

定点小数若是纯小数，约定的小数点位置在符号位之后、有效数值部分最高位之前。若 $n+1$ 位数据 x 的形式为 $x=x_0x_1x_2\cdots x_n$（其中 x_0 为符号位，$x_1\sim x_n$ 是数值的有效部分，也称为尾数，x_1 为最高有效位），则在计算机中的表示形式(a)为：

定点小数表示形式

对于不带符号位的定点纯小数（即小数点位于机器数的最左边的数），字长为 n 位的机器所能表示的机器数 X 的范围是 $2^{-n}\leqslant x\leqslant 1-2^{-n}$，如(b)、(c)所示。

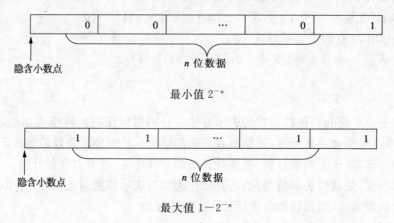

最小值 2^{-n}

最大值 $1-2^{-n}$

定点小数若用原码表示，对有符号数 $x=x_0x_1x_2\cdots x_n$，x_0 为符号位，表示的数据范围为 $|x|\leqslant 1-2^{-n}$。

定点整数若是纯整数，约定的小数点位置在有效数值部分最低位之后。若 $n+1$ 位数据 x 的形式为 $x=x_0x_1x_2\cdots x_n$（其中 x_0 为符号位，$x_1\sim x_n$ 是尾数，x_n 为最低有效位），则在计算机中的表示形式(d)为：

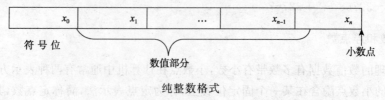

纯整数格式

定点整数又可分为无符号整数(不带符号的整数)和整数(带符号的整数)。

无符号整数中,所有二进制位全部用来表示数的大小,有符号整数用最高位表示数的正负号,其他位表示数的大小。如果用一个字节表示一个无符号整数,其取值范围为 $0\sim255$ (2^8-1)。

有符号整数中,若用补码来表示,$n+1$ 位数据表示的范围为 $-2^n\sim2^n-1$。例如,用一个字节表示有符号整数,其取值范围为 $-128\sim+127$ ($-2^7\sim+2^7-1$)。

由于计算机设备的限制,机器数有固定的位数,它所表示的数受到计算机固有位数的限制,所以机器数具有一定的范围,超过这个范围便无法正确表示,称为这种情况"溢出"。

当数据小于定点数能表示的最小值时,计算机将它们作 0 处理,称为下溢;大于定点数能表示的最大值时,计算机将无法表示,称为上溢;上溢和下溢统称为溢出。

利用定点表示进行计算,须将所有数据之值按一定比例予以缩小(或放大)后送入计算机,同时需将计算结果以同一比例增大(或缩小)后才能得正确结果值。

定点整数或定点小数所允许表示的数值范围有限,运算精度较低,但采用定点运算时对机器硬件需求较简单。

2. 浮点数表示方法

在科学计算和数据处理中,经常需要处理和计算非常大或非常小的数值。定点表示法不能够精确地完成这种数值的表示。为了表示更大取值范围的数,实数采用"浮点数"或"科学表示法"表示。

浮点数的思想来源于数学中的指数表示形式:$N=M\times R^E$,式中,N 为浮点数,R 为浮点数阶码的底,与尾数的基数相同,通常 $R=2$。E 和 M 都是带符号数,E 叫做阶码,M 叫做尾数。尾数 M 为定点小数,其位数决定了浮点数有效数值的精度,尾数的符号代表了浮点数的正负,因此又称为数符。尾数一般采用原码和补码表示。

阶码 E 为定点整数,阶码的数值大小决定了该浮点数实际小数点位置与尾数的小数点位置(隐含)之间的偏移量。阶码的位数多少决定了浮点数的表示范围。阶码的符号叫阶符。阶码一般采用移码和补码表示。

【例 2.12】 十进制数 $0.256\times10^3=2.56\times10^2$,而二进制数 10 1101.0101 = 1 0110.1010 1 $\times2^1=101\ 1010.101\times2^{-1}$。

而通常用记阶表示法来表示二进制的浮点数。这样 $R=2$,M 为尾数,E 为阶码,如图 2.1 所示。

图 2.1 浮点数的一般格式

浮点数的底是隐含的,在整个机器数中不出现。阶码的符号位为 e_s,阶码的大小反映了在数 N 中小数点的实际位置;尾数的符号位为 m_s,它是整个浮点数的符号位,表示了该浮点数的正负。

对于一个数,其小数点可以有多种移动结果,如例 2.10 所示。但是为了便于计算机中浮点数的运算,必须有一个统一规范的表示:浮点数的规格化表示。在计算机内,为了充分利用尾数的二进制数位来表示更多的有效数字,将尾数的绝对值限定在某个范围之内。例如,$R=2$,则规格化浮点数的尾数 M 应满足条件:最高有效位为1,称满足这种表示要求的浮点数为规格化表示;把不满足这一表示要求的尾数,变成满足这一要求的尾数的操作过程,叫做浮点数的规格化处理,通过尾数移位和修改阶码实现。

这种形式要求尾数用纯小数表示,而且小数点后的第一位应该为1,所以二进制数带小数的形式只用一种规格化的表示形式,即 $10\ 1101.0101 = 0.1011\ 0101\ 01 \times 2^{0110}$。

例如:-0.11011×2^{-011} 在机内的表示形式为 $1011\ 111011$

值得注意的是,使用相同字节来表示的浮点数的精度和表示范围要远远大于相同字节表示的定点数,这是浮点数的优越之处。但在运算规则上,定点数比浮点数简单易于实现。因此,一般计算机中同时具有这两种表示方法,视具体情况进行选择应用。

2.3.4 其他数据在计算机中的表示

在计算机中,非数值型数据的表示方法和数值数据有所不同。非数值型数据有西文符号、汉字、图像等,各自的编码各不相同。

本书重点讲解有关字符的编码:ASCII 码和汉字编码。

1. ASCII 码

由于计算机处理信息要涉及各种字符,这些字符都必须用二进制代码来表示,在微型计算机中普遍采用"美国信息交换标准码",即 ASCII 码。ASCII 码最初是美国国家标准为不同计算机在相互通信时用作共同遵守的西文字符编码的标准,后被 ISO 和 CCITT 等国际组织采用。

ASCII 码规定了常用的数字、字符的编码。标准 ASCII 码是 7 位二进制编码,所以最多可以表示 128 个字符。每个字符可以用一个字节表示,字节的最高位为 0。

ASCII 码包括 52 个英文大小写字母,10 个阿拉伯数字 0～9,32 个通用控制字符和 34 个专用字符。

ASCII 码中的符号也可以分成两类:控制字符和显示字符。其中显示字符是指那些能从键盘输入、显示器上显示或打印机上打印的字符。控制字符主要用来控制输入、输出设备或通信设备。

7 位 ASCII 编码如表 2.4 所示。

表 2.4 ASCII 码表

低4 ＼ 高3	$b_6 b_5 b_4$	000	001	010	011	100	101	110	111
$b_3 b_2 b_1 b_0$	(H)	0	1	2	3	4	5	6	7
0000	0	NUL	DLE	SP	0	@	P	`	P
0001	1	SOH	DC1	!	1	A	Q	a	Q
0010	2	STX	DC2	"	2	B	R	b	R
0011	3	ETX	DC3	#	3	C	S	c	S
0100	4	EOT	DC4	$	4	D	T	d	T
0101	5	ENQ	NAK	%	5	E	U	e	U
0110	6	ACK	SYN	&.	6	F	V	f	v
0111	7	BEL	ETB	'	7	G	W	g	W
1000	8	BS	CAN	(	8	H	X	h	X

低4 ＼ 高3	$b_6 b_5 b_4$	000	001	010	011	100	101	110	111
1001	9	HT	EM	)	9	I	Y	i	Y
1010	A	LF	SUB	*	:	J	Z	j	Z
1011	B	VT	ESC	+	;	K	[	k	{
1100	C	FF	FS	,	<	L	\	l	|
1101	D	CR	GS	—	=	M	]	m	}
1110	E	SO	RS	.	>	N		n	~
1111	F	SI	US	/	?	O		o	DEL

利用上表可以查找数字、运算符、标点符号以及控制符等字符与 ASCII 码之间的对应关系。例如,数字 0～9 的 ASCII 码分别为 30H～39H,英文大写字母 A～Z 的 ASCII 码为 41H～5AH。ASCII 码表中有一些符号是作为计算机控制字符使用的,这些控制符号有专门用途,表中给出了这些控制字符的含义。例如,回车字符 CR 的 ASCII 码为 0DH,换行符 LF 的 ASCII 码为 0AH 等。再如,NUM 表示空白、SOH 表示报头开始、STX 表示文本开始、ETX 表示文本结束、EOT 表示发送结束、ENQ 表示查询、ACK 表示应答、BEL 表示响铃、BS 表示退格、FF 表示换页、CR 表示回车等。

近年来,在标准 ASCII 码基础上,为表示更多符号,将 7 位 ASCII 码扩充到 8 位,可表示 256 个字符,称为扩充的 ASCII 码。扩充的 ASCII 码可以表示某些特定的符号,如希腊字符、数学符号等。扩充的 ASCII 码只能在不用最高位做校验位或其他用途时使用。这种编码是在原 ASCII 码 128 个符号的基础上,将它的最高位设置为 1 进行编码,扩展 ASCII 码中的前 128 个符号的编码与标准 ASCII 码字符集相同。

2. 中文字符在计算机中的表示

英文是拼音文字,常用的个数不超过 128 种字符的字符集就满足英文处理的需要了,编码需要 ASCII 码就可以完成。

而汉字是象形文字,种类繁多,编码比较困难,汉字信息的处理涉及汉字的输入,汉字的信息加工,汉字信息在计算机内的存储、输出等方面,所以汉字的编码较为麻烦。

1)汉字输入码

汉字输入编码是人到计算机交换汉字特征信息的界面。将汉字输入计算机而编制的代码称为汉字输入码,也叫外码。

西文码输入时,想输入什么字符便按什么键,输入码与机内码总是一致的。汉字输入则不同,需要与汉字机内码不同的其他输入码,即常见的各种输入编码,目前汉字主要是经标准键盘输入计算机的,所以汉字输入码都是由键盘上的字符或数字组合而成。目前流行的汉字输入码的编码方案已有许多,但总体来说可分为音码、形码、音形结合码三大类。音码是根据汉字的发音进行编码的,如全拼输入法;形码是根据汉字的字形结构进行编码的,如五笔字型输入法;音形码则结合了两者,如自然码输入法。

值得提出的是,无论采用哪种汉字输入码,当用户输入汉字时,存入计算机中的总是汉字的机内码,与采用的输入法无关。实际上,无论采用哪种输入法,在输入码和机内码之间都存在着一一对应的转换关系,因此任何一种输入法都需要一个相应的完成把输入码转换为机内码的转换程序。

2)汉字国标码

1980 年我国公布的中文信息处理的标准 GB 2312—80(汉字国标码《信息交换用汉字编码字符集——基本集》),据统计常用的汉字 6763 个,所以一个字节的编码已经不能满足要求了。GB 2312—80 收录了 6763 个汉字,以及 682 符号,共 7445 个字符,奠定了中文信息处理的基础。这常用的 6763 个汉字分成两级:一级汉字 3755 个,按照汉字拼音排列;二级汉字有 3008 个,按偏旁部首排列。

此标准将汉字按一定的规律摆在一个 94 行、94 列的方阵中,每个汉字在方阵中对应一个位置,方阵中的行号为区号,列号为位号,每个汉字的区号和位号合在一起构成"区位码",实际上把汉字表示成二维数组,每个汉字在数组中的下标就是区位码,区位码各用两个十进制数字表示。如"中"字在方阵的第 54 行,第 48 列,它的区位码为 5448。区号和位号各加 32 就构成了国标码,这是为了与 ASCII 码兼容,每个字节值大于 32(0~32 为非图形字符码值)。所以"中"的国标码为 8650。

3)汉字机内码

汉字机内码,又称"汉字 ASCII 码",简称"内码",指计算机内部存储,处理加工和传输汉字时所用的由 0 和 1 符号组成的代码。输入码被接受后就由汉字操作系统的"输入码转换模块"转换为机内码,与所采用的键盘输入法无关。然后才能在机器内传输、存储、处理。汉字机内码的形式也有多种。机内码是汉字最基本的编码,不管是什么汉字系统和汉字输入方法,输入的汉字外码到机器内部都要转换成机内码,才能被存储和进行各种处理。

因为西文字符和汉字都是字符,汉字在计算机内部其内码是唯一的。因为汉字处理系统要保证中西文的兼容,当系统中同时存在 ASCII 码和汉字国标码时,将会产生二义性。例如:有两个字节的内容为 30H 和 21H,它既可表示汉字"啊"的国标码,又可表示西文"0"和"!"的 ASCII 码。为此,汉字机内码应对国标码加以适当处理和变换。为了在计算机内部能够区分汉字和字符的编码,将国标码的每个字节的最高位由"0"变为"1",变换后的国标码称为汉字机内码。由此可知,汉字机内码的每个字节都大于 128,而每个西文字符的 ASCII 码值均小于 128。

4)汉字地址码

每个汉字字形码在汉字字库中的相对位移地址称为汉字地址码,即指汉字字型信息在汉字字模库中存放的首地址。每个汉字在字库中都占有一个固定大小的连续区域,其首地址即是该汉字的地址码。需要向输出设备输出汉字时,必须通过地址码,才能在汉字字库中取到所需的字形码,最终在输出设备上形成可见的汉字字形。

5)汉字字形码

为了汉字的输出显示和打印,需要描述汉字的字形,即对汉字的字形进行编码,称为汉字的字形码,也称为汉字字模。

汉字是一种象形文字,每个字都可以看成是一个特殊的图形,所以汉字字形码通常有两种表示方式:点阵方式和矢量方式。

(1)点阵方式

用点阵表示字形时,汉字字形码指的就是这个汉字字形点阵的代码。根据输出汉字的要求不同,点阵的大小也不同。简易型汉字为 16×16 点阵,提高型汉字为 24×24 点阵、32×32 点阵,48×48 点阵等。图 2.2 所示为"大"字的 16×16 点阵字形点阵及代码。

所有汉字的点阵字形编码的集合称为"汉字库"。不同的字体(如宋体、仿宋、楷体、黑体等)

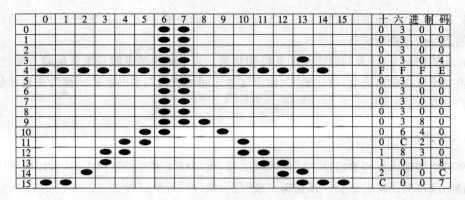

图 2.2　"大"字的 16×16 点阵字形点阵及代码

对应着不同的字库。

　　显然,这种编码、存储方式简单、无需转换直接输出,点阵规模越大,字形就越清晰美观,同时其编码也就越长,所需的存储空间也就越大,但放大后产生的效果差。

　　以 16×16 点阵为例,每个汉字要占用 32 字节。一个 32×32 点阵的汉字则要占用 128 字节,而且点阵码缩放困难且容易失真。

　　(2)矢量方式

　　矢量表示方式存储的是描述汉字字形的轮廓特征,当要输出汉字时,通过计算机的计算,由汉字字形描述生成所需大小和形状的汉字点阵。矢量化字形描述与最终文字显示的大小、分辨率无关,由此可产生高质量的汉字输出。Windows 中使用的 TrueType 技术就是汉字的矢量表示方式。

　　点阵和矢量方式区别:点阵方式编码及存储方式简单、无需转换直接输出,但字形放大后产生的效果差,而且同一种字体不同的点阵需要不同的字库,矢量方式特点正好与前者相反。

　　图 2.3 给出了汉字的几种编码之间的关系以及汉字从输入到输出的整个过程。

图 2.3　输入码、机内码、字形码之间的关系

2.4　数字逻辑基本概念

　　在计算机中,所有的数据表示与运算都是用二进制数进行的,而二进制数的处理基本电路是逻辑门。早期的逻辑门是由分立元件构成的,由于半导体集成技术的发展,逻辑门均可以集成化而成为集成逻辑门。

　　逻辑是指事物的因果关系所遵循的规律,反映事物逻辑关系的变量称为逻辑变量。一般逻辑变量是二值变量,只能在逻辑"真"(true)和逻辑"假"(false)这两个逻辑值中取二者之一。

　　世间万物大多存在着对立统一的正反两种逻辑状态,如事物的"真"/"假"、电位的"高"/"低"、开关的"通"/"断"等等,若将其中一种状态规定为逻辑"真",则另一状态便为逻辑"假"。通常将逻辑量在形式上数字化,即用逻辑"1"表示逻辑"真",用逻辑"0"表示逻辑"假"。需说明的是,逻辑"1"、逻辑"0"与二进制数字"1"、"0"有完全不同的概念,逻辑量无数值的大小,它们只表示事物的正反两种逻辑状态。

逻辑问题的研究,涉及问题产生的条件和结果。表示条件的逻辑变量就是输入变量,表示结果的逻辑变量就是输出变量,描述输入、输出变量之间的逻辑关系的表达式称为逻辑函数或逻辑表达式。

2.4.1 基本逻辑关系及逻辑门

数字电路的输入量和输出量之间的因果关系,可用以实现各种逻辑关系,所以数字电路也称逻辑电路。基本的逻辑关系有"与"逻辑、"或"逻辑及"非"逻辑三种。

1."与"逻辑及"与"门

当决定一事件结果的所有条件都满足时,结果才发生,这种条件和结果的关系称为逻辑"与"(AND),在逻辑代数中称为与运算。"与"逻辑关系可以用串联开关电路来说明,如图 2.4 所示,灯亮的条件是开关 A 和 B 同时连通,否则灯不会亮。

"与"运算、"与"逻辑关系或者"与"门运算规则用一句话表示为:只有当所有的输入都为 1 时,输出才为 1;当输入中有一个不为 1 时,输出就为 0。

"与"运算的真值表如表 2.5 所示,其中 A、B 为输入,输出即为"与"结果。

表 2.5 "与"运算真值表

A	B	A AND B
0	0	0
0	1	0
1	0	0
1	1	1

在数字电路中,实现"与"运算的电路称为"与"门,"与"门的逻辑符号如图 2.5 所示。

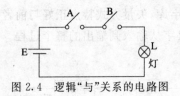

图 2.4 逻辑"与"关系的电路图

图 2.5 "与"门的逻辑符号

2."或"逻辑关系及"或"门

在决定一事件结果的所有条件中,只要有一个或一个以上满足时结果就发生,这种条件和结果的关系称为逻辑"或"(OR),逻辑代数中称为或运算。"或"逻辑关系可以用并联开关电路来说明,如图 2.6 所示,灯亮的条件是开关 A 和 B 只有一个连通,只有当开关 A 和 B 都不接通时,灯才会不亮。

"或"运算、"或"逻辑关系或者"或"门运算规则用一句话表示为:只有当所有的输入都为 0 时,输出才为 0;当输入中有一个不为 0 时,输出就为 1。

"或"运算的真值表如表 2.6 所示,其中 A、B 为输入,输出即为"或"运算的结果。

在数字电路中,实现"或"运算的电路称为"或"门,"或"门的逻辑符号如图 2.7 所示。

表 2.6 "或"运算真值表

A	B	A OR B
0	0	0
0	1	1
1	0	1
1	1	1

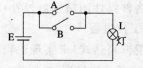

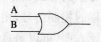

图 2.6　逻辑"或"关系的电路图　　　　　　图 2.7　"或"门的逻辑符号

3."非"逻辑及"非"门

一个事件结果的发生,取决于某个条件的否定,即当条件成立结果不发生,条件不成立时结果发生。这种条件和结果的关系称为逻辑"非"(NOT),在逻辑代数中称逻辑非运算。"非"逻辑关系可以用电路来说明,如图 2.8 所示,灯亮的条件是开关 A 连通,灯就不亮,否则灯才会亮。

"非"运算、"非"逻辑关系或者"非"门运算规则用一句话表示为:当输入为 0 时,输出为 1;当输入为 1 时,输出就为 0。

"非"运算的真值表如表 2.7 所示,其中 A 为输入,输出为"非"运算的结果。

在数字电路中,实现"非"运算的电路称为"非"门,"非"门的逻辑符号如图 2.9 所示。

表 2.7　"非"运算真值表

A	NOT A
0	1
1	0

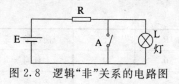

图 2.8　逻辑"非"关系的电路图　　　　图 2.9　"非"门的逻辑符号

人们在研究实际逻辑问题时发现,事物的各个因素之间的逻辑关系往往比单一的"与"、"或"、"非"复杂得多,不过它们都可以用"与"、"或"、"非"的组合来实现。

2.4.2　逻辑代数

逻辑代数起源于 19 世纪初,又称布尔代数,是 19 世纪英国数学家乔治·布尔创立的。1938 年,香农将布尔代数直接应用于开关电路,因此布尔代数也称为开关代数。现在布尔代数广泛用于数字电路的分析与设计,成为数字逻辑的主要数学工具。

在这里赋以逻辑属性值"真"或"假"的变量称为逻辑变量,描述逻辑变量关系的函数称为逻辑函数,实现逻辑函数的电路称为逻辑电路,用逻辑电路可以做成计算机系统中常用的部件,称为逻辑部件。

设 P 和 Q 是两个逻辑变量,则逻辑表达式 P AND Q、P OR Q、NOT P 对应的取值结果如表 2.5～表 2.7 所示。

逻辑代数是现实世界事物之间的逻辑关系的一种抽象描述。逻辑表达式 P AND Q 可以有很多含义,例如,设逻辑变量 P 表示"他身高很高",逻辑变量 Q 表示"他身高 1.81 米",则逻辑表达式 P AND Q 表示"他身高很高并且他身高 1.81 米"。同理 P OR Q、NOT P 也可以表示很多含义。

逻辑代数有广泛的现实用途。在计算机硬件设计方面,可以用基本的逻辑元件来实现逻辑代数中的各种基本逻辑操作,而基本的逻辑元件可以构成各种复杂的逻辑部件,从而可以设计出各种按照技术希望的方式工作的硬件设备。触发器就是这种设计的结果。另外,逻辑元件可以组合出各种各样的控制信号,用来控制和协调各个部件的工作过程。

在软件设计方面,可以通过组合若干逻辑操作(称为逻辑表达式)来实现逻辑推理。程序设计中的条件判断、条件组合等都是逻辑表达式的例子。为实现逻辑推理,机器指令系统也设计有专门的逻辑机器指令。

2.4.3 触发器

很多电子装置都有两种状态,如开关的"开"和"关",电灯的"亮"与"不亮",但要存储数据,需要有稳定状态、体积很小且控制便利的电子装置。触发器就是这样一种基本的电子装置。

逻辑代数中的各种基本逻辑操作都可以用半导体材料制造的基本逻辑元件来实现,如图2.5~图2.7所示分别表示实现逻辑与、逻辑或、逻辑非操作的逻辑元件符号,对应的输入经过相应的逻辑运算得出的结果即为输出。

用基本的逻辑元件可以构造出一种称作触发器的逻辑元件。触发器的功能特点是可以接收并保持所接收的0或1信号。任一端的信号的变化标志着触发器开始工作。

对于图2.10(a)所示的触发器,当输入端S端为1,R端为0时,则元件1的输出为0,元件2的输出为1,元件3的输出为1,元件4的输出为0,这种状态对应图2.10(b)的第1行。输入S端1,R端为0时的内部逻辑关系图如图2.10(a)所示。

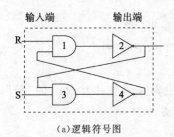

序号	R	S	前次输出	当前输出
1	0	1	任意	1
2	1	0	任意	0
3	1	1	1	1
4	1	1	0	0

(a)逻辑符号图　　　　　　　　　　(b)真值表

图2.10　触发器

当输入信号撤销时,因为此时是R端的0信号使触发器开始工作的,所以输入信号撤销是指R端的0信号变成了1信号。但元件4输出的0将继续使元件1的输出保持为0,元件1输出的0使元件2的输出保持为1,从而在输入信号撤销的情况下,触发器保持了输出为1的状态,这种状态对应图2.10(b)的第3行。输入S端为1,R端为1时的内部逻辑关系图如图2.11(b)所示。

对于图2.10(a)所示的触发器,当输入端的S端为0,R端为1,则元件3的输出为0,元件4的输出为1,元件1的输出为1,则元件2的输出为0,这种状态对应图2.10(b)的第2行。输入S端为0,R端为1时的内部逻辑关系图如图2.11(c)所示。

当输入信号撤销时,因为此时是S端的0信号使触发器开始工作的,所以输入信号撤销时是指S端的0信号变成了1信号。但元件2输出的0将继续使元件3的输出保持为0,元件3输出的0使元件4的输出保持为1,从而在输入信号撤销的情况下,触发器保持了输出为0的状态,这种状态对应图2.10(b)的第4行。输入S端为1,R端为1时的内部逻辑关系图如图2.11(d)所示。

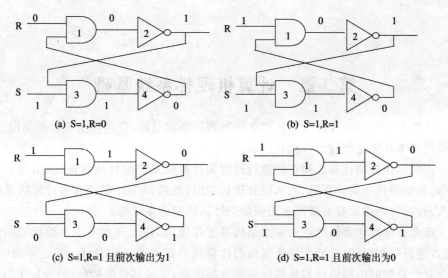

(a) S=1,R=0　　　　　　　　　　(b) S=1,R=1

(c) S=1,R=1 且前次输出为1　　　　(d) S=1,R=1 且前次输出为0

图 2.11　触发器的内部状态逻辑图

　　从以上分析可知,触发器是一种不仅可以接收输入信号,而且可以保持(即存储)这种信号状态的原件。触发器的这种可保持信号状态的特点使我们可以利用它来存储数据。一个触发器可以存储一个有两种状态的信息,分别用符号"0"和"1"来表示,则多个触发器组合起来就可以存储多个符号"0"和"1"表示的数据。

　　上述的触发器是最基本的触发器,实际使用的触发器,是在上述基本触发器逻辑电路的基础上设计实现的。

　　所有电子设备的电路构造可能不同,单其实现的逻辑功能基本类似。计算机硬件中寄存器、内存等的每一位,其逻辑原理和图 2.11 所示的触发器的逻辑原理类似。

本 章 小 结

　　本章介绍了计算机的基础知识,包括数据的表示形式、机器码的三种形式的表示及其转换、数制之间的转换、数值数据和非数值数据在计算机中的表示及二者的区别,其中数值数据分为定点数和浮点数两种表示方式,根据表示的范围、精度等特点使用在不同的场合;非数值数据如常见的 ASCII 码和汉字编码既有联系,又有区别,以及由此引出的逻辑代数在计算机中的简单应用以及触发器的工作原理。

习　　题

1. 怎么理解信息和数据?

2. 二进制、八进制和十六进制之间是如何转换的?

3. 将下列十进制数转换为二进制数:35,128,127,1024,0.25,7.125。

4. 将下列二进制数转化为八进制和十六进制数:(1)10011011.0011011;(2)1101.1101。

5. 按照本章中浮点数的规格化的表示方法,写出以下实数的规范化的浮点数(用一个字节表示):

　　(1)0.1010×2^{10};(2)-0.0101×210。

6. 试写出十进制数 51 和 -67 的 16 位原码、反码和补码。

7. 有 4 个文件,它们的大小分别为 1.44 GB,6MB,7000KB,100B 请按从大到小的顺序排列。

第 3 章 计算机硬件系统基础

计算机硬件系统是构成计算机系统的各种物理设备的总称,它包括主机和外部设备两部分。计算机硬件的基本功能是接收计算机程序的控制,实现数据输入、运算、数据输出等一系列根本性的操作。围绕如何提高计算机程序的执行速度和计算机系统的性能价格比,出现了多种计算机系统结构,如精简指令集计算机、流水线处理机、并行处理机等。尽管这些计算机系统在结构上做了较大的改进,但仍没有突破冯·诺依曼型计算机的体系结构。

本章主要介绍微型计算机的硬件系统结构及工作原理,然后分别对中央处理器、存储器、输入/输出设备进行详细阐述,最后介绍连接微型计算机各部件的系统总线。通过本章学习,可以帮助读者建立计算机的内部结构和外部设备的直观印象,了解其性能指标,为今后学习计算机组成原理、接口技术等课程奠定基础。

3.1 计算机硬件系统的组成

计算机硬件系统是指构成计算机的所有实体部件的集合,通常这些部件由电路(电子元件)、机械等物理部件组成,它们都是看得见摸得着的,故通常称为硬件,它是计算机系统的物质基础。

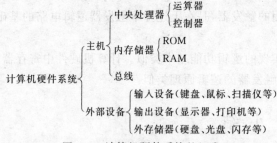

图 3.1 计算机硬件系统的组成

计算机硬件系统由主机和外部设备组成,主机由中央处理器 CPU(Center Process Unit)和内存储器组成;CPU 由运算器和控制器组成,外部设备由输入设备、输出设备和外存储器组成,如图 3.1 所示。

3.1.1 计算机系统结构

计算机系统结构通常由运算器、控制器、存储器、输入设备与输出设备五大基本部件组成,如图 3.2 所示。

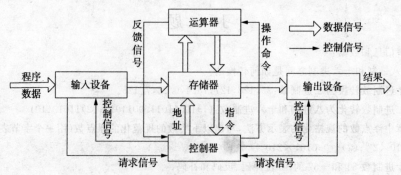

图 3.2 计算机硬件系统的组成

（1）运算器是计算机中进行算术运算和逻辑运算的部件，通常由算术逻辑单元 ALU(Arithmetic and Logical Unit)、累加器以及通用寄存器组成。运算器主要功能是对二进制数进行算术运算（加、减、乘、除），逻辑运算（"与"、"或"、"非"）和位运算（"移位"、"置位"、"复位"）。运算器能够实现的运算非常有限，但是通过对简单运算进行组合，可以实现复杂的运算。运算器通常具有惊人的运算速度，计算机也正因此具有高速的特点。

（2）控制器用以控制和协调计算机各部件自动、连续地执行各条指令，通常由指令部件、时序部件以及操作控制部件组成。运算器和控制器是计算机中的核心部件，这两部分合称为中央处理器 CPU。随着大规模集成电路技术的发展，通常将 CPU 及其附属部分以较小的尺寸集成于一个大规模的芯片中，该芯片称为微处理器 MPU(Micro Processor Unit)。

（3）存储器的主要功能是用来保存各类程序和数据信息。存储器(memory)的作用是存放数据和程序，供控制器和运算器执行程序和处理数据用。存储器可以存储原始的输入数据、信息处理过程中的中间数据以及最终的处理结果，存储器是计算机中数据的存储、交换和传输中心，是计算机系统内部的大型数据仓库。通常所说的主机指的是 CPU 和主存储器。

（4）输入设备用于从外界将数据、命令输入到计算机的内存，供计算机处理。输入设备(Input Device)可分为字符输入设备、图形输入设备和声音输入设备等，通过它们接收计算机外部的数据和程序，即向计算机输入数据和程序。常用的输入设备有键盘、鼠标、扫描仪、光笔、麦克风等。

（5）输出设备负责将计算机处理后的信息转换成外界能够识别和使用的各种信息形式。常见的输出设备有显示器、打印机、绘图仪、音响等。输入设备和输出设备统称为外部设备，简称外设。显然，外设是人和计算机交流信息的桥梁。

3.1.2 计算机工作原理

计算机之所以能够自动运行，是因为计算机"采用二进制"和"程序存储"两个重要的基本思想。"采用二进制"即计算机中的数据和指令均以二进制的形式存储和处理；"程序存储"即将程序预先存入存储器中，使计算机在工作时能够自动地从存储器中读取指令并执行。"程序存储"原理最初由冯·诺依曼提出，故也称为冯·诺依曼原理。根据这一工作原理构成的计算机，也称为冯·诺依曼结构计算机。工作原理如图 3.2 所示，首先，输入设备在控制器的控制下将原始数据和计算步骤输入到存储器。其次，控制器从存储器中读出计算步骤程序。然后，控制器控制运算器和存储器依次执行每一个计算步骤（指令）。最后，控制器控制输出设备以各种方式从存储器中输出计算结果。

微型计算机工作的过程本质上就是执行程序的过程。而程序是由若干条指令组成的，微型计算机逐条执行程序中的每条指令，就可完成一个程序的执行，从而完成一项特定的工作。指令是指定计算机执行特定操作的命令。CPU 就是根据指令来指挥和控制微型机各个部分协调工作。

计算机全部指令的集合叫做计算机指令系统。指令系统准确定义了计算机的处理能力。不同型号的计算机有不同的指令系统，从而形成了各种型号计算机的特点和相互间的差异。

20 世纪 50 年代，由于受器件限制，计算机的硬件结构比较简单，指令系统只有定点加减、逻辑运算、数据传送、转移等十几至几十条指令。60 年代后期，增加了乘除运算、浮点运算、十进制运算、字符串处理等指令，指令数目多达一二百条，寻址方式也趋于多样化同期出现了系列计算机。所谓系列计算机，是指基本指令系统相同、基本体系结构相同的一系列计算机，如 Pentium

系列。系列机解决了各机种的软件兼容问题,同一系列的各机种有共同的指令集,而且新推出的机种指令系统一定包含所有旧机种的全部指令。

20世纪70年代末期,计算机硬件结构随着超大规模集成电路技术的飞速发展,大多数计算机的指令系统多达几百条,称这些计算机为复杂指令系统计算机,简称CISC(Complex Instruction Set Computer)。但是如此庞大的指令系统不但使计算机的研制周期变长,难以保证正确性,不易调试维护,而且由于采用了大量使用频率很低的复杂指令而使硬件资源浪费。为此,又出现了便于超大规模集成电路技术实现的精简指令系统计算机,简称RISC(Reduced Instruction Set Computer)。其指令系统相对简单,只要求硬件执行很有限且最常用的指令,大部分复杂的操作则使用成熟的编译技术,由简单指令合成。

3.2 中央处理器

中央处理器是一台计算机的运算和控制核心,其作用就像人的大脑。CPU的发展非常迅速,个人计算机从8088系列发展到现在的Pentium 4时代,只经历了不到二十年的时间。从生产技术来说,最初的8088集成了29000个晶体管,而Pentium 3系列CPU的集成度超过了2810万个晶体管。CPU的运行速度以MIPS(百万个指令每秒)为单位,8088运行速度是0.75MIPS,到高能奔腾时已超过了1000MIPS。为了进一步提升CPU的速度,AMD公司2011年推出了加速处理器APU(Accelerated Processing Unit)系列产品。APU将CPU和图形处理器GPU(Graphic Processing Unit,主要用于3D图形处理)集成在一个芯片上,它同时具有CPU和GPU的所有性能,并且能够相互加速,大幅提升计算机运行效率。APU将是未来入门级用户、高清用户、办公用户的主流选择,对中低端处理器市场带来很大的冲击。尽管CPU整合GPU是未来发展趋势,但CPU作为中央处理器仍然占有相当重要的地位。

3.2.1 CPU及其性能指标

计算机中所有操作都由CPU负责读取指令,对指令译码并执行指令。CPU是利用大规模集成电路技术,把运算器、控制器集成到一块芯片上的集成电路。运算器主要负责算术、逻辑运算,其操作和操作种类由控制器决定。运算器处理的数据来自存储器;处理后的结果数据通常送回存储器,或暂时寄存在运算器中。此外,CPU里有一组称为寄存器的高速存储器,用来协调运算器和控制器工作。

从外形上看,CPU是一个矩形块状物,中间凸起部分是CPU核心部分封装的金属壳,在金属封装壳内部就是CPU内核。在这片内核上,密集了数千万的晶体管,它们相互配合,协调工作,完成各种复杂的运算和操作。金属封装壳周围是CPU基板,它将CPU内部的信号引接到CPU引脚上,这些引脚是CPU与外部电路连接的通道。图3.3是一款Intel Pentium4 CPU的正反两面。

由于CPU的核心发热量很大,CPU的发热会造成其工作不稳定等一系列问题。对于笔记本电脑,则会造成电池消耗很快,工作时间缩短等问题。为了保护核心的安全,CPU都得进行散热,目前主要采用风冷散热方式和热管散热方式解决CPU的发热问题,风冷散热器由散热片和风扇组成。图3.4是一款CPU散热器。

目前最著名的CPU厂商是Intel公司和AMD公司,Intel公司的主要CPU系列产品有赛扬、奔腾、酷睿1、酷睿2等,AMD主要有闪龙、速龙、速龙双核、羿龙等。

图 3.3　Intel pentium4 CPU　　　　　　图 3.4　CPU 散热器

对于一款 CPU 来说,性能是否强大是它能否在市场上生存的第一要素,CPU 的技术指标比较多,如系统结构、指令系统、字长、主频、高速缓冲容量等,其中最重要指标是主频和字长参数。下面介绍影响 CPU 性能的主要技术指标。

1. 主频

在电子技术中,脉冲信号是一个按一定电压幅度、一定时间间隔连续发出的脉冲信号。脉冲信号之间的时间间隔称为周期,在单位时间内所产生的脉冲个数称为频率。频率是描述周期性循环信号在单位时间内所出现的脉冲数量多少的计量名称。频率的基本单位是赫兹(Hz)。计算机中的系统时钟就是一个典型的频率相当精确和稳定的脉冲信号发生器。CPU 的主频也叫 CPU 核心工作的时钟频率(CPU clock speed),单位是 MHz 和 GHz。CPU 主频表示的是在 CPU 内数字脉冲信号振荡的频率,并不是其运算速度,所以主频与实际的运算能力并没有直接关系。在 Intel 的处理器产品中,可以看到这样的例子:1GHz Itanium 芯片能够表现得跟 2.66GHz Xeon/Opteron 差不多一样快,或是 1.5GHz Itanium 2 大约跟 4GHz Xeon/Opteron 一样快。

但主频与实际运算速度有一定的关系,只是没有直接的计算公式,因为影响运算速度的还有 CPU 流水线方面的性能数据。

2. 字长

计算机处理数据时,一次可以运算的数据长度称为一个"字"。字的长度称为字长。字长可以是一字节,也可以是多字节。常用的字长有 8 位、16 位、32 位、64 位等。例如,某一类计算机的字由 4 字节组成,则字的长度为 32 位,相应的计算机称为 32 位机。

3. 高速缓冲存储器

高速缓冲存储器(Cache)简称缓存,是位于 CPU 与主内存间的一种容量较小但速度很高的存储器。缓存大小是 CPU 的重要性能指标之一,而且缓存的结构和大小对 CPU 速度的影响非常大。

为什么需要 Cache 呢? 这是因为随着 CPU 的快速发展,处理速度远远大于主存的存取速度。主存和 CPU 之间的速度差,使得 CPU 在存储器读/写总线周期中必须插入等待周期;由于 CPU 与主存的频繁交换数据,这极大影响了整个系统的性能。这使得存储器的存取速度已成为整个系统的瓶颈。当前解决这个问题的最佳方案是采用 Cache 技术。Cache 的工作原理是保存 CPU 最常用数据;当 Cache 中保存着 CPU 要读/写的数据时,CPU 直接访问 Cache。由于 Cache 的速度与 CPU 相当,CPU 就能在零等待状态下迅速地实现数据存取。只有在 Cache 中不含有 CPU 所需的数据时 CPU 才去访问主存,大大减少了 CPU 的等待时间,提高了系统的效率。Cache 容量的增大,可以大幅度提升 CPU 内部读取数据的命中率,而不用再到内存或者硬盘上寻找,以此提高系统性能。

在日常生活中也常有使用缓存的概念。图书馆管理员管理上万册书籍,发现每天都有很多读者,但是有些书借阅者很多,有些却很少。为了节约时间,就将常被借阅的书放在办公桌的一个空出来的抽屉里,若有人来借,则可快速取出而不像往常那样花时间去寻找。这个抽屉就是"缓存"。

高速缓存分为一级缓存(即 L1 Cache)、二级缓存(即 L2 Cache)和三级缓存(L3 Cache)。CPU 在运行时依次从一级缓存、二级缓存等读取数据,然后从内存和虚拟内存读取数据。因此,高速缓存的容量和速度直接影响到 CPU 的工作性能。

(1)L1 Cache:一级缓存内置在 CPU 内部并与 CPU 同速运行,可以有效提高 CPU 的运行效率。一级缓存越大,CPU 的运行效率越高。但其结构较复杂,在 CPU 管芯面积不能太大的情况下,L1 级高速缓存的容量不可能做得太大。一般服务器 CPU 的 L1 缓存的容量通常在32～256KB。

(2)L2 Cache:二级缓存就是一级缓存的缓冲器,一级缓存制造成本很高,因此它的容量有限,二级缓存的作用就是存储那些 CPU 处理时需要用到,一级缓存又无法存储的数据。二级缓存分内部和外部两种芯片,内置的芯片二级缓存运行速度与主频相同,但外部的二级缓存则只有主频的一半,大容量的 L2 高速缓存必将带来较高的 CPU 性能,目前 L2 缓存的容量能达到 16MB。

(3)Cache:L3 Cache 可以进一步降低内存延迟,具有较大 L3 缓存的处理器提供更有效的文件系统缓存行为及较短消息和处理器队列长度,同时提升大数据量计算时处理器的性能,降低内存延迟和提升大数据量计算能力。对大型应用程序,如大型 3D 游戏等提升较大,因而高配置电脑、服务器都大大提升 L3 缓存的容量。

4. 超流水线与超标量

流水线是 Intel 首次在 486 芯片中开始使用的。流水线的工作方式就像工业生产上的装配流水线。在 CPU 中由 5～6 个不同功能的电路单元组成一条指令处理流水线,然后将一条 X86 指令分成 5～6 步后再由这些电路单元分别执行,这样就能实现在一个 CPU 时钟周期完成一条指令,从而提高 CPU 的运算速度。超流水线是通过细化流水、提高主频,使得在一个机器周期内完成一个甚至多个操作,其实质是以时间换取空间。

超标量是通过内置多条流水线来同时执行多个处理器,其实质是以空间换取时间。例如 Pentium 4 的流水线就长达 20 级。将流水线设计的步(级)越长,其完成一条指令的速度越快,因此才能适应工作主频更高的 CPU。但是流水线过长也带来了一定副作用,很可能会出现主频较高的 CPU 实际运算速度较低的现象,Intel 的 Pentium 4 就出现了这种情况,虽然它的主频高达 1.4G 以上,但其运算性能却远远比不上 AMD 1.2G 的速龙甚至 Pentium 3。

5. CPU 扩展指令集

CPU 依靠指令来计算和控制系统,每款 CPU 在设计时就规定了一系列与其硬件电路相配合的指令集。指令集是 CPU 所能执行的所有指令的集合,指令集中的每一条指令都对应一种操作。对于同一个档次的 CPU,其基本指令集都差不多,但是为了提升某方面的性能,增加一些特殊的指令和硬件功能,使计算机处理信息的速度得到很大提高,这些新增加的指令就构成了扩展指令集,指令的强弱是 CPU 的重要指标。

6. 协处理器(数学协处理器)

在 486 以前的 CPU 里面,是没有内置协处理器的。由于协处理器主要的功能就是负责浮点运算,因此 386、286、8088 等微机 CPU 的浮点运算性能都相当落后。自从 486 以后,CPU 一般都内置了协处理器,协处理器的功能也不再局限于增强浮点运算。现在 CPU 的浮点单元(协处理器)往往对多媒体指令进行了优化。例如,Intel 的 MMX(多媒体扩展指令集)技术。MMX 是 Intel 公司在 1996 年为增强 Pentium CPU 在音像、图形和通信应用方面而采取的新技术。为 CPU 新增加 57 条 MMX 指令,把处理多媒体的能力提高了 60% 左右。现在的 CPU 已经普遍内置了多媒体指令集,如 Pentium 4 内置了 SSE2 指令集,而 AthlonXP 则内置增强型的 3DNow! 指令集。

7. 乱序执行和分支预测

乱序执行(out-of-order execution)是指 CPU 采用了允许将多条指令不按程序规定的顺序分开发送给各相应电路单元处理的技术。例如,程序某一段有 7 条指令,此时 CPU 将根据各单元电路的空闲状态和各指令能否提前执行的具体情况分析后,将能提前执行的指令立即发送给相应电路执行。当然,在各单元不按规定顺序执行完指令后,还必须由相应电路再将运算结果重新按原来程序指定的指令顺序排列后才能返回程序。这种将各条指令不按顺序拆散后执行的运行方式就叫乱序执行技术。采用乱序执行技术的目的是为了使 CPU 内部电路满负荷运转并相应提高了 CPU 的运行程序的速度。Pentium Pro 和 Alpha 21264 之后的几乎所有 CPU 都采用了乱序执行技术。

分支预测指芯片上内置了一个分支目标缓存器,用来动态地预测程序分支的转移情况,从而使流水线能保持较高的吞吐率。

8. 工作电压

CPU 的工作电压,即 CPU 正常工作所需的电压,可以分为 CPU 的核心电压与 I/O 电压两个方面。核心电压即驱动 CPU 核心芯片的电压,I/O 电压则指驱动 I/O 电路的电压。通常 CPU 的核心电压小于或等于 I/O 电压。

较低的工作电压主要有两个优点:一是降低了 CPU 的芯片总功耗。功耗降低,系统的运行成本就相应降低,这对于便携式和移动系统来说非常重要,使其现有的电池可以工作更长时间,从而使电池的使用寿命大大延长;另外,功耗降低使发热量减少,运行温度不过高的 CPU 可以与系统更好地配合。

早期 CPU(386 或 486 系列)由于工艺落后,它们的工作电压一般为 5V(Pentium 系列是 3.5V/3.3V/2.8V 等),随着 CPU 的制造工艺与主频的提高,CPU 的工作电压逐步下降。

9. 制造工艺

制造工艺虽然不会直接影响 CPU 的性能,但它极大地影响 CPU 的集成度和工作频率。制造工艺越精细,CPU 可以达到的频率越高,集成的晶体管就可以更多。第 1 代 Pentium CPU 的制造工艺是 $0.35\mu m$,最高达到 266MHz 的频率,第 2 代 Pentium 和 Celeron 系列 CPU 的制造工

艺是 $0.25\mu m$，频率最高达到 450MHz。铜矿核心的 Pentium 3 制造工艺缩小到了 $0.18\mu m$，最高频率达到 1.13GHz。Northwood 核心的 Pentium 4 CPU 制造工艺达到 $0.13\mu m$，目前制造工艺已经达到 $0.045\mu m$。

3.2.2 运算器

运算器是进行算术运算和逻辑运算的部件，主要由算术逻辑单元 ALU(Arithmetic Logic Unit)和一组寄存器组成。在控制器的控制下，它对取自内存储器或寄存器组中的数据进行算术或逻辑运算，再将运算的结果送到内存储器或寄存器组中。算术逻辑单元也叫算术逻辑运算部件，是运算器的核心，其核心部分是加法器，并辅以移位和控制逻辑组合而成。在控制信号的控制下，可进行算术运算和各种逻辑运算。算术运算是按照加、减、乘、除、求绝对值等算术规则进行的运算；逻辑运算一般泛指非算术性质的运算，如逻辑加、逻辑乘、移位等。寄存器组用来存储 ALU 运算中所需的操作数及其运算结果，又可以分为数据缓冲寄存器(DR)和状态条件寄存器。

下面分别介绍运算器主要部件的功能。

1. 算术逻辑运算单元

ALU 主要由加法器组成。若 CPU 的字长为 16 位，则该加法器至少由 16 个全加器组成。

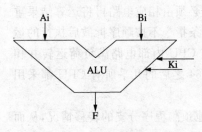

图 3.5 ALU 逻辑结构图

图 3.5 所示为简单 ALU 逻辑结构图，图中 Ai 和 Bi 为输入变量；Ki 为控制信号，Ki 的不同取值可决定该电路进行哪一种算术运算或哪一种逻辑运算；Fi 是输出函数。

一般简单运算可直接完成，相对复杂的运算则需要若干步才能实现。因此，低档机中通常只设一个 ALU，功能较强的计算机可设置多个运算部件，有时往往配有专门的乘法、除法部件和浮点运算部件等。

2. 累加器

当 ALU 执行算术和逻辑运算时，累加器为其提供一个工作区。例如，当执行加法运算前，先将一个操作数暂时存放在累加器中，再从存储器/寄存器中取出另一个操作数，然后同累加器中的内容相加，结果再送回累加器，累加器原来的内容即被覆盖。可见，累加器中存放着 ALU 运算的结果信息。目前 CPU 中的累加寄存器，多达 16 个，32 个甚至更多。

3. 数据缓冲寄存器

一般情况下，程序的运行过程是时而进行计算，时而进行输入或输出。以输出为例，如果没有缓冲，则程序在输出时，必然由于打印机的速度跟不上而使 CPU 停下来等待；然而在计算阶段，打印机又无事可做。通过设置一个缓冲区，程序可以将待输出的数据先输出到缓冲区中，然后继续执行；而打印机则可以从缓冲区取出数据慢慢打印。

数据缓冲寄存器用来暂时存放由内存储器读出的一条指令或一个数据字；反之，当向内存存入一条指令或一个数据字时，也暂时将它们存放在数据缓冲寄存器中。

因此，数据缓冲寄存器的作用主要表现在以下三个方面：

(1)作为 CPU 和内存、外部设备之间信息传送的中转站；

（2）补偿 CPU 和内存、外部设备之间在操作速度上的差别；

（3）在单累加器结构的运算器中，数据缓冲寄存器还可兼作为操作数寄存器。

4. 状态条件寄存器

状态条件寄存器用来保存指令运行结果的各种状态信息，主要包括零标志、负标志、溢出标志、进位标志、系统中断状态等。这些状态可以为指令的执行提供参考，可以为 CPU 和系统了解计算机运行的状态提供数据。

3.2.3 控制器

控制器是计算机的指挥中心，用于控制计算机各部件协调工作以完成指令的程序。计算机的工作就是执行程序，但计算机只能执行存放在内存中的程序，所以执行程序前一定要把数据和程序放入计算机内存。在执行程序时，控制器首先从存储程序的内存中按顺序取出一条指令，经过分析译码产生一串操作命令发给各个相关部件，使它们执行该指令所规定的任务。

控制器一般由程序计数器 PC(Programming Counter)、指令寄存器 IR(Instruction Register)、指令译码器 ID(Instruction Decoder)、时序产生器和操作控制器组成。这些部件大体可以分为指令部件、时序部件和控制部件三类。

1. 指令部件

指令部件包含了 PC、IR 和 ID。PC 由若干位触发器及逻辑门电路组成，用来存放将要执行的指令在存储器中的存放地址。程序开始执行前，必须将它的起始地址，即程序第一条指令所在的内存地址送入 PC，PC 中随即存放了从内存中提取的第一条指令的地址。当指令执行时，PC 自动加 1，指向下一条指令在存储器的存放地址。当遇到转移指令时，控制器将把转移后的指令地址送入 PC，使 PC 的内容被指定的地址所取代。这样，按此地址从存储器中取出指令，便改变了程序的执行顺序，实现了程序的转移。IR 是由若干位触发器所组成的，用来存放从存储器取出的指令。ID 由门组合线路组成的，用来实现对指令操作码的译码工作。

指令由操作码字段（OP，指明操作功能）和地址码字段（A，或称操作数字段，指明操作数）两部分构成。

操作码：指令的操作码字段表明了所执行的操作。指令系统中的每一条指令都有一个唯一确定的操作码。

地址码：运算的操作数和运算结果存放的地址。根据指令功能的不同，地址码字段可以含有单地址、双地址或三地址结构，少量指令无地址码字段。

例如：Intel 8086 CPU 加法指令

ADD　AX，BX

将寄存器 AX 和 BX 相加，将和送到 AX 寄存器。

（AX）＋（BX）→（AX）

该指令由两个字节构成：01D8H＝00000001　11011000

其中：

000000＝ADD，指令操作码。

0＝源寄存器，指明源操作数。

1＝字（16 位）运算，区分字节、字运算。

11＝寄存器方式,指明操作数类型。

011＝BX,寄存器编号。

000＝AX,寄存器编号。

2. 时序部件

指令的执行是个复杂的过程,各个步骤之间有一定的顺序,就是在一步操作之内,各个部件的动作也必须按照一定的顺序,在指定的时间内完成,否则可能产生错误的结果。时序部件主要包含时序产生器,用来对各种操作控制信号进行定时,进行时间上的控制。

3. 操作控制部件

操作控制部件根据指令译码器所产生的操作码和时序部件所产生的时序信号,发出取指令和执行指令所需要的一系列控制信号,建立多个寄存器之间传送信息的"数据通路",完成取指令和执行指令的操作控制。由于计算机的指令种类很多,每种指令所包含的操作又各不相同,要把每条指令的操作合理安排执行是一件相当复杂的工作。因此,操作控制部件是计算机硬件设计中难度最大的部件,可以分为组合逻辑型、存储逻辑型和可编程逻辑阵列三种。组合逻辑型是一种由门电路和寄存器组成的复杂电路结构,采用硬连线控制。存储逻辑型采用微程序控制方式,将一条指令分解为多条微指令组成的序列(微程序),由一段微程序完成的多个微操作来完成一条指令的功能。可编程逻辑阵列是组合逻辑和存储逻辑相结合的方式,既可以实现组合逻辑,又可实现时序逻辑。

3.2.4 CPU 的工作原理

CPU 执行指令的工作流程如图 3.6 所示。

微型计算机每执行一条指令都需要经过以下 4 个基本操作。

(1)取出指令:从存储器某个地址中取出要执行的指令。

(2)分析指令:把取出的指令送到指令译码器中,译出指令对应的操作。

(3)执行指令:向各个部件发出控制操作,完成指令要求。

(4)为下一条指令做好准备。

下面以数值 5 和 7 求和的例子来说明 CPU 的工作原理。在计算机开机状态下,程序首先需要转变成计算机可以识别的指令,这些工作不需要用户来执行。假设转换以后的指令及其在内存中的地址如下:

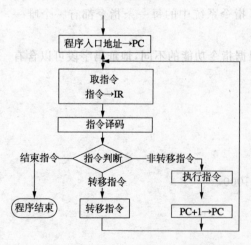

内存地址	二进制机器指令格式
0000000001	0001 00 0000100000
0000000011	0011 00 0000100001
0000000101	0010 00 0000100010
0000000111	0000 00 0000000000

图 3.6 CPU 指令执行的工作流程

这里用 2 字节(16 位)来为机器指令编码,前面 4

位表示操作码,后面 12 位表示操作数,操作数前两位编码表示寄存器的编号,后面 10 位表示内存单元地址。假设寄存器 A 的编号为 00,内存单元 100000 中存储了数 101,内存单元 100001 中存储了数 111,程序的首地址为 0000000001。上述指令涉及的操作码及含义如下:

0001 表示取数操作(从内存单元中取出数值存入某寄存器);0011 表示加法操作(把某寄存器中的数值加上某个内存单元中的数值,和存入寄存器);0010 表示存数操作(把某寄存器中的数值存于某内存单元);0000 表示结束操作。

具体过程如下:

①CPU 根据 PC 的值,从内存单元 0000000001 中取出第一条机器指令 0001 00 0000100000,传送给指令寄存器。指令译码部件分析寄存器的操作码,由控制器负责执行。

②PC 自动加 1,得到第二条机器其指令的内存地址 0000000011。CPU 根据 PC 中的值,从该地址中取出第二条机器指令,传送给指令寄存器。操作码译码部件分析指令寄存器的操作码,由控制器按照译码器分析出的操作要求,控制各个部件协调一致完成该操作,把寄存器 A 的数值 101 与内存地址 100001 中取出的数值 111 相加,把和存放在寄存器 A 中。

③PC 加 1,得到第三条机器指令在内存中的地址 00000000101。CPU 根据 PC 中的值,取出第三条机器指令 0010000000100010,传给指令寄存器。操作码译码部件分析指令寄存器的操作码,控制器按照操作码译码部件分析得到的操作要求完成把寄存器 A 中的数值 1100 存放于内存单元 100010 中。

④PC 加 1,指向第四条机器指令在内存中的地址 00000000111。CPU 按照 PC 所指取出第四条机器指令 0000000000000000,传送给指令寄存器。操作码译码部件分析指令寄存器的操作码,控制其按照操作码译码部件分析得出的操作要求,控制各个部件协调一致完成操作,即结束程序的执行。

计算机在进行计算时,指令必须按照一定的顺序一条接一条地执行。上面的例子是一种简单的情况,即 CPU 每次取指令的地址都是 PC+1 得到的,是一种顺序执行方式。程序的执行有时需要转移到某个非顺序的内存单元中。

3.3 存 储 设 备

计算机的存储器用于保存计算机中的数据资源,用户在使用计算机进行各种操作时都需要使用存储器。存储器主要分为主存储器和外存储器两大类。主存储器存储直接与 CPU 交换的信息,外存储器存放当前不立即使用的信息,它与主存储器批量交换信息。目前,主存储器都由半导体存储器组成,外存储器则由磁带机、磁盘及光盘组成。

3.3.1 主存设备

主存储器,也称为内存或主存,用来存放计算机的运行程序和处理的数据。主存储器好比人类大脑的记忆系统,没有它,就算其他部件性能再优越,计算机也无法开展工作。从启动计算机的时刻起,主存储器中就储存了各种各样的信息,当用户使用计算机操作或执行计算机程序时,这些程序首先被读入到主存储器中,然后在特定的内存中开始执行,执行的结果也将保存在该内存中。

主存储器通常由一组或多组具备数据输入/输出和数据存储功能的集成电路构成,按照其工作原理可分为两类,即随机存储器 RAM(Random Access Memory)和只读存储器 ROM(Read

Only Memory），如图 3.7 所示。

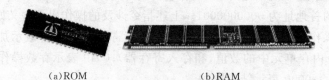

(a)ROM   (b)RAM

图 3.7　主存储器

1. RAM

RAM 是一种可读/写存储器，在程序执行过程中，可对每个存储单元随机地进行读入或写出信息的操作。RAM 中存储的数据在掉电时会丢失，因而只能在开机运行时存储数据。根据组成元件的不同，RAM 又可以分为动态随机存储器 DRAM(Dynamic RAM)和静态随机存储器 SRAM(Static RAM)两种。DRAM 将电荷保存在位存储电路当中，用电容的充放电（充电时为 1，放电时为 0）来完成存储操作。由于电容上的电荷会通过电路内部的漏电阻和分布电容进行慢速放电，以致经过一段时间后，电容上的电荷会放光，存储的信息会会丢失，因此必须每几微秒就要"刷新"存储元件（增加电荷）一次。因为 DRAM 具有集成度高、结构简单、生产成本低等特点，广泛作为计算机的主存储器中，如内存条。SRAM 之所以称之为静态 RAM，是因为它可以无限期地保持自己的形态，直到用电源改变为止，数据可以长期存放其中而不需要不断刷新。SRAM 相对 DRAM 来说，速度更快且更稳定，但其结构较复杂、造价高。因此 SRAM 主要应用于高速小容量存储器中，如 Cache。

2. ROM

ROM 是一种在程序执行过程中只能将信息读出而不能写入的存储器。数据一旦写入 ROM 后便会长期保存，即使断电也不会丢失。因此 ROM 一般用来存储固件、硬件制造商提供的程序等，其内部信息在脱机状态下由专门的设备写入。按照存储信息的方式不同，ROM 可以分为四类。

（1）固定掩模式 ROM(Mask ROM)。这类 ROM 中的信息是在制造过程中，厂家利用光刻掩模"写入"，用户不能改变。

（2）可编程只读存储器 PROM(Programmable ROM)。最初 PROM 芯片中没有任何信息，但用户可以通过特殊的可编程设备将所需的程序写入到该芯片中，随后 PROM 芯片将永久存储这些信息且不能再更改。

（3）可擦除编程只读存储器 EPROM(Erasable Programmable ROM)。这类 ROM 芯片可以可编程设备写入程序等信息，不同于 PROM，EPROM 中的信息可以通过紫外线照射方式将原来写入的信息擦除，然后可重新写入新的信息。

（4）电可擦除编程存储器 EEPROM(Electrically Erasable Programmable ROM)。不同于 EPROM，EEPROM 可以通过电脉冲删除其中的信息，然后通过键盘操作重新写入新的信息，而不需要特殊的可编程设备。

内存最重要的性能指标是存储速度和存储容量。

存储速度：内存的存储速度用存取一次数据的时间来表示，单位为纳秒(ns)，$1\text{ns} = 10^{-9}\text{s}$。存储速度值越小，表明存取时间越短，速度就越快。目前，DDR 内存的存取时间一般为 6ns，而更快的存储器多用在显卡的显存上,如 5ns、4ns、3.6ns、3.3ns、2.8ns 等。

内存容量:内存容量是指该内存条的存储容量,是内存条的关键性参数。内存容量以 MB、GB 作为单位,如 64MB、128MB、256MB、10GB 等,一般而言,内存容量越大越有利于系统的运行。

另外,不同类型的内存在传输率、工作频率、工作方式、工作电压等方面都有不同。

目前市场中主要有的内存类型有 SDRAM、DDR SDRAM 和 RDRAM 三种。SDRAM 内存规格已不再发展,处于被淘汰的行列。DDR 全称是 DDR SDRAM(Double Date Rate SDRAM,双倍速率 SDRAM),是现在的主流内存规范。DDR 是在 SDRAM 内存基础上发展而来的,仍然沿用 SDRAM 生产体系,因此对于内存厂商而言,只需对制造普通 SDRAM 的设备稍加改进,即可实现 DDR 内存的生产,可有效地降低成本。RDRAM 始终未成为市场的主流,只有部分芯片组支持,而这些芯片组也逐渐退出了市场,RDRAM 前景并不被看好。

DDR 内存的发展经过了 DDR1、DDR2、DDR3 几个重要阶段。这些阶段产品在同核心频率下,由于采用了不同的并发技术,获得了不同的速率。DDR1 内存采用了双倍并发,即双倍速内存,在同核心频率下,速度是 SDRAM 内存的 2倍;DDR2 内存采用了 4 倍并发,即 4 倍速内存,在同核心频率下,速度是 DDR 内存

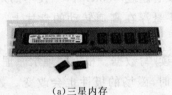 

(a)三星内存　　　　　　(b)海力士内存

图 3.8　DDR4 内存

的 2 倍,SDRAM 内存的 4 倍;DDR3 内存采用了 8 倍并发,即 8 倍速内存,在同核心频率下,速度是 DDR2 内存的 2 倍,DDR 内存的 4 倍,SDRAM 内存的 8 倍。

2011 年 1 月,三星公司宣布完成了历史上第一款 DDR4 DRAM 规格内存条的开发,并采用 30nm 级工艺制造了首批样品,如图 3.8(a)所示。其容量为 2GB,运行电压只有 1.2V,工作频率为 2133MHz,而且凭借新的电路架构最高可以达到 3200MHz。2011 年 3 月,Hynixl(海力士)公司声称,通过使用一种名为 TSV(硅通孔技术)的新技术,成功地在一个芯片封装中堆叠了 8 个 2GB DDR3 DRAM 内存芯片。标志着全球第一个在一个芯片封装中集成 16GB 内存的诞生。制作成内存模块之后,一个内存模块的最大容量可达 64GB,可广泛应用以满足服务器和其他产品对大容量内存的需求。2011 年 4 月,海力士公司宣布开发出了容量 2GB 的 DDR4 DRAM,以及容量 2GB 的 DDR4 ECC SO-DIMM 内存条,如图 3.8(b)所示。市场调研机构 iSuppli 认为,DDR4 DRAM 在整个内存市场上的份额在 2013 年约可达 5%,2015 年即可超过 50% 成为主流;同时,DDR3 DRAM 内存将在 2012 年达到 71% 的份额高峰,2014 年就会迅速滑落到 49%。

目前国内市场上主要的内存品牌有 Kingston(金士顿)、Samsung(三星)、GEIL(金邦)、Apacer(宇瞻)、A-data(威刚)、Transcend(创见)、PQI(劲永)、Hyundai(现代)、KingMax(胜创)、KINGSETK(金士泰)、Leadram(超胜)、TwinMOS(勤茂)、Elixir(易胜)、LPT(利屏)以及 FUHAO(富豪)等。国外常见的内存品牌有:Corsair、Crucial、G. Skill、MushkinOCZ、Patriot、PNY。不同内存采用的工艺有些不同,在性能上也有些差异。

常见的一些内存芯片制造商有:日本的 Elpida、韩国的 Hynix、德国的 Infineon、美国的 Micron、韩国的 Samsung 及中国台湾的 Winbond 和 Nanya。

3.3.2 外存储设备

外存储设备,也称辅助存储设备或外存。主要用于长期保存数据,在需要时再调入主机使用。相对于内存,外存的存储容量很大、数据存储成本更低,但读/写速度远远低于内存。由于外存设备在主机外部,因此通常属于外部设备。目前常见的外存设备有硬盘、光盘和闪存等。

1. 硬盘

硬盘是当前各种机型的主要外存设备,它以铝合金或塑料为基体,两面涂有一层磁性胶体材料。通过电子方法可以控制硬盘表面的磁化,以达到记录信息(0 和 1)的目的。

1)硬盘的工作原理

1956 年,IBM 的一个工程小组向世界展示了第一台磁盘存储系统 Ramac。1968 年,Winchester 技术被提出。虽然在半个世纪的发展中,硬盘技术有了明显的进步,衍生出多种不同的形式,但硬盘结构依然没有超越 Winchester 技术的定义:密封、固定并高速旋转的镀磁盘片,磁头沿盘片径向移动,磁头悬浮在高速转动的盘片上,不与盘片直接接触。硬盘的内部组成如图 3.9 所示。

硬盘利用电磁原理读/写数据。根据物理学原理,当电流通过导体时,围绕导体会产生一个磁场。当电流方向改变时,磁场的极性也会改变。数据写入磁盘的操作就是根据这一原理进行的。

2)硬盘的基本定义

硬盘的每一个盘片都有两个盘面,即上、下盘面,一般每个盘面都会利用,都可以存储数据。每一个盘面都有一个盘面号,按顺序从上至下从"0"开始依次编号。在硬盘系统中,盘面号又叫磁头号,因为每一个有效盘面都有一个对应的读/写磁头。硬盘的盘片组在 2~14 片不等,通常有 2~3 个盘片,故盘面号(磁头号)为 0~3 或 0~5,如图 3.10 所示。

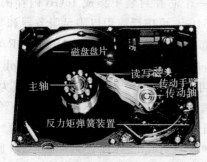

图 3.9 硬盘内部组成

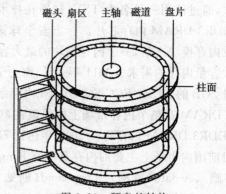

图 3.10 硬盘的结构

每个盘面在格式化时被划分成许多同心圆,这些同心圆轨迹叫做磁道。磁道从外向内从 0 开始顺序编号。硬盘的每一个盘面有 300~1024 个磁道,新式大容量硬盘每面的磁道数更多。信息以脉冲串的形式记录在这些轨迹中,这些同心圆不是连续记录数据,而是被划分成一段段的圆弧,这些圆弧的角速度一样。每段圆弧叫做一个扇区,扇区从"1"开始编号,每个扇区中的数据作为一个单元同时读出或写入。一个标准的 3.5 寸硬盘盘面通常有几百到几千条磁道。磁道是看不见的,只是盘面上以特殊形式磁化了的一些磁化区,在磁盘格式化时就已规划完毕。

所有盘面上的同一磁道构成一个圆柱,通常称为柱面。数据的读/写操作按柱面进行,即磁头读/写数据时首先在同一柱面内从"0"磁头开始进行操作,依次向下在同一柱面的不同盘面即磁头上进行操作,只在同一柱面所有的磁头全部读/写完毕后磁头才转移到下一柱面,因为选取磁头只需通过电子切换即可,而选取柱面则必须通过机械切换。电子切换相当快,比在机械上磁头向邻近磁道移动快得多,因此,数据的读/写按柱面进行,而不按盘面进行。也就是说,一个磁道写满数据后就在同一柱面的下一个盘面来写,一个柱面写满后才移到下一个扇区开始写数据。读数据也按照这种方式进行,这样就提高了硬盘的读/写效率。

扇区、磁道(或柱面)和磁头数构成了硬盘结构的基本参数,通过这些参数可以得到硬盘的容量,计算公式为

$$存储容量＝磁头数×磁道(柱面)数×每道扇区数×每扇区字节数$$

2. 光盘

光盘存储器简称光盘,是通过激光信号读/写信息,具有存储容量大,存取速度快,性能价格比高等突出优点,现在得以广泛应用。按性能不同可分为三种类型:只读型光盘(CD-ROM)、一次性写入型光盘(WORM)和可擦写型光盘(Erasable)。按照存储信息格式可分为:普通数据光盘、CD(Compact Disk)、VCD(Video Compact Disk)、SVCD(Super Video Compact Disk)、DVD(Digit Video Disk)等。

只读型光盘(CD-ROM)在出厂时已将有关数字信息写入并永久保存在光盘上,用户只能读不能写。光盘采用丙烯树脂作基片,并涂敷碲合金薄膜或其他介质。光盘的工作原理是利用光盘上的凹坑记录数据。在光盘中,凹坑是被激光照射后反射弱的部分,陆地是没有受激光照射仍然保持高反射率的部分。光盘用激光束照射盘片并产生反射,然后利用凹坑的边缘来记录"1",而凹坑和陆地的平坦部分记录"0",凹坑的长度和陆地的长度都代表由多少个"0",凹坑端部的前沿和后沿代表"1",记录原理如图3.11所示。

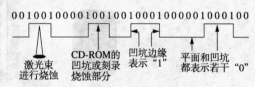

图 3.11　光盘信息记录原理

读信息时,激光器产生读激光,根据光盘的有无凹坑形成强弱不同的反射光,再经过光解调器,便输出对应的数字信息。

一次性写入型光盘(WORM)的特点是用户可以将自己的数据按一定格式一次性地写入,信息一旦写入,便只能读而不能再写。这种光盘在制造时,介质层没有与数字信息对应的凹坑排列,但要做出深度为激光波长1/8的导向槽和表明地址的深度为1/4波长的凹坑,以便实现控制定位、读/写信息。

可擦写型光盘特点是用户可多次擦写,其读/写原理依赖于使用的介质而定,典型的是光磁型光盘(MO)。

3. 闪存

闪存的英文名称是 Flash Memory,一般简称为 Flash 或 U 盘,它也属于内存器件的一种。不过闪存的物理特性与常见的内存有根本性的差异:目前各类 DDR、SDRAM 或者 RDRAM 都属于挥发性内存,只要停止电流供应内存中的数据便无法保持,因此每次计算机开机都需要把数

据重新载入内存。闪存是一种不挥发性（Non-Volatile）内存,在没有电流供应的条件下也能够长久地保持数据,其存储特性相当于硬盘,这项特性正是闪存之所以成为各类便携型数字设备的存储介质的基础。

图 3.12　256GB 的 U 盘

闪存具有即插即用的功能,用户只要将它插入计算机 USB 接口,计算机就会监测到。在读/写、复制等操作上给用户提供了更大的便利。目前市面上闪存的存储容量最高达到 256GB,可重复擦写次数达 100 万次以上。主要的闪存品牌有金士顿、威刚、台电、爱国者、索尼、三星、纽曼等,图 3.12 所示为一款 256GB 的 U 盘。

4. 移动硬盘

移动硬盘（Mobile Hard Disk）是一种便携性的存储产品。市场上绝大多数的移动硬盘都是以标准硬盘为基础的,而只有很少部分的是以微型硬盘(1.8 英寸硬盘等),但价格因素决定着主流移动硬盘还是以标准笔记本硬盘为基础。移动硬盘一般由硬盘加上带有 USB 或 IEEE 1394 接口的硬盘盒构成。

移动硬盘的容量同样是以 MB、GB、TB 为单位的,1.8 英寸移动硬盘目前最大能提供的容量达到 250GB;主流 2.5 英寸硬盘能提供的容量目前达到 2TB,3.5 英寸的移动硬盘容量更达到 4TB 的超大容量。市场上主要的移动硬盘品牌有希捷、日立、纽曼、西部数据、三星、艾美加等,如图 3.13 所示为三种不同英寸规格下容量最大的移动硬盘。随着技术的发展,移动硬盘容量将越来越大,体积越来越小。

(a)1.8 英寸(250GB)　　　　(b)2.5 英寸(2TB)　　　　(c)3.5 英寸(4TB)

图 3.13　移动硬盘

因为移动硬盘是通过外部接口与系统相连接,其接口的速度就限制着移动硬盘的数据传输率。虽然一些接口理论上能支持一定的数据传输率,如 USB1.1 支持 12Mbit/s;USB 2.0 支持 480Mbit/s;USB3.0 支持 5Gbit/s;IEEE1394a 能提供 400Mbit/s;IEEE1394b 能提供 800 Mbit/s 的数据传输率,但在实际应用中会因为某些客观的原因(如存储设备采用的主控芯片、电路板的制作质量是否优良等),减慢了在应用中的传输速率。比如,同样是 USB 1.1 接口的移动硬盘产品,一个可以提供 1.2Mbit/s 的读取速度,而另一个则能提供 900kbit/s 的读取速度,这就是因为二者所采用的主控芯片等部件上的差异所造成的。

3.4　输入/输出设备

输入/输出设备 I/O（Input/Output）是对将外部世界信息发送给计算机的设备和将处理结果返回给外部世界的设备的总称。

输入/输出设备主要分为输入设备和输出设备两类。输入设备将人们熟悉的某种信息形式变换为机器内部所能接收和识别的二进制信息形式;而输出设备则把计算机的处理结果变成人或其他机器设备所能接收和识别的信息,它们都通过系统总线与主机连接通信。

第一代计算机的输入/输出设备种类非常有限。通常的输入设备是打孔卡片的读卡机,用来将指令和数据导入内存;而用于存储结果的输出设备则一般是磁带。随着科技的进步,输入/输出设备的丰富性得到提高。以个人计算机为例:键盘和鼠标是用户向计算机直接输入信息的主要工具,而显示器、打印机、扩音器、耳机则返回处理结果。此外还有许多输入设备可以接收其他不同种类的信息,如数码相机可以输入图像。

3.4.1 输入设备

用来向计算机输入各种原始数据和程序的设备叫做输入设备(input device)。输入设备把各种形式的信息,如数字、文字、图形、图像等转换为计算机能识别的二进制"编码",并把它们输入到计算机存储起来。键盘、鼠标、触摸屏、扫描仪等设备是微机中常用的输入设备。随着多媒体技术的发展,一些新的输入设备(如拼音输入设备、手写输入设备)已经问世。

1. 键盘

键盘是向计算机输入数据的主要设备,由按键、键盘架、编码器、键盘接口及相应控制程序等部分组成。在使用计算机时,用户主要通过键盘向计算机输入命令、程序及数据等信息,或使用一些操作键和组合控制键来控制信息的输入、修改和编辑,或对系统的运行进行一定程度的干预和预防。

微型计算机使用的标准键盘通常有 104 键,每个按键相当于一个开关。其他如 101、108 键等,都是简化或增强型的,使用基本相同。

按照键盘与主机的连接方式,键盘可以分为无线和有线键盘两种。无线键盘是键盘盘体与主机间没有直接的物理连线,主要通过蓝牙技术通信。所谓蓝牙技术,实际上就是一种短距离无线电技术,能有效简化掌上电脑、移动电话等移动设备终端之间,以及和 Internet 之间的通信。2011 年 3 月,蓝牙技术联盟推出了新一代蓝牙 3.0 规范,其传输速率理论达到 24Mbit/s,是目前 2.0 规范的 8 倍,1.0 规范的 24 倍。虽然实际使用中受其他一些因素影响,蓝牙 3.0 规范不可能达到理论值,但是这个速度完全可以用于大数据的数据交换等用途。相对于无线键盘,有线键盘一般通过 USB 接口或 PS/2 接口与主机连接。

目前市场上知名的键盘品牌主要有罗技、戴尔、双飞燕、雷柏等。如图 3.14 是一款雷柏无线键盘及有线键盘 USB 接口和 PS/2 接口的示意图。

2. 鼠标

鼠标也是一种常用的输入设备,它可以对当前屏幕上的游标进行定位,并通过按键和滚轮装置对游标经过位置的屏幕元素进行操作。1968 年 12 月 9 日,世界上的第一款鼠标诞生于美国斯坦福大学,如图 3.15(a)所示。它的发明者是 Douglas En-

图 3.14　无线键盘与有线键盘接口

（a）世界上第一款鼠标　　（b）无线鼠标

图 3.15　鼠标

glebart 博士。这款鼠标的设计目的，是为了用鼠标来代替键盘那烦琐的指令，从而使计算机的操作更加简便。

目前市面上的鼠标按照原理来分主要分为机械式鼠标、光电式鼠标、无线鼠标（图 3.15（b））。

机械式鼠标的鉴别很简单，把鼠标翻转过来，如果下面有个小圆球，则是机械式鼠标。机械式鼠标在桌面的移动时，小球就和桌面摩擦发生转动，而导致屏幕上的光标也跟着鼠标的移动而移动。目前市面上的机械式鼠标已经淘汰了，很难搜寻得到。

光电式鼠标器是通过检测鼠标器的位移，将位移信号转换为电脉冲信号，再通过程序的处理和转换来控制屏幕上的光标箭头的移动。光电式鼠标用光电传感器代替了滚球。

无线鼠标采用无线技术与计算机通信，从而省却了电线的束缚。其通常采用的无线通信方式包括蓝牙、Wi-Fi（IEEE 802.11）、Infrared（IrDA）、ZigBee（IEEE 802.15.4）等多个无线技术标准，但对于当前主流无线鼠标而言，仅有 27MHz、2.4G 和蓝牙无线鼠标三种。

3. 触摸屏

触摸屏是计算机的输入设备，与能实现输入的键盘和能单击的鼠标不同，它能让用户通过触摸屏幕来进行选择。具有触摸屏的计算机的所需的储存空间不大，移动部分很少，而且能进行封装。触摸屏使用起来比键盘和鼠标更为直观，而且培训成本也很低。触摸屏有三类主要元件：处理用户选择的传感器单元，感知触摸并定位的控制器以及由一个传送触摸信号到计算机操作系统的软件设备驱动。

按照触摸屏的工作原理和传输信息的介质，把触摸屏分为四种：电阻式、电容感应式、红外线式和表面声波式。

4. 扫描仪

扫描仪是常用的图像输入设备，如图 3.16 所示。扫描仪把输入的图像划分为若干个点，变成一个点阵图形，通过对点阵图的扫描，依次获得这些点的灰度值或色彩编码值，存入到计算机中，再通过相关的软件进行显示和处理。

主要的技术指标有分辨率、扫描幅度、扫描速度。

（1）分辨率：单位为 DPI（Dot Per Inch，每英寸像素点数），其数值的高低既能反映扫描仪记录图像信息的能力，又能反映扫描仪的档次和质量。

（2）扫描幅面：指扫描仪能够扫描最大原稿的尺寸，又称扫描面积。大多数平台式扫描仪的扫描面积为 A4 幅面。

图 3.16　扫描仪

（3）扫描速度：指在指定分辨率和图像尺寸下的扫描时间。多数产品是用扫描标准 A4 幅面彩色或黑白图像所用的时间来表示，这一指标决定着扫描仪的工作效率，越高越好。

5. 条形码阅读器

条形码阅读器是一种利用光电原理将条码信息转化为计算机可接收的信息的输入设备。常用于图书馆、医院、书店及超级市场，作为快速登记或结算的一种输入手段，对商品外包装上或印刷品上的条码信息直接阅读，并输入到联机系统中，如图 3.17 所示。

条码是由一组规则排列的条、空及对应字符组成的标记。条的反射率较低，空的反射率较

高。通常采用两种对比度高的颜色来分别构成条和空。由于条码中条
和空排列规则的不同,形成各种类型的条码,如 UPC 条码、EAN 条码、
二五条码、交错二五条码、三九条码、库德巴条码、中国标准书号(ISBN
部分)条码等。条码阅读器通常带有一个发光装置,将光线照射到条码
上,用光敏元件接收反射光。由于深浅不同的线条反射的光强度不同,
得到高低不同的电平信号,经译码装置转换为一组数字信号。

图 3.17 条形码阅读器

3.4.2 输出设备

从计算机输出种类数据的设备叫做输出设备(output device)。输出设备把计算机加工处理
的二进制信息转换为用户或其他设备所需要的信息形式输出,如文字、数字、图形、图像、声音等。
显示器、打印机、绘图仪等都是输出设备。

1. 显示器

显示器是计算机系统最常用的输出设备,其作用是将计算机处理的结果以显示的方式提供
给使用者。显示器的显示系统和电视机类似,主要部件是显像管。在彩色显示器中,通常有 3
个电子枪。显示管的屏幕上涂有一层荧光粉,电子枪发射出的电子击打在屏幕上,使被击打位置
的荧光粉发光,从而产生了图像,每一个发光点又由红、绿、蓝三个小的发光点组成,这个发光点
也就是一个像素。由于电子束是分为三条的,它们分别射向屏幕上的这三种不同的发光小点,从
而在屏幕上出现绚丽多彩的画面。显示器显示画面是由显示卡来控制的。显示器的类型很多,
根据显像管的不同可分为 CRT、LED 和 LCD 三种显示器,如图 3.18 所示。

(a)CRT 显示器　　　　　　　(b)LED 显示器　　　　　　　(c)LCD 显示器

图 3.18 显示器

显示器的主要技术参数如下。

(1)屏幕尺寸:显示器屏幕对角线的长度,以 in 为单位,表示显示屏幕的大小,主要有 14in、
15in、17in、19in 和 20in 等多种规格。

(2)点距:点距是屏幕上荧光点的距离,它决定像素的大小,以及屏幕能达到的最高显示分辨
率,点距越小越好,现有的点距规格有 0.20mm、0.25mm、0.26mm、0.28mm 等。

(3)显示分辨率:显示器上的字符和图形是由一个个像素组成的。显示器屏幕上可控制的最
小光点称为像素,X 方向和 Y 方向总的像素点数称为分辨率。显示器的分辨率一般用整个屏幕
上光栅的列数与行数的乘积来表示。这个乘积越大,分辨率就越高,图像越清晰。现在常用的分
辨率是 640×480、800×600、1024×768、1280×1024 等。

(4)刷新频率:刷新频率是指电子束对屏幕上的图像重复扫描的次数。刷新率分为垂直刷新
率和水平刷新率,一般提到的刷新率通常指垂直刷新率。垂直刷新率表示屏幕的图像每秒钟重
绘多少次,也就是每秒钟屏幕刷新的次数,以 Hz(赫兹)为单位。刷新率越高,图像就越稳定,图

像显示就越自然清晰,对眼睛的影响也越小。刷新频率越低,图像闪烁和抖动就越厉害,眼睛疲劳得就越快。一般来说,如能达到 80Hz 以上的刷新频率就可完全消除图像闪烁和抖动感,眼睛也不会太容易疲劳。虽然刷新率越高越好,但是显示器一直以最高刷新率工作会加速显像管的老化,一般比最高刷新率低一到两档是比较合适的,建议 85Hz。

2. 打印机

目前常用的打印机有点阵式打印机、喷墨式打印机和激光打印机三种,如图 3.19 所示。

(a)针式打印机　　　　(b)喷墨打印机　　　　(c)激光打印机

图 3.19　打印机

(1)点阵式打印机:又称为针式打印机。点阵针式打印机是利用直径 0.2~0.3mm 的打印针通过打印头中的电磁铁吸合或释放来驱动打印针向前击打色带,将墨点印在打印纸上而完成打印动作的,通过对色点排列形式的组合控制,实现对规定字符、汉字和图形的打印。目前常用的打印头一般为 9 针和 24 针。针数越多,针距越密集,打印出来的字体越美观。针式打印机的维护费用低,打印成本低,能打发票,也能打多层的打印纸。但是打印速度慢、噪声大、打印分辨率低,主要适用于银行、税务、商店等的票据打印。

(2)喷墨打印机:喷墨打印机使用大量的喷嘴,将墨点喷射到纸张上。由于喷嘴的数量较多,且墨点细小,能够做出比针式打印机更细致、混合更多种的色彩效果。喷墨打印机打印精度较高,噪声低,价格便宜,但是由于其墨水消耗量大,因此日常维护费用高。

(3)激光打印机:激光打印机是利用碳粉附着在纸上而成像的一种打印机,其工作原理主要是利用激光打印机内的一个控制激光束的磁鼓,借着控制激光束的开启和关闭,当纸张在磁鼓间卷动时,上下起伏的激光束会在磁鼓产生带电核的图像区,此时打印机内部的碳粉会受到电荷的吸引而附着在纸上,形成文字或图形。由于碳粉属于固体,而激光束有不受环境影响的特性,所以激光打印机可以长年保持印刷效果清晰细致,打印在任何纸张上都可得到好的效果。激光打印机由于其精度高、打印速度快、噪声低等特点已经成为办公自动化的主流产品。

目前市场主要的打印机品牌有佳能、联想、三星、富士施乐、惠普等。

3. 绘图仪

绘图仪是能按照人们要求自动绘制图形的设备。它可将计算机的输出信息以图形的形式输出,主要可绘制各种管理图表和统计图、大地测量图、建筑设计图、电路布线图、各种机械图与计算机辅助设计图等。最常用的是 X-Y 绘图仪,如图 3.20 所示。

现代的绘图仪已具有智能化的功能,它自身带有微处理器,可以使用绘图命令,具有直线和字符演算处理以及自检测等功能。这种绘图仪一般还可选配多种与计算机连接的标准接口。

图 3.20　X-Y 绘图仪

3.5 主　板

主板安装在计算机主机箱内,是计算机最基本的也是最重要的部件之一。主板制造质量的高低,决定了硬件系统的稳定性。主板与 CPU 关系密切,每一次 CPU 的重大升级,必然导致主板的更新换代。

3.5.1 主板的功能及结构

主板是计算机硬件系统的核心,也是主机箱内面积最大的一块印刷电路板,如图 3.21 所示。主板的主要功能是传输各种电子信号,部分芯片也负责初步处理一些外围数据。计算机主机中的各个部件都是通过主板来连接的,计算机在正常运行时对系统内存、存储设备和其他 I/O 设备的操控都必须通过主板来完成。

图 3.21　主板示意图

计算机性能是否能够充分发挥,硬件功能是否足够,以及硬件兼容性如何等,都取决于主板的设计。主板的优劣在某种程度上决定了一台计算机的整体性能、使用年限以及功能扩展能力。

主板上各种元器件的布局排列、尺寸大小、形状等都有一定的标准,称为主板结构。主板按其结构可以分为 XT、AT、ATX、和 BTX 等。其中,AT 是多年前的老主板结构,现在已经淘汰;目前市场主流是 ATX 结构,扩展插槽较多,PCI 插槽数量在 4～6 个。如图 3.21 所示,PCI-E X16 插槽有 3 个,普通 PCI 插槽有 2 个,PCI-E X1 插槽有 1 个,表示该主板上可以接多个独立扩展卡,如显示卡、PCI-E 网卡、视频采集卡等。

IDE(Integrated Drive Electronics)接口,即电子集成驱动器,是以前普遍使用的外部接口,主要接硬盘和光驱。IDE 是把"硬盘控制器"与"盘体"集成在一起的硬盘驱动器。把盘体与控制器集成在一起的做法减少了硬盘接口的电缆数目与长度,数据传输的可靠性得到了增强,硬盘制造起来变得更容易,因为硬盘生产厂商不需要再担心自己的硬盘是否与其他厂商生产的控制器兼容。对用户而言,硬盘安装起来也更为方便。IDE 这一接口技术从诞生至今就一直在不断发展,性能也不断的提高,具有价格低廉、兼容性强的特点。

SATA 接口(Serial ATA)又称为串行 ATA。SATA 接口采用串行连接方式,总线使用嵌入式时钟信号,具备了更强的纠错能力,与以往相比其最大的区别在于能对传输指令(不仅仅是数据)进行检查,如果发现错误会自动矫正,这在很大程度上提高了数据传输的可靠性。而且串行接口还具有结构简单、支持热插拔的优点。使用 SATA 接口的硬盘又叫串口硬盘,已逐步取代 IDE 接口的并口硬盘。

外设接口负责将外部设备,如鼠标、键盘、网线等与主板连接起来,如图 3.22 所示。

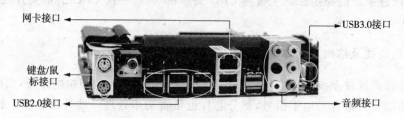

图 3.22　外设接口

主板上的电池是用来为 CMOS RAM 供电的,以便在关机后保存 CMOS 中设置的数据,如时间、日期、硬盘类型、CMOS 密码、IDE 模式设置等。如果把 CMOS 电池从主板上取下来,BIOS中的数据被恢复为出厂设置了,所有设置信息将全部丢失。

CPU 需要通过某个接口与主板连接才能进行工作。CPU 经过这么多年的发展,采用的接口方式有引脚式、卡式、触点式、针脚式等。而目前 CPU 的接口都是针脚式接口,对应到主板上就有相应的插槽类型,图 3.23 所示为一款 Socket A 类型的 CPU 插槽。

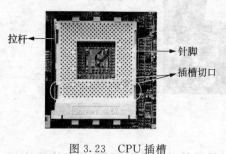

图 3.23　CPU 插槽

通常 CPU 插槽都是采用零插拔力 ZIF(Zero Insertion Force)设计,也就是在 CPU 插槽旁边加了一个拉杆。这样安装或拆卸 CPU 的时候,只需要拉一下拉杆就可以了。另外,在 Socket 462 插槽中安装 CPU 的时候,一定注意与主板上的两个缺角相对应,如图 3.23 所示。

不同类型的 CPU 具有不同的 CPU 插槽,因此选择 CPU,就必须选择带有与之对应插槽类型的主板。主板 CPU 插槽类型不同,在插孔数、体积、形状都有变化,所以不能互相接插。常见的 CPU 插槽类型有 Socket7、Socket 370、Socket 423、Socket A(Socket 462)、Socket 478、Socket 603、Socket 604、Socket 754、Socket 775、Socket 939、Socket 940、SLOT1、SLOT2、SLOT A 及 Socket 7 等。

3.5.2　主板芯片组

主板的核心是指主板芯片组,它决定了主板的规格、性能和大致功能。人们平时说的"865PE 主板",865PE 指的就是主板芯片组。对于主板而言,芯片组几乎决定了这块主板的功能,进而影响到整个计算机系统性能的发挥,芯片组是主板的灵魂。芯片组性能的优劣,决定了主板性能的好坏与级别的高低。这是因为目前 CPU 的型号与种类繁多、功能特点不一,芯片组如果不能与 CPU 良好地协同工作,将严重地影响计算机的整体性能,甚至不能正常工作。

1. 北桥芯片和南桥芯片

北桥芯片主要决定主板的规格、对硬件的支持以及系统的性能,它连接着 CPU、内存、AGP 总线。主板支持什么CPU,支持 AGP 多少速的显卡,支持何种频率的内存,都是北桥芯片决定的。北桥芯片往往有较高的工作频率，所以发热量颇高。在主板的 CPU 插槽附近找到一个散热器，下面的就是北桥芯片。相同北桥芯片的主板，性能差别微乎其微。

南桥芯片主要决定主板的功能，主板上的各种接口、PCI 总线、IDE 以及主板上的其他芯片（如集成声卡、集成 RAID 卡、集成网卡等），都归南桥芯片控制。南桥芯片通常裸露在 PCI 插槽旁边，比较大。

2. BIOS 芯片

基本输入/输出系统 BIOS(Basic Input/Output System)，全称是 ROM-BIOS，是只读存储器基本输入/输出系统的简写。BIOS 实际是一组被固化到电脑中，为计算机提供最低级最直接的硬件控制的程序，它是连通软件程序和硬件设备之间的枢纽。通俗地说，BIOS 是硬件与软件程序之间的一个"转换器"或者说是接口，负责解决硬件的即时要求，并按软件对硬件的操作要求具体执行。

从功能上看，BIOS 主要包括 3 个部分。

1）自检及初始化

自检和初始化负责启动电脑，具体有 3 个部分。

（1）加电自检 POST(Power On Self Test)，用于计算机刚接通电源时对硬件部分的检测，检查电脑是否良好。通常完整的 POST 自检将包括对 CPU、64K 基本内存、1M 以上的扩展内存、ROM、主板、CMOS 存储器、串/并口、显示卡、软/硬盘子系统及键盘进行测试，一旦在自检中发现问题，系统将给出提示信息或鸣笛警告。

（2）初始化，包括创建中断向量、设置寄存器、对一些外部设备进行初始化和检测等，其中很重要的一部分是 BIOS 设置，主要是对硬件设置的一些参数，当计算机启动时会读取这些参数，并和实际硬件设置进行比较，如果不符合就会影响系统的启动。

（3）引导程序，用于引导 DOS 或其他操作系统。BIOS 先从软盘或硬盘的开始扇区读取引导记录，如果没有找到，则会在显示器上显示没有引导设备，如果找到引导记录会把计算机的控制权转给引导记录，由引导记录把操作系统装入计算机，在计算机启动成功后，BIOS 的这部分任务就完成了。

2）程序服务处理和硬件中断处理

这两部分是两个独立的内容，但在使用上密切相关。程序服务处理程序主要是为应用程序和操作系统服务，这些服务主要与 I/O 设备有关，如读磁盘、文件输出到打印机等。为了完成这些操作，BIOS 必须直接与计算机的 I/O 设备打交道，它通过端口发出命令，向各种外部设备传送数据以及接收数据，使程序能够脱离具体的硬件操作，而硬件中断处理则分别处理 PC 机硬件的需求，因此这两部分分别为软件和硬件服务，组合到一起，使计算机系统正常运行。

BIOS 的服务功能是通过调用中断服务程序来实现的，这些服务分为很多组，每组有一个专门的中断。例如，视频服务，中断号为 10H；屏幕打印，中断号为 05H；磁盘及串行口服务，中断 14H 等。每一组又根据具体功能细分为不同的服务号。应用程序需要使用哪些外设、进行什么操作只需要在程序中用相应的指令说明即可，无需直接控制。

由于 CMOS 与 BIOS 都跟计算机系统设置密切相关，因而二者很容易混淆。从根本上说，CMOS RAM 是系统参数存放的地方，而 BIOS 中系统设置程序是完成参数设置的手段。因此，准确的说法应是通过 BIOS 设置程序对 CMOS 参数进行设置。

3.6 总 线

计算机的各部件之间的硬连接是由总线实现的,总线是多个系统部件之间进行数据传输的公共通路。微型机中总线一般可分为内部总线、系统总线和外部总线三种。内部总线指芯片内部连接各元件的总线。系统总线是连接微处理器、存储器和各种输入输出等主要部件的总线。微型机和外部设备之间的连接则通过外部总线来完成。下面主要讨论计算机的系统总线。

3.6.1 系统总线的分类

从逻辑功能的角度来说,按照传送的信息类型,系统总线可分为数据总线(DB)、地址总线(AB)和控制总线(CB)三种类型。

1. 数据总线

数据总线 DB(Data Bus)用于传送数据信息。数据总线是双向三态形式的总线,既可以把CPU 的数据传送到存储器或 I/O 接口等其他部件,也可以将其他部件的数据传送到 CPU。数据总线的位数是微型计算机的一个重要指标,通常与微处理的字长相一致。例如,Intel 8086 微处理器字长 16 位,其数据总线宽度也是 16 位。需要指出的是,数据的含义是广义的,它可以是真正的数据,也可以指令代码或状态信息,有时甚至是一个控制信息,因此在实际工作中,数据总线上传送的并不一定仅仅是真正意义上的数据。

2. 地址总线

地址总线 AB(Address Bus)是专门用来传送地址的,由于地址只能从 CPU 传向外部存储器或 I/O 端口,所以地址总线总是单向三态的,这与数据总线不同。地址总线的位数决定了 CPU可直接寻址的内存空间大小,如 8 位微机的地址总线为 16 位,则其最大可寻址空间为 $2^{16}=64KB$,16 位微型机的地址总线为 20 位,其可寻址空间为 $2^{20}=1MB$。一般来说,若地址总线为 n位,则可寻址空间为 2^n 字节。

3. 控制总线

控制总线 CB(Control Bus)用来传送控制信号和时序信号。控制信号中,有的是微处理器送往存储器和 I/O 接口电路的,如读/写信号、片选信号及中断响应信号等;也有其他部件反馈给 CPU 的,如中断申请信号、复位信号、总线请求信号及限备就绪信号等。因此,控制总线的传送方向由具体控制信号而定,一般是双向的,控制总线的位数要根据系统的实际控制需要而定。实际上控制总线的具体情况主要取决于 CPU。

3.6.2 常见系统总线

随着微处理器技术的飞速发展,使得个人计算机的应用领域不断扩大,随之相应的总线技术也得到不断创新。由 PC/XT 到 ISA、MCA、EISA、VESA 再到 PCI、AGP、IEEE 1394、USB 总线等。究其原因,是因为 CPU 的处理能力迅速提升,但与其相连的外围设备通道带宽过窄,且落后于 CPU 的处理能力,这使得人们不得不改造总线。其中,AGP 总线数据传输率可达 528MB/s,PCI-X 可达 1GB/s,系统总线传输率也由 66MB/s 到 100MB/s 甚至更高的 133MB/s、150MB/s。

总线的这种创新,促进了计算机系统性能的日益提高。

随着微机系统的发展,有的总线标准仍在发展、完善,与此同时,有某些总线标准会因其技术过时而被淘汰。系统总线是用来连接各种插件板,以扩展系统功能的总线。在大多数微机中,显示适配器、声卡、网卡等都是以插件板的形式插入系统总线扩展槽的,如图 3.24 所示。

(a) ISA扩展槽　　　　(b) PCI扩展槽　　　　(c) AGP扩展槽

图 3.24　总线扩展槽

下面对 ISA、PCI、USB 常见总线进行简单介绍。

(1)ISA(Industry Standard Architecture)。它是 IBM 公司为 286/AT 电脑制定的总线工业标准,也称为 AT 标准。ISA 总线具有 16 位的数据宽度,工作频率为 8MHz,最高数据传输速率 8MB/s。ISA 总线虽然性能并不是很高,但由于得到计算机厂商及大量的板卡生产厂商的支持以及兼容性需求,直到现在的高档微机中,仍然保留少量的 ISA 插槽。

(2)PCI(Peripheral Component Interconnect)。它是 SIG(Special Interest Group)集团推出的总线结构。自 1992 年起,已有 Intel、HP、IBM、Apple、DEC、Compaq、NEC 等著名厂商加盟。高性能 PCI 总线的频率为 33MHz,与 CPU 的时钟频率无关。总线宽度为 32 位,可扩展到 64 位,传输速率可达 132~264MB/s。PCI 总线的设计目的之一就是降低系统的总体成本,使用用户得到实惠。在 PCI 的设计中,将大量系统功能,如存储器、高速缓冲器及其控制器高度集成在 PCI 芯片内,以节省各部件互连所需的逻辑电路,减小线路板尺寸,降低成本。

(3)AGP(Accelerated Graphics Port)。加速图形端口 AGP 是一种为了提高视频带宽而设计的总线规范。因为它是点对点连接,即连接控制芯片和 AGP 显示卡,因此严格来说,AGP 也是一种接口标准,但在习惯上依然称其为 AGP 总线。AGP 接口是基于 PCI 2.1 版规范并进行扩充修改而成,工作频率为 66MHz。AGP 标准在使用 32 位总线时,有 66MHz 和 133MHz 两种工作频率,最高数据传输率为 266MB/s 和 533MB/s,随后发展的 AGP 8X 模式下,数据传输速度达到了 2.1GB/s。

(4)USB。由于多媒体技术的发展对外设与主机之间的数据传输率有了更高的需求,因此 USB 总线技术应运而生。通用串行总线 USB(Universal Serial Bus)是由 Compaq、DEC/IBM、Inter、Microsoft、NEC 等公司为简化 PC 与外设之间的互连而共同研究开发的一种免费的标准化连接器,它支持各种 PC 与外设之间的连接。USB 接口的主要特点是:即插即用,可热插拔。随着时间的推移,USB 将成为 PC 的标准配置。基于 USB 的外设将逐渐增多,现在满足 USB 要求的外设有调制解调器、键盘、鼠标、光驱、游戏手柄、软驱、扫描仪等,而非独立性 I/O 连接的外设将逐渐减少。即主机控制式外设减少,智能控制控制外设增多。USB 总线标准由 1.1 版升级到 2.0 版后,传输率由 12MB/s 增加到了 240MB/s。

3.7　微型计算机的主要性能指标

总的说来,微型计算机的性能可以从下面几个主要指标来衡量。

1)运算速度

运算速度是衡量 CPU 工作快慢的指标,一般以每秒完成多少次运算来度量。当今计算机的运算速度可达每秒万亿次。计算机的运算速度与主频有关,还与内存、硬盘等工作速度及字长有关。

2)字长

字长是 CPU 一次可以处理的二进制位数,字长主要影响计算机的精度和速度。字长有 8 位、16 位、32 位和 64 位等。字长越大,表示一次读/写和处理的数的范围越大,处理数据的速度越快,计算精度越高。

3)主存容量

主存容量是衡量计算机记忆能力的指标。容量大,能存入的字数就多,能直接接纳和存储的程序就长,计算机的解题能力和规模就大。随着操作系统的升级,应用软件的不断丰富及其功能的不断扩展,人们对计算机内存容量的需求也不断提高。

4)输入/输出数据传输速率

输入/输出数据传输速率决定了可用的外设和与外设交换数据的速度。提高计算机的输入/输出传输速率可以提高计算机的整体速度。

5)可靠性

可靠性指计算机连续无故障运行时间的长短。可靠性好,表示无故障运行时间长。可靠性是一个很难测试的指标,往往只能通过产品的工艺质量,产品的材料质量,厂商的市场信誉来衡量。在某些情况下,也可以通过极限测试的方法进行检测。不同厂商的产品由于采用不同的工艺流程、不同的电子元件材料,不同的质量管理方法,其产品可靠性有很大差异。

6)兼容性

任何一种计算机,高档机总是低档机发展的结果。如果原来为低档机开发的软件不加修改便可以在它的高档机上运行和使用,则称此高档机为向下兼容。硬件产品的兼容性往往可以通过驱动程序或补丁程序解决;软件产品的不兼容,一般通过软件包更新或产品升级解决。

本 章 小 结

本章主要从计算机组织的角度阐述微型计算机的组成及其相关硬件基础知识。计算机的硬件系统通常由运算器、控制器、存储器、输入/输出设备五大部件构成。运算器和控制器是计算机中的核心部件,集成在一个称为 CPU 的大规模芯片上,负责完成处理和控制功能。影响 CPU 的性能指标通常有主频、字长、高速缓冲存储器、超流水线与超标量等。学习这九个性能指标有助于读者深入理解 CPU 及其发展过程。CPU 的工作流程主要包括取指令、分析指令、执行指令、准备下一条指令四个步骤。存储器是存储数据和程序的部件,主要包括主存储器和外存储器两类。输入/输出设备主要指输入设备和输出设备两类。本章介绍了键盘、鼠标、触摸屏、扫描仪、条形码阅读器这些常用输入设备以及显示器、打印机、绘图仪三种输出设备的应用、分类和技术指标。主板是计算机最基本也是最重要的部件之一,本章对主板的功能、结构以及其芯片组进行了介绍。最后,讨论了计算机的系统总线和计算机重要性能指标。

习 题

1. 冯·诺依曼计算机的结构特点是什么? 它由哪几部分组成?

2. 什么是中央处理器？

3. 什么是指令？什么是指令系统？

4. 只读存储器和随机存储器有什么区别？

5. 什么是外部设备？外部设备包括什么？

6. 什么是总线？常用的总线有哪几种？

7. 什么是 USB？

8. 什么是 Cache？它的作用是什么？

9. 显示器有哪些种类？笔记本计算机使用的是哪一种显示器？

10. 计算机的存储系统包括哪几部分？内存和外存的主要区别是什么？

11. 打印机有哪些种类？主要技术指标是什么？

12. 微型计算机的主要技术指标是什么？

第4章 计算机软件系统基础

完整的计算机系统包括硬件系统和软件系统。硬件是软件运行的基础,软件是硬件功能的扩充和完善,两者相互依存、不可分离。硬件技术的发展会对软件提出新的要求,促进软件的发展;反之,软件的发展又会对硬件提出新的要求。本章主要从操作系统和应用软件两个方面介绍了计算机软件系统,为后面操作系统的学习打下基础。

4.1 计算机软件系统的组成

一个完整的计算机系统,无论是大型机、小型机还是微型机,都是由计算机硬件系统和软件系统两部分组成的。计算机硬件系统由运算器、控制器、存储器、输入/输出设备等部件组成,其基本原理在第3章中已经介绍,这些部件构成了计算机硬件系统本身。

然而,只有硬件系统而没有软件系统的支持,计算机也不能发挥其作用。软件与硬件的发展是相互促进的。计算机硬件建立了计算机应用的物质基础,而软件则提供了发挥硬件功能的方法和手段,扩大其应用范围,并能改善人-机界面,方便用户使用。没有配备软件的计算机称为"裸机",是没有多少实用价值的。硬件与软件的关系可以形象地比喻为:硬件是计算机的"躯体",软件是计算机的"灵魂"。

软件系统是计算机系统中各种软件的总称。计算机软件按功能可分为系统软件和应用软件两大类,如图4.1所示。其中,系统软件用于计算机的管理、维护和运行,以及为程序提供翻译、装入等服务工作,包括操作系统、程序设计语言处理程序、数据库管理系统、系统实用程序及工具软件等。应用软件通常指那些为某一方面应用而设计的程序,或用户为解决某个特殊问题而编写的程序。

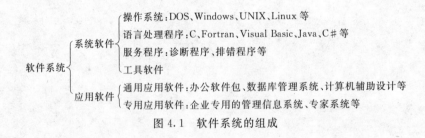

图 4.1 软件系统的组成

随着计算机技术的发展,计算机硬件的功能越来越强大,软件资源也相应日趋丰富和完善。

4.2 操作系统概述

操作系统是计算机中最基本、最重要的系统软件,它管理和控制着计算机系统中的所有软件和硬件资源,是计算机系统的核心,为用户提供了一个安全可靠、友好的工作环境。下面主要介绍操作系统的定义、分类、特征和功能,并对 Windows XP 的基本操作进行阐述。

4.2.1 操作系统的概念

操作系统 OS(Operating System)是为裸机配置的一种系统软件,以建立用户与计算机之间的友好界面。操作系统是对计算机硬件系统的第一次扩充,其他系统软件和应用软件都必须建立在操作系统基础之上,在操作系统支持下才能运行。若一台计算机没有操作系统,犹如一个人没有大脑思维一样,将一事无成。操作系统使用户不必了解硬件结构就可以利用软件执行各种操作,大大提高了工作效率。图 4.2 给出了操作系统与计算机软、硬件的层次关系。

从结构上看,操作系统由一组对计算机软件、硬件资源进行管理的程序组成,其中硬件资源包括 CPU、内存和外部设备;软件资源包括各种以文件形式存在的程序、数据和文档资料。计算机启动后,操作系统的核心程序及其需要经常使用的指令就从硬盘装入内存中,用户看到的是已经加载了操作系统的计算机,用户通过操作系统来使用计算机。

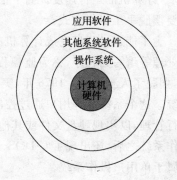

应用软件

其他系统软件

操作系统

计算机硬件

图 4.2　操作系统与软、硬件的层次关系

启动计算机的过程也称为引导程序。无论计算机规模如何,其引导程序都是类似的。以 Windows XP 操作系统为例,其引导过程可以大致分为以下几个步骤:

①计算机加电时,电源给主机及其他系统设备发出电信号。

②电脉冲使处理器芯片复位,并查找含有 BIOS 的 ROM 芯片。3.5.2 小节已经介绍过 BIOS 芯片代表基本输入/输出系统,是一段含有计算机启动指令的系统程序,存放在一个 ROM 芯片中。

③BIOS 执行加电自检,检测总线、扩展卡、RAM 芯片等各种系统部件,以确定硬件连接合理及操作正确。自检得到的系统信息会显示在显示器上。

④系统自动将自检结果与主板上的 CMOS 芯片中的数据进行比较。CMOS 芯片是一种特殊的只读存储器,存放计算机的相关配置信息。

⑤如果自检成功,BIOS 会到外存中查找引导程序并装入内存执行,由引导程序把操作系统的核心部分引导进入内存,然后操作系统开始接管、控制计算机,并把其他功能部分装入计算机。

⑥操作系统把系统配置信息从注册表装入内存。注册表由几个包含系统配置信息的文件组成。

当上述步骤完成之后,Windows XP 操作系统就被成功载入内存,用户可以使用计算机完成自己的相关工作了。

4.2.2 操作系统的分类

操作系统的发展是与计算机硬件体系结构紧密联系的。随着计算机芯片技术的迅速发展,现代计算机正向巨型、微型、分布、网络化和智能化等方面发展。与计算机的发展相适应,操作系统也经历了从无到有,从低级到高级的发展过程。

操作系统可按照不同的方式加以分类。若按照操作系统依赖的硬件规模,可分为大型机、中型机、小型机和微型机操作系统;按照所提供给用户的工作环境,可以分为单用户操作系统、批处

理操作系统、分时系统、实时系统、网络操作系统和分布式操作系统等。

1. 单用户操作系统(Single User Operating System)

早期计算机的运算速度慢,没有操作系统,甚至没有任何软件,用户直接用机器语言或汇编语言编写程序,上机时独占系统资源。操作流程如下:用户先将编写好的程序或数据通过穿孔机送到纸带(或卡片)上,然后将纸带(或卡片)装入纸带(或卡片)输入机等输入设备,经手工启动输入设备,把程序和数据输入计算机内存,再通过控制台启动程序。程序运行完毕后,打印机输出计算机结果,用户取走并卸下纸带(或卡片),然后才能让下一个用户上机操作。随着计算技术的发展,计算机的运行速度提高了很多,相对来说,手工操作速度缓慢,无法与计算机协调工作,急需要摆脱手工操作方式。

为了能通过程序完成计算机的使用、管理和操作,人们把计算机的输入/输出、运行控制及出错处理等编写为程序,称为监控程序。通过监控程序可以管理计算机资源,指挥用户程序的运行,摆脱了人工干预。1976年,美国DIGITAL RESEARCH软件公司研制出8位的CP/M操作系统。这个系统允许用户通过控制台的键盘对系统进行控制和管理,其主要功能是对文件信息进行管理,以实现硬盘文件或其他设备文件的自动存取。CP/M就是操作系统的雏形,继CP/M操作系统之后,还出现了C-DOS、M-DOS、TRS-DOS、S-DOS和MS-DOS等磁盘操作系统,这些都属于单用户操作系统。

单用户操作系统一次只能支持一个用户作业的运行。所谓作业,是指用户要求计算机系统所做的工作的集合。这些工作可能是一次计算过程、一次数据处理、一次信息查询等。相对来说,多用户操作系统可以支持多个用户同时登录,允许运行多个用户的作业。

2. 批处理操作系统(Batch Processing Operating System)

所谓批处理,就是将作业按照它们的性质分组(或分批),然后再成组(或成批)地提交给计算机系统,由计算机自动完成后再输出结果,从而减少作业建立和结束过程中的时间浪费。很明显,在批处理下,操作系统的功能和复杂性均得到提升。

在批处理系统中,将大量的作业存放在大容量存储器中排列成一个作业队列(Job Queue)中等待执行,如图4.3所示。队列是一种数据存储组织方式,它按照"先进先出"FIFO(Fist In Fist Out)方式工作。

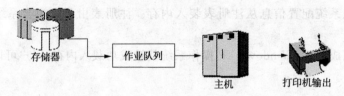

存储器 　　作业队列 　　主机 　　打印机输出

图4.3 批处理工作流程

根据在存储中允许存放的作业数,批处理系统又分为单道批处理系统和多道批处理系统。早期的批处理系统属于单道批处理系统,其目的是减少作业间转换时的人工操作,从而减少CPU的等待时间。它的特征是内存中只允许存放一个作业,即当前正在运行的作业才能驻留内存,作业的执行顺序是先进先出,即按顺序执行。早期批处理系统的实例有IBM开发的FOR-TRAN监视系统FMS,基于磁带的工作监控系统IBSYS;密歇根大学开发的UMES。由于在单道批处理系统中,一个作业单独进入内存并独占系统资源,直到运行结束后下一个作业才能进入内存,当作业进行 I/O 操作时,CPU 只能处于等待状态,因此 CPU 利用率较低,尤其是对于 I/O 操作时间较长的作业。

为了提高 CPU 的利用率,在单道批处理系统的基础上引入了多道程序设计(Multiprogramming)技术,这就形成了多道批处理系统,即在内存中可同时存在若干道作业,作业执行的次序与进入内存的次序无严格的对应关系,因为这些作业是通过一定的作业调度算法来使用 CPU 的,一个作业在等待 I/O 处理时,CPU 调度另外一个作业运行,因此 CPU 的利用率显著地提高了。相对来说,单道批处理系统管理起来相对简单。因为操作系统不需要考虑对处理机、存储器、输入/输出设备的分配,其主要工作就是在合适时间将需要执行的程序从外存调入内存中,安排编译或汇编,安排目标代码的运行,接收输入信息和传送输出信息。而多道操作系统必须考虑 CPU 时间的分配、主存储器空间的分配和安全及输入/输出设备中断系统的实现等问题。因而操作系统的功能和复杂性都比简单批处理时要复杂得多,既要管理工作,又要管理内存,还要管理 CPU 调度。典型的多道批处理操作系统是 IBM 的 OS/360,它运行在 IBM 的第三代计算机 System/360、System/370、System/4300 等之上。

3. 分时操作系统(Time-sharing Operating System)

分时操作系统是在多道批处理系统的基础上发展起来的,在分时操作系统中,用户通过计算机交互会话来联机控制作业运行,一个分时操作系统可以带几十甚至上百个终端,每个用户都可以在自己的终端上操作或控制作业的完成。从宏观上看,多用户同时工作,共享系统资源;从微观上看,各进程按时间片轮流运行,提高了系统资源的利用率。所谓分时,是指 CPU 资源的时间划分成很小的片段,称为时间片。时间片是程序一次运行的最小时间单元,程序按一定规则得到时间片运行。

例如,一个带有 10 个终端的分时操作系统,若给每个用户每次分配 100ms 的时间片,则每隔 1s 即可为所有用户服务一遍。如果用户的某个处理要求时间较长,分配给它的一个时间片不足以完成该处理任务,则它只能暂停下来,等到下一个时间片轮到时再执行。由于计算机运行速度很快,与用户的输入输出时间相比,时间片是很短暂的,所以系统每次都能对用户程序做出及时地响应,从而使每个用户都感觉自己似乎独占了整个计算机系统。

在多道批处理下,公平不公平没有人知道,用户提交了工作后只管等结果。至于自己的程序排在谁前面谁后面,或者占用了多少 CPU 时间是无关紧要的。而在分时操作系统环境下,大家都坐在计算机显示终端前面,任何的不公平将立即感觉到。因此,公平的管理用户的 CPU 时间就变得非常重要。除此之外,池化、互斥、进程通信等机制相继出现,使得分时操作系统的复杂性大为增加。

分时操作系统具有及时性的特点。及时性是指用户可以忍受的用户响应时间,这与处理机的指令周期和时间片的划分有关。每个用户终端都需要及时得到系统的响应,用户提出的各种请求,能够在较短或能容忍的时间内得到响应和处理。

分时操作系统提高了系统资源的共享程度,适用于程序调试、软件开发等需要频繁进行人机交互的作业。CTSS 是最早的分时操作系统,UNIX 和 Linux 是目前被广泛使用的分时操作系统。

4. 实时操作系统（Real Time Operating System）

实时操作系统指计算机对特定输入做出快速反应，以控制发出实时信号的对象。即计算机及时响应外部事件的请求，在规定的短时间内完成该事件的处理，并控制所有实时设备和实时任务协调一致地运行。

实时操作系统有硬实时和软实时之分。例如，汽车在装配线上移动时，必须在限定的时间内进行规定的操作。如果焊接机器人焊接得太早或太迟，都会毁坏汽车。如果某个动作必须绝对地在规定的时刻（或时间范围）发生，这就是硬实时操作系统，在操作系统设计时需要提供严格保证。航天中宇宙飞船控制，导弹发射控制等都属于硬实时操作系统的应用场景。另一类实时操作系统是软实时操作系统，在这种系统中，偶尔违反最终时限是可以接受的。例如，IPTV 数字电视机顶盒，需要实时的处理（解码）视频流，如果丢失了一个或几个视频帧，显然会造成视频的品质更差，但是只要进行过简单的抖动处理的系统，丢失几个视频帧并不会对整个系统造成不可挽救的影响。

实时操作系统具有及时性的特点，但是与分时操作系统有较大的区别。实时操作系统对响应时间的要求比分时操作系统高，分时操作系统的响应时间通常为秒级，而实时操作系统的响应时间以控制对象能接受的延迟时间来确定，可能是秒级或毫秒级甚至微秒级。

国外实时操作系统已经从复杂走向成熟，有代表性的产品主要有 VxWorks、QNX、Palm OS 及 Windows CE 等，占据了机顶盒、PDA 等的绝大部分市场。其中 VxWorks 成功应用到火星探测器中。国内的实时操作系统研发有两种类型。一类是中国自主开发的实时操作系统，如电子科技大学嵌入式实时教研室和科银公司分离研制开发的实时操作系统 Delta OS、凯思公司的 Hopen OS、中科院北京软件工程研制中心开发的 CASSPDA 以及浙江大学自行研制开发的嵌入式操作系统 HBOS 等；另一类是基于国外操作系统二次开发完成的，这类操作系统大多是专用系统。

5. 网络操作系统（Network Operating System）

计算机网络是通过通信设施将地理上分散的计算机相互连接，完成信息交换、资源共享、互操作和协同工作等功能构成的系统。网络操作系统（NOS）是在一般操作系统功能的基础上提供网络通信和网络服务功能的操作系统，它是为网络上各个计算机进行方便而有效地共享网络资源，为网络用户提供所需各种服务的软件和有关规程（如协议）的集合。

计算机单机操作系统承担着一个计算机中的任务调度及资源管理与分配，而网络操作系统则承担着整个网络范围内的任务管理以及资源的管理与分配任务。相对单机而言，网络操作系统的内容要复杂得多，它必须帮助用户越过各主机的界面，对网络中的资源进行有效的利用和开发，对网络中的设备进行存取访问，并支持各用户间的通信，所以它提供的是更高一级的服务。除此之外，它还必须兼顾网络协议，为协议的实现创造条件并提供支持。

当今网络操作系统的种类很多，根据其各自的特点和优势、应用的范围和场合不尽相同，主要有微软公司的 Windows 系列产品（如 Windows NT 和 Windows 2000）、Novell NetWare、UNIX 和 Linux 等。

6. 分布式操作系统（Distributed Operating System）

随着程序设计环境、人机接口和软件工程等方面的不断发展，出现了由高速局域网互联的若干计算机组成的分布式计算机系统,需要配置相应的操作系统,即分布式操作系统。分布式操作系统的所有系统任务可在系统中任何处理机上运行,自动实现全系统范围内的任务分配并自动调度各处理机的工作负载。

网络操作系统和分布式操作系统的区别有如下五个方面。

(1)分布性。分布式操作系统的处理和控制功能均为分布式的;而网络操作系统虽具分布处理功能,但其控制功能却是集中在某个或某些主机或网络服务器中,即集中式控制方式。

(2)并行性。分布式操作系统具有任务分配功能,可将多个任务分配到多个处理单元上,使这些任务并行执行,从而加速了任务的执行;而网络操作系统通常无任务分配功能,网络中每个用户的一个或多个任务通常都在本地计算机上处理。

(3)透明性。分布式操作系统通常能很好地隐藏系统内部的实现细节,对象的物理位置、并发控制和系统故障等对用户都是透明的。例如,当用户要访问某个文件时,只需提供文件名而无须知道所要访问的对象是驻留在哪个站点上,即可对它进行访问,具有物理位置的透明性。网络操作系统的透明性则主要指操作实现上的透明性。例如,当用户要访问服务器上的文件时,只需发出相应的文件存取命令,而无需了解对该文件的存取是如何实现的。

(4)共享性。分布式操作系统支持系统中所有用户对分布在各个站点上的软硬件资源的共享和透明方式访问。而网络操作系统所提供的资源共享功能仅局限于主机或网络服务器中的资源,对于其他机器上的资源通常仅有使用该机的用户独占。

(5)健壮性。分布式操作系统由于处理和控制功能的分布性而具有较好的可用性和可靠性,即健壮性。而网络操作系统由于控制功能的集中式特点而使系统重构功能较弱,具有潜在的不可靠性。

4.2.3 操作系统的特征

操作系统具有并发、共享、虚拟和异步四个基本特征。

1. 并发

并发是指两个或多个事件在同一时间间隔内发生。在多道程序环境下,并发是指在一段时间内,宏观上有多个程序在同时运行,微观上这些程序只是分时交替执行。程序的并发执行提高了计算机系统的资源利用率和系统吞吐量,但是也导致操作系统对程序管理的复杂化和操作系统本身的复杂性。

与并发性的概念类似但又有区别的概念是并行性。并行性是指两个或多个事件在同一时刻发生。这两个概念的区别可以用"吃馒头"的例子形象的区分:并发就好比一个人同时吃三个馒头(他不可能在一个时间点同时吃三个,顶多一个一口轮流吃,就像处理器处理作业一样要遵循一定的规则);而并行就好比三个人同时吃三个馒头。

并行性具有并发的含义,但并发不一定具有并行性。在单 CPU 的计算机系统中,多个程序是不可能同时执行的,只有在多 CPU 的系统中才能实现多个程序并行执行。

2. 共享

共享是指多个用户或进程共享系统的软、硬件资源。共享可以提高各种系统设备和系统软件的使用效率,能对系统资源进行合理分配和使用。在合作开发某一项目时,同组用户共享软件和数据库可以大大提高开发效率和速度。

按照资源属性的不同(共享资源或独占资源),共享方式可以分为互斥共享和同时访问两种。系统中的独占资源,如打印机、绘图仪等,这些设备不允许两个以上的用户程序同时访问,只有当一个进程使用完毕后释放该占用资源后,才允许另一个进行访问,这类资源只能用互斥方式共享。与之不同的是另一类资源,如磁盘设备等,同一时段内宏观上可以由多个进程同时对它们进行访问,这类设备的共享方式称为同时访问共享。

3. 虚拟

所谓虚拟,是指通过某种技术把一个物理实体变为若干个逻辑上的对应物,对用户隐藏了对硬件操作的复杂性。物理实体是实际存在的,而后者是逻辑上存在的,是虚的,是用户感觉上的东西。用于实现虚拟的技术,称为虚拟技术。在操作系统中利用了多种虚拟技术,分别实现虚拟处理器、虚拟内存和虚拟设备等。

4. 异步

异步性也称为不确定性,是指同样一个数据集的同一个程序在同样的计算机环境下运行,每次执行的顺序和所需的时间都不相同。在多道程序环境下,允许多个进程并发执行,但只有进程获得所需资源后才能开始执行。由于资源竞争等因素的限制,使得进程执行通常不是一气呵成,而是时走时停的方式运行的。

以上四个特征不是相互独立的,它们具有密切的联系。共享是以程序的并发执行为条件的,同时,系统对资源共享的有效实施和管理也是并发执行存在的前提。虚拟与异步性是操作系统的两个重要特征。虚拟技术为共享提供了更好的条件,而并发与共享是导致异步性的根本原因。

4.2.4 操作系统的功能

操作系统是计算机系统资源的管理者,其主要任务是对系统中的硬件、软件资源实施有效的管理,以提高系统资源的利用率。操作系统的主要功能包括处理机管理、存储管理、设备管理、文件管理以及提供友好的用户界面。

1. 处理机管理

处理机管理主要完成对处理机的分配调度与运行管理等功能,对处理机管理的好坏直接影响计算机系统的整体性能。在传统的操作系统中,处理机的分配调度是以进程(process)为单位,因此处理机管理最终归为对进程的管理。现代操作系统中,都引入了线程(thread),处理机管理还需包含对线程的管理。

进程和线程是操作系统中非常重要的内容,那么什么是进程和线程呢?前面介绍过,单用户操作系统、批处理系统均存在效率低下的问题,即 CPU 使用率不高。为了提高 CPU 使用率,将多个程序同时加载到计算机里并发执行。这些同时存在于计算机内存的程序就称为进程。进程让每个用户感觉到自己独占 CPU,如图 4.4 所示。

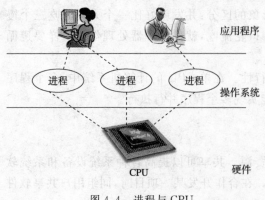

图 4.4　进程与 CPU

进程是运转的程序,是为了在 CPU 上实现多道编程而发明的一个概念,进程在一个时间只能干一件事情。如果想同时干多件事情,就需要线程。线程是为了让一个进程能够同时干多件事情而发明的"分身术"。将进程分解为线程可以有效利用多处理器和多核计算机。在没有线程的情况下,增加一个处理器并不能让一个进程的执行速度提高。但如果分解为多个线程,则可以让不同的线程同时运转在不同的处理器上,从而提高进程的执行速度。例如,当使用文字处理软件(如 Microsoft Word)时,实际上是打开了多个线程。这些线程一个负责显示,一个接收输入,一个定时进行存盘。

操作系统对进程(线程)的管理主要包括进程控制、进程同步、进程通信和进程调度四个方面。

1)进程控制

在传统的多道程序环境下,要使作业运行,必须先为它创建一个或几个进程,并为之分配必要的资源。进程运行结束时,立刻撤销该进程,以便能及时回收该进程所占用的各类资源。进程控制的主要功能是为作业创建与撤销进程,控制进程在运行过程中的状态转换(如阻塞与唤醒进程,挂起与激活进程)。

2)进程同步

进程同步的主要任务是协调多个并发执行的进程(线程)之间的推进步骤。为使多个进程能有条不紊地并发执行,系统中必须设置进程同步机制。

进程同步有两种协调方式,即进程互斥方式和进程同步方式。前者是指进程(或线程)在对临界资源进行访问时,应采用互斥方式。后者指在相互合作完成共同任务的所有进程(线程)间,由同步机制对它们的执行次序加以协调。为了实现进程同步,系统中必须设置进程同步机制。最简单的用于实现进程互斥的机制是为每一个临界资源配置一把锁,当锁打开时,进程(线程)可以对该临界资源进行访问;而锁关闭时,则禁止进程(线程)访问该临界资源。

3)进程通信

进程通信的任务是用来实现在相互合作的进程之间的信息交换。通过进程之间的信息交换,来协调合作进程间的推进顺序。例如,有三个相互合作的进程,它们是输入进程、计算进程和打印进程。输入进程负责将所有输入的数据传送给计算进程;计算进程利用输入数据进行计算,并把计算结果传送给打印进程;最后,由打印进程把计算结果打印出来。它们之间的信息交换都是靠进程通信完成。

进程通信方式主要有直接通信和间接通信两类。当相互合作的进程(线程)处于同一计算机系统时,通常采用直接通信方式,即由源进程利用发送命令直接将消息挂到目标进程的消息队列上,然后由目标进程利用接收命令从其消息队列中取出消息。间接通信采用信箱完成信息交换,主要用于处于不同计算机结点进程之间的通信。

4)进程调度

进程调度的任务是从进程的就绪队列中选出一个进程,把处理机分配给它,并为它设置运行现场,使进程投入执行。

2. 存储管理

存储管理是操作系统的重要组成部分,它负责管理计算机系统的存储器,包括内存和外存两类。下面主要介绍操作系统对内存的管理。

内存管理的主要任务是提高内存利用率,为用户程序提供足够的存储空间,方便进程并发执行,为程序运行提供良好环境,为用户使用存储器提供方便,主要包括以下四个功能。

1)内存分配

内存分配的主要任务是为每个正在处理的程序或数据分配内存空间。为此,操作系统必须记录整个内存的使用情况,处理用户程序提出的申请,按照某种策略实时分配、接收系统或用户释放的内存空间。

操作系统在实现内存分配时,可以采取静态和动态两种分配方式。

静态分配方式:每个作业的内存空间是在作业装入时确定的,在作业装入后的整个运行期间,不允许该作业再重新申请新的内存空间,也不允许作业在内存中移动。

动态分配方式:每个作业所要求的基本内存空间,也是在装入时确定的,但允许作业在运行过程中,继续申请新的内存空间,以适应程序和数据的动态增长,也允许作业在内存中移动。

2)内存保护

不同用户的程序都放在内存中,因此必须保证它们在各自的内存空间活动,不能相互干扰,不能侵犯操作系统的空间。为此,需要建立内存保护机制,即设置两个界限寄存器分别存放正在执行的程序在内存中的上界地址值和下界地址值。当程序运行时,要对所产生的访问内存的地址进行合法性检查。就是说该地址必须大于或等于下界寄存器的值,并且小于上界寄存器的值,否则,属于地址越界,访问将被拒绝,引起程序中断并进行相应处理。

3)地址映射

一个应用程序经过编译后,通常会形成若干个目标程序。这些目标程序再经过链接便形成了可装入程序。这些程序的地址都是从 0 开始的,程序中的其他地址都是相对于起始地址计算的,把程序中使用的地址称为逻辑地址,由这些地址所形成的地址范围称为逻辑地址空间。此外,由内存中的一系列单元所限定的地址范围称为物理地址空间,其中的地址称为物理地址。

地址映射主要实现进程逻辑地址到内存物理地址的转换,以便程序能够正确地运行。

4)内存扩充

一个程序如果要运行,必须加载到物理内存中。但是,内存容量是非常有限的。通过购买更大的物理内存来扩大内存容量会大幅度提高计算机的成本。如何在不增加太多成本的情况下扩大内存容量呢?操作系统是利用虚拟存储技术完成的,即把内存和外存联合起来统一使用。虚拟存储技术只把当前需要运行的那部分程序和数据放入内存,且当其不再使用时,就被换出到外存。程序中暂时不用的其余部分存放在作为虚拟存储器的磁盘上,运行时由操作系统根据需要把保存在外存上的部分调度内存。虚拟存储技术从逻辑上扩充了内存容量,使用户所感觉到的内存容量比实际内存容量大得多,而并非是扩大了物理内存的容量。这样,可以满足大作业的需要及增加内存中并发进程数,既改善了系统的性能,又基本上不增加硬件成本。

虚拟存储是操作系统发展历史上的一个革命性突破。因为有了虚拟内存,程序员编写的程序不再受尺寸的限制(当然还是受制于虚拟地址空间大小的限制)。虚拟存储除了让程序员感觉内存容量大大增加之外,还让其感觉到内存速度也加快了。其实,这都是操作系统的虚拟存储为用户提供的一个幻象。

3. 设备管理

计算机系统中大都配置有许多外部设备,如显示器、键盘、鼠标、硬盘、软盘驱动器、CD-ROM、网卡、打印机、扫描仪等。这些外部设备的性能、工作原理和操作方式都不一样,因此对它们的使用也有很大差别。这就要求操作系统提供良好的设备管理功能。硬件设备的管理功能由设备管理程序来实现。

设备管理主要包括缓冲区管理、设备分配、设备驱动、设备独立性和虚拟设备。

1)缓冲区管理

在计算机系统中,CPU 的速度最快,而外部设备的处理速度相对缓慢,因而不得不经常中断 CPU 的运行。这就大大降低了 CPU 的使用效率,进而影响到整个计算机系统的运行效率。为了解决这个问题,以提高外部设备与 CPU 之间的并行性,从而提高整个系统性能,常采用缓冲技术来解决 CPU 与外部设备间速度不匹配的矛盾。缓冲是两种不同速度的设备之间传输信息时平滑传输过程的常用手段。

缓冲区管理的基本任务是管理好各类缓冲区,如字符缓冲区和字符块缓冲区,以缓和 CPU 和外设之间速度不匹配的矛盾,最终达到提高 CPU 和外设利用率,进而提高整个计算机系统性能的目的。对于不同的系统,可以采用不同类型的缓冲区机制。最常见的缓冲区机制有单缓冲机制,能实现双向同时传送数据的双缓冲机制,以及能供多个设备同时使用的公共缓冲池机制。

2)设备分配

设备分配的基本任务是根据用户进程的 I/O 请求、系统现有资源情况以及按照某种设备分配策略,为之分配其所需的设备;如果在 I/O 设备和 CPU 之间,还存在着设备控制器和 I/O 通道时,还需为分配出去的设备分配相应的控制器和通道。在用户进程使用设备完毕后,应立即由系统回收。

3)设备驱动

设备驱动的基本任务是实现 CPU 与通道和外设之间的通信。操作系统依靠设备驱动程序来进行计算机中各设备之间的通信。设备驱动程序简称驱动程序,它创建了一个硬件与硬件,或硬件与软件沟通的接口,经由主板上的总线或其他沟通子系统与硬件形成连接的机制,这样的机制使得硬件设备上的数据交换成为可能。计算机中诸如鼠标、键盘、显示器及打印机等设备都有自己专门的命令集,因而需要自己的驱动程序。如果没有安装正确的驱动程序,设备就无法工作。依据不同的电脑架构与操作系统差异平台,驱动程序可以是 8 位、16 位、32 位或 64 位,这是为了调和操作系统与驱动程序之间的依存关系,如在 Windows 3.11 大部分的驱动程序都是 16 位,Windows XP 则使用 32 位驱动程序,至于 64 位的 Linux 或是 Windows Vista 平台上,就必须使用 64 位的驱动程序。

4)设备独立性和虚拟设备

为方便用户使用设备,提高设备适应性,应考虑设备独立性。设备独立性也称设备无关性,是指应用程序独立于物理设备,即用户编写程序时使用的设备与实际使用的物理设备无关。这种独立性不仅能提高用户程序的适应性,使程序不局限于某种具体的物理设备,而且易于实现输入/输出的重定向。设备管理还应该实现虚拟设备的功能,即通过虚拟技术将一台独占设备虚拟成多台逻辑设备,供多个用户进程共享使用。这样,不仅提高了设备的利用率,而且还加速了程序的运行,每个用户都感觉自己在独占该设备。

4. 文件管理

处理机管理、存储管理和设备管理都属于操作系统对硬件资源的管理,对软件资源管理是操作系统的另一重要功能。软件资源通常是以文件形式存放在磁盘或其他外部存储介质上供用户使用的,因此软件管理主要表现为文件管理。操作系统中必须配置文件管理机构。文件管理的主要任务是实现软件资源的存储、共享、保密和保护。文件管理包括文件存储空间管理、目录管理、文件的读/写管理和存取控制。

1)文件存储空间管理

由文件系统对计算机系统中的文件及文件的存储空间实施统一的管理。其主要任务是为每个文件分配必要的外存空间,提高外存的利用率,并能有助于提高文件系统的运行速度。为了实现对文件存储空间的管理,系统应设置相应的数据结构,用于记录文件存储空间的使用情况,以供分配存储空间时参考。系统还应具有对存储空间进行分配和回收的功能。

2)目录管理

为了用户能方便地在外存中找到所需文件,通常由系统为每个文件建立一个目录项。目录项包括文件名、文件属性、文件在磁盘上的物理位置等。由若干个目录项又可构成一个目录文件。目录管理的主要功能是为每个文件建立其目录,并对众多的目录项加以有效的组织,以实现方便的按名存取,即用户只需提供文件名,便可对该文件进行存取。其次,目录管理还应能实现文件共享,这样,只需在外存上保留一份该共享文件的副本即可。另外,目录管理还应该提供快速的目录查询手段,以提高对文件的检索速度。

3)文件的读/写管理和保护

文件的读/写管理是文件管理最基本的功能。该功能是根据用户的请求,从外存中读取数据,或将数据写入外存。在进行文件读/写时,系统首先根据用户给出的文件名,去检索文件目录,从中获得文件在外存中的位置。然后,利用文件读/写指针,对文件进行读/写。一旦读/写完成,便修改读/写指针,为下一次读/写做准备。

为了防止系统中的文件被非法窃取或破坏,在文件系统中应建立有效的保护机制,防止未经核准的用户存取文件,防止冒名顶替存取文件,防止以不正当的方式使用文件,以保证文件系统的安全性。

5. 用户接口

为了方便用户使用操作系统,操作系统向用户提供了用户与操作系统的接口,即用户接口。它屏蔽了计算机硬件的操作细节,使用户或程序员与系统硬件隔离开来。用户通过使用这些接口达到方便使用计算机的目的。操作系统为用户提供了命令接口、程序接口与图形用户接口三种接口。

1)命令接口

命令接口是用户利用操作系统命令组织和控制作业的执行或管理计算机系统。命令是在命令输入界面上输入,由系统在后台执行,并将结果反映到前台界面或者特定的文件内。命令接口可以进一步分为联机用户接口和脱机用户接口。

联机用户接口由一组键盘操作命令及命令解释程序组成,主要提供给联机用户使用。当用户在终端或控制台上每键入一条命令后,系统便立即转入命令解释程序,对该命令加以解释并执行。在完成指定功能后,控制又返回到终端或控制台上,等待用户键入下一条命令。联机命令接口有键盘命令和命令文件两种方式。

脱机用户接口也称为批处理用户接口,是由一组作业控制语言 JCL 组成,主要提供给批处理作业用户组织和控制自己的作业运行。脱机用户事先用相应的 JCL 将作业控制命令写成作业操作说明书,连同作业一起提交给系统。由系统中命令解释程序对其操作说明书上的命令逐条解释执行。

2)程序接口

程序接口是操作系统专门为用户程序设置的,也是用户程序取得操作系统服务的唯一途径,程序接口通常由各种各样的系统调用组成。每一个系统调用都是一个能完成特定功能的子程序,每当应用程序要求操作系统提供某种服务时,便调用具有相应功能的系统调用。

3)图形接口

图形用户界面或图形用户接口 GUI(Graphical User Interface)是指采用图形方式显示的计算机操作环境用户接口。与早期计算机使用的命令行界面相比,图形界面对于用户来说更简便易用。GUI 的广泛应用是当今计算机发展的重大成就之一,它极大地方便了非专业用户的使用。用户从此不再需要死记硬背大量的命令,取而代之的是通过窗口、菜单、按键等方式来方便地进行操作。

4.3　常用的操作系统

目前最常用的操作系统是 MS-DOS、Windows、UNIX 和 Linux,下面对它们进行介绍。

4.3.1　MS-DOS

MS-DOS(Microsoft Disk Operating System)是由美国微软公司提供的磁盘操作系统。在 Windows 95 以前,DOS 是 IBM PC 及兼容机中的最基本配备,而 MS-DOS 则是个人计算机中最普遍使用的 DOS 操作系统。

最基本的 MS-DOS 系统,由一个基于主引导记录 MBR(Main Boot record)的 BOOT 引导程序和三个文件模块组成。这三个模块是:输入/输出模块(IO. SYS)、文件管理模块(MSDOS. SYS)及命令解释模块(COMMAND. COM)。在 MS-DOS 7.0 中,MSDOS. SYS 被改为启动配置文件,而 IO. SYS 增加了 MSDOS. SYS 的功能。此外,微软还在零售的 MS-DOS 系统包中加入了若干标准的外部程序(即外部命令),与内部命令(即由 COMMAND. COM 解释执行的命令)一同构建起一个在磁盘操作时代相对完备的人机交互环境。MS-DOS 一般使用命令行界面来接收用户的指令,不过在后期的 MS-DOS 版本中,DOS 程序也可以通过调用相应的 DOS 中断来进入图形模式,即 DOS 下的图形界面程序。早先版本的 MS-DOS 为 FAT12 与 FAT16,从 MS-DOS 7.0 开始,则已全面支持 FAT32、长文件名和大硬盘等。

目前,MS-DOS 系统仍未完全在个人计算机系统中销声匿迹,这是因为它为 Windows 操作系统的早期版本提供了部分操作系统内核。然而,由于 DOS 很好地隐藏在 Windows 的图形用户界面中,所以现在的用户很少直接和它打交道了。

理解并掌握的常用 DOS 命令能方便用户操作,以下是一些基本的 DOS 命令。

(1)DIR:该命令用于显示指定磁盘、目录中的文件和子目录信息,包括文件及子目录所在磁盘的卷标、文件与子目录的名称、每个文件的大小、文件及目录建立的日期时间,以及文件子目录的个数、所占用总字节数以及磁盘上的剩余总空间等信息。

格式为:

dir [盘符:][路径名][文件名][. ext][/o][/s][/p][/w][/a]

其中,盘符为磁盘驱动器字母,若省略,则为当前驱动器;路径名表示文件所在的目录名,若缺省,则表示当前目录。

斜杠后面的内容是参数,最常用的参数是/o,/s,/p,/w。

/p:显示信息满一屏时,暂停显示,按任意键后显示下一屏。

/o:排序显示。o 后面可以接不同意义的字母。

/w:只显示文件名目录名,每行五个文件名。

/s:将目录及子目录的全部目录文件都显示。

(2)MD:该命令允许在指定的磁盘中建立一个子目录。

格式为:

       MD[盘符:][路径名]〈子目录名〉

例如,＞MD USER

按 Enter 键后建立了名为 USER 的子目录。

(3)CD:该命令改变或显示当前目录。

格式为:

       CD [盘符:][路径名]

如果只有 CD 而没有参数,则只显示当前路径。注意:子目录中一定有两个"特殊目录",即"."和"..",其中"."表示当前目录,".."表示上一层目录。

例如:若当前目录为 USER,在此目录下输入 CD..,就进入上一级目录。

(4)DEL:该命令可以一步就将目录及其下的所有文件、子目录、更下层的子目录一并删除,而且不管文件的属性为隐藏、系统或只读,只要该文件位于删除的目录之下,DEL 都一视同仁,照删不误。

格式为:

       DEL[盘符:][路径]〈文件名〉[/P]

如果选用参数/p,系统会在删除前询问是否确定要删除该文件,否则系统自动删除。如要删除磁盘上的所有文件(使用命令 DEL ＊.＊),系统会提示是否确定要删除。

(5)RD:该命令从指定的磁盘中删掉子目录。

格式为:

       RD[盘符:][路径名][子目录名]

子目录在删除前必须是空的,也就是说需要先进入该子目录,使用 DEL 命令将其子目录下的文件删空,然后再退回到上一级目录,用 RD 命令删除该目录本身;不能删除根目录和当前目录。

(6)COPY:该命令复制一个或多个文件到指定盘上。

格式为:

       COPY [源盘][路径]〈源文件名〉[目标盘][路径][目标文件名]

COPY 是以文件对文件的方式复制数据,目标盘上相同文件名称的旧文件会被源文件取代;文件名中允许使用通配符"＊"和"?",可方便同时复制多个文件;而且,源文件名不能省略,目标文件名如果省略表示与原文件名相同。

还有一些常用的命令,如表 4.1 所示,供读者在实际操作中学习使用。

表 4.1　基本 DOS 命令

命令	用途
ATTRIB	显示、改变文件和目录的属性或清除所有属性
CHKDSK	报告磁盘状态,报告和更正在 FAT 和目录结构中存在的错误,并报告文件碎片情况
CLS	清除屏幕显示
DATE	显示并允许修改系统日期
DISKCOMP	比较两个软盘
DISKCOPY	将一张盘复制到另一张盘上
ECHO	打开或关闭命令的回显功能或显示一条信息
EXIT	退出二级命令处理器
FIND	在一个或一组文件中搜寻指定的文本字符串并显示包含该字符串的行
HELP	启动 DOS 命令帮助程序
PATH	为外部可执行文件(包括批处理文件)定义查找路径
RD	删除一个目录
REN	改变一个或多个文件名
TIME	显示并允许修改系统时间
TREE	以图形方式显示目录结构
TYPE	显示文件内容
UNFORMAT	恢复被 FORMAT 命令格式化的磁盘
VOL	显示磁盘卷标和系列号
XCOPY	复制文件和子目录

4.3.2　Windows 操作系统

　　Windows 起源可以追溯到多年前美国施乐公司所进行的研发工作。施乐公司当时有著名的研究机构 PARC,主要从事局域网络、激光打印机、图形用户界面和面向对象技术的研究。施乐于 1981 年宣布推出世界上第一个商用的图形用户界面系统——Star 8010 工作站。但由于种种原因,此技术并未得到大众的重视,也没有商业化的应用。

　　这时,苹果电脑公司的创始人之一史蒂夫·乔布斯在参观施乐公司的 PARC 研究中心后认识到图形用户界面的重要性以及广阔的市场前景,便开始着手进行自己的图形用户界面系统研发工作。之后,在 1983 年研发出第一个图形用户界面系统 Lisa。不久,Apple 又推出第二个图形用户界面系统 Macintosh(即现在的苹果电脑、Mac 机),成为世界上第一个成功的商用图形用户界面系统。苹果公司在开发 Macintosh 时基于市场战略考虑,只开发了能在苹果公司自己的计算机上运行的图形用户界面系统,但当时因为 Intel x86 微处理器芯片的 IBM 兼容计算机已渐露头角,因此,就给了微软公司所开发的 Windows 操作系统生存空间和市场。微软公司意识到创建业界标准的重要性,于 1983 年春季宣布开始研发 Windows 操作系统,希望它能够成为基于 Intel x86 微处理芯片计算机上的标准图形用户界面操作系统。它在 1985 年和 1987 年分别推出 Windows 1.0 版和 Windows 2.0 版。但是由于当时硬件和 DOS 操作系统的限制,这两个版本并没有取得很大的成功。此后,微软对 Windows 的 RAM 管理、图形用户界面做了重大改进,使图形用户界面更加美观并支持虚拟内存功能,于 1990 年 5 月份推出 Windows 3.0。Windows 3.0 上市便在商业上取得惊人的成功：推出不到 6 周，已经卖出 50 万份，打破了任何软件产品的 6 周内销售记录，从而开始了微软在操作系统上的垄断地位。在 1994 年，微软公司被苹果公司控告侵权，展开了著名的"Look and Feel"诉讼官司。

微软公司在 1975 年成立之初，只有比尔盖茨和保罗艾伦两个人，并且只有一个 Basic 程序。时至今日，微软公司已经成为世界上最大的软件公司，其产品涵盖操作系统、编译程序、数据库和办公自动化软件等各个领域。

2001 年，微软公司推出 Windows XP 操作系统。XP 表示英文单词 experience（体验）。最初发行了两个版本：专业版（Windows XP Professional）和家庭版的（Windows XP Home Edition）。Windows XP Professional 专业版除包含家庭版的一切功能，还添加了为面向商业用户的设计的网络认证、双处理器支持等新特性，最高支持约 3.2GB 的内存。主要用于工作站、高端个人电脑以及笔记本电脑。家庭版只支持 1 个处理器，专业版则支持 2 个。

2005 年，微软公司推出 Windows Vista 操作系统。Windows Vista 操作系统的内部版本是 6.0（即 Windows NT 6.0），正式版的 Build 是 6.0.6000。微软公司表示，Windows Vista 包含了上百种新功能；其中较特别的是新版的图形用户界面和称为"Windows Aero"的全新界面风格、加强后的搜寻功能（Windows Indexing Service）、新的多媒体创作工具（如 Windows DVD Maker），以及重新设计的网络、音频、输出（打印）和显示子系统。Vista 也使用点对点技术（Peer-to-peer）提升了计算机系统在家庭网络中的通信能力，让在不同计算机或装置之间分享文件与多媒体内容变得更简单。针对开发者方面，Vista 使用 .NET Framework 3.0 版本，比起传统的 Windows API 更能让开发者能简单写出高品质的程序。

2009 年 10 月 22 日，微软公司发售 Windows 7 操作系统。Windows 7 的设计主要围绕五个重点：针对笔记本电脑的特有设计；基于应用服务的设计；用户的个性化；视听娱乐的优化；用户易用性的新引擎。

随着计算机硬件和软件系统的不断升级，微软的 Windows 操作系统也在不断升级，从 16 位、32 位到 64 位操作系统。从 1985 年的 Windows 1.0 到大家熟知的 Windows 95、Windows NT、Windows 97、Windows 98、Windows 2000、Windows Me、Windows XP、Windows Server、Windows Vista、Windows 7 以及 Windows 9 各种版本的持续更新，Windows 几乎成了操作系统的代名词。

4.3.3 UNIX 操作系统

20 世纪 60 年代，大部分计算机都是采用批处理的方式。那时，美国电话及电报公司、通用电器公司及麻省理工学院计划合作开发一个多用途、分时及多用户的操作系统，称为 MULTICS，计划运行在 GE-645 大型主机上。不过，这个项目由于太过复杂，整个目标过于庞大，糅合了太多的特性，进展太慢，几年下来都没有任何成果，而且性能很低。于是到了 1969 年 2 月，贝尔实验室决定退出这个项目。

贝尔实验室成员 Ken Thompson 为 MULTICS 这个操作系统写了个叫"Space Travel"的游戏，在 MULTICS 上经过实际运行后，他发现游戏速度很慢而且耗费昂贵 —— 每次运行会花费 75 美元。退出这个项目以后，他为了让这个游戏能玩，所以他找来 Dennis Ritchie 为这个游戏开发一个极其简单的操作系统，这就是后来的 UNIX。

最初的 UNIX 是用汇编语言编写的，一些应用是由叫做 B 语言的解释型语言和汇编语言混合编写的。B 语言在进行系统编程时不够强大，所以 Thompson 和 Ritchie 对其进行了改造，并于 1971 年共同发明了 C 语言。1973 年,Thompson 和 Ritchie 用 C 语言重写了 UNIX。在当时,为了实现最高效率,系统程序都是由汇编语言编写,所以 Thompson 和 Ritchie 此举是极具大胆创新和革命意义的。用 C 语言编写的 UNIX 代码简洁紧凑、易移植、易读、易修改,为此后 UNIX 的发展奠定了坚实的基础。1974 年,Thompson 和 Ritchie 合作在《ACM 通信》上发表了一篇关于 UNIX 的文章,这是 UNIX 第一次出现在贝尔实验室以外。此后 UNIX 被政府机关、研究机构、企业和大学注意到,并逐渐流行开来。1975 年,UNIX 发布了 4、5、6 三个版本。1978 年,已经有大约 600 台计算机在运行 UNIX。1979 年,版本 7 发布,这是最后一个广泛发布的研究型 UNIX 版本。

UNIX 的不断发展导致许多计算机公司开始发行自己机器上的 UNIX 增值商业版本。UNIX 的第一个商业版本是 1977 年 Interactive System 公司的 IS/1(PDP-II)。20 世纪 50 年代,著名的商业版本有 SUN 公司的 Sun OS、微软与 SCO 公司的 XENIX 等。20 世纪 70 年代中期～80 年代中期,UNIX 迅速发展,诞生了更多的 UNIX 版本,如 BSD(Berkeley Software Distribution)、UNIX SystemIII 以及 UNIX System V。

UNIX 因为其安全可靠,高效强大的特点在服务器领域得到了广泛的应用。直到 GNU/Linux 流行开始前,UNIX 也是科学计算、大型机、超级计算机等所用操作系统的主流。除了贝尔实验室的正宗 UNIX 版本外,UNIX 还有大量的变种,如 SUN Solaris、IBM AIX、HP UX、Compaq Tru64 UNIX。不同变种的功能、接口、内部结构基本相同而又各不相同。除变种外,UNIX 还有一些克隆系统,如 Math 和 Linux。克隆和变种的区别在于:变种是在正宗版本的基础上修改而来,而克隆则只是界面相同,内部则完全重新实现。

UNIX 操作系统面向用户的界面是一种命令语言,它被称为 Shell(外壳),这种语言的解释程序同样也称为 Shell。Shell 虽然是一种命令语言,但其功能很强,可以与一般作业控制语言媲美。下面对其简单命令进行介绍。

简单命令是 Shell 命令语言的基础,其一般形式为:

command arg1 arg2 ···. Argn

其中,command 是命令名,arg1、arg2、···是执行命令的参数。命令名和各参数之间用一个或几个空格分开。例如:

who

是一个简单命令,who 是命令名。此命令要求将正在使用 UNIX 系统的用户打印出来。又如:

ls -l

用于将现行工作目录打印出来。其中,ls 是命令名;-l 是可选参数,它说明除了命令名,还要将文件的类型、各类用户的存取权限、文件主名、文件长度等同时打印出来。

Shell 简单命令可分为两大类,一类是系统提供的标准命令;另一类是各用户自编自用的命令。系统提供的标准命令包括调用各种语言处理程序、实用程序等的命令。这种命令的数量随系统版本而异,而且系统管理员有权添加新的系统标准命令。在各用户文件目录中包含的各种可执行目标程序,则属于用户自编自用命令。

4.3.4 Linux 操作系统

Linux 最初是由芬兰赫尔辛基大学计算机系大学生 Linus Torvalds 在从 1990 年底到 1991 年的几个月中为了他的操作系统课程学习和上网而陆续编写的。Linux 是在 UNIX 的一种版本 Minix(由一位名叫 Andrew Tannebaum 的计算机教授编写的一个操作系统示教程序)的内核基础上开发出来的操作系统。后来经过众多世界顶尖的软件工程师的不断修改和完善,Linux 得以在全球普及开来,在服务器领域及个人桌面版得到越来越多的应用,在嵌入式开发方面更是具有其他操作系统无可比拟的优势,并以每年 100% 的用户递增数量显示了 Linux 强大的力量。

Linux 的是一套免费的 32 位多人多工的操作系统,运行方式同 UNIX 系统很像,具有若干个 UNIX 的技术特征,如多任务处理功能、虚拟内存、TCP/IP 和多用户等功能。这些特性使得 Linux 不仅支持本地的网络服务,而且还成为 Web 服务器上流行的操作系统。Linux 系统的稳定性、多工能力与网络功能已是许多商业操作系统无法比拟的,Linux 还有一项最大的特色在于源代码完全公开,在符合 GNU GPL(General Public License)的原则下,任何人皆可自由取得、散布、甚至修改源代码。

Linux 软件主要包括系统内核、系统使用工具、应用程序以及安装路径,在很多网站上可以找到。目前比较流行的 Linux 版本主要有 Red Hat Linux、Debian GNU/Linux、Mandrake 以及 SuSE。

同 UNIX 系统一样,Shell 也是用户和 Linux 操作系统之间的接口。Linux 中有多种 Shell,其中缺省使用的是 Bash。下面是一些常用的 shell 命令。

pwd:显示当前目录。

cat:显示文本文件内容。

cat-n:显示文本文件内容,同时显示行号。

more:显示文本文件内容,分页显示。

ls-a:显示文件,包括隐藏文件。

ls-l:显示全属性。

dir:显示文件信息。

who:当前有哪些用户登录,工作在哪个控制台上。

whoami:我是谁。

uname-a:显示当前系统版本及其他有用信息。

uname-r:显示当前系统内核版本信息。

4.4　Windows XP 操作基础

Windows 操作系统为用户提供了友好的图形用户界面,管理用户的文件与资源以及计算机的磁盘与外部设备,同时为应用程序的执行提供了支撑环境等。Windows 是目前最为流行的个人计算机操作系统。微软公司自从在 2009 年 10 月 22 日正式发布 Windows 7 之后不到 2 年,新一代操作系统 Windows 8 也即将发布。这些新系统在功能和用户体验方面都有了很大进步,但是对计算机的硬件配置也有较高的要求,因此,像 Windows XP、Windows 2000 这些早期推出市场的版本仍然占据了大部分份额,而且随着对系统漏洞的不断修正,也变得更加稳定。

4.4.1　Windows XP 的基本操作

下面简单介绍 Windows XP 的基本操作,包括系统启动、桌面、窗口等操作。

1. Windows XP 的启动和退出

1)Windows XP 的启动

安装了 Windows XP 的计算机,只需按下计算机的电源开关,计算机就会自动进行检测,检测后系统会进入欢迎界面。启动后的屏幕如图 4.5 所示。如果设置了多用户和密码,则在欢迎界面上单击对应于自己账户的图标,输入密码,这样用户将以合法的身份进入 Windows XP 系统中,进行属于权限范围内的操作。在多用户的环境下,每个用户具有一个属于自己的账户。

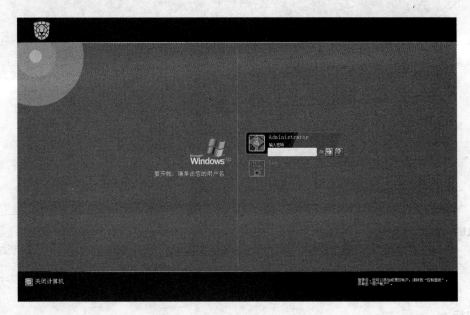

图 4.5 Windows XP 登录界面

用户在所在账户下完成操作之后,若其他用户要使用该机器,可以注销当前账户,该用户可以单击"开始→注销"按钮,系统仍然会回到图 4.5 所示的界面,供用户重新选择账户。

2)Windows XP 的退出

用户在关闭计算机电源之前,应该正确退出 Windows XP,否则一些未保存的文件和正在运行的程序可能会被破坏。如果未退出 Windows XP 而直接关闭电源,很可能对操作系统造成严重破坏,甚至导致无法启动。系统会认为是非正常中断,下次开机时,机器会建议执行磁盘扫描的程序。

正确退出 Windows XP 的方法是:单击"开始→关闭计算机"按钮或者同时按下 Alt＋F4 键,这时屏幕会出现图 4.6 所示的对话框。单击"关闭"按钮或按 U 键,系统完成退出系统的操作。

在图 4.6 中的对话框中,如果单击"待机"按钮,计算机将自动关闭显示器和键盘,进入低能耗状态。如果想要退出待机状态,只需要单击键盘上任意键或鼠标即可。"重新启动"按钮则表示把当前内存信息写到硬盘上,重新启动 Windows XP。

2.Windows XP 的桌面

桌面是 Windows XP 的工作平台,是用户使用系统的操作界面。Windows XP 桌面主要包括图标、"开始"按钮和任务栏三部分,如图 4.7 所示。

图 4.6 "关闭计算机"对话框

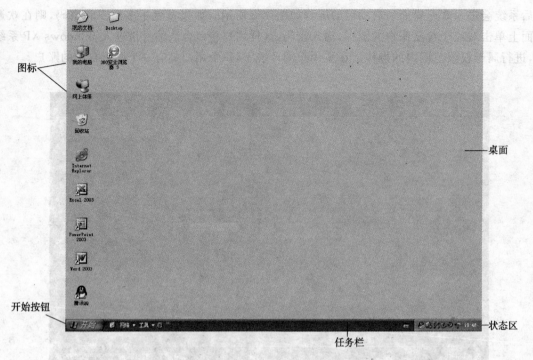

图 4.7 Windows XP 的界面

1）图标

桌面上的图标是由形象的图片和文字组成，图片作为它的标识，文字表示它的名称或功能。每个图标代表一个对象，它为用户提供了快速执行程序或打开窗口的方法。桌面上主要的图标有我的文档、我的电脑、网上邻居、回收站、Internet Explorer 等。如果安装了其他软件，也会在桌面上出现该软件的图标，方便用户打开。

图标对应的鼠标操作通常是双击。例如，双击"我的电脑"图标，可以打开"我的电脑"窗口，如图 4.8 所示。

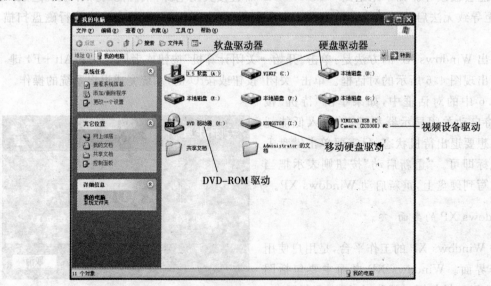

图 4.8　我的电脑

打开"我的电脑"窗口，可以进行磁盘、文件和文件夹的管理操作。

"我的文档"用来存放用户个人经常使用的文档。每位登录到该计算机的用户均拥有各自唯一的"我的文档"文件夹，这样，使用同一台计算机的其他用户就无法访问别人存储在"我的文档"文件夹的文档了。

"回收站"是一个文件夹，用来存储被删除的文件和文件夹，用户可以把"回收站"中的文件恢复到系统中原来的位置。

"网上邻居"显示的是连接到网络中的可以访问的计算机和共享资源，用户通过它可以快速地存取网络资源，与其他计算机实现数据、设备和打印机的共享。

Internet Explorer 则是一个 Internet 浏览工具，可以通过它访问网页，在安装 Windows XP 时，自动安装了该工具。

2)"开始"按钮

单击"开始"按钮，打开"开始"菜单，如图 4.9 所示。在"开始"菜单中提供了启动应用程序、关机及其他常规任务，用户要求的功能几乎都可以由"开始"菜单提供。

"开始"菜单上的程序列表分为两个部分，分别显示在分割线上下方。上方表示固定项目列表，下方的程序则表示最常使用的程序列表。当用户使用程序时，程序即会添加到最常使用的程序列表中。

3)任务栏

通常，位于桌面下方的一条水平长条称为任务栏，如图 4.10 所示。从左至右，任务栏一般包含"开始"按钮、"快速启动栏"、"正在打开的文件标题"、"语言栏"和"状态栏"几个部分。

系统默认的任务栏位于桌面的最下方，用户可以根据自己的需要把它拖到桌面的任何边缘处及改变任务栏的宽度，通过改变任务栏的属性，还可以让它自动隐藏。

在任务栏上非按钮区域右击鼠标，在出现的快捷菜单上选择"属性"，即可弹出"任务栏和[开始]菜单属性"对话框，如图 4.10 所示。在其中的对话框中选择"任务栏"选项卡，可以设置任务栏的相应属性。

图 4.9　开始菜单

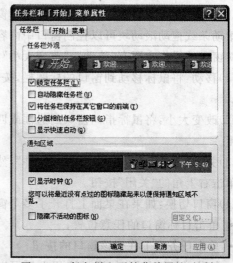

图 4.10　任务栏和开始菜单属性对话框

3. 窗口、对话框及菜单

Windows XP 是一个图形用户界面的操作系统，它为用户提供了方便、有效地管理计算机所需的一切。Windows XP 除了桌面外,还有窗口、对话框及菜单。其中,窗口和对话框操作是 Windows XP 的最基本操作。

1)窗口及操作

用户与计算机的交互操作大部分都是在窗口中进行的,基于 Windows 操作系统开发的应用软件也都采用了窗口的思想。图 4.11 是一个典型的 Windows XP 窗口的组成示意图。

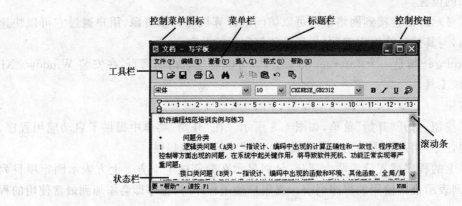

图 4.11　窗口的组成

(1)标题栏:位于窗口顶部,用于显示当前打开的程序或者窗口的名字。

(2)控制菜单图标:单击将弹出一个有关窗口操作,如"移动"、"最大化"、"关闭"等操作的菜单。

(3)控制按钮:用户对窗口进行控制,进行"最大化"、"最小化(还原)"、"关闭"操作。

(4)菜单栏:提供对窗口中的对象和应用程序打开的文档执行不同的操作。

(5)工具栏:提供了一些快捷操作方式,鼠标单击可以使用这些功能。

(6)状态栏:显示窗口的当前工作状态。

(7)滚动条:当窗口中的内容的长度超过窗口范围时会出现相应的垂直或水平滚动条,通过单击滚动条或拖动滚动块可以控制窗口中内容的滚动。

对窗口的操作主要有"移动"、"改变大小"、"关闭"和"窗口切换"四种。

(1)移动:将鼠标移动到窗口的标题栏,按住鼠标左键并拖拽窗口到另一个新位置,松开鼠标即可。

(2)改变大小:将鼠标指向窗口的边框或四个角时,按住鼠标左键拖动可以改变窗口的宽度或高度。

(3)关闭:单击系统控制菜单,如"文件",然后选择"退出";或者双击"控制菜单图标";也可以直接单击右上角的"关闭"按钮。

(4)窗口切换:如果在桌面上打开了多个窗口,可以通过下面 3 种方式进行切换:

• 单击目标窗口的任意位置;

• 单击任务栏上代表该窗口的按钮;

• 按住 Alt 键的同时,通过按 Tab 键可以选中所要看的窗口。

2)对话框及操作

对话框是 Windows XP 与用户进行信息交流的一个界面,为了获得用户的信息,Windows XP 会打开对话框向用户询问。用户可以根据对话框的内容来完成对话,使得系统能明白用户的操作请求。图 4.12 是一个典型的对话框示意图。

下面就图 4.12 所示对话框,介绍一些对话框中常见控件的操作。

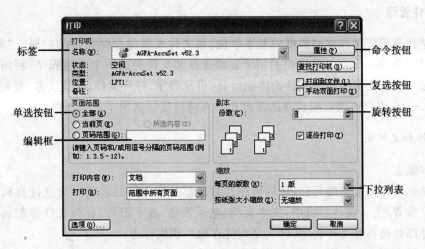

图 4.12 "打印"对话框

(1)单选按钮:用来在一组选项中选择一个,且只能选择一个,被选中的按钮上出现一个黑点。

(2)复选按钮:复选框列出了所有可以选择的项目,用户可以根据需要选择一个或多个任选项。复选项被选中后,在框中会出现"√"。

(3)下拉列表框:单击下拉列表框的向下箭头可以打开列表给用户选择,列表关闭时显示被选中的对象。

(4)命令按钮:命令按钮代表一个可以立即执行的命令。例如,"确定"、"取消"等都是命令按钮。

(5)旋转按钮:也成为数值框,单击数值框右边的箭头可以改变数值的大小,也可以直接输入数值。

(6)编辑框:用户可以直接输入符合格式的内容。

3)菜单及操作

Windows XP 的菜单有很多种,如下拉菜单、级联菜单、快捷菜单等。不同的应用程序会有不同的菜单,每个菜单都有自己的菜单项。用户可以通过鼠标或键盘选择菜单中的菜单项,执行相应命令。

当用户单击菜单栏中某个菜单名后,会弹出相应的下拉菜单,如图 4.13 所示。

下拉菜单中的黑色文字表示该命令处于可执行状态,淡灰色文字表示该命令暂时无法执行。在下拉菜单中单击"▶"命令时,会弹出级联菜单。单击菜单项中"⋯"标记的命令时弹出对话框。

用户可以通过鼠标对菜单进行操作,也可以通过键盘命令或者快捷键执行。一些快捷键的使用能够

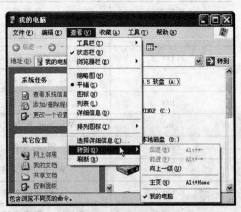

图 4.13 "查看"下拉菜单

大大提高用户工作的效率。如按 Ctrl＋C 键可以执行复制命令；按 Ctrl＋V 键可以执行粘贴命令；按 Ctrl＋A 键表示全部选中；按 Ctrl＋X 键表示剪切。

4.4.2　文件管理

文件是计算机管理和存储数据的基本单位，而文件夹就像存储文件的抽屉。"资源管理器"和"我的电脑"是 Windows XP 提供的用于管理文件和文件夹的两个应用程序，利用这两个应用程序可以显示文件夹的结构和文件的详细信息、启动程序、打开文件、查找文件、复制文件以及直接访问 Internet，用户可以根据自身的习惯和要求选择使用这两个应用程序。

1. 文件和文件夹

1）基本概念

文件是一组相关信息的集合，任何程序和数据都是以文件的形式存放在计算机的存储介质（如硬盘、U 盘等）上。在计算机中，文本文档、电子表格、数字图片、音频文件等都属于文件。任何一个文件都必须具有文件名，文件名是文件存取的识别标志。

文件夹是在磁盘上组织程序和文档的一种手段，它既可以包含文件，也可以包含其他文件夹。文件夹中包含的文件夹通常称为"子文件夹"。为了便于对磁盘上的大量文件进行存取管理，Windows XP 采用树形结构的文件夹形式组织，将文件分门别类地进行组织管理。

2）命名规则

文件名由主文件名和扩展名组成。Windows XP 文件和文件夹的命名与 MS-DOS 和 Windows 3. X 文件和文件夹的命名有明显区别。Windows XP 支持的长文件名最多为 255 个字符，而 MS-DOS 和 Windows 3X 的主文件名，最多可用 8 个字符，扩展名最多可用 3 个字符（又称8.3 格式）。Windows XP 为了保持与早期 MS-DOS 和 Windows 3. X 操作系统的兼容性，它不仅有长文件名还有按照 8.3 格式生成的与 MS-DOS 兼容的短文件名。

Windows XP 文件和文件夹命名规则如下。

（1）在文件或文件夹名中，最多可用 255 个字符，其中包含驱动器名、路径名、主文件名和扩展名四个部分。

（2）每个文件都有三个字符的文件扩展名，用以标识文件的类型，常用文件扩展名如表 4.2所示。

表 4.2　常用文件类型及其扩展名

扩展名	文件类型	扩展名	文件类型
. exe	可执行文件	. bmp	位图文件
. txt	文本文件	. dll	动态链接库文件
. sys	系统文件	. html	网页文件
. bat	批处理文件	. zip	Zip 格式压缩文件
. ini	Windows 配制文件	. arj	Arj 格式压缩文件
. swf	Flash 文件	. wav	声音文件
. doc	Word 文档文件	. ico	Windows 图标文件
. bin	二进制码文件	. dat	VCD 播放文件
. msi	Windows 程序安装文件	. mpg	MPG 格式压缩移动图形文件

（3）文件名或文件夹名可以用除下列字符"\、/、:、＊、?、"、<、>、|、→"以外的英文字母、数字、汉字、空格等命名。

（4）文件名和文件夹名不区分大小写。

（5）查找和显示时可使用通配符"＊"和"?"。其中"＊"代表文件名和文件夹名中的任意多个字符，如查找名为"＊.pdf"的文件，表示查找所有扩展名为pdf的文件。"?"代表文件名或文件夹名中的单个字符，如查找名为"?.pdf"的文件，表示查找文件名为单个字符，扩展名为pdf的所有文件。

2. 使用资源管理器

资源管理器是Windows XP重要的文件管理工具，在功能上，与"我的电脑"完全相同，但是在窗口显示上，有很大不同。资源管理器可以以分层的方式显示计算机内所有文件的详细图表。使用资源管理器可以更方便地实现文件浏览、查看、移动和复制等操作。用户不必打开多个窗口，只要在一个窗口中就可以浏览所有的磁盘和文件夹。

启动Windows XP资源管理器有三种方法：

（1）单击按钮"开始"→"程序"→"附件"→"Windows XP资源管理器"；

（2）用鼠标右击"开始"按钮，在弹出的快捷菜单中选择"资源管理器"；

（3）用鼠标右击桌面上的"我的电脑"、"我的文档"、"网上邻居"或"回收站"图标，从弹出的快捷菜单中选择"资源管理器"。

若采用方法（3），单击"我的电脑"启动"Windows XP资源管理器"后，会出现如图4.14所示的窗口。

如图4.14所示，左侧窗格中以树状目录结构显示了系统中的所有资源项目。如果在驱动器或者文件夹的左边有"＋"号，

图4.14　资源管理器窗口

表明它含有子文件夹，单击"＋"号可以展开它所包含的下一级子文件夹，此时"＋"号会变成"－"，单击"－"符号又可以将展开的内容折叠起来。

3. 文件和文件夹的操作

1）选定文件或文件夹

选定文件或文件夹的方法如下。

（1）选定单个文件或文件夹。用鼠标在内容框中单击要选择的文件或文件夹即可。

（2）选定多个连续的文件或文件夹。先用鼠标单击第一个文件或文件夹，然后按住Shift键的同时单击最后一个文件或文件夹就可以选中包含在上述两个文件之间的所有文件或文件夹。

（3）选择多个不连续的文件或文件夹。先按住Ctrl键，然后逐个单击要选择的各个文件或文件夹。

（4）选取全部的文件或文件夹。可以在"资源管理器"窗口中单击"编辑"→"全部选定"按钮。或者使用组合键Ctrl＋A。

图 4.15　拖拽鼠标选择文件或文件夹

（5）在资源管理器窗口的内容框中按住鼠标左键拖动，会出现一个蓝色阴影框，选定区域后松开鼠标，包含在该框内的文件或文件夹均被选中，如图 4.15 所示。

2）新建文件或文件夹

创建新文件的位置可以是磁盘驱动器或文件夹。首先选定新文件夹所在的位置，如驱动器 C 盘，然后选择"文件"→"新建"→"文件夹"命令，这时一个新文件夹会出现在内容框的文件列表底部，其默认的文件名是"新建文件夹"，并且处于编辑状态。用户可以输入自己需要的文件名。另外，采用在内容框空白处右击，在弹出的菜单中选择"新建"→"文件夹"也会出现同样的结果。

若要创建一个新的文件，用户可以选择"文件"→"新建"→"文件类型（如文本文档）"菜单项或者右击选择"新建"→"文件类型（如文本文档）"菜单项，都可以在当前文件夹或磁盘驱动器中创建一个相应类型的空白文件。

3）文件或文件夹的重命名

在资源管理器中，选择需要重命名的文件或文件夹，选择"文件"→"重命名"菜单项或者鼠标右击，在出现的菜单中，选择"重命名"菜单项，都可以使选中的文件或文件夹的名字处于编辑状态，用户可以对名称进行重新修改。

4）文件或文件夹的复制和移动

在不同的磁盘和文件夹中复制、移动文件或文件夹是用户经常进行的操作。其基本步骤如下：

①选择要移动的文件或文件夹。

②选择"编辑"→"复制（或剪切）"菜单项；或者在选择的文件或文件夹上右击鼠标，在弹出的菜单中选择"复制（或剪切）"菜单项。

③打开目的位置的文件夹。

④选择"编辑"→"粘贴"菜单项；或者右击鼠标，在弹出的菜单中选择"粘贴"菜单项。

5）查找文件或文件夹

单击"资源管理器"窗口中工具栏的"搜索"按钮，打开"搜索结果"对话框，如图 4.16 所示。

在左侧窗格中的"要搜索的文件或文件夹名为"文本框中输入要搜索的文件或文件夹（可以使用通配符），然后在下面的"搜索范围"下拉列表框中选中要搜索的范围。最后，单击"搜索"按钮，相应的搜索结果将会在右侧内容框中显示。

用户可以在搜索选项区域中对文件的日期、类型、大小等方面进行设置，进行更精确地搜索。

6）查看和修改文件或文件夹属性

文件或文件夹包含三种属性：只读、隐藏和存档。若将文件或文件夹设置为"只读"属性，则该文件或文件夹不允许更改和删除；若将文件或文件夹设置为"隐藏"属性，则该文件或文件夹在常规显示中将不被看到；若将文件或文件夹设置为"存档"属性，则表示该文件或文件夹已存档，有些程序用此选项来确定哪些文件需做备份。

查看或修改文件或文件夹属性的操作步骤如下。

①选择要查看或修改属性的文件或文件夹。

②选择"文件"→"属性"菜单项，或者右击文件或文件夹图标，在弹出的菜单中选择"属性"菜单项。将弹出文件或文件夹属性对话框，图 4.17 是一个文件夹属性对话框。

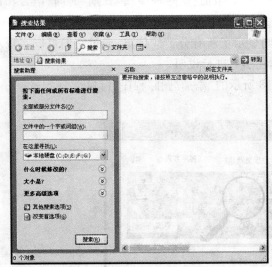

图 4.16　搜索窗口

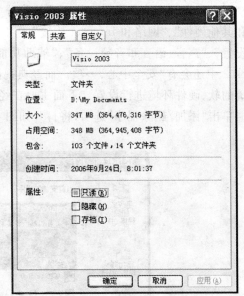

图 4.17　文件夹属性对话框

③在"常规"选项卡中，可看到被选定的文件的信息：文件名、文件类型、所在的文件夹、大小、创建时间、最近一次修改时间、最近一次访问时间及文件属性等。在"属性"复选框中选择属性，可以为被选择文件设置属性或去掉某属性，设置为该属性时，该属性前的方框内为"√"号；去掉该属性时，再次单击该属性前的方框，去掉"√"号即可。

④修改了文件属性后，若单击"应用"按钮，不关闭对话框就可使所作的修改有效，若单击"确定"按钮，则关闭对话框并保存修改的属性。

在 Windows XP 中，具有"隐藏"属性的文件或文件夹，在"我的电脑"和"资源管理器"文件窗口中不会显示出来，若要在屏幕上显示它们，可按如下步骤进行操作。

①选择"工具"→"文件夹选项"菜单项，屏幕显示出"文件夹选项"对话框。

②在"查看"标签下的"高级设置"框中，选中"显示所有文件和文件夹"。

③单击"确定"按钮。

7）删除文件或文件夹

若用户认为某些文件或文件夹的内容不再有用，可以将它们删除。首先，选择要删除的文件或文件夹，然后按下 Delete（删除）键，在弹出的对话框中选择"是"按钮，系统将会把它放入"回收站"中。这种删除是可以恢复的，用户可以打开"回收站"，在选中的文件或文件夹上并右击，然后在弹出的菜单中选择"还原"菜单项，就可以将其恢复到原来的位置。

如果被删除的文件或文件夹确定永久不再需要时，可以从"回收站"中清除。

另外，如果在删除文件或文件夹的时候按住 Shift 键的同时再按 Delete 键，那么被删除的文件不会进入"回收站"而直接从磁盘上删除，是不可直接恢复的。

4.4.3 应用程序管理

操作系统为应用程序的运行提供了支持环境。用户可以将某种应用程序添加到操作系统中，以满足处理和解决新问题的实际需要。不再使用某应用程序时，可以将其从系统中卸载。

单击"开始"→"控制面板"菜单项，弹出"控制面板"窗口。"控制面板"包括两种视图模式：分类视图和经典视图。分类视图将项目按照分类进行组织，一般分为九大类："外观和主题"、"打印机和其他硬件"、"网络和 Internet 连接"、"用户账户"、"添加/删除程序"、"日期、时间、语言和区域设置"、"声音、语言和音频设备"、"辅助功能选项"和"性能和维护"。在 Windows XP Service Pack 2 中还会有"安全中心"一项。而经典视图则显示了所有分类的信息，通过它们可以实现对系统的软、硬件环境进行设置。下面主要在经典视图下进行说明。

单击"添加/删除程序"选项，将打开如图 4.18 所示的"添加/删除程序"窗口。

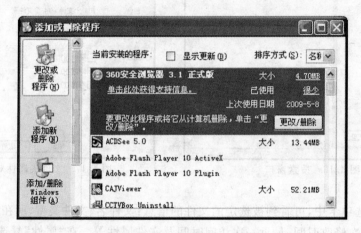

图 4.18 "添加/删除程序"窗口

该窗口左侧窗格中包含三个按钮命令。

（1）更改或删除程序：用于更改或删除系统已经安装的应用程序。

（2）添加新程序：通过磁盘或光盘安装新的应用程序，或者从因特网上添加 Windows 新功能、设备驱动程序和系统更新。一些新应用程序的更新可以直接运行安装盘上的Setup. exe或Install. exe 文件，然后根据安装向导来完成。

（3）添加/删除 Windows 组件：通过 Windows 组件向导安装、配置或删除 Windows 组件。

4.4.4 磁盘管理

"磁盘管理"是用于管理计算机磁盘的图形化工具，能够对磁盘进行打开、管理磁盘资源、更改驱动器名和路径、格式化或删除磁盘分区以及设置磁盘属性等操作。

要进行磁盘管理，必须打开"计算机管理"窗口，可以通过两种方式打开。

（1）右击"我的电脑"，在弹出的菜单中选择"管理"菜单项，弹出"计算机管理"窗口。

（2）单击"开始"→"控制面板"菜单项，在"控制面板"窗口内选择"管理工具"打开"计算机管理"窗口。

在"计算机管理"窗口左侧树形目录中，单击"磁盘管理"，显示如图 4.19 所示的界面。

在右边窗口的上方列出了所有磁盘的基本信息，包括类型、文件系统、容量、状态等。在窗口的下方按照磁盘的物理位置给出了简略的示意图,用不同的颜色表示不同类型的磁盘。

在驱动器名上右击鼠标,出现如图4.20所示的菜单。上面的菜单项列出了用户可以进行的一些磁盘操作。

图 4.19　磁盘管理窗口　　　　　　　　　　　　图 4.20　磁盘操作菜单

(1)打开:表示进入打开对应的驱动器,显示该驱动器下的所有文件和文件夹。

(2)资源管理:在资源管理器的模式下显示该驱动器的内容。

(3)更改驱动器名和路径:单击会打开相应的对话框,该对话框列表中列出了此驱动器对应的驱动器号和路径,用户可以通过选择列表中的任意一个驱动器号和路径来映射此驱动器。

(4)格式化:格式化操作会删除磁盘上的所有数据,并重新创建文件分配表:格式化还可以检查磁盘上是否有坏的扇区,并将坏扇区标出,以后存放数据时会绕过这些坏扇区。一般新的硬盘都没有格式化过,在安装 Windows XP 等操作系统时必须先对其进行分区并格式化,而用户在日常使用中基本上不需要对硬盘进行格式化,只需要对软盘和移动磁盘进行格式化。使用该命令一定要小心谨慎,如果格式化某一驱动器,上面的文件资料都不能再恢复。

(5)删除逻辑驱动器:指定的驱动器、分区或卷的驱动器号将被删除。删除的驱动器里面的数据并没有被删除,这与格式化操作不同,是可以重新找回的。

(6)属性:会打开磁盘属性对话框,如图4.21所示。在"常规"标签中列出了该磁盘的一些常规信息,如类型、文件系统、打开方式、可用和已用空间等。最上方的磁盘图标右边的框中用于设置逻辑驱动器的卷标。

在"工具"标签中,给出了磁盘检测工具、磁盘碎片整理工具和备份工具按钮,单击这些按钮,可以直接对当前磁盘进行相应的操作。

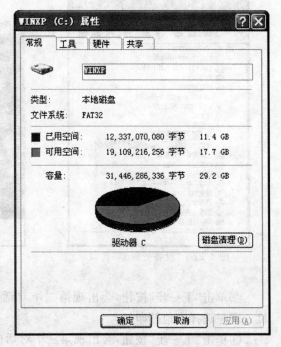

图 4.21　磁盘属性对话框

在"硬件"标签中列出了所有有关的硬件,选定某个选项后单击"疑难解答"按钮可以进行磁盘故障的排除,单击"属性"按钮可以打开"属性"对话框。

"共享"标签用于设置共享属性。如果选择"不共享该文件夹"选项,此逻辑磁盘上的资源将不能被其他计算机上的用户使用。

4.4.5 设备管理

"设备管理器"为用户提供了计算机中所安装硬件的图形显示,可以方面用户管理本地计算机上的设备。右击"我的电脑",在出现的菜单中选择"属性"菜单项,弹出"系统属性"对话框。在该对话框中单击"设备驱动器"按钮,就会弹出"设备管理器"窗口,如图4.22所示。

默认状态下,系统设备是按照类型排序的。在该窗口内树形目录下,单击某个设备前面的"+"号对其展开,用户可以查看计算机中的硬件是否正常工作。右击该设备弹出快捷菜单,用户可以通过该菜单上的命令对硬件进行"停用"、"卸载"、"更新驱动程序"等操作。

硬件设备要在操作系统内正常运行,驱动程序发挥着重要作用,添加新硬件的过程实际上就是安装驱动程序的过程。驱动程序是用户在购买新硬件时所附带的软件程序,通常存放在光盘上,也可以在网上下载。

Windows XP能很好地支持"即插即用",能够自动监测出这些设备并安装相应的驱动程序。当安装一个非即插即用设备时,设备的资源设置不会自动配置。根据正在安装的设备的类型,可能需要用户手动完成。

下面介绍添加"打印机"的方法。

①在"控制面板"窗口中选择"打印机和传真",进入"打印机和传真"窗口,在常见任务区中单击"添加打印机"选项,启动"添加打印机向导"对话框,如图4.23所示。

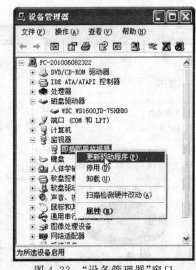

图4.22 "设备管理器"窗口

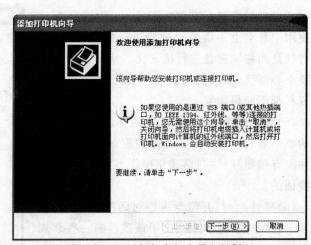

图4.23 "添加打印机向导"对话框

②单击"下一步"按钮,会出现第二个对话框,请用户确定是安装本地打印机还是网络打印机。这里选择本地打印机。

③单击"下一步"按钮,会出现第三个对话框,让用户选择打印机使用的端口。

④单击"下一步"按钮,会出现如图4.24所示的对话框。用户可以在列表框中选择打印机制

造商和型号。如果安装的打印机不在列表框中，可直接单击"从磁盘安装"按钮，根据驱动程序的存放路径为打印机安装自带的驱动。

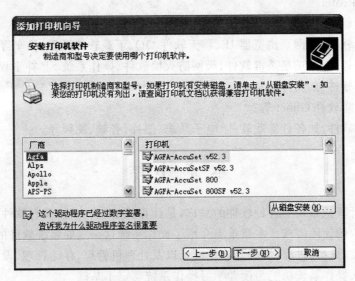

图 4.24　打印机厂商和类型选择

⑤添加完驱动后，根据提示单击"下一步"按钮，即完成了对打印机的安装。

4.5　计算机应用软件

应用软件是为了某一类应用需要或为解决某个特定问题而编制的软件。应用软件种类繁多，大致可以分为四个部分：办公自动化软件，家庭、个人及教育软件，图形设计和多媒体软件，网络及通信软件。

办公自动化软件主要包括文字处理软件、电子表格软件、数据库软件以及演示图形制作软件等。

应用软件可以分为两类，第一类是针对某个应用领域的具体问题而开发程序，它具有很强的实用性、专业性。这些软件可以由计算机专业公司开发，也可以由企业个人自行开发。正是由于这些专业软件的应用，使得计算机日益渗透到社会的各个行业。但是，这类应用软件使用范围小，导致了开发成本过高，通用性不强，软件的升级和维护有很大的依赖性。第二类是由一些大型专业软件公司开发的通用型应用软件，这些软件功能非常强大，适用性非常好，应用也非常广泛。由于软件的销售量大，因此，相对于这一类应用软件而言，价格便宜很多。由于使用人员较多，也便于相互交换文档。这类应用软件的缺点是专用性不强，对于某些有特殊要求的用户适用度不高。

常用的通用应用软件有以下几类。

（1）办公自动化软件：应用较为广泛的有微软开发的 Office 软件，它由字处理软件 Word、电子表格软件 Excel、演示图形制作软件 PowerPoint、数据库软件 Access 等组件组成。国内优秀办公自动化软件有 WPS 等。IBM 公司的 Lotus 也是一套非常优秀的办公自动化软件。

（2）多媒体应用软件：如图像处理软件 Photoshop、动画设计软件 Flash、音频处理软

COOLEdit、视频处理软件 Premiere、多媒体创作软件 Authorware 等。

（3）辅助设计软件：如机械、建筑辅助设计软件 Auto CAD、网络拓扑设计软件 Visio、电子电路辅助设计软件 Protel。

（4）企业应用软件：如用友财物管理软件等。

（5）网络应用软件：如网页浏览器 IE、聊天软件 QQ、下载软件迅雷、快车等。

（6）安全防护软件：如瑞星杀毒软件、天网防火墙软件、操作系统 SP 补丁程序等。

（7）系统工具软件：如文件压缩与解压缩软件 WinRAR、数据恢复软件 EasyRecovery、系统优化软件、磁盘克隆软件 Ghost 等。

（8）娱乐休闲软件：如各种游戏软件、电子杂志、图片、音频、视频等。

本 章 小 结

软件系统是计算机系统中各种软件的总称，是计算机的"灵魂"。没有软件的计算机称为"裸机"，不能满足用户的使用需求。本章重点介绍了操作系统这一重要系统软件的定义、分类、特征和功能。理解并发、虚拟、进程、线程等重要概念以及处理机管理、存储管理、设备管理、文件管理以及用户接口五大操作系统功能为读者学习操作系统奠定了基础。

常用的操作系统有 MS-DOS、Windows、UNIX 和 Linux。本章对它们的产生过程以及发展进行了介绍，重点阐述了 Windows XP 操作系统的基本操作。最后对计算机应用软件的定义和分类进行了简单介绍。

习 题

1. 什么是软件？
2. 软件的发展经过了哪几个阶段？
3. 什么是操作系统？
4. 操作系统具有哪些基本功能？
5. 多道批处理操作系统的主要特点是什么？有哪些优缺点？
6. 操作系统可以分为哪几类？
7. 什么是缓冲技术？
8. 文件管理的主要功能是什么？
9. 应用软件分为哪些类别？
10. 调研一些当前的系统软件和应用软件。

第 5 章 计算机程序设计基础

计算机程序设计并不是简单的编码。在程序开发过程中,既有工程也有科学。程序开发人员要使用更多的创造性思维和利用自己积累的各方面的设计经验,去应对程序开发过程中的每一个问题。

学习程序设计最困难的就是刚开始的阶段,初学者要注意培养精确而又简洁的思维习惯。在整个程序开发过程中,设计者需要有对所面临的问题进行科学分析的能力;要考虑各种设计可能性,并在各种制约条件下寻找合理的平衡点;要选择合适的程序设计语言描述问题;还要能够优化程序的结构,设法排除程序中出现的错误;最后通过系统测试,保证程序的正确性,使程序能够满足用户的需要,并具有相当的可靠性。

本章将学习如何设计、组织、编码和测试计算机程序。如果作为程序员或者计算机用户参与程序开发,这些过程将是非常有用。

5.1 程序设计基础

程序设计(Programming)是给出解决特定问题程序的过程,是软件构造活动中的重要组成部分。程序设计往往以某种程序设计语言为工具,并给出这种语言编写的程序。程序设计过程应当包括分析、设计、编码、测试、排错等不同阶段。每个阶段都有相应的理论和实践作为指导,内容涉及有关的基本概念、工具、方法及方法学等。

5.1.1 程序的概念

程序从静态上说,以某种语言为工具编制出来的动作序列,它表达了人的系统性思维。而从动态上说,它是一系列逐一执行的操作。计算机程序是用计算机语言所要求的规范描绘出来的一系列动作,它表达了程序员要求计算机执行的操作。

计算机程序或者软件程序(简称程序)通常是指一组指示计算机或其他具有信息处理能力的装置每一步动作的指令,通常用某种程序设计语言编写,运行于某种目标体系结构上。

程序是对所要解决问题的各个对象和处理规则的描述,或者说是数据结构和算法的描述。1984 年,图灵奖获得者瑞士科学家尼克劳斯·沃斯(Niklaus Wirth,Pascal 语言的发明者和结构化程序设计创始者)在 1976 年出版的《算法＋数据结构＝程序设计》一书中,提出了著名的公式:"程序＝数据结构＋算法"。算法是一系列操作的步骤,而这个操作序列可以帮助我们解决特定的问题。在第 6 章中,将会介绍常用的算法和数据结构。

5.1.2 程序的表示形式

程序的表示形式可以用多样的,包括用自然语言、伪代码(pseudo code)或流程图(flow chart)。当然,程序语言本身也是对解决问题步骤的一个精确的表达。

1. 自然语言

自然语言方式是指用普通语言描述解决问题步骤的方法。例如,在求一元二次方程的根时,就可以使用这种表示方式:"一元二次方程 $ax^2+bx+c=0$ 的根的计算公式是,在 a 不等于 0 的情况下,分子是负 b 加减 b 的平方减去 $4ac$ 的平方根,分母是 $2a$。"

2. 流程图

流程图使用图形符号描述解决问题的逻辑步骤,并显示各步骤之间的相互关系。它使用大图的形式掩盖了处理步骤的所有细节,只显示从开始到结束的整个流程。在流程图表示中,用箭头表示各步骤处理的流程,用矩形代表各处理步骤,用菱形代表处理的分支等,如表 5.1 所示。

表 5.1　流程图的含义

符号	名称	意义
→	流程线	用来连接符号并指示逻辑流向
⬭	起止	用来表示任务的开始或结束
▱	输入/输出	用于输入与输出操作,如读入、显示
▭	处理	用于算术或数据操作的运算
▯▯▯	预定义程序	用来表示完成一个处理的一组语言
◇	选择	用于逻辑和比较运算,有一个进入和两个离开流程,选择的路径取决于回答"是"或"否"
○	连接器	用来连接不同的流程

3. 伪代码

伪代码则是用类似于英语和一些程序设计语言术语来简略描述问题。与程序相比,伪代码表示主要关心计算的过程,而忽略程序中应有的一些细节(如变量定义等)。当伪代码完成后,很容易被翻译成计算机语言。

4. 分层结构图

分层结构图则显示不同部分程序间的相互关系,它将一个程序的全部结构都展现出来。它描述出程序每部分或模块的功能,表明模块间的相互关系,忽略模块具体的工作方法。

下面来看一个简单的例子。

问题:计算并输出一个班级的学生的平均分数。

方法:平均分数等于所有分数的和除以班级学生总数。

输入信息:学生分数。

处理:求出总分数,学生总数,平均分数=总分数/学生总数。

输出信息：平均分数。

本例的流程图、伪代码、分层结构图如图 5.1～图 5.3 所示。

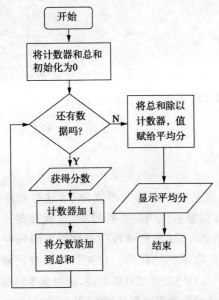

图 5.1　计算班级平均分数的流程图

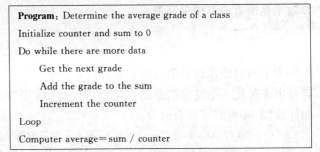

图 5.2　计算班级平均分数的伪代码

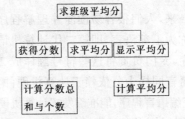

图 5.3　计算班级平均分数的分层结构图

自然语言方式的优点是简单、方便，适合描述简单的算法或算法的高层思想。但是，该方式的主要问题是冗长、语义容易模糊，很难准确地描述复杂的、技术性强的算法。除了简单的问题，一般不用自然语言表示算法。使用流程图表示算法可以避免自然语言的模糊缺陷，且独立于任何一种程序设计语言。伪代码使用介于自然语言和计算机语言之间的文字和符号来描述算法，在描述时通常可借助某种高级语言的控制结构和语法规则，因此能够方便地转换为相应的程序设计语言。

5.1.3　程序设计语言

一台计算机是由硬件系统和软件系统两大部分构成的，硬件是物质基础，而软件可以说是计算机的灵魂。没有软件，计算机是一台"裸机"，是什么也不能干的。有了软件，才能灵动起来，成为一台真正的"电脑"。而所有的软件，都是用计算机语言编写的。

计算机程序设计语言的发展，经历了从机器语言、汇编语言到高级语言的历程。

1. 机器语言

计算机系统中所使用的是由"0"和"1"组成的二进制数，二进制是计算机语言的基础。机器语言是第一代计算机语言，机器语言所编写的程序由指令组成，其特点就是所有指令都采用符号 0 和符号 1 的编码组成。

如计算"9 + 8＝?"用机器语言表示，则为：

```
10110000 00001001        ;;把 9 送到累加器 AL 中
00000100 00001000        ;;AL 中数与 8 相加给 AL
11110100                 ;;停止
```

使用机器语言是十分痛苦的,特别是在程序有错需要修改时,更是如此。而且由于每台计算机的指令系统往往各不相同,所以在一台计算机上执行的程序,要想在另外一台计算机上执行,必须重新编写程序,造成了重复工作。但机器语言使用的是针对特定型号计算机的语言,故而运算效率是所有语言中最高的。

2. 汇编语言

为了减轻使用机器语言编程的痛苦,人们进行了一种有益的改进:用一些简洁的英文字母、符号串来替代一个特定指令的二进制串。比如,用"ADD"代表加法,"MOV"代表数据传递等。如计算"9+8=?"可以表示为:

```
MOV AL, 9              ;;把 9 送到累加器 AL 中
ADD AL, 8              ;;AL 中数与 8 相加给 AL
HLT                    ;;停止
```

这样一来,人们很容易读懂并理解程序在干什么,纠错及维护也都变得方便了,这种程序设计语言就称为汇编语言,即第二代计算机语言。然而计算机是不认识这些符号的,这就需要一个专门的程序,专门负责将这些符号翻译成二进制数的机器语言,这种翻译程序被称为汇编程序。

汇编语言同样十分依赖于计算机硬件,移植性不好,但效率仍然很高。针对计算机特定硬件而编制的汇编语言程序,能准确发挥计算机硬件的功能和特长,程序精炼而且质量高,所以至今仍是一种常用而强有力的软件开发工具。例如,目前大多数外部设备的驱动程序都是用汇编语言编写的。

3. 高级语言

从最初与计算机交流的痛苦经历中,人们意识到应该设计一种这样的语言,这种语言接近于数学语言或人的自然语言,同时又不依赖于计算机硬件,编出的程序能在所有机器上通用。经过努力,1954 年,第一个完全脱离机器硬件的高级语言——FORTRAN 问世了。

高级语言是一种在伪码形式的算法表示基础上的计算机程序设计语言,因此和汇编语言相比,高级程序设计语言的抽象度高,和具体计算机的相关度低(或没有相关度),求解问题的方法描述直观。

如计算"9+8=?",使用高级程序设计语言表示为:

```
BASIC:AL=9+8
C:   main()
    {
        int al;
        al=9 + 8;
    }
```

40 多年来,共有几百种高级语言出现,有重要意义的有几十种。影响较大、使用较普遍的有 FORTRAN、ALGOL、COBOL、BASIC、LISP、SNOBOL、PL/1、Pascal、C、PROLOG、Ada、C++、Delphi、Java 等。

高级语言接近自然语言,易学、易掌握,它为程序员提供了结构化程序设计的环境和工具,使得设计出来的程序可读性好、可维护性强、可靠性高。高级语言远离机器语言,与具体的计算机硬件关系不大,因而所写出来的程序可移植性好、重用率高。由于把一些烦琐的事务交给了底层专门的程序去做,所以使用高级语言开发程序自动化程度高,开发周期短,并且程序员可以集中时间和精力去从事对于他们来说更为重要的创造性劳动,以提高程序的质量。

由于高级语言的这些特点,因此用高级语言设计程序的难度较以前大大降低。

5.2 程序设计的基本元素

程序设计是计算机专业领域中最核心的工作。在计算机领域中任何好的创意和设计,最终都要通过高水平的程序设计实现,才能真正成为有社会价值、市场价值的成品和产品。本节主要介绍常规的程序设计语言中各个方面的基本问题,包括语言描述、控制结构、数据类型及它们的实现机理。

高级语言按描述问题的方式可以分为命令型语言、函数型语言、描述型语言和面向对象语言。在这四种类型的高级语言中,命令型语言和面向对象语言在基本元素的表示和实现方法上基本一致,而函数型语言和描述型语言,基本元素的表示和实现方法则和其他几种类型的高级语言很不相同。

命令型语言是出现最早和曾经使用最多的高级语言,它的特点是计算机按照该语言描述的操作步骤来执行。FORTRAN、COBOL、ALGOL、BASIC、C、PASCAL、Ada、APL 等都属于命令型语言。

面向对象语言中把现实世界中的事物称作对象,每个对象都由一组属性和一组行为组成。面向对象语言则是把对象的属性和对象的行为结合为一体进行程序设计,Smalltalk、C++、Visual Basic、Java 等都属于面向对象语言。考虑到函数型语言和描述型语言使用较少,本节关于高级语言基本元素的讨论,主要针对命令型语言和面向对象语言。

5.2.1 数据类型

一个语言总是提供一组基本数据类型(内部类型)和一些有关的操作,由于不同类型的数值占用内存单元的大小不同,所以高级语言在进行变量定义时,要具体指出该变量要存放数值的类型。高级语言中引入数据类型的概念来解决这一问题。

高级语言内部提供了一组基本类型(基本数据集合),包括类型名,各种类型值的文字量写法,并为每个类型提供一组可用操作。基本类型也是一组类型抽象,使用者不必了解每个类型值的具体表示形式和操作的实现方式,就可以通过类型名和相应操作使用各个基本类型。

1. 整型

整型规定了整数的表示形式,整数的运算(操作),以及整数在计算机中的表示范围。在C++中,整型的设计有多种形式,按表示的长度分有 8 位、16 位、32 位,每一种长度都分为有符号(singed)和无符号(unsigned)两种,如表 5.2 所示。

表 5.2　C++中整型分类表

类型	长度(位数)	前缀	表示范围
char	8	[signed]	-128~127
		unsigned	0~255
short [int]	16	[signed]	-32768~32767
		unsigned	0~65535
int	32	[signed]	-2147483648~2147483647

类型	长度(位数)	前缀	表示范围
		unsigned	0～4294967295
long［int］	32	［signed］	
		unsigned	

2. 实型

实型又称浮点型,是用来表示带有小数的数值。在C++中,用于表示实型的类型有 float（单精度）、double（双精度）和 long double（长双精度）三种,如表 5.3 所示。

表 5.3　C++中实型分类表

类型	长度(位数)	表示范围	有效位
float	32	$-3.4 \times 10^{38} \sim 3.4 \times 10^{38}$	7 位
double	64	$-1.7 \times 10^{308} \sim 1.7 \times 10^{308}$	15 位
long double	80	$-3.4 \times 10^{4932} \sim 1.1 \times 10^{4932}$	19 位

3. 布尔类型

布尔(bool)类型属于整数类型的一个子类,这种类型只有两种值,即"true"和"false"。在C++中,布尔值占 1 个字节的存储空间,表示范围仅含整数 0 和 1。任何数值都可自动转换成布尔值,0 表示"false",任何非 0 的数值都表示"true"。在计算过程中,值的大小比较、条件真假判断、逻辑运算的结果都是 0 或 1,所以,相当大数量的表达式的值与布尔型对应。

高级语言还提供一组类型构造方式,程序员可以用它们描述程序里所需要的新的类型,称为复合类型。复合类型的值可具有复杂的内部结构,以满足各种应用需要。

C++语言中的数据类型如图 5.4 所示。

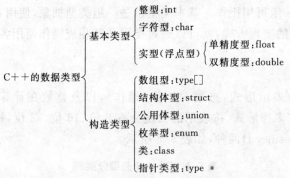

图 5.4　C++的数据类型(其中 type 指的是基本数据类型及构造类型)

在高级语言中,数据类型不仅用来确定数据(或变量)所要占用的内存单元大小,还用来进行操作的匹配性检查。定义变量时,需要选择合适的数据类型,以便合理利用内存资源。

5.2.2　值、变量、对象

在高级语言中,值、变量、对象是进行操作的基本单元。

1. 值

值是程序可以处理的数据。程序语言里的值通常分为一些类型，也就是不同的值集合。例如许多语言提供了表示整数的值类型（其值可以简称为整数）如 10、−95、255；表示实数的值类型（实数）如 0.15、15.0、1.5，或以科学计数法的形式给出，这样能表示很大或很小的实数，如 1.5e9、1.5e−20；字符类型，如"A"、"♯"等。

2. 变量

变量是程序里的命名数据对象。从高级语言的角度看，变量代表了特定大小的内存单元空间。变量的作用是存取程序中需要处理的数据，它代表某个具体数值并可改变其数值的符号。高级语言中要求在使用某变量前，首先要定义该变量。

变量的要素包括变量名、属性（如类型）、存储位置、保存的值。

变量的命名要满足一定的条件。

(1)由大小写英文字母、数字字符(0~9)和下划线组成，且第 1 个字符必须为字母或下划线，其后跟 0 个或多个字母、数字、下划线。

(2)C++语言中的大小写是敏感的，即大写字母和小写字母认为是不同的字母。

(3)不能与关键字、库函数名、类名和对象名等相同。

(4)命名时要考虑有效长度以及易读性。

现实中存在许多命名约定或者本地习惯，这些约定和习惯对于变量的起名有着一定的指导。常见的比如指针变量加前缀 p，如 pNode；全局变量通常用大写字母开头，如 Global；常量完全由大写字母组成，如 CONSTANS；宏、枚举等使用全部大写＋下划线，如 MAX_LENGTH；函数用大写字母开头的单词组合而成，如 SetName 和 GetName；类型命名每个单词以大写字母开头，不包含下划线，如 MyExcitingEnum。命名约定能使自己的代码更容易理解，对别人写的代码也一样。这些约定也使程序设计者在写代码时更容易决定对象的命名。对于长的程序，选择那些好的、具有说明性的、系统化的名字就更重要了。

在 C++中，变量定义的一般格式为：

数据类型名　变量名表；

如：

```
int   myAge, myWeight;
double   area, width, length;
```

变量名是内存空间的一个标识，对变量名的操作也是对其内存空间的操作。在变量定义后，可以通过变量名引用变量对其赋值。也可以在变量定义的同时赋给变量初始值或者在多个变量的定义语句中单独对某个变量进行初始化。

如：

```
int   myAge, myWeight;
myAge=20;
myWeight=100;
```

变量保存数据的方式有两种，称为"变量模式"。变量模式包括值模式和引用模式两种。

值模式指的是变量是保存值的容器，其中保存相应的值。如图 5.5 所示。

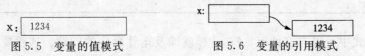

图 5.5　变量的值模式　　　　图 5.6　变量的引用模式

引用模式则在变量里保存对一个数据对象的引用,数据对象里保存着数据值,如图 5.6 所示。

大多数常规语言都完全采用值模式,如 FORTRAN、C 等。许多常规语言为支持动态数据结构的高级技术,提供了指针机制,以模拟引用模式。大多数函数式等非常规语言都采用引用模式,以支持各种复杂的动态结构操作,支持更加丰富的程序设计技术。许多脚本语言采用引用模式,这样可以避免变量的类型声明,使编程更加方便、灵活。

3. 对象

对象的概念意义更加广泛,通常指在程序运行中存在的任何东西。例如,变量、有名的常量、代码段、动态分配的内存块、程序中的文字量、字符串等。

在程序运行中,需要创建和使用的各种程序对象有如下几种。

(1)程序变量:通过声明创建命名,保存值,其值可在程序运行中修改。

(2)程序常量:命名,保存值,其值在创建时给定,在程序运行中不可修改。

(3)匿名数据对象:通过程序提供的其他手段或隐式创建和使用。

(4)动态分配的匿名数据对象,通过指针或引用访问。

(5)计算中生成的临时数据对象,如函数返回值、运算符的计算结果等,隐式创建和使用。

(6)其他对象,如程序的运行系统所需要的对象。

程序对象通常有确定的类型,类型决定了这个对象的使用方式。对象还可以有许多其他属性,它们可以是静态的(只在编译时可用)或者动态的(运行时可用)。

5.2.3 表达式和计算

运算符和表达式是实现数据操作的两个重要组成部分,它们描述计算的执行顺序,实现语言的基本语义。

1. 运算符

运算符是用来操作数据或表示特定操作的符号,会针对一个以上操作数项目来进行运算。例如:2 + 3,其操作数是 2 和 3,而运算符则是"+"。在 C++中运算符大致可以分为算术运算符、赋值运算符、关系运算符、逻辑运算符、位运算符和条件运算符等,如表 5.4 所示。

表 5.4 C++中的常用运算符

运算符类型	符　　号	结合性
算术运算符	% * / + -	左结合
赋值运算符	= += -= *= /= %=	左结合
自增和自减	++ --	右结合
关系运算符	< <= > >= == !=	右结合
逻辑运算符	&& ||	左结合
位运算符	~ & ^ | << >>	左结合
条件运算符	?:	右结合

在一个表达式中可以有多种运算符,这样就涉及运算顺序的问题。这就要求有一套规定好

的规则来进行运算,以保证运算结果是唯一的,这种规则就是运算符的优先级和结合性。优先级是指同一表达式中多个运算符被执行的次序,在表达式求值时,先按运算符的优先级别由高到低的次序执行,例如,算术运算符中采用"先乘除后加减"。如果在一个运算对象两侧的优先级别相同,则按规定的"结合方向"处理,称为运算符的"结合性"。C++中规定了各种运算符的结合性,如算术运算符的结合方向为"左结合",即先左后右。也有一些运算符的结合性是"右结合",即自右至左的。例如:

    int a=3;b=4;

    c=a-5 + b,则 c=2(左结合,先计算 a-5,再计算-2+b)

    c=a +=b -=2,则 c=5(右结合,先计算 b-=2,再计算 a+=2)

2. 表达式

表达式是由数值、运算符、数字分组符号(如括号)、自由变量和约束变量等以能求得数值的有意义排列方法所得的组合,用来描述计算值的方式和过程。对于计算过程的控制手段包括:优先级、结合性、括号、运算对象的计算顺序。要理解表达式,最重要的问题是理解表达式的意义,主要是表达式所确定的求值过程,以及它对环境的影响。

如果一个表达式只算出一个值而不改变求值的环境,那么就称它为引用透明的,这种表达式求值的早晚对其他计算没有影响,如 a+b。如果一个表达式在计算中不仅求出一个值,还将改变环境,就说这个表达式有副作用,如 C++语言里的 a++。历史上曾经有一些语言设计者努力避免产生副作用的表达式,但大部分语言里,都可以写出会产生副作用的表达式。

优先级、结合顺序和括号是大家非常熟悉的。现在讨论一下运算对象的求值顺序。例如:

    (a + b)∗(c + d) fun(a++, b, a+5)

一些语言明确规定,对于二元运算符的运算对象和函数调用的实参表达式,都按照特定顺序计算(例如从左到右计算)。另一些语言对运算对象的求值顺序不予规定,目的是允许编译器采用任何求值顺序,允许对表达式的编译结果做更多优化。例如,C/C++就是这样。下面的语句给 n 赋什么值?

    int x=2, y=5;

    int n=x∗y + ++x;

正确回答:不知道! 它牵涉运算对象的求值顺序和赋值的实现,是由具体的编译器决定的。在程序设计中要避免这种具有二义性的语句,要使得每一个表达式的结果都是唯一的。

在高级语言中还会根据表达式的特点进行优化,以加速求值的速度。如果根据运算符左边的对象已经可以确定最终结果,此时就不再计算右边对象,这种方式也称为短路求值,C/C++/Java 等的逻辑运算符都采用短路求值。如下面的语句的输出结果是什么?

    int x, y=3, z=0;

    bool w=((x=0)&& (z=x + y)); // x=0 是赋值语句

    cout<<x<<", "<<y <<", "<<z<<endl;

因为(x=0)的表达式的值为 0(false),故右边对象(z=x + y)不会被执行,所以运行结果为:0 , 3 , 0。

5.2.4 基本语句和程序控制

语句是命令,基本语句提供了语言的基本动作。常规命令式语言中与数据有关的最基本动作是赋值。赋值之外的基本语句包括输入/输出,一些语言提供了专门语句,一些语言通过库来实现。

在计算机程序中,指定语句执行顺序的操作称为程序控制。基本语句之上的控制结构是我们最熟悉的东西,也是语言中最清楚的结构。所有的流程控制语句都是结构化的受限的控制转移。语句中提供了产生各种特定计算顺序的结构(如语句层的各种控制结构、分支、循环等),通常还提供了一些机制,使程序员可以根据需要改变计算顺序的细节(如 break、continue 等)。

1. 赋值语句

用来表明赋给某一个变量一个具体的确定值的语句叫做赋值语句,赋值语句是最基本的语句。赋值语句是程序设计语言中最简单的、被使用最多的、甚至可以说是很富有艺术性的语句,在程序设计的过程中,赋值语句的使用是否妥当,往往能够部分反映一个程序员的编程功力。

在 C/C++中赋值运算符为"=",赋值语句的基本形式为:

  <对象>=<表达式>;

它的意思是"取得赋值号右边的值,把它复制给左边的变量"。赋值号右边的值称为右值,可以是任何常数、已经有值的变量或者表达式。但左值必须是一个明确的、已命名的变量。也就是说,它必须有一个内存空间用来存储赋值号右边的值。例如:

  a=5;

这个语句的作用是将整数 5 赋值给变量 a,使变量 a 此时拥有的值为 5,如图 5.7 所示。

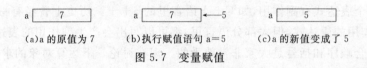

  (a)a 的原值为 7 (b)执行赋值语句 a=5 (c)a 的新值变成了 5

图 5.7 变量赋值

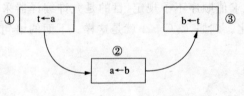

图 5.8 交换两个变量的值的过程

赋值语句可以改变变量状态,即将一个变量的值改为另外一个值,例如有两个变量 a、b,交换它们的值。

交换两个变量的值不能直接相互赋值,即执行 a=b; b=a; 因为在执行 a=b 时,已经改变了 a 中的值,即 a 的值和 b 相同。所以在进行交换之前,需要一个中间变量 t 保存其中一个的值。交换过程如图 5.8 所示。

程序如下:

```
// * * * * * * * * * * * * * *
// *         交换两个变量的值         *
// * * * * * * * * * * * * * *
#include<iostream. h>
int main()
{
    int a, b, temp;
    a=3;
    b=5;

    temp=a;
```

```
        a=b;
        b=temp;
        return 0;
    }
```

2. 输入/输出

任何程序大致都是这样的流程:输入参数→处理参数→输出结果。所以在任何程序语言中,均提供了方便程序员进行输入/输出的操作。

在 C 语言中提供了两个标准输入/输出函数:scanf( )和 printf( )。

(1)格式输入函数:scanf( )

一般形式:scanf(格式控制串,地址列表)

它从标准输入设备,如键盘,接收输入的任何类型的多个数据,两个输入项之间一般用空格隔开。

(2)格式输出函数:printf()

一般形式:printf("格式控制串"[,输出实参列表])

printf()函数的功能按指定的格式输出数据,若输出实参列表中如果有多个参数,则用逗号分隔。

在 C++语言中则使用面向对象的 I/O 流,定义了两个输入输出对象:cin 和 cout。

(1)cin 处理标准输入,即键盘输入,格式为:

        cin >><对象 1> {>><对象 2>…};

cin 可以获得键盘的多个输入值,提取运算符">>"可以连续写多个,每个提取运算符后面跟一个获得输入值的变量或对象。

(2)cout 处理标准输出,即屏幕输出,格式为:

        cout<< <对象 1> {<< <对象 2>…};

通过 cout 可以输出一个整数、实数、字符及字符串。插入运算符"<<"可以连续写多个,每个后面可以跟一个要输出的常量、变量、转义序列符及表达式等。

例如:输入两个变量,交换他们的值,并输出交换之后的结果。

```
// * * * * * * * * * * * * * * * * * * *
// *           具有输入和输出的交换        *
// * * * * * * * * * * * * * * * * * * *
#include<iostream. h>              //头文件,处理 C++中的输入和输出操作
int main( )
{
    int a, b, temp;
    cin>>a>>b;                    //输入两个整数,分别保存在变量 a 和 b 中
    temp=a;
    a=b;
    b=temp;
    cout<<"After swap…"<<endl;   //输出字符串,然后换行
    cout<<a<<","<<b<<endl;        //输出变量 a 和 b 中的值,然后换行
    return 0;
}
```

3. 条件语句

条件语句用来表示两个或更多语句的选择执行，或单个语句的可选执行。

1)if 语句

单分支：if(条件)语句；

双分支：if(条件)语句 1；else 语句 2；

嵌套的 if 语句还可表示多分支结构。

例如：求变量 a、b 中的较大值，赋给变量 max。

程序如下：

```
// * * * * * * * * * * * * * * * * *
// *            求 a、b 中的较大值          *
// * * * * * * * * * * * * * * * * *
   #include<iostream. h>
   int main( )
   {
   int a, b, max;
   cin>>a>>b;                    //输入 a、b 的值
   if (a>b)
        max=a;
   else
        max=b;
   cout<<a<<"和"<<b<<"的较大值为:"<<max<<endl;
   return 0;
   }
```

2)多路选择语句

多路选择语句根据一个表达式的值从几个子语句中选择出一个执行，所以语句由一个表达式和若干个 case 序列组成，每个 case 序列包含一个常量和一个子语句。

```
   switch (表达式)
   case 常量 1：语句 1；
   case 常量 2：语句 2；
   ……
   case 常量 n：语句 n；
   end
```

case 语句首先对表达式求值，如果求出的值等于其中某个常量，那么控制流进入相应的子语句，执行完被选中的语句之后，控制流要离开整个 case 结构。在 C++中要通过 break 语句跳出整个选择结构。

例如：将输入的百分制成绩转换成等级。程序如下：

```
// * * * * * * * * * * * * * * * * * *
// *           将百分制成绩转换成等级          *
// * * * * * * * * * * * * * * * * * *
   #include<iostream. h>
   int main( )
```

```
{
    float fScore;
    cout<<"请输入一个百分制成绩:";
    cin>>fScore;
    switch ( (int)(fScore / 10))          //计算成绩的十位数的数值
    {
        case 10:
        case 9:    cout<<"A"<<endl;    break;
        case 8:    cout<<"B"<<endl;    break;
        case 7:    cout<<"C"<<endl;    break;
        case 6:    cout<<"D"<<endl;    break;
        default:   cout<<"E"<<endl;    //低于 60 分的成绩均为"E"
    }
    return 0;
}
```

4. 循环语句

根据事先是否能够预知循环的执行次数,循环语句可分为计数循环和条件循环。

计数循环能够事先确定循环的次数,而条件循环不能预先确认执行的次数,依靠所给的条件判断是否继续执行循环体,实际循环次数由计算过程决定。

C++中提供了三种循环语句:while 语句、do…while 语句和 for 语句。

1)while 语句

格式:

```
    while (条件)
    循环体
```

while 语句先判断循环条件,当条件成立时进入循环体执行语句,不满足条件时则不再执行循环。

例如:统计输入的整数的个数,当输入为 0 时结束。程序如下:

```
// * * * * * * * * * * * * * *
// *          统计整数的个数          *
// * * * * * * * * * * * * * *
#include<iostream. h>
int main( )
{
    int x, sum=0;
    cin>>x;
    while(x! =0)
    {
        sum+=1;
        cin>>x;
    }
    cout<<"一共输入了"<<sum<<"个整数。";
    return 0;
}
```

2)do…while 语句

格式：

```
do
循环体
while（条件）；
```

do…while 语句先执行循环体再判断循环条件，当条件成立时继续进入循环体执行语句，不满足条件时则退出循环。在 do…while 语句中，循环体至少会执行 1 次。

例如：目前世界人口有 60 亿，如果以每年 1.4‰的速度增长，多少年后世界人口达到或超过 70 亿。程序如下：

```
// * * * * * * * * * * * *
// *        世界人口        *
// * * * * * * * * * * * *
#include<iostream. h>
int main( )
{
    double r,p;
    int n;
    p=6000000000l;
    r=0.014;
    n=0;
    do
    {
        p=p * (1 + r);
        n+=1;
    }while(p <=7000000000l);
    cout<<n<<"年后世界人口达 70 亿。";
    return 0;
}
```

3)for 语句

格式：

```
for（表达式 1；表达式 2；表达式 3）
循环体
```

在 for 语句中，首先计算表达式 1 的值，然后计算表达式 2，若表达式 2 的值为"true"则执行循环体，然后计算表达式 3 的值，再判断表达式 2，若为"true"继续执行循环体，再计算表达式 3。如此反复，直到表达式 2 的值为"false"为止，循环结束。

例如：求整数 1 到 50 的和。程序如下：

```
// * * * * * * * * * * * * * * *
// *       求整数 1 到 50 的和       *
// * * * * * * * * * * * * * * *
#include<iostream. h>
int main( )
{
    int   Total=0;
```

```
for (int n=1; n<=50;n++)
Total +=n;
cout<<"1 到 50 的和为:"<< Total << "\n";
return 0;
}
```

5. goto 语句

goto 语句也称为无条件转移语句,其一般格式如下:

goto 语句标号;

其中语句标号是按标识符规定书写的符号,放在某一语句行的前面,标号后加冒号":"。语句标号起标识语句的作用,与 goto 语句配合使用。

goto 语句提供了函数内部的无条件分支,它可以从 goto 语句跳转到同一函数内部的任何位置,但是现代程序设计不能容忍它在函数中任意穿梭,从而破坏函数的结构。

在 20 世纪 60 年代末和 70 年代,关于 goto 语句的争论是比较激烈的。主张从高级语言中去掉 goto 语句的认为:goto 语句是对程序结构影响最大的一种有害语句。他们的主要理由是:goto 语句使程序的静态结构和程序的动态执行之间有很大的差别,这样使程序难以阅读,难以查错。对一个程序来说,用户最关心的是其运行的正确与否,去掉 goto 语句后,可以直接从程序结构上反映程序的运行过程。这样,不仅使程序的结构清晰、便于阅读,便于查错,而且也有利于程序正确性的证明。

持不同意见者认为,goto 语句使用起来比较灵活,而且有些情形能够提高程序的效率。如果一味强调删除 goto 语句,有些情形反而会使程序过于复杂,增加一些不必要的计算量。

1974 年,著名计算机科学家 D. E. 克努斯教授在他发表的论文《带有 GOTO 语句的结构化程序设计》中对这场争论作了较全面而公正的论述,其基本观点是:不加限制地使用 goto 语句,特别是使用往回跳的 goto 语句,会使程序结构难于理解,应尽量避免这样使用 goto 语句。但在另外一些情况下,为了提高程序的效率,同时又不至于破坏程序的良好结构,有控制地使用一些goto 语句也是必要的。他说:"在有些情形,我主张删掉 goto 语句;在另外一些情形,则主张引进goto 语句。"从此,使这场长达 10 年之久的争论得以平息。后来,G·加科皮尼和 C·波姆从理论上证明了:任何程序都可以用顺序、分支和重复结构表示出来。这个结论表明,从高级程序语言中去掉 goto 语句并不影响高级程序语言的编程能力,而且编写的程序的结构更加清晰。

在 C/C++等高级编程语言中保留了 goto 语句,但建议不用或少用,只有在过程结构和跳转意义都明白时,才能使用 goto 语句。

5.2.5 程序对象的生存周期

在程序运行中,需要创建和使用所需的各种程序对象,如变量、常量、其他数据对象等。每个程序对象都有创建和销毁的时刻,是程序执行中的一段时间,称为这个对象的生存期。

程序对象的生存期通常分为以下三类。

(1)静态生存期:这种对象在程序开始执行之前静态创建,到程序执行结束时销毁,如全局变量、静态变量、子程序等。

(2)局部自动生存期:这种对象的生存期由其定义所在的程序单元(子程序、分程序、模块、进程或者线程等)确定。在该程序单元执行开始时自动创建,在该程序单元结束时自动销毁。局部变量的参数通常具有这种生存期。

（3）动态生存期：由程序里的显式动作创建和销毁，主要就是通过动态存储分配产生的对象。

5.2.6 作用域

作用域指的是程序中的声明起作用的范围。一个对象的作用域是源程序里的一部分，在这部分中所出现的对象，其意义由这个声明规定。作用域的使用提高了程序逻辑的局部性、增强程序的可靠性、减少命名冲突。

语言中都定义了一些作用域单位，如：全局作用域指的是整个程序，除此之外的作用域都是局部的。另外还有子程序、复合语句或者分程序、命名空间、数据定义单位等也是其局部定义的作用域。

C++语言中所有的变量都有自己的作用域。例如，每一个变量好比是一盏灯，它所能照亮的区域就是它的"作用域"，在该区域内的任何地方都能"看到"它，自然也就能访问到该变量，出了这个区域就"看不到了"，因此也就不能使用了。

程序中每个"变量灯"的"功率"大小不一样，它们能照亮的范围也不一样，因此作用域就不一样。由什么来决定作用域的大小呢？C++语言规定：变量说明的位置不同，其作用域就不同，据此将变量分为"局部变量"和"全局变量"两大类。

1. 局部变量

定义在函数内部的变量称为局部变量（也可以叫内部变量），其作用域为块作用域，即只允许定义该变量的块中语句访问该变量。更准确地说，块作用域的范围是从变量定义处开始，到块的结束处为止。这里所说的块主要是指复合语句。因此，一个复合语句中定义的变量，不但其他函数不能访问，该复合语句以外的语句也不能访问，即便是同一复合语句中的语句，如果它位于变量定义之前，也不能访问该变量（同样遵循先定义后使用的原则）。

函数的函数体就是一个复合语句，因此一种典型的情况就是在函数体的开始处（同时也是复合语句开始处）定义的变量，则该函数中的任何语句都可以访问。

例如：

```
    int f1(int a)        //函数 f1
    {
    int b,c;
    ……
    }                    //a, b, c 作用域:仅限于函数 f1()中
    int f2(int x)        //函数 f2
    {
    int y,z;
    ……
    }                    //x,y,z 作用域:仅限于函数 f2()中
    void main()
    {
    int m,n;
    ……
    }                    //m,n 作用域:仅限于函数 main()中
```

关于局部变量的作用域还要说明以下几点。

(1)主函数 main()中定义的内部变量,也只能在主函数中使用,其他函数不能使用。同样,主函数也不能使用其他函数中定义的内部变量。因为主函数也是一个函数,与其他函数是平行关系,应予以注意。

(2)形参变量是局部变量,作用域在被调用函数内。

(3)允许在不同的函数中使用相同的变量名,它们代表不同的对象,分配不同的单元,互不干扰,也不会发生混淆。

2. 全局变量

在函数外部定义的变量称为全局变量(也可称为外部变量)。用于记录应用系统的全局信息,也是函数之间交换数据信息的媒介。以此类推,在函数外部定义的数组就称为全局数组。

全局变量不属于任何一个函数,其作用域是:从全局变量的定义位置开始,到本文件结束为止。

全局变量作用域示意如图 5.9 所示。

```
char a,b;
double f1(int a)
{
    float b,c;
    ...
}
int m,n;
double f2(int a)
{
    char b,c;
    ...
}
int main( )
{
    double s,r;
}
```

全局变量 m,n 的作用域

全局变量 a,b 的作用域

图 5.9　全局变量作用域

对于全局变量还有以下几点说明。

(1)全局变量可以加强函数模块之间的数据联系,但又使得这些函数依赖这些全局变量,因而使得这些函数的独立性降低。从模块化程序设计的观点来看,这是不利的,因此不是非用不可时,不要使用全局变量。

(2)在同一源文件中,允许全局变量和局部变量同名。在局部变量的作用域内,全局变量将被屏蔽而不起作用。当然,系统不会混淆并不意味着人也不会混淆,所以应该尽量少用同名变量。

下面来看一个例子:

```
#include<iostream.h>
int id=3;                          //全局变量
int main( )
{
   id=5;                           //给全局变量赋值,id 的值为 5
   if ( id > 0 )
   {
     int id;                       //局部变量,将同名的全局变量屏蔽
     id=7;
     cout<<"id="<<id<<endl;        //输出局部变量的值 7
   }
   cout<<"id="<<id<<endl;          //局部变量 id 的作用域结束,输出全局变量的值 5
}
```

5.3 程序设计方法

程序设计方法是关于以什么观点来研究问题并进行求解,以及如何进行系统构造的软件方法学。常用的程序设计方法有结构化程序设计方法、软件工程方法和面向对象方法等。

程序设计需要相应的理论、技术、方法和工具来支持,就程序设计方法和技术的发展而言,主要经过了结构化程序设计和面向对象程序设计两个阶段。

5.3.1 程序设计风格

除了好的程序设计方法和技术之外,程序设计风格也很重要。因为程序设计风格会深刻影响程序的质量和可维护性,良好的程序设计风格可以使程序结构清晰合理,使程序代码便于维护。因此,程序设计风格对保证程序的质量很重要。

一般来讲,程序设计风格是指编写程序时所表现出的特点、习惯和逻辑思路。程序是由人来编写的,为了测试和维护程序,往往还要阅读和跟踪程序,因此程序设计的风格总体而言应该强调简单和清晰,必须容易理解。可以认为,著名的"清晰第一,效率第二"的论点已成为当今主导的程序设计风格。

1)符号名的命名

符号名的命名应具有一定的实际含义,以便于对程序的功能进行理解。名称要足够长,以便有一定的意义,但也不要太长,显得冗余。

例如,MyAge、StudentNumber 这些变量名显然比 a、b、c 这样的名称更能表示其含义。另外尽量避免名字中出现数字编号,如 x1、x2 等,除非逻辑上的确需要编号。这是为了防止程序员偷懒,不肯为命名动脑筋而导致产生无意义的名字。

2)程序注释

注释是程序员日后与读者之间通信的重要工具,可以使用自然语言或伪码描述。它说明了程序的功能,特别在维护阶段,对理解程序提供了明确指导。

在 C++中,单行注释以"//"开头,多行注释以"/ *"开头,以" * /"结尾,在"/ * * /"之间的所有内容都被忽略,这可以修饰多行注释,以突出显示它们。例如:

```
/* * * * * * * * * * * * * * * * * * * * * * * * * * * * *
*              该函数用来判断一个年份是否是闰年                *
*                 若是返回 1,否则返回 0                     *
* * * * * * * * * * * * * * * * * * * * * * * * * * * * */
bool isLeapYear(int year)
{
  if((year % 4==0 && year % 100 ! =0 )||year % 400==0 )
  //一个年份是否是闰年的条件是该年份能被 4 整除而不能被 100 整除,或者是能被 400 整除
  return 1;
  else
  return 0;
}
```

3)表达式和语句

以尽可能一目了然的形式写好表达式和语句,每行最多包含一个语句。

```
        a++;               //推荐
        b--;               //推荐
        a++;b--;           //不推荐
```

使用表达式的自然形式,用加括号的方式排除二义性,以减少副作用。例如,数学表达式 $\dfrac{a+b}{cd}$ 的正确的写法应该是 $(a+b)/(c*d)$。

4)一致性和习惯用法

和自然语言一样,程序设计语言也有很多惯用法,也就是那些经验丰富的程序员写常见代码片段的习惯方式,程序的一致性比本人的习惯更重要。

在代码中使用缩进以使程序的层次更加清晰,可以使用空行将逻辑上相关联的代码分块,以便提高代码的可阅读性。

例如,在有嵌套的选择结构或是循环结构中利用缩进表示嵌套的层次。

```
        if ((a+b>c)&&(b+c>a)&&(c+a>b))    //外层 if 的分支 1
        {
            if ((a*a+b*b==c*c)||(b*b+c*c==a*a)||(c*c+a*a==b*b))
            cout<<"a、b、c 能构成直角三角形"<<endl;
            else
            cout<<"a、b、c 能构成一般三角形"<<endl;
        }
        else                                 //外层 if 分支 2
        cout<<"a、b、c 不能构成三角形"<<endl;
```

5.3.2 结构化程序设计方法

结构化程序设计方法是程序设计的先进方法和工具,基本思想是采用"自顶向下,逐步求精"的程序设计方法和"单入口单出口"的控制结构。结构化程序语言仅使用顺序、选择和循环三种基本控制结构就足以表达出各种其他形式的结构。

1. 结构化程序设计原则

结构化程序设计的主要原则可以概括为自顶向下、逐步求精、模块化和限制使用 goto 语句。

(1)自顶向下:程序设计时,应先考虑总体,后考虑细节;先考虑全局目标,后考虑局部目标。不要一开始就过多追求众多的细节,先从最上层总目标开始设计,逐步使问题具体化。

(2)逐步求精:对复杂问题,应设计一些子目标作过渡,逐步细化。

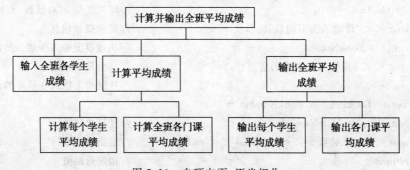

图 5.10　自顶向下,逐步细化

(3)模块化:一个复杂问题肯定是由若干稍简单的问题构成。模块化是把程序要解决的总目标分解为子目标,再进一步分解为具体的小目标,把每个小目标称为一个模块,如图 5.10 所示。

(4)限制使用 goto 语句。

在结构化程序设计中,程序=算法 + 抽象数据类型。

2. 结构化程序基本结构

1)顺序结构

顺序结构是一种简单的程序设计,它是最基本、最常用的结构,如图 5.11 所示。顺序结构就是顺序执行结构,所谓顺序执行,就是按照程序语句行的自然顺序一条语句接着一条语句顺序地执行。

在日常生活中符合顺序结构的例子很多,如学生早上上课前的准备过程可表示为:

(1)早上起床;

(2)到盥洗室洗漱;

(3)到操场跑步,做操;

(4)到餐厅买饭,吃饭;

(5)到水池边洗碗,收拾餐具;

(6)回宿舍拿书包;

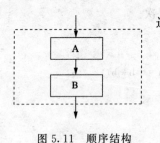

图 5.11　顺序结构

(7)到教室准备上课。

顺序结构可以独立使用构成一个简单的完整程序,常见的输入、计算、输出三部曲的程序就是顺序结构。例如,小明到超市买东西,看到电子计价算账非常方便,于是也想编程模拟一下,下面给出一个计算价格的简单程序:

```cpp
// * * * * * * * * * * * * * * * *
// *          一个简单顺序结构          *
// * * * * * * * * * * * * * * * *
# include<iostream. h>
int main( )
{
    double BookPrice=12.5;                   //定义变量1(图书价格为12.5元)
    double NotePrice=6.3;                    //定义变量2(记事本价格为6.3元)
    double BookNumber=0.0;                   //定义变量3(图书数量,初始化为0)
    double NoteNumber=0.0;                   //定义变量4(记事本数量,初始化为0)
    double Total=0.0;                        //定义变量5(总钱数,初始化为0)
    cout <<"请输入图书的数量:",                //显示提示信息
    cin >> BookNumber;                       //从键盘上输入变量3的值
    cout <<"请输入记事本的数量:",              //显示提示信息
    cin >> NoteNumber;                       //从键盘上输入变量4的值
    Total=BookPrice * BookNumber +
    NotePrice * NoteNumber;                  //计算总钱数
    cout <<"总钱数为:"<< Total << endl;       //输出总钱数
    return 0;                                //指定返回值
}
```

2)选择结构

选择结构又称为分支结构,它包括简单选择结构和多分支选择结构,这种结构可以根据设定的条件,判断应该选择哪一条分支来执行相应的语句序列。在选择结构中,需要对条件进行测试,条件为"真"时,执行语句 A,为"假"时执行语句 B,如图 5.12 所示。

例如,求一个一元二次方程 $ax^2 + bx + c = 0$ 的解,其中系数 a、b、c 从键盘输入,流程图如图 5.13 所示。

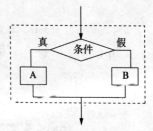

图 5.12　选择结构

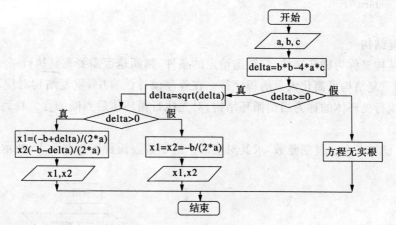

图 5.13　求一个一元二次方程解的流程图

```
// * * * * * * * * * * * * * * * * * *
// *           求一元二次方程的解          *
// * * * * * * * * * * * * * * * * * *
# include <iostream>
# include <cmath>
using namespace std;
int main( )
{
    double a, b, c, delta;
    cout<<"请输入一元二次方程的 3 个系数:";
    cin>>a>>b>>c;
    delta=b * b - 4.0 * a * c;
    if ( delta >=0.0 )
    {
        delta= sqrt( delta );
        if ( delta > 0.0 )
        {
            cout<<"方程有两个不同的实根:"<<endl;
            cout<<"第 1 个根为:"<<( -b + delta )/( 2.0 * a )<<endl;
            cout<<"第 2 个根为:"<<( -b - delta )/( 2.0 * a )<<endl;
        }
```

```
    else
    {
        cout<<"方程有两个相同的实根:"<<endl;
        cout<<"根为:"<< -b /( 2.0 * a )<<endl;
    }
}
else
    cout<<"此方程无实根!"<<endl;
    return 0;
}
```

3)重复结构

重复结构又称为循环结构,它根据给定的条件,判断是否需要重复执行某一相同或类似的程序段,利用重复结构可简化大量的程序行。在程序设计语言中,重复结构对应两类循环语句:对先判断后执行循环体的称为当型循环结构;对先执行循环体后判断的称为直到型循环结构,如图5.14所示。

例如,已知一个二进制整数,求其对应的十进制数。流程图如图5.15所示。

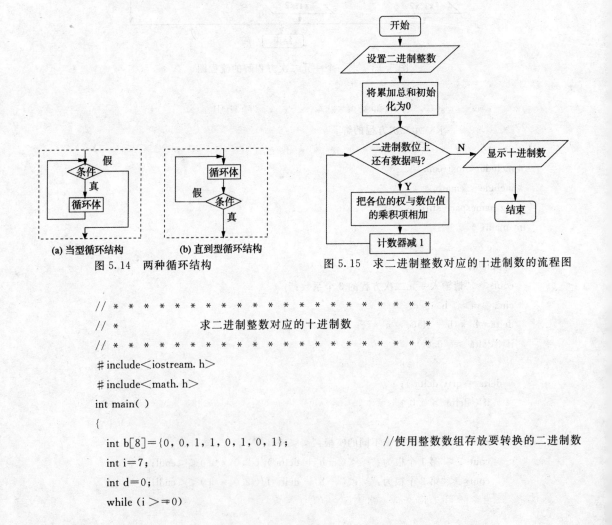

图 5.14 两种循环结构

图 5.15 求二进制整数对应的十进制数的流程图

```
// * * * * * * * * * * * * * * * * * * * * * *
// *          求二进制整数对应的十进制数          *
// * * * * * * * * * * * * * * * * * * * * * *
#include<iostream. h>
#include<math. h>
int main( )
{
    int b[8]={0, 0, 1, 1, 0, 1, 0, 1};        //使用整数数组存放要转换的二进制数
    int i=7;
    int d=0;
    while ( i >= 0)
```

```
        d＝d＋pow(2，7－i)*b[i];                    //"乘权求和"法
        i＝i－1;
    }
    cout ＜＜ "二进制数 00110101 对应的十进制数为:"
        ＜＜ d ＜＜ endl;                           //显示转换结果
    return 0;
}
```

　　如果一个循环体中又包含另一个完整的循环体,则称为循环的嵌套。内嵌的循环体中还可以再嵌套循环,这就是多重循环。一般而言,对循环嵌套的层数没有规定,但是如果超过了三层循环嵌套,则要考虑程序的可读性和执行效率。

　　例如,百钱买百鸡问题。我国古代数学家张丘建在《张丘建算经》一书中提出了"百鸡问题":鸡翁(公鸡)一,值钱五,鸡母(母鸡)一,值钱三,鸡雏(小鸡)三,值钱一。百钱买百鸡,问鸡翁、鸡母、鸡雏各几何?

　　即假定公鸡每只 5 元,母鸡每只 3 元,小鸡 3 只 1 元。现在有 100 元要求买 100 只鸡,如果公鸡、母鸡和小鸡都要有,编程列出所有可能的购鸡方案。

　　分析:设公鸡、母鸡、小鸡各为 x、y、z 只,根据题目要求,本问题需要满足的条件为

$$\begin{cases} x+y+z=100 \\ 5x+3y+(1/3)z=100 \end{cases}$$

三个未知数,两个方程,所以此题有若干个解。

　　方法 1:三个未知数利用三重循环来实现。

　　循环次数的确定:由于三种鸡都要有,所以公鸡的最高耗用金额为 100－1－3＝96 元,96/5≈19,所以公鸡的范围是 1~19;同理,得到母鸡的范围是 1~31;小鸡的范围是 3~98(注意:虽然小鸡的数目可以是 100－5－3＝92,可买 276 只,但是由于总鸡的数目的限制,小鸡的数目要≤98。)

```
// * * * * * * * * * * * *
// *        百钱买百鸡1        *
// * * * * * * * * * * * *
#include＜iostream. h＞
int main()
{
    int cocks, hens, chicks;
    for(cocks＝1; cocks＜＝19; cocks＋＋)
    for(hens＝1; hens＜＝31; hens＋＋)
    for(chicks＝1; chicks＜＝96; chicks＋＋)
    {
        if((5 * cocks＋3 * hens＋(1/3) * chicks＝＝100)&&(cocks＋hens＋chicks＝＝100))
        cout＜＜"Cock:"＜＜cocks＜＜", Hens:"＜＜hens＜＜", Chicks:"＜＜chicks＜＜endl;
    }
    return 0;
}
```

　　方法 2:从三个未知数的关系,利用两重循环来实现。

由于 chicks＝100－cocks－hens，因此确定了 cocks 和 hens 也就确定了 chicks，这样可以省略 chicks 这重循环。

```cpp
// * * * * * * * * * * * * *
// *          百钱买百鸡 2          *
// * * * * * * * * * * * * *
#include<iostream. h>
int main()
{
    int cocks, hens;
    for(cocks=1; cocks<=19; cocks++)
    for(hens=1; hens<=31; hens++)
    {
        if(5 * cocks+3 * hens+(1/3) * (100-cocks-hens)==100)
        cout<<"Cock:"<<cocks<<", Hens:"<<hens<<", Chicks:"<<100-cocks-hens
        <<endl;
    }
    return 0;
}
```

4）子程序

从实践的角度看，抽象是一种过程或手段，程序员通过它可以把一个名字与一段可能很复杂的程序片段关联起来，而后就可以只考虑其名字和功能，而不需要去考虑其具体实现。子程序就是对基本计算过程进行抽象的机制。一个子程序封装了一段程序代码并给以命名，允许通过子程序的名字引用这段代码，完成代码所描述的计算。

子程序包括过程（完成动作的子程序）和函数（计算值的子程序）。子程序可以看成是一种语言的扩充机制，因为子程序扩充了语言里描述计算的词汇，这是最基本的扩充需要。

子程序的直接发展是参数化，参数化使同一段代码可以作用于不同的实际参数集合。为了满足程序设计的需要，人们研究并提出了许多参数机制，理解各种参数机制也是很重要的。

子程序的另一重要作用是实现了一种局部计算环境。它是一种封装和屏蔽机制，是一种"半透明"的作用域，其外部的定义在内部可见。子程序还是一种决定对象生存期的程序单元。定义好的子程序又可以像其他操作一样使用，使人可以用这种方式一层层地建立起复杂的计算抽象。

子程序的定义、调用、参数化、局部环境的建立和使用等，都引起了复杂的语义问题和实现技术问题。理解子程序这些方面的问题，也是理解程序语言的关键之一。

在 C++语言中，函数是程序的基本组成单位，因此可以很方便地用函数作为程序模块来实现程序。利用函数，不仅可以实现程序的模块化，使程序设计变得简单和直观，提高程序的易读性和可维护性，而且还可以把程序中经常用到的一些计算或操作设计成通用的函数，以供随时调用，这样可以大大地减轻程序员的代码工作量。

C++中函数定义的格式：

```
返回类型   函数名（参数表）
{
    若干条语句；
    return 函数的返回值；
}
```

返回类型说明符定义了函数中 return 语句返回值的类型，该返回值可以是任何有效类型。参数表是一个用逗号分隔的变量表，当函数被调用时，这些变量接收调用参数的值。一个函数可以没有参数，这时函数表是空的，但即使没有参数，括号仍然是必须要有的。

例如：

```
double volume（double r, double h)
{
    double s＝3.14 * r * r * h;
    return s;
}
```

该函数定义了一个返回类型为 double、函数名为 volume、带有两个 double 类型参数的函数，该函数计算 $3.14 * h * r^2$ 的值，并将该值作为函数的计算结果返回。

要想使用函数，首先应该调用它。如果一个函数要使用参数，它就必须定义接收参数值的变量（简称形参），然后在调用时填入实际的参数值（简称实参）。必须确认所定义的形参与调用函数的实参类型一致，同时还要保证在调用时形参与实参的个数出现的次序也要一一对应。

例如：给出半径，使用函数 volume 计算圆柱体的体积。

```
// * * * * * * * * * * * * * * * * *
// *            计算圆柱体的体积            *
// * * * * * * * * * * * * * * * * *
#include<iostream. h>
double volume（double r, double h)
{
    double s＝3.14 * r * r * h;
    return s;
}
int main（ ）
{
    double radius, height;
    cout<<"请输入圆柱体的半径,高:";
    cin>>radius>>height;
    cout<<"圆柱体的体积为:"<<volume(radius,height)<<endl;    //调用函数 volume
    return 0;
}
```

3. 结构化程序设计要素

基于对结构化程序设计原则、方法以及结构化程序基本构成的掌握和了解，在结构化程序设计的具体实施中，要注意把握如下要素。

(1)使用程序设计语言中的顺序、选择、循环等有限的控制结构表示程序的控制逻辑。

(2)选用的控制结构只允许有一个入口和一个出口。

(3)程序语句组成容易识别的模块，每个模块只有一个入口和一个出口。

(4)复杂结构应该用嵌套的基本控制结构进行组合嵌套来实现。

(5)语言中所没有的控制结构，应该采用前后一致的方法来模拟。

(6)严格控制 goto 语句的使用。

结构化程序中的任意基本结构都具有唯一入口和唯一出口，并且程序不会出现死循环。在程序的静态形式与动态执行流程之间具有良好的对应关系。自顶向下、逐步求精的程序设计方法从问题本身开始，经过逐步细化，将解决问题的步骤分解为由基本程序结构模块组成的结构化程序框图。程序的结构化技术是程序设计的基本技术，它使得程序在逻辑上层次分明、结构清晰、易读、易维护，从而提高程序质量和开发效率。

5.3.3 面向对象的程序设计方法

面向对象的设计方法与编程技术不同于标准的过程化设计。在进行面向对象的程序设计时，不再是单纯地从代码的第一行一直编到最后一行，而是考虑如何创建对象，利用对象来简化程序设计，提供代码的可重用性。对象可以是应用程序的一个自包含组件，一方面具有私有的功能，供自己使用；另一方面又提供公用的功能，供其他用户使用。对象有自己的数据（属性），也包括作用于数据的操作（方法）。对象将自己的属性和方法封装成一个整体，供程序设计者使用。对象之间的相互作用通过消息传递来实现。有人预测，这种"对象＋消息"的面向对象的程序设计模式将逐渐取代"数据结构＋算法"的面向过程的程序设计模式。

面向对象程序设计的任务是围绕对象程序设计、类程序设计、事件方法设计3种设计方法展开的，因此必须理解这些设计过程中的语法规定和设计技巧。

1）对象

对象是面向对象方法中最基本的概念，它可以是用来表示客观世界中的任何实体。也就是说，应用领域中有意义的、与所要解决的问题有关系的任何事物都可以作为对象，它既可以是具体的物理实体的抽象，也可以是人为的概念，或者是任何有明确意义的东西。

抽象的对象可以帮助我们明确工作的重点，理清问题的脉络。面向对象的软件开发方法能够游刃有余地处理大规模、高复杂度的系统，这些都离不开对象这个特性发挥的重要作用。

在面向对象程序设计中，程序＝（对象，对象，对象，…）。

2）封装

面向对象方法的封装特性是一个与其抽象特性密切相关的特性。具体地讲，封装就是指利用抽象数据类型将数据和基于数据的操作封装在一起，数据被保护在抽象数据类型的内部，系统的其他部分只有通过包裹在数据外面的被授权的操作，才能够与这个抽象数据类型交流和交互。

在面向对象的程序设计中，抽象数据类型是用"类"这种可理解和操作的结构来代表的，每个类里都封装了相关的数据和操作。在实际的开发过程中，多用类来构建系统内部的模块，由于封装特性把类内的数据保护得很严密，模块与模块间仅通过严格控制的界面进行交互，使它们之间的耦合和交叉大大减少，从而降低了开发过程的复杂性，提高了效率和质量，减少了可能的错误，同时也保证了程序中数据的完整性和安全性。

例如，在银行日常业务模拟系统中，账户这个抽象数据类型把户头金额和交易情况封装在类的内部，系统的其他部分没有办法直接获取或改变这些关键数据，只有通过调用类内的方法才能做到，如调用查看余额的方法来获知户头的金额，调用存取款的方法来改变金额。只要给这些方法设置严格的访问权限，就可以保证只有被授权的其他抽象数据类型才可以执行这些操作，影响当前对象的状态。这样，就保证了数据的安全和系统的严密。

3）继承

继承是面向对象技术的各个特性中最具有特色，也是与传统方法最不相同的一个。继承实际上是存在于面向对象程序的两个类之间的一种关系。如图5.16所示，形状包括圆形、多边形和不规则的形状等，而多边形又包括三角形、平行四边形等。因而形状是父类，而圆形、多边形和不规则的形状是子类，三角形、平行四边形又是多边形的子类。这种关系称为父子关系。当一个类拥有另一个类的所有数据和操作时，就称这两个类之间具有继承关系。被继承的类称为父类或超类，继承了父类或超类所有属性的类称为子类。

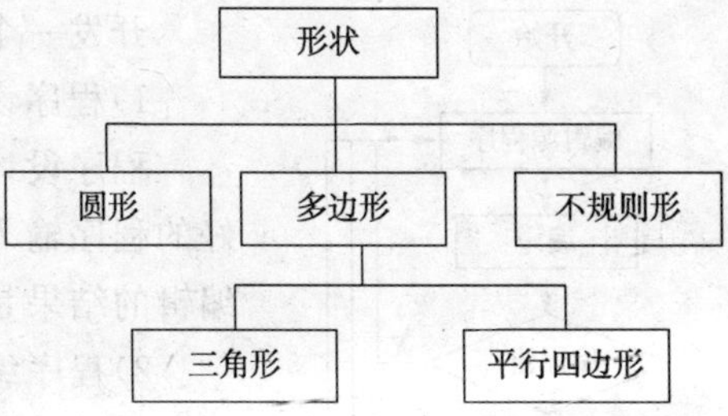

图 5.16　类的继承层次

一个父类可以同时拥有多个子类，这时这个父类实际上是所有子类的公共属性的集合，而每个子类则是父类的特殊化，是在公共属性的基础上的功能、内涵的扩展和延伸。

在面向对象的继承特性中，还有关于单重继承和多重继承的概念。所谓单重继承，是指任何一个类都只有一个单一的父类；而多重继承，是指一个类可以有一个以上的父类，它的静态的数据属性和操作从所有这些父类中继承。采用单重继承的程序结构比较简单，是单纯的树状结构，掌握和控制起来相对容易；而支持多重继承的程序，其结构则是复杂的网状，设计和实现都比较复杂。但是现实世界的实际问题，它们的内部结构多为复杂的网状，用多重继承的程序模拟起来比较自然，而单重继承的程序要解决这些问题，则需要其他的一些辅助措施。

4）多态

多态是面向对象程序设计的又一个特性。我们已经知道，利用面向过程的语言编程，主要工作是编写一个个的过程或函数，这些过程和函数各自对应一定的功能，它们之间是不能重名的，否则在用名字调用时，就会产生歧异和错误。

多态是指一个程序中同名的不同方法共存的情况。面向对象的程序中多态的情况有多种，可以通过子类对父类方法的覆盖实现多态，也可以利用重载在同一个类中定义多个同名的不同方法。

5）消息

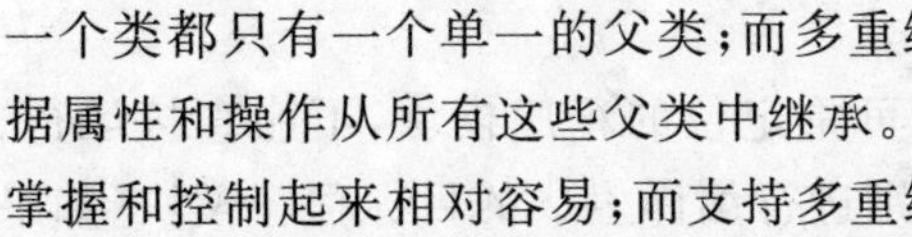

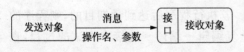

图 5.17　面向对象程序设计中的消息机制

面向对象的设计是通过与对象彼此的相互合作来推动的，对象间的这种相互合作需要一个机制协助进行，这样的机制称为“消息”。消息是一个对象与另一个对象之间传递信息的方式，它请求对象执行某一处理或回答某一要求的信息，如图 5.17 所示。

5.3.4　程序设计流程

程序设计的主要内容是解决问题的数据表达与数据处理的流程控制，也就是数据结构设计与算法设计。这些设计最终要用某种程序设计语言来实现，也就是说要编写成程序。但根据这些设计思路所写的程序不一定就是正确的，可能设计本身就有问题，也可能编写程序时出了差错。所以，编写完成后的程序需要调试（查错）。

一般程序开发流程为：编辑→编译→链接→调试，该过程循环往复，直至程序正确完成，如图5.18 所示。

程序员编写的程序也称为源代码，以文本的形式存放在计算机中。源代码被编译之后生成目标代码，目标程序还需要经过链接过程和装载过程才能形成可执行文件，此时程序才能在计算机上执行。编译过程、链接过程和装载过程构成了软件的开发环境。

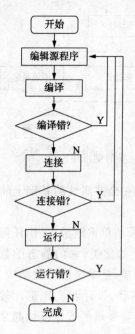

图 5.18　开发程序的过程

开发一个程序,包括以下五个过程。

1)程序设计

程序设计亦称程序编辑。程序员用任一编辑软件(编辑器)将编写好的程序输入计算机,并以文本文件的形式保存在计算机的磁盘上。编辑的结果是建立源程序文件。

2)程序编译

编译是指将编辑好的源文件翻译成二进制目标代码的过程。编译时,编译器首先要对源程序中的每一条语句检查语法错误,当发现错误时,就在屏幕上显示错误的位置和错误类型的信息。此时,要再次调用编辑器进行查错修改。然后,再进行编译,直至排除所有语法和语义错误。正确的源程序文件经过编译后在磁盘上生成目标文件。

3)程序链接

编译后产生的目标文件是可重定位的程序模块,不能直接运行。链接就是把目标文件和其他分别进行编译生成的目标程序模块(如果有)及系统提供的标准库函数链接在一起,生成可以运行的可执行文件的过程。链接过程使用语言提供的链接程序(链接器)完成,生成的可执行文件存在磁盘中。通常高级语言把经编译过程产生的程序模块命名为后缀为.obj 的文件,把经链接过程产生的程序模块命名为后缀为.exe 的文件。

4)程序装载

程序只有装入内存后才能运行。各个计算机在不同时刻的内存使用情况是不相同的,但是,整个可执行程序中各条机器指令的相对位置是固定不变的,只要程序装入内存单元的起始地址确定,整个可执行程序中各条机器指令的具体内存地址就可以确定。因此,可执行程序都是设计成可重定位方式的,即可按给出的内存起始地址确定各条机器指令在内存中的实际地址。

装载过程根据当前计算机装入时所确定的起始地址把可执行程序装入内存。

5)程序运行

生成可执行文件后,就可以在操作系统控制下运行。若执行程序后达到预期目的,则程序的开发工作到此完成。否则,要进一步检查修改源程序,重复编辑→编译→链接→调试的过程,直到取得预期结果为止。

为了方便高级语言程序的设计过程,目前基本上所有高级语言编译系统都会提供一个集成开发环境 IDE(Integrated Development Environment),在该环境中,程序员可以集编写代码、编译程序、装配和链接文件以及调试和运行程序。另外,开发环境中还包括了其他一些子程序,如源程序编辑子程序、文件保存子程序、源程序调试子程序等。

图 5.19 是 Visual C++ 6.0 开发环境的用户界面。

例如,设计一个程序读入 100 个整数,

图 5.19　Visual C++ 6.0 开发环境

统计出其中的正整数个数和负整数个数。

(1)问题分析与算法设计。

本问题是求在一定范围内(100 个整数)满足一定条件(正数或负数)的若干整数的和,这是一个求累加和的问题。这种问题的基本解决方式是:设置一个累加器变量(如 sum1,sum2),将其初始值设为 0,然后在给出的数中寻找满足条件(正数或负数)的整数,将它们分别累加到中累加器变量中。

为了处理方便,将正在被查看的整数也用一个变量表示(如 x)。在进行累加时,首先判断 x 的正负。当 x 为正整数时,sum1 的值增 1;为负整数时,sum2 的值增 1。

累加过程可以用语句(C++语言)表示为:

sum1=sum1 + 1;(x>0)
sum2=sum2 + 1;(x<0)

该语句均表示把 sum 的值加上 x 后再重新赋值给 sum。

上述这个累加过程需要重复进行(100 次),这就需要用程序设计语言的循环控制语句来实现。在循环体中:

①需要判别 x 的正负,然后将满足条件的整数分别进行累加,这可以由分支控制语句来实现。

②需要对循环次数进行控制。这可通过循环变量 i 值的变化进行控制,即:i 的初值设为 1,每循环一次加 1,一直加到 100 为止。

基于上述解决问题的思路,就可以逐步明确解决问题的步骤,即确定了解决问题的算法。下面可以使用流程图来描述上述解决问题的步骤(算法),如图 5.20 所示。

(2)程序编辑。

当确定了解决问题的步骤后,就可以应用具体的程序设计语言开始编写程序了,即根据前面的问题求

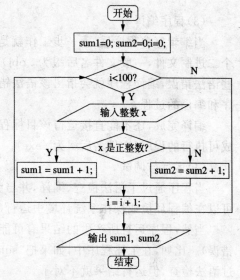

图 5.20 统计 100 个整数中正整数个数和负整数个数的流程图

解思路,应用某种程序设计语言写出对应的程序。程序员可在集成开发环境中编辑源程序,从而保存生成程序的源文件(对 C++语言来说,一般源文件的后缀为 .cpp)。

```
// * * * * * * * * * * * * * * * * * * * * * * * * * * * * * *
// *                          file1.cpp                      *
// *          统计 100 个整数中正整数个数和负整数个数           *
// * * * * * * * * * * * * * * * * * * * * * * * * * * * * * *
#include<iostream. h>
int main( )
{
    int sum1, sum2;
    int x, i;
    sum1=0;                      //统计正整数的累加器置 0
    sum2=0;                      //统计负整数的累加器置 0
```

```
        i=0;                              //循环变量置 0
        cout<<"请输入 100 个整数:";
        while(i < 100)
        {
            cin>>x;                       //输入要判断的整数
            if(x>0)                       //判断所输入值的正负
            sum1=sum1 + 1;                //统计正整数个数的累加器增 1
            else
            sum2=sum2 + 1;                //统计负整数个数的累加器增 1
            i=i + 1;
        }
        cout<< "正整数个数:"<<sum1<< "负整数个数:"<<sum2<<endl;
        return 0;
    }
```

(3)程序编译

当编辑好源程序后,下一步工作就是对其进行编译,以生成二进制代码表示的目标程序(一个二进制文件,一般文件名后缀为.obj)。在编译的过程中,很有可能产生一些编译错误,如一些语法错误,编译程序就会指出该语法错误之所在,于是程序员回到编辑状态,重新开始编辑程序和编译的过程。

编译完成,还不能直接运行该目标程序,它需要与编程环境提供的库函数进行链接(link)形成可执行的程序(文件名后缀为.exe)。

(4)运行与调试

当程序通过了语法检查、编译,并与编程环境提供的库函数进行链接生成可执行文件后,就可以在编程环境或操作系统环境中运行(run)该程序。

当然,程序运行所产生的结果有可能不是想要的结果。这说明出现了程序的语义错误(逻辑错误)。比如,在上述程序中,如果把"sum1=sum1+1;"中的"+"号写成"-"号,该程序也能通过语法检查,但运行结果就不对了。

如果程序有逻辑上的错误,就需要对程序进行调试(debug)。调试是在程序中查找错误并修改错误的过程,调试最主要的工作是找出错误发生的地方。一般语言的集成开发环境都提供相应的调试手段。调试最主要的方法是设置断点并观察变量,步骤如下。

①设置断点(break point setting):可以在程序的任何一个语句上做断点标记,当程序运行到这里时会停下来。

②观察变量(variable watching):当程序运行到断点的地方停下来后,可以观察各种变量的值,判断此时的变量值是不是预期的。如果不是,说明该断点之前肯定有错误发生。这样,就可以把找错的范围集中在断点之前的程序段上。

另外,还有一种常用的调试方法是单步跟踪(trace step by step),即让程序一步一步执行,同时观察变量的变化情况。

调试是一个需要耐心和经验的工作,也是程序设计最重要、最基本的技能。

5.4 程序设计语言的实现

在现代计算机中,程序员一般都使用高级语言来实现他们所需要解决的问题。高级语言一般较接近数学语言和工程语言,因此比较直观、自然和易于理解。并且,高级语言与计算机的硬件结构及指令系统无关,用户在使用时可以更加关注于解决的问题,用更强的表达能力描述各种算法。但是高级语言不能被计算机直接识别,必须经过翻译,把高级语言源程序翻译成机器能识别的目标程序。这个翻译过程称为编译程序。

现代计算机系统一般都含有不止一个的高级语言编译程序,对有些高级语言甚至配置了几个不同性能的编译程序,以供用户按不同需要进行选择。高级语言编译程序是计算机系统软件中最重要的组成部分之一,也是用户最关心的工具之一。

5.4.1 编译程序概论

计算机执行一个高级语言程序一般要分为两步:第一步,用一个编译程序把高级语言翻译成机器语言;第二步,运行所得到的机器语言程序求得计算结果。

通常所说的翻译程序是指这样的一个程序,它能够将一种语言翻译为另一种语言。编译器将源程序(source language)编写的程序作为输入,从而产生用目标语言(target language)编写的等价程序。通常地,源程序为高级语言(high-level language),如 C 或 C++,而目标语言则是目标机器的目标代码(object code,有时也称作机器代码:machine code),也就是写在计算机机器指令中的用于运行的代码。这一过程可以用图 5.21 表示。

计算机执行用高级语言编写的程序主要有两种途径:解释和编译。

在解释方式下,翻译程序事先并不采用将高级语言程序全部翻译成机器代码程序,然后执行这个机器代码程序的方法,而是每读入一条源程序的语句,就将其解释(翻译)成对应其功能的机器代码语句串执行之,而所翻译的机器代码语句串在该语句执行后并不保留,然后再读入下一条源程序语句,再解释执行。这种方法是按源程序中语句的动态执行顺序逐句解释(翻译)执行的,类似于日常生活中的"同时翻译",如图 5.22 所示。如果一条语句处于一个循环体中,则每次循环执行到该语句时,都要将其翻译成机器代码后再执行。

图 5.21　编译的过程　　　　　　　图 5.22　程序解释

在编译方式下,是对源程序的处理是先翻译后执行,如图 5.23 所示。高级语言程序的执行是分两步进行的:第一步将高级语言程序全部翻译成目标程序(机器代码),第二步才是执行这个机器代码程序,即将编译后的目标程序与系统提供的代码库链接,形成一个完整的可执行程序,可以脱离其语言环境独立执行,使用比较方便、高效。相应的,由于每次执行之前必须通过编译才能得到可执行程序,因此,一旦程序需要修改,必须重新编译得到新的目标程序才能重新执行。

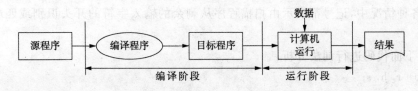

图 5.23　编译方式下程序执行的步骤

由此可见,编译型的高级语言比解释型高级语言要快,但解释方式下的人机界面比编译好,便于程序调试。两种途径的主要区别在于:解释方式下不生成目标代码程序,而编译方式生成目标代码程序。

5.4.2 编译过程

编译程序的工作是指从输入源程序开始,到输出目标程序为止的整个过程,是非常复杂的。编译程序要把用高级语言编写的源程序翻译成等价的机器语言形式的目标程序,编译程序就要能够识别出单词、掌握单词组成语句的规则、理解语句的含义,并要能够在此基础上,实现机器语言程序的优化,最后得到计算机可高效率执行的机器语言形式的目标程序。可见,编译程序至少包括五个子过程,即词法分析、语法分析、语义分析、代码优化和目标代码生成。

此外,编译程序还需要一个负责完成程序间信息传递工作的程序,编译过程中源程序的各种信息被保留在种种不同的表格中,编译各阶段的工作都涉及构造、查找或更新有关的表格,这个程序在编译过程中称作信息表管理程序。如果编译过程中发现源程序有错误,需要报告错误的位置和类型,并将错误所造成的影响限制在尽可能小的范围中,使得源程序的其他部分能够继续被编译下去,有些编译程序还能自动纠正错误,这些工作称为出错处理程序。整个编译程序的工作过程如图 5.24 所示。

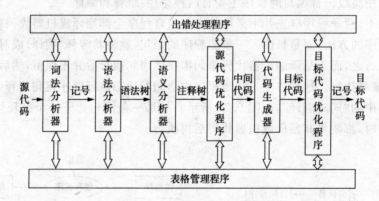

图 5.24 编译器的工作过程

1. 词法分析

词法分析(lexical analysis)的任务是:对构成源程序的字符串从左到右进行扫描和分解,根据语言的词法规则,识别出一个个具有意义的单词(记号)。例如,关键字(keyword)是由系统事先定义的,有特别意义的字符串;标识符(identifier)是由用户定义的串,它们通常由字母和数字组成并由一个字母开头;特殊符号(special symbol)如算术符号+和＊、一些多字符符号,如>=和<>。在各种情况中,记号都表示由扫描程序从剩余的输入字符的开头识别或匹配的某种字符格式。

例如,对下面代码进行词法分析:

    float r, h, s;
    S=2 * 3.14 * r * (h + r);

该段代码包括了 28 个非空字符,但是只有 13 个记号,其中:

关键字:float

标识符:r,h,s,S

常　数:2,3.14

运算符:* +

界　符:();=

每一个记号均由一个或多个字符组成,在进一步处理之前它已被收集在一个单元中。扫描程序还可完成与识别记号一起执行的其他操作。例如,它可将标识符输入到符号表中,将文字输入到文字表中(文字包括诸如 3.14 的数字常量,以及诸如"Hello, world!"的字符串)。

词法分析还要完成一些其他任务,例如滤掉源程序中的注释和空白,发现词法错误后要指出错误的位置和错误提示信息等。

2. 语法分析

语法分析(syntax analysis)的任务是:在词法分析的基础上,根据语言的语法规则,从单词符号串中识别出各种语法单位(如表达式、说明、语句)并进行语法检查,即检查各种语法单位在语法结构上正确性。通过语法分析,确定整个输入串是否构成语法上正确的"程序"。语法分析所遵循的是语言的语法规则,语法规则规定了如何从单词符号形成语法单位。

如对表达式 S=2 * 3.1416 * r * (h + r);进行语法分析。

其中,S 是变量,单词符号串"2 * 3.1416 * r * (h + r)"组合成<表达式>这样的语法单位。则由"<变量>=<表达式>"构成<赋值语句>这样的语法单位。在识别各类语法单位的同时进行语法检查,可以看到,上述源程序是一个语法上正确的程序。

语法分析定义了程序的结构元素及其关系,通常将语法分析的结果表示为分析树(parse tree)或语法树(syntax tree)。

例如:

a[index]=2 * 5

它表示一个称为表达式的结构元素,该表达式是一个由左边为下标表达式、右边为整型表达式的赋值表达式组成。这个结构可表示为一个语法分析树,如图 5.25 所示。

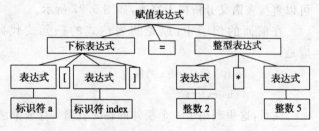

图 5.25　a[index]=2 * 5 的语法树

3. 语义分析

程序的语义就是它的"意思",它与语法或结构不同。程序的语义确定程序的运行,但是大多数的程序设计语言都具有在执行之前被确定而不是由语法表示和由分析程序分析的特征。这些特征被称作静态语义(static semantic)。

语义分析(semantic analysis)的任务是首先对每种语法单位进行静态的语义审查,然后分析其含义,并用另一种语言形式(比源语言更接近目标语言的一种中间代码或直接用目标语言)来描述这种语义。程序的"动态"语义具有只有在程序执行时才能确定的特性,由于编译器不能执行程序,所以它不能由编译器来确定。一般的程序设计语言的典型静态语义包括声明和类型检查。由语义分析程序计算的额外信息(如数据类型)被称为属性,它们通常是作为注释或"装饰"增加到树中,还可将属性添加到符号表中。

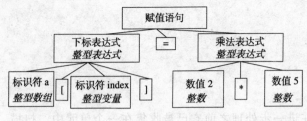

图 5.26 语义分析树

例如,对一个在正运行的 C 表达式

a [index]=2 * 5;

该语句分析之前收集的典型类型信息可能是:a 是一个整型值的数组,它带有来自整型子范围的下标;index 则是一个整型变量。接着,语义分析程序将用所有的子表达式类型来标注语法树,并检查赋值是否使这些类型有意义,如果没有,则声明一个类型匹配错误。在上例中,所有的类型均有意义,有关语法树的语义分析结果可用图 5.26 所示的语义分析树来表示。

4. 源代码优化程序(sourcecode optimizer)

编译器通常包括许多代码改进或优化步骤。绝大多数最早的优化步骤是在语义分析之后完成的,而此时代码改进可能只依赖于源代码。这种可能性是通过将这一操作提供为编译过程中的单独阶段指出的。每个编译器不论在已完成的优化种类方面还是在优化阶段的定位中都有很大的差异。

对一个表达式 a [index]=2 * 5,在源代码层次上有优化机会,也就是:表达式 2 * 5 可由编译器计算先得到结果 10,这种优化称为常量合并(constant folding)。当然,还会有更复杂的情况。还是在上例中,通过将根结点右面的子树合并为它的常量值,这个优化就可以直接在语义分析树上完成,如图 5.27 所示。

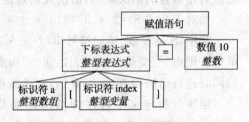

图 5.27 优化后的语义分析树

在前面的例子中,原先的表达式的三元式代码应是:

t=10(假设 index 的值为 1)

a [index]=t

注意,这里利用了一个额外的临时变量 t 存放乘法的中间值。这样,优化程序就将这个代码改进为两步。首先计算乘法的结果:

t=10

a [index]=t

接着,将 t 替换为该值以得到语句:

a [index]=10

5. 中间代码生成

中间代码是指一种位于源代码和目标代码(如三元式代码或类似的线性表示)之间的代码表示形式。但是,可以更概括地认为它是编译器使用的源代码的任何一个内部表示。此时,也可将语法树称作中间代码,源代码优化程序则确实能继续在其输出中使用这个表示。有时,这个中间代码也称作中间表示 IR(Intermediate Representation)。

中间代码有多种形式,常见的有逆波兰表达式、三元式、四元式和树。

逆波兰表达式是将运算对象写在前面,运算符写在后面,也称为后缀表达式。通常用的是中缀表达式,即运算符写在中间,运算对象写在运算符的两边。中缀表达式比较适合表示算术表达式,易于被计算机处理。编译程序通常会采用一种近似"三地址指令"的中间代码。之所以称为三地址代码是因为每条语句通常包含三个地址,两个用来表示运算对象,一个用来存放结果。

源代码优化程序可以通过将其输出称为中间代码 IC(Intermediate Code)来使用三元式表示。三元式只记录三个域:运算符、操作数 1 和操作数 2。

采用三元式表示 a [index]=10,如表 5.5 所示。

表 5.5 三元式中间代码

	运算符	操作数 1	操作数 2
(0)	【】=	a	index
(1)		10	

6. 目标代码的生成

目标代码生成的任务是把经中间代码变换为特定机器上的可重定位的指令代码或汇编指令系统,即得到低级语言代码。

代码生成是编译器最复杂的阶段,因为它不仅依赖于源语言的特征,而且还依赖于目标结构、运行时环境的结构和运行在目标机器的操作系统的细节信息。

代码生成器得到中间代码,并生成目标机器的代码。正是在编译的这个阶段中,目标机器的特性成为主要因素。当它存在于目标机器时,不仅必须使用指令,而且数据的形式表示作用也很重要。例如,整型数据类型的变量和浮点数据类型的变量在存储器中所占的字节数或字数也很重要。

在上面的示例中,现在必须决定怎样存储整型数来为数组索引生成代码。例如,下面是前例所给的表达式优化后的中间代码而生成的目标代码(使用汇编语言):

```
MOV       R0, index        ;; value of index -> R0
MUL       R0, 2            ;; double value in R0
MOV       R1, &a           ;; address of a -> R1
MUL       R1, R0           ;; mul R0 to R1
MOV       *R1, 10          ;; constant 10 -> address in R1
```

在以上代码中,为编址模式使用了一个类似 C 的协定,因此 &a 是 a 的地址(也就是数组的基地址),*R1 则意味着间接寄存器地址,因此最后一条指令将值 10 存放在 R1 包含的地址中。这个代码还假设机器执行字节编址,并且整型数占据存储器的两个字节,所以在第 2 条指令中用 2 作为乘数。

7. 目标代码优化

在这个阶段中,编译器尝试着改进由代码生成器生成的目标代码,以便在最后阶段产生出更为高效的目标代码。优化的主要任务有:选择编址模式以提高性能、将速度慢的指令更换成速度快的、公共子表达式的提取、循环优化、删除无用代码等。

在上面给出的样本目标代码中,还可以做许多更改:在第 2 条指令中,利用移位指令替代乘法(通常地,乘法很费时间),还可以使用更有效的编址模式(如用索引地址来执行数组存储)。使用了这两种优化后,目标代码就变成:

```
MOV          R0, index          ;; value of index -> R0
SHL          R0                 ;; double value in R0
MOV          &a[R0], 10         ;; constant 10 -> address a + R0
```

到这里,对编译器阶段的简要描述就结束了,这些讲述仅仅是示意性的,也无需表示出正在工作中的编译器的实际结构。编译器在其结构细节上确实差别很大,有些编译程序并不生成中间代码,有些编译程序不进行优化,有些最简单的编译程序在语法分析的同时生成目标代码,不过多数编译程序都会具有上述几个阶段。

5.4.3 测试

在整个程序开发过程中,测试是开发中必不可少的工作。软件程序编写的完成,其实只是完成了开发任务中的一半。与程序的开发相配合的、具有同样重要性的另一半工作,是对开发完毕的软件进行必要的测试。一个软件产品或系统的开发成功,不仅仅是编写完为使用者提供服务功能的程序而已,测试的重要性不亚于程序本身的开发。

测试和排错常常被认为是在一个阶段所做的工作,实际上,它们根本不是同一件事情。简单地说,排错是在已经知道程序有问题时要做的事情,而测试是在认为程序能工作的情况下,为设法找出它的问题而进行的一整套确定的系统化的试验。

仔细思考代码中可能的潜在问题是个很好的开端。系统化地进行测试,从简单测试到详尽测试,能帮我们保证程序在一开始就能正确工作,对程序的测试要贯穿于整个程序开发过程之中。

1. 在编码过程中测试

问题当然是发现得越早越好。如果在开始写代码时就系统地考虑了应该写什么,那么也可以在程序构造过程中验证它的简单性质。这样做的结果是,甚至代码还没有经过编译,就已经经过了一轮测试。这样,有些错误根本就不会出现了。常用的测试方法有两种。

1)测试代码的边界情况

一项重要技术是边界条件测试:在写好一个小的代码片段,如一个循环或一个条件分支语句之后,就应该检查条件所导致的分支是否正确,循环实际执行的次数是否正确等,因为检查是在程序和数据的自然边界上,所以这种工作称为边界条件测试。例如,应该检查不存在的或者空的输入、单个的输入数据项、当一个数组被正好填满了的情况等。

例如,5.2.4 节中的程序将输入的百分制成绩转换成等级,若输入的成绩大于 100 或者小于 0,那么输出的结果是什么? 根据 swich 语句的执行流程,输出结果均为"E",显然这是不合适的。此时应该首先对输入的成绩先做一下判断,然后再进行等级的转换。

```
// * * * * * * * * * * * * * * * * * * * *
// *          将百分制成绩转换成等级 2          *
// * * * * * * * * * * * * * * * * * * * *
#include<iostream. h>
int main( )
{
    float fScore;
    cout<<"请输入一个百分制成绩:";
    cin>>fScore;
```

```
        if(fScore>100 || fScore <0)            //当输入的成绩大于 100 或是小于 0 时
                                                //显示出错信息,并结束程序
        {
            cout<<"输入成绩有误! \n";
            return 0;
        }
        else
        {
            switch ( (int)(fScore / 10))         //计算成绩的十位数的数值
            {
                case 10:
                case 9:    cout<<"A"<<endl;   break;
                case 8:    cout<<"B"<<endl;   break;
                case 7:    cout<<"C"<<endl;   break;
                case 6:    cout<<"D"<<endl;   break;
                default:   cout<<"E"<<endl;//低于 60 分的成绩均为"E"
            }
        }
        return 0;
    }
```

2)测试前条件和后条件

防止问题发生的另一个方法,是验证在某段代码执行前所期望的或必须满足的性质(前条件)、执行后的性质(后条件)是否成立。保证输入取值在某个范围之内是前条件测试的一类常见例子,下面的函数计算一个数组里 n 个元素的平均值,如果 n 小于或者等于 0,就会有问题:

```
        double avg(double a[],int n)
        {
            double sum=0.0;
            for(int i=0;i<n;i++)
            sum+=a[i];
            return sum/n;
        }
```

当 n 是 0 时,函数应该返回什么? 一个无元素的数组是个有意义的概念,虽然它的平均值没有意义。a 应该让系统去捕捉除零错误吗? 还是终止执行? 如果 n 是负数又该怎么办? 这当然是无意义的,但也不是不可能的。按照习惯,如果 n 小于等于 0 时,最好返回一个 0,即

```
        return n<=0 ? 0 : sum/n;
```

当然,这也不是唯一的正确答案。

2. 系统化测试

软件的系统化测试就是利用测试工具按照测试方案和流程对产品进行功能和性能测试,甚至根据需要编写不同的测试工具,设计和维护测试系统,对测试方案可能出现的问题进行分析和评估。它是帮助识别开发完成(中间或最终的版本)的计算机软件(整体或部分)的正确度(correctness)、完全度(completeness)和质量(quality)的软件过程。执行测试用例后,需要跟踪故障,以确保开发的产品适合需求。

常用的测试方法有两大类:静态测试方法和动态测试方法。其中静态测试不要求在计算机上实际执行所测程序,主要以一些人工的模拟技术对软件进行分析和测试;而动态测试是通过输入一组预先按照一定的测试准则构造的实例数据来动态运行程序,而达到发现程序错误的过程。

从是否关心软件内部结构和具体实现的角度,也可将系统化测试分为白盒测试、黑盒测试和灰盒测试,白盒测试和黑盒测试,如图 5.28 所示。

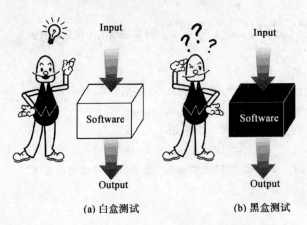

(a) 白盒测试　　　　　　**(b) 黑盒测试**

图 5.28　白盒测试和黑盒测试

1)白盒测试

白盒测试也称结构测试或逻辑驱动测试,它是按照程序内部的结构测试程序,通过测试来检测产品内部动作是否按照设计规格说明书的规定正常进行,检验程序中的每条通路是否都能按预定要求正确工作。这一方法是把测试对象看作一个打开的盒子,测试人员依据程序内部逻辑结构相关信息,设计或选择测试用例,对程序所有逻辑路径进行测试,通过在不同点检查程序的状态,确定实际的状态是否与预期的状态一致。

"白盒"法全面了解程序内部逻辑结构、对所有逻辑路径进行测试。"白盒"法是穷举路径测试。在使用这一方案时,测试者必须检查程序的内部结构,从检查程序的逻辑着手,得出测试数据。贯穿程序的独立路径数是天文数字。但即使每条路径都通过测试了,仍然可能有错误。第一,穷举路径测试决不能查出程序违反了设计规范,即程序本身是个错误的程序。第二,穷举路径测试不可能查出程序中因遗漏路径而出错。第三,穷举路径测试可能发现不了一些与数据相关的错误。

2)黑盒测试

黑盒测试也称功能测试或数据驱动测试,它是在已知产品所应具有的功能,通过测试来检测每个功能是否都能正常使用。在测试时,把程序看作一个不能打开的黑盒子,在完全不考虑程序内部结构和内部特性的情况下,测试者在程序接口进行测试。它只检查程序功能是否按照需求规格说明书的规定正常使用,程序是否能适当地接收输入数据而产生正确的输出信息,并且保持外部信息(如数据库或文件)的完整性。

"黑盒"法着眼于程序外部结构、不考虑内部逻辑结构、针对软件界面和软件功能进行测试。"黑盒"法是穷举输入测试,只有把所有可能的输入都作为测试情况使用,才能以这种方法查出程序中所有的错误。实际上,测试情况有无穷多个,人们不仅要测试所有合法的输入,而且还要对那些不合法但是可能的输入进行测试。

3）灰盒测试

灰盒测试是介于白盒测试和黑盒测试二者之间的。可以这样理解,灰盒测试关注输出对于输入的正确性,同时也关注内部表现,但这种关注不像白盒那样详细、完整,只是通过一些表征性的现象、事件、标志来判断内部的运行状态,有时输出是正确的,但内部其实已经错误了,这种情况非常多,如果每次都通过白盒测试来操作,效率会很低,因此需要采取这样的一种灰盒的方法。

灰盒测试结合了白盒测试和黑盒测试的要素,它考虑了用户端、特定的系统知识和操作环境。它在系统组件的协同性环境中评价应用软件的设计。

灰盒测试由方法和工具组成,这些方法和工具取材于应用程序的内部知识和与之交互的环境,能够用于黑盒测试以增强测试效率、错误发现和错误分析的效率。灰盒测试涉及输入和输出,但使用关于代码和程序操作等通常在测试人员视野之外的信息设计测试。

3. 软件测试的原则

（1）软件开发人员即程序员应当避免测试自己的程序。

不管是程序员还是开发小组都应当避免测试自己的程序或者本组开发的功能模块。若条件允许,应当由独立于开发组和客户的第三方测试组或测试机构来进行软件测试。但这并不是说程序员不能测试自己的程序,而是更加鼓励程序员进行调试,因为测试由别人来进行可能会更加有效、客观,并且容易成功,而允许程序员自己调试也会更加有效和有针对性。

（2）应尽早地和不断地进行软件测试。

应当把软件测试贯穿到整个软件开发的过程中,而不应该把软件测试看作是其过程中的一个独立阶段。因为在软件开发的每一环节都有可能产生意想不到的问题,其影响因素有很多,比如软件本身的抽象性和复杂性、软件所涉及问题的复杂性、软件开发各个阶段工作的多样性,以及各层次工作人员的配合关系等。所以要坚持软件开发各阶段的技术评审,把错误克服在早期,从而减少成本,提高软件质量。

（3）对测试用例要有正确的态度。

第一,测试用例应当由测试输入数据和预期输出结果这两部分组成;第二,在设计测试用例时,不仅要考虑合理的输入条件,更要注意不合理的输入条件。因为软件投入实际运行中,往往不遵守正常的使用方法,却进行了一些甚至大量的意外输入导致软件一时半时不能做出适当的反应,就很容易产生一系列的问题,轻则输出错误的结果,重则瘫痪失效,因此常用一些不合理的输入条件来发现更多的鲜为人知的软件缺陷。

（4）人以群分,物以类聚,软件测试也不例外,一定要充分注意软件测试中的群集现象,也可以认为是"80-20原则"。

不要以为发现几个错误并且解决这些问题之后,就不需要测试了。反而这里是错误群集的地方,对这段程序要重点测试,以提高测试投资的效益。

（5）严格执行测试计划,排除测试的随意性,以避免发生疏漏或者重复无效的工作。

（6）应当对每一个测试结果进行全面检查。一定要全面地、仔细地检查测试结果,但常常被人们忽略,导致许多错误被遗漏。

（7）妥善保存测试用例、测试计划、测试报告和最终分析报告,以备回归测试及维护之用。

在遵守以上原则的基础上进行软件测试,可以以最少的时间和人力找出软件中的各种缺陷,从而达到保证软件质量的目的。

5.4.4 程序性能

所谓程序性能(program performance),是指运行一个程序所需要的内存大小和时间。可以采用两种方法来确定一个程序的性能,一个是分析的方法,另一个是实验的方法。在进行性能分析(performance analysis)时,采用分析的方法,而在进行性能测量(performance measurement)时,借助于实验的方法。在第 6 章中还会专门介绍程序复杂度的衡量方法。

程序的空间复杂性(space complexity)是指运行完一个程序所需要的内存大小。对一个程序的空间复杂性感兴趣的主要原因是:如果程序将要运行在一个多用户计算机系统中,可能需要指明分配给该程序的内存大小。对任何一个计算机系统,想提前知道是否有足够可用的内存来运行该程序。

一个问题可能有若干个内存需求各不相同的解决方案。比如,对于你的计算机来说,某个 C++编译器仅需要 1MB 的内存空间,而另一个 C++编译器可能需要 4MB 的内存空间。如果计算机中内存少于 4MB,则只能选择 1MB 的编译器。如果较小编译器的性能比得上较大的编译器,即使用户的计算机中有额外的内存,也宁愿使用较小的编译器。另外,还可以利用空间复杂性来估算一个程序所能解决的问题的最大规模。例如,有一个电路模拟程序,用它模拟一个有 c 个元件、w 个连线的电路需要 $280KB+10*(c+w)$ 字节的内存。如果可利用的内存总量为 640KB,那么最大可以模拟 $c+w \leqslant 36KB$ 的电路。

程序的时间复杂性(time complexity)是指运行完该程序所需要的时间。对一个程序的时间复杂性感兴趣的主要原因是:有些计算机需要用户提供程序运行时间的上限,一旦达到这个上限,程序将被强制结束。

一种简易的办法是简单地指定时间上限为几千年。然而这种办法可能会造成严重的财政问题,因为如果由于数据问题导致程序进入一个死循环,可能需要为你所使用的机时付出巨额资金。因此我们希望能提供一个稍大于所期望运行时间的时间上限。

正在开发的程序可能需要提供一个满意的实时响应。例如,所有的交互式程序都必须提供实时响应。一个需要 1 分钟才能把光标上移一页或下移一页的文本编辑器不可能被众多的用户接受;一个电子表格程序需要花费几分钟才能对一个表单中的单元进行重新计值,那么只有非常耐心的用户才会乐意使用它;如果一个数据库管理系统在对一个关系进行排序时,用户可以有时间去喝两杯咖啡,那么它也很难被用户接受。为交互式应用所设计的程序必须提供满意的实时响应。根据程序或程序模块的时间复杂性,可以决定其响应时间是否可以接受,如果不能接受,要么重新设计正在使用的算法,要么为用户提供一台更快的计算机。

如果有多种可选的方案来解决一个问题,那么具体决定采用哪一个主要基于这些方案之间的性能差异。对于各种解决方案的时间及空间复杂性将采用加权的方式进行评价。在保证软件系统的正确性、稳定性、可读性及可测性的前提下,尽量提高程序的执行效率。通过对系统数据结构的划分与组织的改进,以及对程序算法的优化来提高空间效率。在含有循环语句的程序中,应仔细考虑循环体内的语句是否可以放在循环体之外,使循环体内工作量最小,从而提高程序的时间效率。

示例:如下代码效率不高。

```
for (i=0; i < number; i++)
{
    sum +=i;
```

```
    back_sum＝sum;  / *  返回 sum 的值 * /
}
```

语句"back_sum＝sum;"完全可以放在 for 语句之后,如下代码所示。

```
for (i=0; i < number; i++)
{
    sum +=i;
}
back_sum =sum;  / * 返回 sum 的值 * /
```

在多重循环中,应将最忙的循环放在最内层,以减少 CPU 切入循环层的次数。

示例:如下代码效率不高。

```
for (row=0; row < 100; row++)
{
    for (col=0; col < 5; col++)
    {
        sum +=a[row][col];
    }
}
```

可以改为如下方式,以提高效率。

```
for (col=0; col < 5; col++)
{
    for (row=0; row < 100; row++)
    {
        sum +=a[row][col];
    }
}
```

软件系统的效率主要与算法、处理任务方式、系统功能及函数结构有很大关系,仅在代码上下工夫一般不能解决根本问题。要对模块中函数的划分及组织方式进行分析、优化,改进模块中函数的组织结构,才能提高系统的整体性能。

本 章 小 结

计算机程序设计是计算机专业的一门专业基础必修课,学好程序设计对后继的一些专业课程有着重大的影响。本章从基础内容出发,介绍了程序设计的基本概念、表现形式、程序设计的基本元素、设计方法;简要介绍了程序实现的基本技术,并结合实际的例子介绍了编译程序从词法分析到目标代码生成的实现过程,最后介绍了程序的测试和性能的评估。

习　题

一、单选题

1. 计算机能够直接识别的语言是(　　)。

　　A. 机器语言　　　　　B. 汇编语言　　　　　C. 自然语言　　　　　D. 高级语言

2. C 语言 . PASCAL 语言属于(　　)语言。

A. 命令型语言　　　　B. 函数型语言　　　　C. 描述型语言　　　　D. 面向对象语言

3. C++、Java 属于（　　）语言。

A. 命令型语言　　　　B. 函数型语言　　　　C. 描述型语言　　　　D. 面向对象语言

4. 由 C++目标文件连接而成的可执行文件的缺省扩展名为（　　）。

A. cpp　　　　　　　B. exe　　　　　　　C. obj　　　　　　　D. lik

5. 已知程序的结构而进行的测试叫做（　　）。

A. 白盒测试　　　　　B. 黑盒测试　　　　　C. 灰盒测试　　　　　D. 静态测试

二、简答题

1. 程序有哪几种表示形式，其特点是什么。

2. 程序设计有哪些基本元素，作用是什么。

3. 程序设计方法有几种，它们的区别是什么？

4. 简述程序开发的流程。

5. 对计算机高级语言翻译的方式有几种，区别是什么？

三、编程题

1. 已知 $\frac{\pi}{4} = 1 - \frac{1}{3} + \frac{1}{5} - \frac{1}{7} + \cdots \frac{(-1)^{n-1}}{(2n-1)}$，求 π 的近似值，直到最后一项的绝对值小于 10^8 为止。

2. 编程求 1000 之内的所有"完数"。所谓"完数"是指一个数恰好等于它的因子之和。例如：6 是完数，因为 $6 = 1 + 2 + 3$。

3. 某百货公司为了促销，采用购物打折的办法。

(1)在 1000 元以上者，按九五折优惠；

(2)在 2000 元以上者，按九折优惠；

(3)在 3000 元以上者，按八五折优惠；

(4)在 5000 元以上者，按八折优惠。

编写程序，输入购物款数，计算并输出优惠价。

4. 求出 n 个学生一门课程中的最高成绩、最低成绩及高于平均成绩的人数。

5. 设计一个具有＋、－、＊、／、开方、阶乘、指数、正弦、余弦、正切、求余数功能的简易计算器。

第6章 算法设计与数据组织

算法和数据结构的研究是计算机科学的重要基石。计算机解决一个具体问题时,大致需要经过下列几个步骤:首先要从具体问题中抽象出一个适当的数学模型,然后设计一个解此数学模型的算法,最后编出程序、进行测试、调整直至得到最终解答。计算机算法与数据的结构密切相关,要设计一个有效的算法,必须选择或设计适合该问题的数据结构,使得算法采用这种数据结构时能对数据施行有效的运算。

在许多类型的程序设计中,选择适当的数据组织方式是一个主要的考虑因素。在计算机科学中,数据结构是计算机中存储、组织数据的方式。通常情况下,精心选择的数据结构可以带来最优效率的算法。

本章主要介绍算法和数据结构的基本概念和常用数据组织的方式,通过学习常用的一些算法设计方法和数据结构及其操作方法,加深理解程序开发中数据的重要性。

6.1 基 本 概 念

目前,计算机已深入到社会生活的各个领域,其应用已不再仅仅局限于科学计算,而更多的是用于控制、管理及数据处理等非数值计算领域。计算机科学是一门研究用计算机进行信息表示和处理的学科。这里面涉及两个问题:信息的表示和信息的处理。因此,学习算法设计和数据结构的基本知识是使用计算机解决实际问题的基础和前提。

本节介绍算法和数据结构的基本概念。

6.1.1 算法

凡是使用数字计算机解决过数值问题或非数值问题的人对算法(Algorithm)一词都不陌生,因为他们都学习和编制过一些这样或是那样的算法。

回想一下前面学过的十进制和二进制数之间的转换方法。要将一个二进制数转换为对应的十进制数,需要将一个二进制把各位的权(2 的某次幂)与数位值(0 或 1)的乘积项相加,其和就是相应的十进制数,简称"乘权求和"法。

考虑如何把$(1101.011)_2$转换成十进制数。

第一步是判断需要得到的答案为该二进制数对应的十进制数是什么,为了得到答案需要的信息是需要转换的二进制数是多少。这一过程就是解决已知一个二进制数,求其对应的十进制数方法,即

$$(1101.011)_2 = 1 \times 2^3 + 1 \times 2^2 + 0 \times 2^1 + 1 \times 2^0 + 0 \times 2^{-1} + 1 \times 2^{-2} + 1 \times 2^{-3} = (13.375)_{10}$$

用图 6.1 可以显示出这一问题的解决过程。

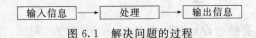

图 6.1 解决问题的过程

计算机是一种现代化的信息处理工具,它对信息进行处理并提供所需的结果,其结果取决于所接收的信息及相应的处理算法。算法是以计算机能够理解的语言描述的解决过程。当算法作用于所求解的给定输入集或作用于问题自身的描述上,将产生唯一确定的有限动作序列,此序列或终止于给定问题的解,或终止于对此输入信息无解。

1. 算法的定义

算法和数字、计算等基本概念一样,要给它下一个严格的定义是不容易的,只能笼统地把算法定义成解决一类确定问题的任意一种特殊的方法。

算法是为了解决某类问题而规定的一个有限长的操作序列。它是一系列操作的步骤,而这个操作序列可以帮助我们解决特定的问题。有时可以利用已经存在的方法来解决问题,如求圆的面积,只要知道圆的半径,就可以利用求圆面积的计算公式 $S=\pi r^2$ 得到圆面积的值。而大多数情况没有现成的方法,则需要我们自己动手设计一个解决问题的步骤过程。

2. 算法的特性

在设计算法时,需要满足算法的以下五个重要特性。

(1)确定性:对于每种情况下所应执行的操作,在算法中都有确切的规定,使算法的执行者或阅读者都能明确其含义及如何执行。并且在任何条件下,算法都只有一条执行路径。

(2)可行性:算法中的所有操作都必须是基本的操作,都可以通过已经实现的基本运算在有限次之内实现。

(3)有输入:作为算法加工对象的量值,通常体现为算法中的一组变量。有些输入量需要在算法执行过程中输入,而有的算法表面上可以没有输入,实际上已被嵌入算法之中。

(4)有输出:它是一组与"输入"确定关系的量值,是算法进行信息加工后得到的结果,这种确定关系即为算法的功能。

(5)有穷性:对于任意一组合法输入值,在执行有穷步骤之后一定能结束,即算法中的每个步骤都能在有限时间内完成。

凡是算法都必须满足以上五个特性。满足前四个特性的一组规则只能叫做计算过程。

例如,给出一个正整数,求出它所有的因子。可以使用穷举法,即在 $2\sim n-1$ 的所有整数中,逐一判断是否有能被 n 整除的数,若有则输出。具体步骤如下:

①输入一个整数 n;设置整型变量 i,初始值为 2。

②如果 $i=n$,则过程结束;否则进入第③步。

③用 i 整除 n,如果能够除尽的话,输出 i 的值。

④将 i 的值增 1,返回步骤②继续。

显然,上述操作步骤满足算法所要求的几点:

①上述的每一个操作步骤都是含义确定的;

②上述的每一个操作步骤均为赋值运算和算术运算,都是可以具体执行的;

③有输入的数据 n 和输出的数据 n 的因子;

④当整数 n 为有限数值时,上述方法可在有限的操作步骤后结束。因此,上述操作步骤是一个算法。

3. 算法的学习内容

要制订一个算法,一般要经过设计、确认、分析、编码、检查、调试、计时等阶段,因此学习计算机算法必须涉及这些方面的内容。在这些内容中有许多都是现今重要而活跃的研究领域,可以把算法的学习分成五个方面。

(1)如何设计算法。设计算法的工作不可能是完全自动化的,目前已经有被实践证明是有用的一些基本策略。这些策略不仅在计算机科学,而且在运筹学、电气工程等多个领域都是非常有用的,利用它们已经设计出了很多精致有效的算法。

(2)如何表示算法。语言是交流的工具,设计的算法也要用语言恰当地表示出来。

(3)如何确认算法。一旦设计出了算法,就证明它对所有可能的合法输入都能算出正确的答案,这一工作称为算法确认。确认的目的在于使我们确信这一算法将能正确无误地工作,而与写出这一算法所用的语言无关。

(4)如何分析算法。算法分析是对一个算法需要多少计算时间和存储空间作定量的分析。分析算法不仅可以预计所设计的算法能在怎样的环境中有效地运行,而且可以知道在最好、最坏和平均情况下执行得怎么样,还可以使读者对解决同一问题不同算法的有效性作出比较判断。

(5)如何测试程序。测试程序实际上由调试和作时空分布图两部分组成。调试程序是在抽象数据集上执行程序,以确定是否会产生错误的结果,若有,则修改程序。作时空分布图是用各种给定的数据执行需要测试的程序,并测定为计算出结果所花去的时间和空间,以印证以前所作的分析是否正确和指出实现最优化的有效逻辑位置。

6.1.2　算法分析

分析算法是一种有趣的智力工作,它可以充分发挥人的聪明才智。更重要的是,分析算法可以知道完成一项任务所设计算法的好坏,从而促使设计出一些更好的算法。

要分析一个算法,首先要确定使用哪些运算及执行这些运算所用的时间。第二然后确定能反映出算法在各种情况下工作的数据集,即要求编造出能产生最好、最坏和有代表性情况的数据配置,通过使用这些数据配置来运行算法,以了解算法的性能。

对一个算法作出全面的分析可以分成两个阶段来进行,即事前分析(priorior analysis)和事后测试(posterior testing)。由事前分析,求出该算法的一个时间限界函数,而事后测试则收集此算法的执行时间和实际占用空间的统计资料。评价一个算法主要看这个算法所要占用机器资源的多少,而在这些资源中时间和空间是两个最主要的方面,因此算法分析中最关心的是算法所需要的时间代价和空间代价。

1. 时间复杂度

算法的时间复杂度也称为渐近时间复杂度(asymptotic time complexity):当问题规模以某种单位由 1 增至 n 时,对应算法所耗费的时间也以某种单位由 $g(1)$ 增至 $g(n)$,这时称该算法的时间复杂度是 $g(n)$。

在描述算法分析的结果时,人们通常采用“大 O”表示法:某个算法的时间复杂度(或者空间复杂度)为 $O(f(n))$,则表示如果存在正的常数 c 和 n_0,当问题的规模 $n \geqslant n_0$ 后,该算法的时间(或空间)复杂度 $T(n) \leqslant c \cdot f(n)$。这时也称该算法的时间(或空间)复杂度的增长率为 $f(n)$。这种说法意味着:当 n 充分大时,该算法的复杂性不大于 $f(n)$ 的一个常数倍。

一般情况下,随着 n 的增大,$T(n)$ 增长较慢的算法为最优的算法。也可以把 n 看做是程序语句执行的频率,即该语句重复执行的次数。

例如,在下列三段程序段中,计算语句 $x = x + 1$ 的时间复杂度。

(1)$x=x+1$;

这是一条单独的赋值语句，$x=x+1$ 只执行 1 次，其时间复杂度可表示为 $O(1)$，称为常量阶。

(2)for $(i=1; i<=n; i++)x=x+1$;

这是一个循环结构，循环体 $x=x+1$ 执行了 n 次，其时间复杂度可表示为 $O(n)$，称为线性阶。

(3)for $(i=1; i<=n; i++)$

　　　for $(j=1; j<=n; j++)x=x+1$;

这是一个二重循环结构，每个循环从 1 到 n，循环体 $x=x+1$ 执行了 $n*n=n^2$ 次，其时间复杂度可表示为 $O(n^2)$，称为平方阶。

定理：若 $A(n)=a_m n^m+a_{m-1}n^{m-1}+\cdots+a_1 n+a_0$ 是一个 m 次多项式，则 $A(n)=O(n^m)$

例如：for $(i=2;i<=n;++i)$

　　　for $(j=2;j<=i-1;++j)$

　　　　$\{++x; a[i],[j]=x; \}$

其语句频度为 $1+2+3+\cdots+n-2=(1+n-2)\times(n-2)/2=(n-1)(n-2)/2=n^2-3n+2$，则时间复杂度为 $O(n^2)$，即该算法的时间复杂度为平方阶。

一个时间复杂度为 $O(1)$ 的算法，它的基本运算执行的次数是固定的。因此，总的时间由一个常数（即零次多项式）来限界。而一个时间复杂度为 $O(n^2)$ 的算法则由一个二次多项式来限界。

此外，算法还能呈现的时间复杂度有对数阶 $O(\log_2 n)$，指数阶 $O(2^n)$ 等。不同数量级时间复杂度的形状如图 6.2 所示。

以下六种计算算法时间的多项式是最常用的。其关系为：$O(1)<O(\log n)<O(n)<O(n^{\log n})<O(n^2)<O(n^3)$。

指数时间的关系为：$O(2^n)<O(n!)<O(n^n)$。

当 n 取得很大时，指数时间算法和多项式时间算法在所需时间上非常悬殊，应该尽可能选用多项式 $O(n^k)$ 的算法，而不希望用指数阶的算法。因此，只要有人能将现有指数时间算法中的任何一个算法化简为多项式时间算法，就是取得了一个伟大的成就。

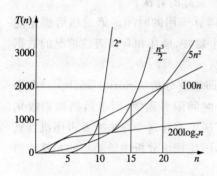

图 6.2　多种数量级的时间复杂度图

例如，判断一个整数 m 是否是素数的函数：

```
void prime( int m)               //m 是一个正整数
{
    for(int i=2; i<m; i++)        //找 m 的因子
    if(m%i==0)
        break;
    if(m==i)                      //判断 m 是否被小于 m 的数整除
        cout <<m <<"is prime. \n";
    else
        cout <<m <<"isn't prime. \n";
```

嵌套的最深层语句是 i++，其频度由条件"i<m"和"m%i==0"决定，显然当 m 为素数时，循环执行的次数为 $m-1$ 次，其时间复杂度为 $O(m)$。当 m 是一个很大的整数时，执行时间将会明显增加。若将循环条件改为 for(int i=2；i<sqrt(m)；i++)，则时间复杂度降至 $O(m^{1/2})$，效率将会大大提高。

2. 空间复杂度

算法的空间代价(或称空间复杂性)，是指当问题的规模以某种单位由 1 增至 n 时，解决该问题的算法实现所占用的空间也以某种单位由 1 增至 $g(n)$，并称该算法的空间复杂度是 $g(n)$。

关于算法的存储空间需求，类似于算法的时间复杂度，可以采用空间复杂度作为算法所需存储空间的量度，记为：$S(n)=O[f(n)]$

采用大 O 表示法简化了时间和空间复杂度的度量，其基本思想是主要关注复杂性的量级，而忽略量级的系数，这使我们在分析算法的复杂度时，可以忽略零星变量的存储开销和循环外个别语句的执行时间，重点分析算法的主要代价。

一般的，算法的空间复杂度指的是辅助空间。例如，一维数组 $a[n]$：空间复杂度为 $O(n)$；二维数组 $a[n][m]$：空间复杂度则为 $O(n*m)$。

在用同一个算法处理两个规模相同的问题时，所花费的时间和空间代价也不一定相同。要全面分析一个算法，应该考虑它在最坏情况下的代价(对同样规模的问题所花费的最大代价)、最好情况下的代价和平均情况下的代价等。然而要全面准确地分析每个算法是相当困难的，因此本章在分析算法的性质时将主要考虑它们在最坏情况下的代价，个别地方也涉及其他情况。

6.1.3　抽象数据类型

要想提高算法的效率，对算法中的数据进行合理的组织是至关重要的。数据的表示和组织方法又直接关系到处理数据的程序的效率。随着问题的不断复杂，导致数据量剧增与数据类型的复杂，使许多系统程序和应用程序的规模很大，结构又相当复杂。因此，必须分析待处理问题中数据的特征及各数据之间存在的关系。

数据类型和抽象数据类型就是和数据密切相关的一个概念，它最早出现在高级语言中。在高级语言的程序设计中，每个常量、变量或表达式都有确定的数据类型。数据类型(data type)是一组值的集合和定义在这个值集之上的一组操作的总称。用户只需了解数据类型的抽象特性，而不必了解其细节，就可运用高级语言进行程序设计。

抽象数据类型 ADT(Abstract Data Type)是指基于一类逻辑关系的数据类型以及定义在这个类型之上的一组操作。

ADT 的形式化定义是三元组：ADT=(D,S,P)

其中：D 是数据对象，S 是 D 上的关系集，P 是对 D 的基本操作集。

ADT 的一般定义形式是：

```
ADT <抽象数据类型名>
{
    数据对象：<数据对象的定义>
    数据关系：<数据关系的定义>
    基本操作：<基本操作的定义>
} ADT <抽象数据类型名>
```

其中数据对象和数据关系的定义用伪码描述。

基本操作的定义是：

    ＜基本操作名＞(＜参数表＞)

    初始条件：＜初始条件描述＞

    操作结果：＜操作结果描述＞

初始条件描述操作执行之前数据结构和参数应满足的条件；若不满足，则操作失败，返回相应的出错信息。操作结果是当描述操作正常完成之后，数据结构的变化状况和应返回的结果。

抽象数据类型的定义取决于客观存在的一组逻辑特性，而与其在计算机内如何表示和实现无关，即不论其内部结构如何变化，只要它的数学特性不变，都不影响其外部使用。"抽象"的意义在于数学特性的抽象。另一方面，抽象数据类型的含义更广，不仅限于各种不同的计算机处理器中已定义并实现的数据类型，还包括设计软件系统时用户自己定义的复杂数据类型。

6.1.4　数据结构

数据结构讨论描述现实世界实体的数学模型及其上的操作在计算机中的表示和实现。

1. 数据与数据结构

数据(data)是所有能被输入到计算机中，且被计算机处理的符号的集合。它是计算机处理信息的某种特定的符号表示形式，是计算机操作的对象的总称。

数据元素(data element)是数据的基本单位，在计算机中通常作为一个整体进行考虑和处理。一个数据元素可由若干个数据项(data item)组成。数据项是数据的不可分割的最小单位。数据项是对客观事物某一方面特性的数据描述。

例如：描述一年四季的季节名"春、夏、秋、冬"可以作为季节的数据元素。

表示家庭成员的各成员名"父亲、儿子、女儿"可以作为家庭成员的数据元素。

表示数值的各个数"35、21、44、70、66、…"可以作为数值的数据元素。

数据对象(data object)：是性质相同的数据元素的集合，是数据的一个子集。例如，字符集合 C＝{'A'，'B'，'C'，…}。

数据结构(data structure)是数据对象，以及存在于该对象的实例和组成实例的数据元素之间的各种联系，这些联系可以通过定义相关的函数来给出。

2. 数据的逻辑结构

数据的逻辑结构是带有结构的数据元素的集合，它是指数据元素之间的相互关系，即数据的组织形式。我们把数据元素间的逻辑上的联系，称为数据的逻辑结构。它体现数据元素间的抽象化相互联系，逻辑结构并不涉及数据元素在计算机中具体的存储方式，是独立于计算机的。

数据元素之间的逻辑结构有四种基本类型，如图 6.3 所示。

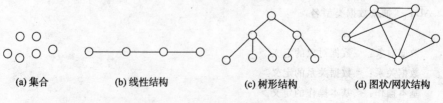

(a)集合　　　　(b)线性结构　　　　(c)树形结构　　　　(d)图状/网状结构

图 6.3　四类基本逻辑结构

①集合：结构中的数据元素除了"同属于一个集合"外，没有其他关系。

②线性结构：结构中的数据元素之间存在一对一的关系。

③树形结构：结构中的数据元素之间存在一对多的关系。

④图状结构或网状结构：结构中的数据元素之间存在多对多的关系。

3. 数据的存储结构

数据的逻辑结构在计算机存储设备中的映像被称为数据的存储结构，也可以说数据的存储结构是逻辑结构在计算机存储器中的实现，又称物理结构。数据的存储结构是依赖于计算机的。元素之间的关系在计算机中有两种不同的表示方法：顺序表示和非顺序表示。由此得出两种不同的存储结构：顺序存储结构（顺序映像）和链式存储结构（非顺序映像）。

顺序存储结构：用数据元素在存储器中的相对位置来表示数据元素之间的逻辑结构（关系）。

链式存储结构：在每一个数据元素中增加一个存放另一个元素地址的指针（pointer），用该指针来表示数据元素之间的逻辑结构（关系）。

例：设有数据集合 $A=\{3.0, 2.3, 5.0, -8.5, 11.0\}$，两种不同的存储结构。

顺序结构：数据元素存放的地址是连续的。

链式结构：数据元素存放的地址是否连续没有要求。

数据的逻辑结构和物理结构是密不可分的两个方面，一个算法的设计取决于所选定的逻辑结构，而算法的实现依赖于所采用的存储结构。

在 C 语言中，可以使用一维数组表示顺序存储结构，用结构体类型表示链式存储结构。

6.2 线性数据组织

线性结构是最基本、最常用的数据结构。线性结构的特点是：在数据元素的非空有限集中，①存在唯一的一个被称为"第一个"的数据元素；②存在唯一的一个被称为"最后一个"的数据元素；③除第一个外，集合中的每个数据元素均只有一个前驱；④除最后一个外，集合中的每个数据元素均只有一个后继。

6.2.1 线性表

线性表（linear list）：是由 $n(n \geqslant 0)$ 个数据元素（结点）$a_1, a_2, \cdots, a_n$ 组成的有限序列。该序列中的所有结点具有相同的数据类型。其中数据元素的个数 n 称为线性表的长度。

当 $n=0$ 时，称为空表。

当 $n>0$ 时，将非空的线性表记为：$(a_1, a_2, \cdots, a_n)$

a_1 称为线性表的第一个（首）结点，a_n 称为线性表的最后一个（尾）结点。$a_1, a_2, \cdots, a_{i-1}$ 都是 $a_i(2 \leqslant i \leqslant n)$ 的前驱，其中 a_{i-1} 是 a_i 的直接前驱；$a_{i+1}, a_{i+2}, \cdots, a_n$ 都是 $a_i(1 \leqslant i \leqslant n-1)$ 的后继，其中 a_{i+1} 是 a_i 的直接后继。

1. 线性表的抽象数据类型定义

线性表的抽象数据类型定义如下：

```
ADT List{
    数据对象:D={aᵢ| aᵢ∈ ElemSet,i=1,2,…,n,n≥0}
```

数据关系：$R1=\{<a_{i-1},a_i> \mid a_{i-1},a_i \in D, i=2,\cdots,n\}$

基本操作：R

  构造一个空的线性表 L

  销毁线性表 L

  判断 L 是否为空表，若 L 为空，则返回 TRUE，否则 FALSE

  返回 L 中元素个数

  返回 L 中第 i 个元素的值

  在 L 中插入新的元素，L 的长度增 1

  在 L 中插入删除一个元素，L 的长度减 1

 }ADT List

2. 线性表的顺序表示

  线性表的顺序存储是指用一组地址连续的存储单元依次存储线性表中的各个元素，使得线性表中在逻辑结构上相邻的数据元素存储在相邻的物理存储单元中，即通过数据元素物理存储的相邻关系来反映数据元素之间逻辑上的相邻关系。采用顺序存储结构的线性表通常称为顺序表。

  顺序存储结构可以借助于高级程序设计语言中的一维数组来表示，一维数组的下标与元素在线性表中的序号相对应。

（1）线性表的顺序存储结构

  在线性表的顺序存储结构中，如果线性表中各数据元素所占的存储空间（字节数）相等，则要在该线性表中查找某一个元素是很方便的。假设线性表中的第一个数据元素的存储地址为 LOC(b1)，每一个数据元素占 m 字节，则线性表中第 i 个元素 bi 在计算机存储空间中的存储地址为

  LOC(bi)=LOC($b1$)+$(i-1)m$，顺序如图 6.4 所示。

（2）顺序表的插入操作

  一般情况下，要在第 $i(1 \leqslant i \leqslant n)$ 个元素之前插入一个新元素时，首先要从最后一个（即第 n 个）元素开始，直到第 i 个元素之间共 $n-i+1$ 元素依次向后移动一个位置。移动结束后，第 i 个位置就被空出，然后将新元素插入到第 i 项。插入结束后，线性表的长度就增加了 1。

  例：长度为 6 的线性表顺序存储在长度为 7 的存储空间中。现在要求在第 5 个元素之前插入一个新元素 25。

  具体操作步骤为：首先从最后一个元素开始直到第 5 个元素，将其中的每一个元素均依次往后移动一个位置，如图 6.5(a)，然后将新元素 25 插入到第 5 个位置。插入一个新元素后，线性表的长度变成了 7，如图 6.5(b) 所示。这时，为线性表开辟的存储空间已经满了，如果再要插入，则会造成"上溢"的错误。

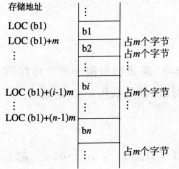

图 6.4 计算机中的顺序存储结构

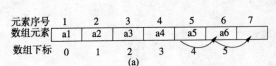

图 6.5 线性表的插入操作

（3）顺序表的删除操作

在一般情况下，要删除第 $i(1 \leqslant i \leqslant n)$ 个元素时，则要从第 $i+1$ 个元素开始，直到第 n 个元素之间共 $n\text{-}i$ 个元素依次向前移动一个位置。删除结束后，线性表的长度就减小了 1。

图 6.6(a)为一个长度为 6 的线性表顺序存储在长度为 7 的存储空间中。现在要求删除线性表中的第 3 个元素。

具体操作步骤为：从第 4 个元素开始直到最后一个元素，将其中的每一个元素均依次往前移动一个位置。此时，线性表的长度变成了 5，如图 6.6(b)所示。

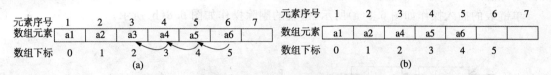

图 6.6 线性表的删除操作

线性表采用顺序存储结构时，无需为表示结点间的逻辑关系而增加额外的存储空间，它适于直接（随机）存取操作，可方便地随机存取表中的任一元素。但是，由于是静态存储结构，存储分配只能预先进行静态分配，因此当表长变化较大时，难以确定合适的存储规模。并且在进行插入、删除操作时需大量移动数据元素，效率较低。

3. 线性表的链式表示

线性表的链表存储可用连续或不连续的存储单元来存储线性表中的元素，但是元素之间的逻辑关系需要用"指针"来指示。分配给每个结点的存储单元一般分为两个域：一个域用来存储数据元素的信息，称为数据域，该域可以是一个简单类型，也可以是包含较多信息的结构类型；另一个域用来存储直接后继结点的地址，称为指针域。链表的结构如图 6.7 所示。

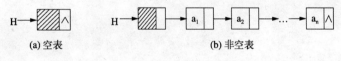

(a) 空表　　　　　　　　　　　(b) 非空表

图 6.7 带头结点单链表

链表有很多种不同的类型：单向链表、双向链表、循环链表以及静态链表。链表最基本的结构是在每个结点保存的数据和到下一个结点的地址，在最后一个结点保存一个特殊的结束标记，另外在一个固定的位置保存指向第一个结点的指针，有时也会同时储存指向最后一个结点的指针。一般查找一个结点的时候需要从第一个结点开始每次访问下一个结点，一直访问到需要的位置。但是也可以提前把一个结点的位置另外保存起来，然后直接访问。

（1）在线性链表中查找指定的元素

在非空线性链表中寻找包含指定元素值 x 的前一个结点 n 的操作过程为：从头指针指向的结点开始向后沿指针进行扫描，直到后面已经没有结点或下一个结点的数据域为 x 为止。

因此，由这种方法找到的结点 n 有两种可能：当线性链表中存在包含元素 x 的结点时，则找到的 n 为首次发现的包含元素 x 的前一个结点序号；当线性链表中不存在包含元素 x 的结点时，则找到的 n 为线性链表中的最后一个结点序号。

（2）线性链表的插入

线性链表的插入操作是指在线性链表中的指定位置上插入一个新的元素。为了要在线性链表中插入一个新元素，首先要为该元素申请一个新结点，以存储该元素的值，然后将存放新元素值的结点链接到线性链表中指定的位置。

（3）线性链表的删除

线性链表的删除是指在线性链表中删除包含指定元素的结点。

为了在线性链表中删除包含指定元素的结点，首先要在线性链表中找到这个结点，然后将要删除结点释放，以便于以后再次利用。

单链表的插入操作如图 6.8(a)所示，链表的删除操作如图 6.8(b)所示。

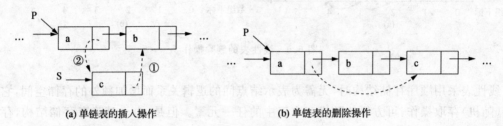

(a) 单链表的插入操作   (b) 单链表的删除操作

图 6.8   单链表的插入和删除操作

由于不必按顺序存储，链表在插入或删除的时候可以达到 $O(1)$ 的复杂度，比顺序表快得多。但是查找一个结点或者访问特定编号的结点时，由于要从头结点开始，按照指针的方向遍历整个链表，所以需要 $O(n)$ 的时间，而顺序表相应的时间复杂度分别是 $O(\log n)$ 和 $O(1)$。

使用链表结构可以克服数组需要预先知道数据大小的缺点，链表结构可以充分利用计算机内存空间，实现灵活的内存动态管理。但是链表失去了数组随机读取的优点，同时链表由于增加了结点的指针域，空间开销比较大。

6.2.2 栈

1. 栈的定义

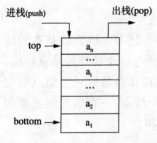

图 6.9   栈的示意图

栈（stack）实际上是一种特殊的线性表，在这种特殊的线性表中，限定仅在表尾一端进行插入或删除操作。因此，栈是指被限定仅在一端进行插入与删除操作的线性表。栈具有先进后出 FILO(Fist In Last Out)的特性。

对于栈来说，允许进行插入或删除操作的一端称为栈顶（top），而另一端称为栈底（bottom）。不含元素栈称为空栈。栈的插入操作被形象地称为"进栈"或"入栈"，删除操作称为"出栈"或"退栈"，如图 6.9 所示。

栈的抽象数据类型定义：

ADT Stack{

数据对象：$D=\{a_i \mid a_i \in ElemSet, i=1,2,\cdots,n, n \geqslant 0\}$

数据关系：$R=\{<a_{i-1}, a_i> \mid a_{i-1}, a_i \in D, i=2,\cdots,n\}$

基本操作:

　　构造一个空栈 S

　　栈 S 存在则栈 S 被销毁

　　栈 S 存在则清为空栈

　　栈 S 存在则返回 TRUE,否则返回 FALSE

　　栈 S 存在则返回 S 的元素个数,即栈的长度

　　栈 S 存在且非空则返回 S 的栈顶元素

　　栈 S 存在则插入元素为新的栈顶元素

　　栈 S 存在且非空则删除 S 的栈顶元素

}ADT Stack

一般的,栈有两种实现方法:顺序实现和链接实现,这和线性表类似。

2. 栈的顺序表示和实现

栈的顺序存储结构称为顺序栈。它是利用一组地址连续的存储单元依次存放自栈底到栈顶的数据元素,同时设一个指针 top 指向栈顶元素的当前位置。通常用一维数组来实现栈的顺序存储,习惯上以数组中下标较小的一端做栈底,当 top=0 时为空栈。在元素进栈时首先将数据元素保存到栈顶(top 所指的当前位置),然后执行 top 加 1,使 top 指向栈顶的下一个存储位置,当 top 等于最大下标值时为栈满;元素出栈时首先执行 top 减 1,使 top 指向栈顶元素的存储位置,然后将栈顶元素取出,如图 6.10 所示。

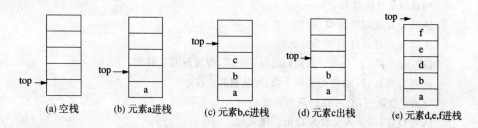

图 6.10　顺序栈进栈和出栈操作

3. 栈的链式表示和实现

栈的链式存储结构称为链栈,可以用单链表作为存储结构。由于栈的操作仅限制在栈顶进行,即元素的插入和删除都是在表的同一端进行的,因此不必设置头结点,头指针也就是栈顶指针,图 6.11 是栈的链式存储表示形式。

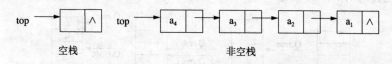

图 6.11　栈的链式存储表示

栈结构所具有的"先进后出"特性,使得栈成为程序设计中的有用工具。例如,表达式求值、递归的实现、数制的转换等,只要问题满足后进先出的原则,均可使用栈作为其数据结构。

6.2.3 队列

1. 队列的定义

队列(queue)是另一种限定性的线性表,它只允许在表的一端插入元素,而在另一端删除元素,所以队列具有先进先出 FIFO(Fist In Fist Out)的特性。在队列中,允许插入的一端叫做队尾(rear),允许删除的一端则称为队头(front)。

在日常生活中,队列的例子到处皆是,如等待购物的顾客总是按先来后到的次序排成队列,先得到服务的顾客是站在队头的先来者,而后到的人总是排在队的末尾,如图 6.12 所示。

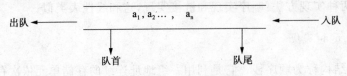

图 6.12 队列示意图

队列的抽象数据类型定义:

ADT Queue{

    数据对象:$D=\{a_i \mid a_i \in ElemSet, i=1,2,\cdots,n,n\geq0\}$

    数据关系:$R=\{<a_{i-1},a_i> \mid a_{i-1},a_i \in D,i=2,\cdots,n\}$,$a_1$ 为队头,a_n 为队尾}

    基本操作:

        构造一个空队列 Q

        队列 Q 存在则销毁 Q

        队列 Q 存在则将 Q 清为空队列

        队列 Q 存在,若 Q 为空队列则返回 TRUE,否则返回 FALSE

        队列 Q 存在,返回 Q 的元素个数,即队列的长度

        Q 为非空队列,返回 Q 的队头元素

        队列 Q 存在,插入元素为 Q 的队尾元素

        Q 为非空队列,删除 Q 的队头元素

    }ADT Queue

2. 队列的顺序表示和实现

队列的顺序实现称为顺序队,它由一个一维数组(用于存储队列中元素)及两个分别指示队头和队尾的变量组成,这两个变量分别称为"队头指针"(front)和"队尾指针"(rear)。通常约定队尾指针指示队尾元素在一维数组中的当前位置,队头指针指示队头元素在一维数组中的当前位置的前一个位置,如图 6.13 所示。

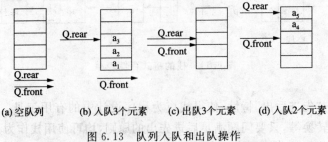

(a) 空队列　　　(b) 入队3个元素　　　(c) 出队3个元素　　　(d) 入队2个元素

图 6.13 队列入队和出队操作

顺序队列中存在"假溢出"现象。因为在入队和出队操作中,头、尾指针只增加不减小,致使被删除元素的空间永远无法重新利用。因此,尽管队列中实际元素个数可能远远小于数组大小,但可能由于尾指针已超出向量空间的上界而不能做入队操作。该现象称为"假溢出"。解决"假溢出"的方法有两种:

(1)采用平移元素的方法,即一旦发生"假溢出"就把整个队列的元素平移到存储区的首部,显然,平移元素的方法效率是很低的;

(2)将整个队列作为循环队列来处理。这样,虽然物理上队尾在队首之前,但逻辑上队首仍然在前,做插入和删除运算时仍按"先进先出"的原则进行。

3. 循环队列

为充分利用向量空间,克服"假溢出"现象,将顺序队列臆造为一个环状的空间,通过把存储队列元素的表在逻辑上看成一个环,将队列存储空间的第一个位置作为队列最后一个位置的下一个位置,供队列循环使用。

在循环队列中,用队尾指针 rear 指向队列中的队尾元素,用队头指针 front 指向队头元素的前一个位置。因此,从队头指针 front 指向的后一个位置直到队尾指针 rear 指向的位置之间所有的元素均为队列中的元素。

在循环队列中进行出队、入队操作时,队首、队尾指针仍要加 1,朝前移动。只不过当队首、队尾指针指向向量上界时,其加 1 操作的结果是指向向量的下界 0。显然,为循环队列所分配的空间可以被充分利用,除非向量空间真的被队列元素全部占用,否则不会上溢。因此,真正实用的顺序队列是循环队列,如图 6.14 所示。

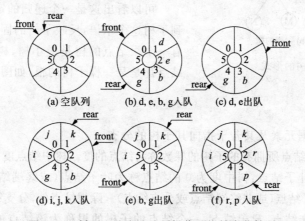

图 6.14 循环入队出队队列操作及指针变化情况

入队时尾指针向前追赶头指针,出队时头指针向前追赶尾指针,故队空和队满时头尾指针均相等。因此,无法通过 front＝rear 来判断队列"空"还是"满"。解决此问题的方法是:约定入队前,测试尾指针在循环意义下加 1 后是否等于头指针,若相等则认为队满。

4. 队列的链式表示和实现

队列的链式存储结构称为链队,它实际上是一个同时带有头指针和尾指针的单链表。头指针指向队头结点,尾指针指向队尾结点即单链表的最后一个结点。链队的操作实际上是单链表的操作,只不过是删除在表头进行,插入在表尾进行。插入、删除时分别修改不同的指针。

6.3　树和二叉树

树形结构是一类非常重要的非线性结构。直观地,树形结构是以分支关系定义的层次结构。现实世界中能用树的结构表示的例子也有很多,如:学校的行政关系、书的层次结构、人类的家族血缘关系等。树形结构在计算机领域中也有着广泛的应用,如在编译程序中,用树来表示源程序的语法结构;在数据库系统中,用树来组织信息;在分析算法的行为时,用树来描述其执行过程等。在计算机领域尤以二叉树最为重要。

6.3.1　树的定义

在计算机科学和计算机应用的各个领域中,需要使用更复杂的逻辑结构来表示更加复杂的问题,树形结构就是一种非常重要的非线性数据结构。

1. 树的定义

树(tree)是由一个或多个结点组成的有限集合 T。其中:

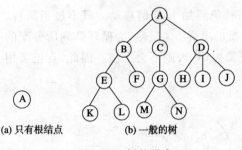

(a) 只有根结点　　　**(b) 一般的树**

图 6.15　树的形式

(1)有一个特定的结点称为该树的根(root)结点;

(2)除根结点之外的其余结点可分为 $m(m \geq 0)$ 个互不相交的有限集合 T1,T2,…,Tm,且其中每一个集合本身又是一棵树,称之为根的子树(subtree)。

可以看出这是一个递归的定义,即在定义中又用到了树这个术语,反映了树的固有特性。可以认为仅有一个根结点的树是最小树,树中结点较多时,每个结点都是某一棵子树的根,如图 6.15 所示。

2. 树的基本术语

(1)结点:一个数据元素及其若干指向其子树的分支。

(2)结点/树的度:结点所拥有的子树的棵数称为结点的度。树中结点度的最大值称为树的度。

(3)叶子结点、非叶子结点:树中度为 0 的结点称为叶子结点(或终端结点)。相对应地,度不为 0 的结点称为非叶子结点(或非终端结点或分支结点)。除根结点外,分支结点又称为内部结点。

(4)孩子结点、双亲结点、兄弟结点:一个结点的子树的根称为该结点的孩子结点或子结点;相应的,该结点是其孩子结点的双亲结点或父结点;同一双亲结点的所有子结点互称为兄弟结点。

(5)结点的层次路径、祖先、子孙:从根结点开始,到达某结点 p 所经过的所有结点称为结点 p 的层次路径;结点 p 的层次路径上的所有结点(p 除外)称为 p 的祖先;以某一结点为根的子树中的任意结点称为该结点的子孙结点。

(6)树的深度:树中结点的最大层次值,又称为树的高度。

(7)有序树和无序树:对于一棵树,若其中每一个结点的子树(若有)具有一定的次序,则该树称为有序树,否则称为无序树。

(8)森林:是 m(m≥0)棵互不相交的树的集合。显然,若将一棵树的根结点删除,剩余的子树就构成了森林。

3. 树的抽象数据类型定义

ADT Tree{

数据对象 D:一个集合,该集合中的所有元素具有相同的特性。

数据关系 R:若 D 为空集,则为空树。若 D 中仅含有一个数据元素,则 R 为空集,否则 R={H},
H 是如下的二元关系:

(1)在 D 中存在唯一的称为根的数据元素 root,它在关系 H 下没有前驱。

(2)除 root 以外,D 中每个结点在关系 H 下都有且仅有一个前驱。

基本操作:

初始化一棵空树

销毁树 T

创建树 T

若树 T 为空,则返回 TRUE,否则返回 FALSE。

返回树 T 的根

返回某个结点的双亲结点

返回某个结点的孩子结点

返回某个结点的兄弟结点

插入一个结点

删除一个结点

遍历树 T

}ADT Tree

6.3.2　二叉树的实现及其应用

1. 二叉树的定义

二叉树(binary tree)是 $n(n>=0)$ 个结点的有限集合。它或为空树($n=0$),或为非空树;对
于非空树有:

(1)有一个特定的称为根的结点。

(2)其余结点分为两个互不相交的集合 T1、T2,T1 和 T2 都是二叉树,并且分别称为根的左
子树和右子树。

二叉树是一类与树不同的数据结构。它们的区别是:

(1)二叉树可以是空集;这种二叉树称为空二叉树。

(2)二叉树的任一结点都有两棵子树(当然,它们中的任何一个可以是空子树),并且这两棵
子树之间有次序关系,也就是说,它们的位置不能交换。

这个定义是递归的。由于左、右子树也是二叉树,因此子树也可为空树。图 6.16 中展现了
五种基本不同形态的二叉树。

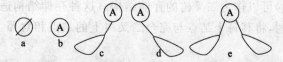

(a)空二叉树　(b)单结点二叉树　(c)右子树为空　(d)左子树为空　(e)左、右子树都不空

图 6.16　五种基本形态不同的二叉树

2. 二叉树的基本性质

性质 1：在非空二叉树中，第 i 层上最多有 $2^{i-1}(i \geqslant 1)$ 个结点。

性质 2：深度为 k 的二叉树最多有 2^k-1 个结点。

性质 3：在任意一棵二叉树中，度为 0 的结点（即叶子结点）总是比度为 2 的结点多一个。

性质 4：具有 n 个结点的二叉树，其深度至少为 $\lfloor \log_2 n \rfloor + 1$，其中 $\lfloor \log_2 n \rfloor$ 表示取 $\log_2 n$ 的整数部分。

3. 满二叉树与完全二叉树

满二叉树与完全二叉树是两种特殊形态的二叉树。

1）满二叉树

一棵深度为 k 且有 2^k-1 个结点的二叉树称为满二叉树。该二叉树每一层上的所有结点数都达到最大值。

满二叉树每一层上的结点数总是最大结点数，所有的支结点都有左、右子树。可对满二叉树的结点进行连续编号，若规定从根结点开始，按"自上而下、自左至右"的原则进行，如图 6.17 所示。

2）完全二叉树

如果深度为 k，有 n 个结点的二叉树，当且仅当其每一个结点都与深度为 k 的满二叉树中编号从 1 到 n 的结点一一对应，该二叉树称为完全二叉树。或有说深度为 k 的满二叉树中编号从 1 到 n 的前 n 个结点构成了一棵深度为 k 的完全二叉树，如图 6.18 所示。

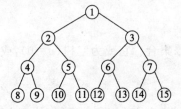 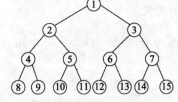

图 6.17　深度为 4 的满二叉树　　　　图 6.18　完全二叉树

由满二叉树与完全二叉树的特点可以看出，满二叉树也是完全二叉树，而完全二叉树一般不是满二叉树。

4. 二叉树的存储结构

二叉树常用的存储结构有顺序存储结构和链式存储结构两种。

1）顺序存储结构

顺序存储结构（向量）可以作为二叉树的存储结构。这种存储结构适用于完全二叉树、满二叉树。对于一般的二叉树，将其每个结点与完全二叉树上的结点相对照，存储在一维数组中，如图 6.19 所示。

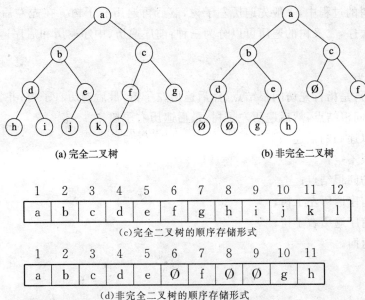

(a) 完全二叉树　　　　　　　　(b) 非完全二叉树

1	2	3	4	5	6	7	8	9	10	11	12
a	b	c	d	e	f	g	h	i	j	k	l

(c) 完全二叉树的顺序存储形式

1	2	3	4	5	6	7	8	9	10	11
a	b	c	d	e	Ø	f	Ø	Ø	g	h

(d) 非完全二叉树的顺序存储形式

图 6.19　二叉树与顺序存储结构

2) 链式存储结构

在链式存储结构中,用于存储二叉树中各元素的存储结点由两部分组成:数据域与指针域。但在二叉树中,由于每一个元素可以有两个子结点,因此,用于存储二叉树的存储结点的指针域有两个:一个用于指向该结点的左子结点,称为左指针域;另一个用于指向该结点的右子结点,称为右指针域。由于二叉树的存储结构中每一个存储结点有两个指针域,因此二叉树的链式存储结构也称为二叉树链表,如图 6.20 所示。

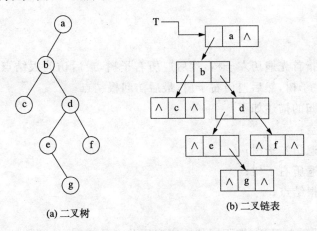

(a) 二叉树　　　　　　　　(b) 二叉链表

图 6.20　二叉树与链式存储结构

6.3.3　二叉树的遍历

遍历二叉树是指以一定的次序访问二叉树中的每个结点,并且每个结点仅被访问一次。所谓访问结点,是指对结点进行各种操作的简称。例如,查询结点数据域的内容,或输出它的值,或找出结点位置,或是执行对结点的其他操作。遍历二叉树的过程实质是把二叉树的结点进行线性排列的过程。假设遍历二叉树时,访问结点的操作就是输出结点数据域的值,那么遍历的结果得到一个结点的线性序列。由于二叉树有左、右子树,所以遍历的次序不同,得到的结果就不同。

在遍历二叉树的过程中,一般先遍历左子树,然后再遍历右子树。在先左后右的原则下,根据访问根结点的次序,二叉树的遍历可以分为三种:前序遍历、中序遍历和后序遍历。

1. 前序遍历

所谓前序遍历,是指首先访问根结点,然后遍历左子树,最后遍历右子树;并且,在遍历左、右子树时,仍然先访问根结点,然后遍历左子树,最后遍历右子树。

前序遍历可以递归的描述如下:

> 如果根不空:
>> 访问根结点;
>> 前序遍历左子树;
>> 前序遍历右子树;
>
> 否则返回。

2. 中序遍历

所谓中序遍历,是指首先遍历左子树,然后访问根结点,最后遍历右子树;并且,在遍历左、右子树时,仍然先遍历左子树,然后访问根结点,最后遍历右子树。

中序遍历可以递归的描述如下:

> 如果根不空:
>> 中序遍历左子树;
>> 访问根结点;
>> 中序遍历右子树;
>
> 否则返回。

3. 后序遍历

所谓后序遍历是指首先遍历左子树,然后遍历右子树,最后访问根结点,并且,在遍历左、右子树时,仍然先遍历左子树,然后遍历右子树,最后访问根结点。

后序遍历可以递归的描述如下:

> 如果根不空:
>> 后序遍历左子树;
>> 后序遍历右子树;
>> 访问根结点;
>
> 否则返回。

如图 6.20(a)所示的二叉树,按不同的次序遍历此二叉树,将访问的结点按先后次序排列起来的次序是:

> 前序遍历:abcdegf
> 中序遍历:cbegdfa
> 后序遍历:cgefdba

6.4 图

图(graph)是对结点的前趋和后继个数不加限制的数据结构。较之线性表和树形结构,图是一种更为复杂的非线性数据结构,图中各数据元素之间的关系可以是"多对多"的关系。

图的应用极为广泛,已渗入到诸如语言学、逻辑学、物理、化学、电信、计算机科学以及数学的其他分支。例如,可以用图形数据结构表示一个交通运输的网络,根据一定的规则,从其中一个点出发,把货物送到各个地方,选择什么样的路径才能使花费最少。也可以用图来解决周游问题,即采用什么样的路线能够将图中所有的结点均访问一遍,且路径路程为所有路径之中的最小值。这一类的最优化问题均可使用图作为数据组织的方式。

6.4.1 图的定义

图 G 由集合 V 和 E 组成,记为 G＝(V,E),图中的结点又称为顶点,其中 V 是顶点的非空有穷集合,相关的顶点的偶对称为边,E 是边的有穷集合。

若图中的边是顶点的有序对,则称此图为有向图,如图 6.21(a)所示。有向边又称为弧,通常用尖括弧表示一条有向边,$\langle v_i, v_j \rangle$表示从顶点 v_i 到 v_j 的一段弧,v_i 称为边的始点(或尾顶点),v_j 称为边的终点(或头顶点),$\langle v_i, v_j \rangle$ 和 $\langle v_j, v_i \rangle$ 代表两条不同的弧。若图中的边是顶点的无序对,则称此图为无向图,如图 6.21(b)所示。通常用圆括号表示无向边,(v_i, v_j) 表示顶点 v_i 和 v_j 间相连的边。在无向图中 (v_i, v_j) 和 (v_j, v_i) 表示同一条边,如果顶点 v_i、v_j 之间有边 (v_i, v_j),则 v_i、v_j 互称为邻接点。

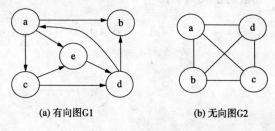

(a) 有向图G1　　　　(b) 无向图G2

图 6.21　图的示例

图的抽象数据类型定义:

```
ADT Graph{
    数据对象 V:V 是具有相同特性的数据元素的集合,称为顶点集。
    数据关系 R:R＝{<v,w>|v,w ∈ V 且 P(v,w),<v,w>表示从 v 到 w 的弧,谓词 P(v,w)定义
    了弧<v,w>的意义或信息}
    基本操作:
        构造图 G
        销毁图 G
        返回该顶点在图中位置
        返回顶点的值
        给顶点赋值
        返回一个顶点的邻接顶点 NextAdjVex(G,v,w)
        在图 G 中增添新顶点
        删除 G 中顶点及其相关的弧
        在 G 中增添弧 InsertArc(&G,v,w)
        在 G 中删除弧 DeleteArc(&G,v,w)
        遍历图 G DFSTraverser(G,v,Visit())
}ADT Graph
```

6.4.2 图的实现

图的存储结构比较复杂，其复杂性主要表现在：①任意顶点之间可能存在联系，无法以数据元素在存储区中的物理位置来表示元素之间的关系；②图中顶点的度不一样，有的可能相差很大，若按度数最大的顶点设计结构，则会浪费很多存储单元，反之按每个顶点自己的度数设计不同的结构，又会影响操作。

图的常用的存储结构有：邻接矩阵、邻接链表、十字链表、邻接多重表和边表。

1. 邻接矩阵

邻接矩阵是表示一个图的常用存储表示。它用两个数组分别存储数据元素（顶点）的信息和数据元素之间的关系（边或弧）的信息。元素之间的关系的信息用一个二维数组来表示。

在邻接矩阵中，以顶点在二维数组中 A 的下标代表顶点，邻接矩阵中的元素 A[i][j]存放的是顶点 i 到顶点 j 之间关系的信息。

1)无向图的数组表示

(1)无权图的邻接矩阵。

无向无权图 G=(V,E)有 $n(n\geqslant 1)$个顶点，其邻接矩阵是 n 阶对称方阵，如图 6.22 所示。其元素的定义如下：

$$A[i][j]=\begin{cases}1 & 若(v_i,v_j)\in \mathbf{E}, 即\ v_i,v_j\ 邻接\\ 0 & 若(v_i,v_j)\notin \mathbf{E}, 即\ v_i,v_j\ 不邻接\end{cases}$$

(a)无向图

$$\begin{pmatrix}0 & 1 & 1 & 1\\ 1 & 0 & 1 & 1\\ 1 & 1 & 0 & 1\\ 1 & 1 & 1 & 0\end{pmatrix}$$

(b)邻接矩阵

图 6.22　无向无权图的数组存储

(2)带权图的邻接矩阵。

无向带权图 G=(V,E)的邻接矩阵如图 6.23 所示。其元素的定义如下：

$$A[i][j]=\begin{cases}W_{ij} & 若(v_i,v_j)\in \mathbf{E}, 即\ v_i,v_j\ 邻接，权值为\ W_{ij}\\ \infty & 若(v_i,v_j)\notin \mathbf{E}, 即\ v_i,v_j\ 不邻接\end{cases}$$

(a)带权无向图

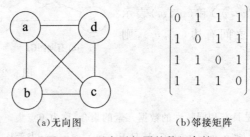

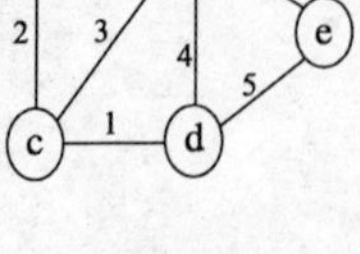

$$\begin{pmatrix}\infty & 6 & 2 & \infty & \infty\\ 6 & \infty & 3 & 4 & 3\\ 2 & 3 & \infty & 1 & \infty\\ \infty & 4 & 1 & \infty & 5\\ \infty & 3 & \infty & 5 & \infty\end{pmatrix}$$

(b)邻接矩阵

图 6.23　无向带权图的数组存储

无向图的邻接矩阵是对称方阵,对于顶点 v_i,其度数是第 i 行的非 0 元素的个数,边数是上(或下)三角形矩阵中非 0 元素个数。

2)有向图的数组表示

(1)无权图的邻接矩阵。

若有向无权图 $G=(V,E)$ 有 $n(n\geqslant 1)$ 个顶点,则其邻接矩阵是 n 阶对称方阵,如图 6.24 所示。元素定义如下:

$$A[i][j]=\begin{cases}1 & 若(v_i,v_j)\in E,从\ v_i\ 到\ v_j\ 有弧 \\ 0 & 若(v_i,v_j)\notin E,从\ v_i\ 到\ v_j\ 没有弧\end{cases}$$

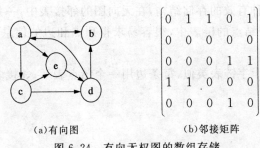

(a)有向图   (b)邻接矩阵

图 6.24　有向无权图的数组存储

(2)带权图的邻接矩阵。

有向带权图 $G=(V,E)$ 的邻接矩阵如图 6.25 所示。其元素的定义如下:

$$A[i][j]=\begin{cases}W_{ij} & 若(v_i,v_j)\in E,即\ v_i,v_j\ 邻接,权值为\ W_{ij} \\ 0 & 若(v_i,v_j)\notin E,即\ v_i,v_j\ 不邻接\end{cases}$$

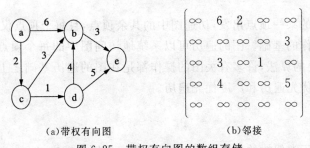

(a)带权有向图   (b)邻接

图 6.25　带权有向图的数组存储

有向图邻接矩阵对于顶点 v_i,第 i 行的非 0 元素的个数是其出度 $OD(v_i)$;第 i 列的非 0 元素的个数是其入度 $ID(v_i)$;邻接矩阵中非 0 元素的个数就是图的弧的数目。

2. 邻接链表存储结构

图的邻接链表存储结构是一种顺序分配和链式分配相结合的存储结构。它包括两个部分,一部分是链表,另一部分是向量。在链表部分中共有 n 个链表(n 为顶点数),即每个顶点对应一个链表。每个链表由一个表头结点和若干个表结点组成。表头结点用来指示第 i 个顶点 v_i 所对应的链表;表结点由顶点域和链域组成。顶点域指示了与 v_i 相邻接的顶点的序号,所以一个表结点实际上代表了一条依附于 v_i 的边,链域指示了依附于 v_i 的下一条边的结点。因此,第 i 个链表就表示了依附于顶点 v_i 的所有的边。对于有向图来说,第 i 个链表就表示了从 v_i 发出的所有的弧。

3. 十字链表法

十字链表是有向图的另一种链式存储结构,是将有向图的正邻接表和逆邻接表结合起来得到的一种链表。

在这种结构中,每条弧的弧头结点和弧尾结点都存放在链表中,并将弧结点分别组织到以弧尾结点为头(顶点)结点和以弧头结点为头(顶点)结点的链表中。

4. 邻接多重表

邻接多重表是无向图的另一种链式存储结构。

邻接表是无向图的一种有效的存储结构,在无向图的邻接表中,一条边(v,w)的两个表结点分别初选在以v和w为头结点的链表中,很容易求得顶点和边的信息,但在涉及边的操作时会带来不便。

邻接多重表的结构和十字链表类似,每条边用一个结点表示;邻接多重表中的顶点结点结构与邻接表中的完全相同。

5. 边表存储结构

在某些应用中,有时主要考察图中各个边的权值以及所依附的两个顶点,即图的结构主要由边来表示,称为边表存储结构。

在边表结构中,边采用顺序存储,每个边元素由三部分组成:边所依附的两个顶点和边的权值;图的顶点用另一个顺序结构的顶点表存储。

6.4.3 图的遍历

图的遍历是从图的某一顶点出发,访遍图中的其余顶点,且每个顶点仅被访问一次。图的遍历算法是图的各种操作的基础。图的遍历可以系统地访问图中的每个顶点,因此图的遍历算法是图的最基本、最重要的算法,许多有关图的操作都是在图的遍历基础之上加以变化来实现的。图的遍历算法有深度优先遍历和广度优先遍历。

1. 深度优先遍历

图的深度优先遍历类似树的先序遍历,是树的先序遍历的推广。

其基本思想为:假定图中某个顶点v_1为出发点,首先访问出发点然后选择一个v_1的未访问的邻接点v_2,以v_2为新的出发点继续进行深度优先遍历,直至图中所有顶点都被访问过。显然,图的深度优先遍历是一个递归过程。

2. 广度优先遍历

图的广度优先遍历类似树的按层次遍历的过程,其基本思想是:从图中某个顶点v_i出发,在访问了v_i之后依次访问v_i所有邻接点;然后分别从这些邻接点出发按广度优先遍历图的其他顶点,直至所有顶点都被访问过。

对图 6.26 所示的图分别做深度优先遍历和广度优先遍历,其结果为:

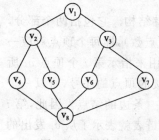

图 6.26 图的遍历

深度优先遍历：$v_1 \rightarrow v_2 \rightarrow v_4 \rightarrow v_8 \rightarrow v_5 \rightarrow v_6 \rightarrow v_3 \rightarrow v_7$

广度优先遍历：$v_1 \rightarrow v_2 \rightarrow v_3 \rightarrow v_4 \rightarrow v_5 \rightarrow v_6 \rightarrow v_7 \rightarrow v_8$

用广度优先搜索算法遍历图与深度优先搜索算法遍历图的唯一区别是邻接点搜索次序不同，因此，图的遍历的总时间复杂度为 $O(n+e)$。

6.5 算法设计技术

算法设计追求用较低的时间和空间复杂性，计算得到满意的结果。虽然设计一个好的求解算法更像是一门艺术，而不像是技术，但仍然存在一些行之有效的能够用于解决许多问题的算法设计方法，可以使用这些方法来设计算法，并观察这些算法是如何工作的。最典型的算法设计技术有分而治之、贪心策略、动态规划、回溯法及分支-限界法等技术。任何算法设计都要利用待解决问题的特殊性质，一般情况下，为了获得较好的性能，必须对算法进行细致的调整。算法经过调整之后性能仍无法达到要求，这时就必须寻求另外的方法来求解该问题。

6.5.1 策略与技巧

设计算法时，通常应考虑达到以下目标。

1）正确性

所谓算法是正确的，首先应当满足以特定的"规格说明"方式给出的需求。其次，对算法是否"正确"的理解可以有以下四个层次：

（1）不含语法错误。

（2）对于几组输入数据能够得出正确的结果。

（3）对于精心选择的、典型、苛刻且带有刁难性的几组输入数据能够得出正确的结果。

（4）对于一切合法的输入数据都能得出满足要求的结果。

2）可读性

在算法是正确的前提下，算法的可读性是摆在第一位的，这在当今大型软件需要多人合作完成的环境下是很重要的。算法主要是为了人的阅读与交流，其次才是为计算机执行，因此算法应该易于理解。另一方面，晦涩难读的算法易于隐藏较多错误而难以调试。要使算法具有较好的可读性：一是必须写上算法注释，二是最好在写算法前加上算法的说明，这个说明包括算法的功能、算法核心变量的含义、模块的含义及其参数的作用等。

3）健壮性

算法的健壮性指的是，算法能够对非法输入的数据做出恰当反应或进行相应处理，而不是产生奇怪的输出结果。并且，处理出错的方法不应是中断程序的执行，而应是返回一个表示错误或错误性质的值，以便在更高的抽象层次上进行处理。

4）高效率与低存储量需求

通常，算法的效率指的是算法的执行时间，算法的存储量指的是算法执行过程中所需最大存储空间，两者都与问题的规模有关。

下面介绍几种常用的算法设计技术。

6.5.2 递归与递推

1. 递归法

递归(recursion)作为一种强有力的数学和算法描述工具在高级语言中被广泛使用。一个函数、过程、概念或数学结构,如果在其定义或说明内部又直接或间接地出现有定义本身的引用(在过程或自定义函数中,又包含自己调用自己),则称它们是递归的或者是递归定义的。

能采用递归描述的算法通常有这样的特征:为求解规模为 N 的问题,设法将它分解成规模较小的问题,然后从这些小问题的解方便地构造出大问题的解,并且这些规模较小的问题也能采用同样的分解和综合方法,分解成规模更小的问题,并从这些更小问题的解构造出规模较大问题的解。特别地,当规模 $N=1$ 时,能直接得解。

一个递归算法仅使用少量的程序编码就可描述出解题所需要的多次重复计算而不需要设计循环结构。

例如:计算正整数 n 的阶乘 $n!$。

在数学中 $n!$ 一般定义为:

$$n! = \begin{cases} 1 & \text{若 } n=0 \\ n \times (n-1)! & \text{若 } n>0 \end{cases}$$

在 $n>0$ 的公式中,又包含了 $(n-1)!$,这就是递归定义。写成递归函数为:

```
int factorial (int n)
{
    long m;
    if(n==0)
        m=1;
    else
        m=factorial (n-1) * n;
    return m;
}
```

递归算法的执行过程分递推和回归两个阶段。在递推阶段,把较复杂的问题(规模为 n)的求解推到比原问题简单一些的问题(规模小于 n)的求解。例如,上例中,为了求解 factorial (n),把它推到求解 factorial $(n-1)$。也就是说,为计算 factorial (n),必须先计算 factorial $(n-1)$,而计算 factorial $(n-1)$,又必须先计算 factorial $(n-2)$。依次类推,直至计算 factorial (0),能立即得到结果 1。在递推阶段,必须要有终止递归的情况。例如在函数 factorial 中,当 n 为 0 的情况。

在回归阶段,当获得最简单情况的解后,逐级返回,依次得到稍复杂问题的解,例如得到 factorial (0) 后,返回得到 factorial (1) 的结果……在得到了 factorial $(n-1)$ 的结果后,返回得到 factorial (n) 的结果。例如,求 4!,即 factorial (4) 的值,递归的执行过程如图 6.27 所示。

在编写递归函数时要注意,函数中的局部变量和参数只局限于当前调用层,当递推进入"简单问题"层时,原来层次上的参数和局部变量便被隐蔽起来。在一系列"简单问题"层,它们各有自己的参数和局部变量。

递归调用会产生无终止运算的可能性,因此必须在适当时候终止递归调用,即在程序中必须要有终止条件。上面函数中的第一条语句就是终止条件。一般的,根据递归定义设计的递归算法中,非递归的初始定义,就用作程序中的终止条件。

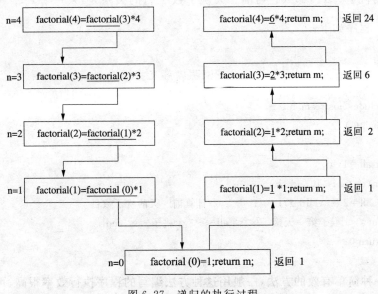

图 6.27　递归的执行过程

实践证明,不是所有问题都可以用递归的方法处理,用递归算法编写的程序也不一定是好程序。可以看出,执行递归的过程既浪费时间又浪费存储空间,因此有的语言系统,禁止使用递归,由于计算机存储容量的限制,编译系统也不允许递归。但因递归特别符合人们的思维习惯,递归算法的设计也要比非递归算法设计容易,所以当问题是递归定义,尤其是当涉及的数据结构是递归定义的时候,使用递归算法特别合适。

应用递归算法能够求解的问题一般具有两个特点:

(1)存在某个特定条件,在此条件下,可得到指定的解,即递归在终止状态。

(2)对任意给定的条件,有明确的定义规则,可以产生新的状态并将最终导出终止状态,即存在导致问题求解的递归步骤。

2. 递推

递推(recurrence)是迭代算法中一种用若干步可重复的简单运算来描述复杂数学问题的方法,以便于计算机进行处理。它与递推关系的思想完全一致,由边界条件开始往后逐个推算,在一般情况下,效率较高,编程也非常方便。但是,一般只需要求递推关系的第 n 项,而边界条件与第 n 项前面之间的若干项的信息是不需要的,如果采用递推的方法来求解,第 n 项之前的每一项都必须计算出来,最后才能得到所需要的第 n 项的值。这是递推无法避免的,从而在一定程度上影响了程序的效率,在大多数情况下,采用递推的方法还是可行的。当然,更好的求解方法还有母函数法、迭代归纳法等。

例:猴子吃桃子问题。

小猴在一天摘了若干个桃子,当天吃掉一半多一个;第二天接着吃了剩下的桃子的一半多一个;以后每天都吃尚存桃子的一半零一个,到第 10 天早上要吃时只剩下一个了,问小猴那天共摘了多少个桃子?

这是一个"递推"问题,先从最后一天推出倒数第二天的桃子,再从倒数第二天的桃子推出倒数第三天的桃子……

设第 n 天的桃子为 x_n，那么它与前一天桃子数 x_{n-1} 的关系是：$x_n = \frac{1}{2}x_{n-1} - 1$，也就是：$x_{n-1} = (x_n + 1) \times 2$。程序如下：

```
//* * * * * * * * * * * * * *
//*            猴子吃桃            *
//* * * * * * * * * * * * * *
#include<iostream. h>
int main( )
{
  int all=1, i;
  for(i=0; i<10; i++)
    all=2 * (all+1);            //计算前一天的桃子数目
  cout<<"猴子第一天摘了"<< all <<"个桃子"<<endl;
  return 0;
}
```

递推法是一种简单有效的方法，一般用这种方法编写的程序执行效率很高，可以解决具有相关性，且相关性顺序确定、个数不多或者个数为定数的问题。

递推法和递归法的关系：任何可以用递推法解决的问题，都可以很方便地利用递归法解决；但是，并非所有能用递归法解决的问题都能用递推法解决。

6.5.3　穷举搜索法

有一些问题一时难以找到规律或者公式，或者根本没有规律、公式。这时可以利用计算机高速运算的特点，使用穷举来解决。穷举搜索法是对可能是解的众多候选解按某种顺序进行逐一枚举和检验，并从中找出那些符合要求的候选解作为问题的解。穷举搜索法穷举所有可能情形，最直观的是联系循环的算法。

例如，"水仙花数"是指一个三位正整数，其各位数字立方和等于该数本身，如 153 就是一个水仙花数，因为 $1^3 + 5^3 + 3^3 = 153$。编写程序，求出所有的水仙花数。

要想解决这个问题，只需要把可能满足条件的数值逐一验证，然后将符合条件的数据输出即可。由于水仙花数是一个三位正整数，只需要将 100～999 之间的整数逐一验证即可。

程序如下：

```
//* * * * * * * * * * * * * *
//*            水仙花数            *
//* * * * * * * * * * * * * *
#include<iostream. h>
int main()
{
  int ge, shi, bai;            //定义个位、十位、百位上的数字
  int number;
  for(number=100; number<1000; number++)
  {
    bai=number/100;            //计算百位上的数值
```

```
        shi=(number%100)/10;              //计算十位上的数值
        ge=number%10;                     //计算个位上的数值
        if(number==bai * bai * bai+shi * shi * shi+ge * ge * ge)
          cout<< number<<"是水仙花数。"<<endl;
      }
    return 0;
  }
```

穷举通常应用循环结构来实现。在循环体中,根据所求解的具体条件,应用选择结构实施判断筛选,求得所要求的解。

6.5.4 分治法

任何一个可以用计算机求解的问题所需的计算时间都与其规模有关。例如,对一系列整数排序所需要的时间就与待排序的整数的个数有关。问题规模越小,解题所需的计算时间往往也越少,从而也越容易计算。当问题的规模变得比较大时,想解决这个问题有时会变得相当困难。

分治法(divide and conquer)的基本思想是将一个规模较大的问题分解为若干规模较小的子问题,找出各子问题的解,然后把各子问题的解组合成整个问题的解。在求解子问题时,往往继续采用同样的策略进行,即继续分解问题,逐个求解,最后合并解……这种不断用同样的策略求解规模较小的子问题,在程序设计语言实现时往往采用递归调用的方式实现。分治法在每一层递归上都有三个步骤。

①分解:将原问题分解为若干个规模较小,相互独立,与原问题形式相同的子问题。

②解决:若子问题规模较小并且容易被解决则直接解,否则递归地解各个子问题。

③合并:将各个子问题的解合并为原问题的解。

分治法所能解决的问题一般具有以下几个特征:

①该问题的规模缩小到一定的程度就可以容易地解决;

②该问题可以分解为若干个规模较小的相同问题,即该问题具有最优子结构性质;

③利用该问题分解出的子问题的解可以合并为该问题的解;

④该问题所分解出的各个子问题是相互独立的,即子问题之间不包含公共的子子问题。

上述的第一条特征是绝大多数问题都可以满足的,因为问题的计算复杂性一般是随着问题规模的增加而增加;第二条特征是应用分治法的前提,它也是大多数问题可以满足的,此特征反映了递归思想的应用;第三条特征是关键,能否利用分治法完全取决于问题是否具有第三条特征,如果具备了第一条和第二条特征,而不具备第三条特征,则可以考虑贪心法或动态规划法。第四条特征涉及分治法的效率,如果各子问题是不独立的,则分治法要做许多不必要的工作,重复地解公共的子问题,此时虽然可用分治法,但一般用动态规划法较好。

分治法最经典的例子就是快速排序和归并排序算法,这两个算法将在 6.5.8 节介绍。

6.5.5 贪心法

贪心法(greedy)背后隐藏的基本思想是从小方案推广到大方案的解决方法。它分阶段工作,在每一个阶段总是选择认为当前最好的方案,而不考虑将来的后果。所以,贪心法只需随着过程的进行保持当前的最好方案。这种"眼下能多占便宜的就先占着"的贪心者的策略就是这类算法名称的来源。

一般的,问题的解由多个元素按确定的格式组成,这种仅满足规定格式的解称为可行解。若一个可行解能使给定的目标函数达到最小值(或最大值),则称该解为最优解。在求最优解问题的过程中,依据某种贪心标准,从问题的初始状态出发,直接去求每一步的最优解,通过若干次的贪心选择,最终得出整个问题的最优解,这种求解方法就是贪心算法。

用这种策略设计的算法往往比较简单,但不能保证求得的最后解是最佳的。在许多情况下,最后解即使不是最优的,只要它能够满足设计目的,这个算法还是具有价值的。

典型的贪心法的例子是找零钱问题:如果有一些硬币,其面值有 1 角、5 分、2 分和 1 分,要求用最少数量的硬币给顾客找某数额的零钱(如 2 角 4 分)。贪心法的思路是:每次选取最大面额的硬币,直到凑到所需要的找的钱数。例如,2 角 4 分的找零问题,首先考虑的是用"角",共需要2 个 1 角,还余 4 分;考虑 5 分,再考虑 2 分,最后的结果是用 2 个 1 角 2 个 2 分。当然,这种找零的方法不能保证最优。例如,若有面值 7 分的硬币,要找 1 角 4 分,贪心法的结果是 1 个 1 角,2个 2 分;而实际上用 2 个 7 分的就可以了。

6.5.6　动态规划

在现实生活中,有一类活动的过程,由于它的特殊性,可将过程分成若干个互相联系的阶段,在它的每一阶段都需要做出决策,从而使整个过程达到最好的活动效果,这样的过程就构成一个多阶段决策过程。在 20 世纪 50 年代,贝尔曼(Richard Bellman)等人根据这类问题的多阶段决策的特性,提出了解决这类问题的"最优化原理",从而创建了最优化问题的一种新的算法设计方法——动态规划(dynamic programming)。

和贪心算法一样,在动态规划中,可将一个问题的解决方案视为一系列决策的结果。不同的是,在贪心算法中,每采用一次贪心准则便做出一个不可撤回的决策,而在动态规划中,还要考察每个最优决策序列中是否包含一个最优子序列。

动态规划的实质是分治思想来解决冗余。因此,动态规划是一种将问题实例分解为更小的、相似的子问题,并存储子问题的解而避免计算重复的子问题,以解决最优化问题的算法策略。因此,动态规划法所针对的问题有一个显著的特征,即它所对应的子问题树中的子问题呈现大量的重复。动态规划法的关键就在于,对于重复出现的子问题,只在第一次遇到时加以求解,并把答案保存起来,让以后再遇到时直接引用,不必重新求解。

最优化原理是动态规划的基础,任何问题,如果失去了最优化原理的支持,就不可能用动态规划方法计算。根据最优化原理导出的动态规划基本方程是解决一切动态规划问题的基本方法。

设计一个标准的动态规划算法,通常可按以下步骤进行。

①划分阶段:按照问题的时间或空间特征,把问题分为若干个阶段。注意这若干个阶段一定要是有序的或者是可排序的(即无后向性),否则问题就无法用动态规划求解。

②选择状态:将问题发展到各个阶段时所处的各种客观情况用不同的状态表示出来。当然,状态的选择要满足无后效性。

③确定决策并写出状态转移方程:之所以把这两步放在一起,是因为决策和状态转移有着天然的联系,状态转移就是根据上一阶段的状态和决策来导出本阶段的状态。所以,如果确定了决策,状态转移方程也就写出来了。但事实上,常常是反过来做,根据相邻两段的各状态之间的关系来确定决策。

④写出规划方程(包括边界条件):动态规划的基本方程是规划方程的通用形式化表达式。

6.5.7 回溯法

回溯法(backtracking)是一种选优搜索法,按选优条件向前搜索,以达到目标但当探索到某一步时,发现原先选择并不优或达不到目标,就退回一步重新选择。这种走不通就退回再走的技术为回溯法,而满足回溯条件的某个状态的点称为"回溯点"。回溯算法是所有搜索算法中最基本的一种算法,采用了一种"走不通就掉头"思想作为其控制结构。

回溯法最典型的例子是 n 个皇后问题,这是许多数据结构和算法教科书中经常被引用的例子。这个问题是:将 n 个皇后放到 $n \times n$ 的棋盘上,使得任何两个皇后之间不能互相攻击,也即使说,任何两个皇后不能在一行、在一列或者在一条对角线上。

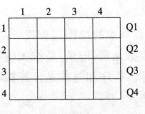
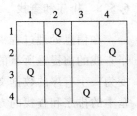

(a) 4×4的棋盘   (b) 皇后放置的位置

图 6.28   4 皇后问题

假设 $n=4$,如图 6.28(a)所示。

假设每个皇后 Q1~Q4 占据一行,要考虑的是给皇后在棋盘上分配一个列,如图 6.28(b)所示。应用回溯法的思路,求解过程从空棋盘开始,按照顺序进行尝试:

①将 Q1 放到第 1 行的第 1 个可能位置,就是第 1 列。

②考虑 Q2。显然第 1 列和第 2 列尝试失败,因此 Q2 放到棋盘的(2,3)位置上,也就是第 2 行第 3 列。

③接下来考虑 Q3,发现 Q3 已经无处可放了。这时算法开始倒退(回溯),将 Q2 放到第 2 个可能的位置,就是(2,4)的位置上。

④再考虑 Q3,可以放到(3,2)。

⑤考虑 Q4,结果无地方可放,再次回溯,考虑 Q3 的位置。

如此下去,直到回溯到 Q1。排除 Q1 原来的选择,把 Q1 放置在第 2 个位置(1,2),继续考虑 Q2 的位置,如图 6.29 所示。

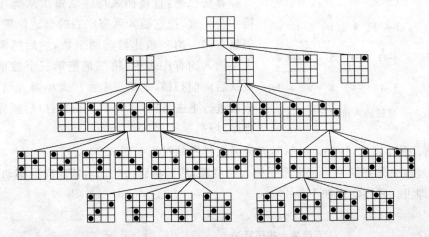

图 6.29   4 皇后问题的棋盘状态树

最后得到解为:

(1)将 Q1 放到(1,2)位置上。

(2)将 Q2 放到(2,4)位置上。

(3)将 Q3 放到(3,1)位置上。

(4)将 Q4 放到(4,3)位置上。

综合以上过程,对回溯法最简单的解释就是"向前走,碰壁就回头"。回溯法的应用有许多。人们最为熟悉的计算机文件目录结构是树形结构。遍历整个文件以便找到所需要的文件,就需要使用回溯法对文件系统进行搜索。另外,迷宫问题的求解一般也用回溯法来解决。

6.5.8 排序和查找

在信息处理过程中,最基本的操作是查找。从查找的角度来说,效率最高的是折半查找,折半查找的前提是所有的数据元素(记录)是按关键字有序的。这就需要将一个无序的数据文件转变为一个有序的数据文件。排序和查找是计算机科学中研究得最多的问题之一,本节介绍几种基本的排序和查找的方法。

1. 排序

排序是将一组任意次序的记录重新排列成按关键字有序的记录序列的过程。按待排序的记录的数量多少,排序过程中涉及的存储介质不同,排序可分为内部排序和外部排序。内部排序是指待排序的记录存放在计算机内存之中;外部排序是指待排序的记录数量很大,以至于内存容纳不下而存放在外存储器之中,排序过程需要访问外存。

排序是数据处理中一种最常用的操作。

1)直接插入排序法

直接插入排序(straight insertion sort)是一种最简单的排序方法。它的基本操作是将一个元素插入到一个长度为 $n-1$ 的有序表中,使之仍保持有序,从而得到一个新的长度为 n 的有序表,初始的有序表中只含一个数据元素。

算法思想:直接插入排序法每次从无序表中取出第一个元素,把它插入到有序表的合适位置,使有序表仍然有序。第一趟比较前两个数,然后把第二个数按大小插入到有序表中;第二趟把第三个数据与前两个数从后向前扫描,把第三个数按大小插入到有序表中;依次进行下去,进行了 $n-1$ 趟扫描以后就完成了整个排序过程。

初始记录的关键字: [8] 5 -4 16 -12 6

第一趟排序: [5 8] -4 16 -12 6

第二趟排序: [-4 5 8] 16 -12 6

第三趟排序: [-4 5 8 16] -12 6

第四趟排序: [-12 -4 5 8 16] 6

第五趟排序: [-12 -4 5 6 8 16]

图 6.30 直接插入排序过程

例如,有序列 8,5,-4,16,-12,6,直接插入排序的过程如图 6.30 所示。

在排序过程中先找到当前元素需要插入的位置,然后将后面的元素依次向后移动,最后将当前元素放入即可。程序实现如下:

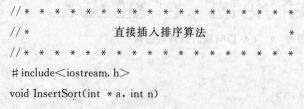

```
// * * * * * * * * * * * * * * * * * * * * *
// *            直接插入排序算法            *
// * * * * * * * * * * * * * * * * * * * * *
#include<iostream. h>
void InsertSort(int * a, int n)
```

```
//插入排序函数,a 为待排序的数组,n 为数组中的元素个数
{
    int temp,j;
    for(int i=1; i<n; i++)                              //从第二个元素开始比较
    {
        temp=a[i];                                      //记录当前元素
        for(j=i; j > 0 && temp < a[j-1]; j--)           //比较元素并找到插入的位置
            a[j]=a[j - 1];                              //元素向后移动
        a[j]=temp;                                      //将当前元素插入到合适的位置
    }
}
void main()
{
    int arr[]={8,5,-4,16,-12,6};
    InsertSort(arr,6);                                  //调用插入排序函数
    for (int i=0;i<6;i++)
        cout<<arr[i]<<" ";                              //输出排序后的结果
    cout<<endl;
    return 0;
}
```

直接插入排序是由两层循环嵌套组成的。外层循环表示待比较的当前数值,内层循环为当前数值确定其需要插入的位置。直接插入排序是将当前数值与它的前一个数值进行比较,所以外层循环是从第二个数值开始的。在前一个数值比当前数值大的情况下则继续循环比较,直到找到比当前数值小的并将当前数值放入其后的一个位置,然后结束本次循环。

在直接插入排序过程中,由于每一次比较后最多去掉一个逆序,因此,这种排序方法的效率在最坏情况下,需要 $n(n-1)/2$ 次比较,所以算法复杂度为 $O(n^2)$。

2)选择排序法

选择排序(selection sort)的基本思想是:每次从当前待排序的记录中选取关键字最小的记录表,然后与待排序的记录序列中的第一个记录进行交换,直到整个记录序列有序为止。

简单选择排序的基本步骤是:

①在一组元素中选择值最小的元素;

②若它不是这组元素中的第一个元素,则将它与这组元素中的第一个元素对调;

③在剩下的元素中重复执行上述两步,直到只剩下一个元素为止。

例如,有序列 $8,5,-4,16,-12,6$,选择排序的过程如图 6.31 所示。

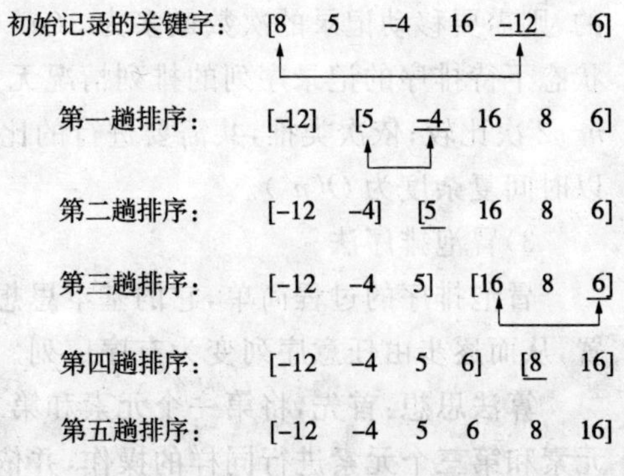

对于 n 个记录的元素,需要处理 $n-1$ 趟。而在每趟之中,又有一个内循环,每次选出最小的一个元素,程序实现如下:

初始记录的关键字:　[8　5　-4　16　-12　6]

第一趟排序:　　　[-12]　[5　-4　16　8　6]

第二趟排序:　　　[-12　-4]　[5　16　8　6]

第三趟排序:　　　[-12　-4　5]　[16　8　6]

第四趟排序:　　　[-12　-4　5　6]　[8　16]

第五趟排序:　　　[-12　-4　5　6　8　16]

图 6.31　简单选择排序过程

```
// * * * * * * * * * * * * * * * * * * * *
// *          简单选择排序算法           *
```

```
//* * * * * * * * * * * * * * * * * * *
#include<iostream.h>
void SelectSort(int * a,int n)
//简单选择排序函数,a 为待排序的数组,n 为数组中的元素个数
{
  int k,temp;
  for(int i=0;i<n-1;i++)              //做 n-1 趟选择
    {
      k=i;                           //在 i 开始的 n-i 个记录中选最小的元素
      for(int j=i+1; j<n; j++)
        if (a[j]<a[k])
          k=j;                       //k 中存放最小元素的下标
      if(k! =i)                      //最小的元素与第 i 个元素交换
        {
          temp=a[i];
          a[i]=a[k];
          a[k]=temp;
        }
    }
}
void main()
{
  int arr[]={8,5,-4,16,-12,6};
  SelectSort (arr,6);                //调用简单选择排序函数
  for (int i=0;i<6;i++)
    cout<<arr[i]<<" ";               //输出排序后的结果
  cout<<endl;
  return 0;
}
```

在简单选择排序过程中,所需移动记录的次数比较少。最好情况下,即待排序记录初始状态就已经是正序排列了,则不需要移动记录。最坏情况下,即待排序记录初始状态是按逆序排列的,则需要移动记录的次数最多为 $3(n-1)$。简单选择排序过程中需要进行的比较次数与初始状态下待排序的记录序列的排列情况无关。当 $i=1$ 时,需进行 $n-1$ 次比较;当 $i=2$ 时,需进行 $n-2$ 次比较;依次类推,共需要进行的比较次数是 $(n-1)+(n-2)+\cdots+2+1=n(n-1)/2$,所以时间复杂度为 $O(n^2)$。

3)冒泡排序法

冒泡排序的过程简单,它的基本思想是通过对相邻元素进行比较,并根据比较的结果交换位置,从而逐步由任意序列变为有序序列。

算法思想:首先,将第一个元素和第二元素进行比较,若为逆序,则交换之。接下来对第二个元素和第三个元素进行同样的操作,并依次类推,直到倒数第二个元素和最后一个元素为止。其结果是将最大的元素交换到了整个序列的尾部。这个过程叫做第一趟冒泡排序。而第二趟冒泡排序是在除去这个最大元素的子序列中从第一个元素起重复上述过程,直到整个序列变为有序为止。排序过程中,小元素好比水中气泡逐渐上浮,而大元素好比大石头逐渐下沉,冒泡排序故

此得名。

例如,有序列8,5,−4,16,−12,6,冒泡排序的过程如图6.32所示。

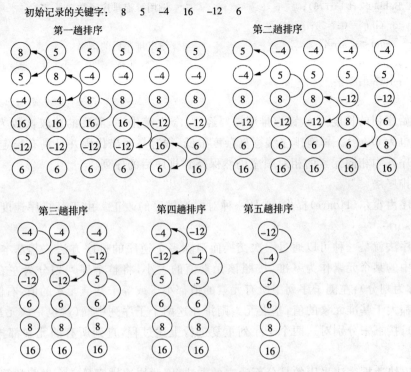

图6.32 冒泡排序过程

在排序过程中相邻元素两两比较,若为逆序则交换,直到所有元素有序。程序实现如下:

```
//* * * * * * * * * * * * * * * *
//*        冒泡排序算法          *
//* * * * * * * * * * * * * * * *
#include<iostream. h>
void BubbleSort(int * a,int n)
  //冒泡排序函数,a为待排序的数组,n为数组中的元素个数
{
  int temp;
  for(int i=0;i<n−1;i++)              //一共需比较n−1趟
  {
    for(int j=0; j<n−i−1; j++)        //每趟需进行n−i−1次的两两比较
      if (a[j]>a[j+1])                //相邻元素两两比较,若逆序则交换
    {
      temp=a[j];
      a[j]=a[j+1];
      a[j+1]=temp;
    }
  }
}
```

```
void main()
{
    int arr[]={8,5,−4,16,−12,6};
    BubbleSort (arr,6);                    //调用冒泡排序函数
    for (int i=0;i<6;i++)
        cout<<arr[i]<<" ";                 //输出排序后的结果
    cout<<endl;
    return 0;
}
```

假设初始序列的长度为 n,冒泡排序需要经过 $n-1$ 趟排序,需要的比较次数为 $n(n-1)/2$,时间复杂度也为 $O(n^2)$。冒泡排序编程复杂度很低,很容易写出代码并且具有稳定性,这里的稳定性是指原序列中相同元素的相对顺序仍然保持到排序后的序列。

4)快速排序法

快速排序由霍尔(Hoare)提出,它是一种对冒泡排序的改正。由于其排序速度快,故称快速排序(quick sort)。

快速排序法就是一种可以通过一次交换而消除多个逆序的排序方法。其基本思想是:任取待排序序列中的某个元素作为基准,按照该元素值的大小,将整个序列划分为左右两个子序列(这个过程称为划分):左侧子序列中所有元素的值都小于或等于基准元素的值,右侧子序列中所有元素的值都大于基准元素的值,基准元素则排在这两个子序列中间(这也是该元素最终应该被安放的位置),接下来分别对这两个子序列重复进行上述过程,直到所有的元素都排在相应位置上为止。

可以看出快速排序法采用的是分而治之的方法,因此快速排序是一个递归的算法。

例如,有序列 8,5,−4,16,−12,6,一趟快速排序的过程如图 6.33 所示。

由图可见经过一趟划分之后,原始元素形成两个序列,然后采用同样方法分别对两个子序列进行快速排序,直到子序列记录个数为 1 为止。对于前例,其利用快速排序程序进行排序的过程如图 6.34 所示。

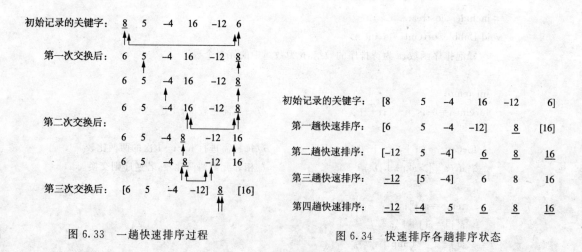

图 6.33　一趟快速排序过程　　　　　　　图 6.34　快速排序各趟排序状态

快速排序的主要工作量是对元素进行划分的过程,然后再分别对划分得到的序列继续进行划分。一趟快速排序的具体做法是:设两个指针 i 和 j,且把 a[0]送入工作单元 pivot 中保存,然

· 164 ·

后 j 从 n 逐渐减小进行 a[j] 和 pivot 的比较,直至找到满足 a[j]＜pivot 的记录时,将 a[j] 移至 a[i] 的位置;再令 i 自 i＋1 起逐渐增大,进行 a[i] 和 pivot 的比较,直至找到满足 a[i]＞pivot 的记录时,将 a[i] 移至 a[j] 的位置;之后 j 自 j－1 起重复上述过程,直至 i＝j,此时 i 便是记录 pivot 所应在的位置。至此,一趟快速排序完成,将文件 a[n] 分为 a[1],…,a[i－1] 和 a[i＋1],…,a[n] 两部分。程序实现如下:

```
// * * * * * * * * * * * * * * * *
// *             快速排序算法             *
// * * * * * * * * * * * * * * * *
#include＜iostream. h＞
int Partition(int a[],int i,int j)
  //对 a[low…high] 做划分,并返回基准元素的位置
{
  int pivot＝a[i];                      //用区间的第 1 个记录作为基准
  while(i＜j)                           //从区间两端交替向中间扫描,直至 i＝j 为止
  {
    while(i＜j&&a[j]＞＝pivot)j－－;    //从右向左扫描,查找第 1 个小于 pivot 的元素 a[j]
    if(i＜j){a[i]＝a[j];i++;}           //交换 a[i] 和 a[j],交换后 i 指针加 1
    while(i＜j&&a[i]＜＝pivot)i++;      //从左向右扫描,查找第 1 个大于 pivot 的元素 a[i]
    if(i＜j){a[j]＝a[i];j－－;}         //交换 a[i] 和 a[j],交换后 j 指针减 1
  }
  a[i]＝pivot;                          //基准元素已被最后定位
  return i;                             //返回划分后的位置
}
void QuickSort(int a[],int low, int high)
{
  int position;                         //划分后的基准记录的位置
  if(low＜high)
  {
    position＝Partition(a,low,high);    //划分后的基准记录的位置
    QuickSort(a, low, position－1);     //对左区间进行递归排序
    QuickSort(a, position＋1, high);    //对右区间进行递归排序
  }
}
int main()
{
  int arr[]＝{8,5,－4,16,－12,6};
  QuickSort(arr,0,5);
  for (int i＝0;i＜6;i++)
    cout＜＜arr[i]＜＜" ";
  cout＜＜endl;
  return 0;
}
```

　　快速排序的主要时间是花费在划分上,对长度为 n 的记录序列进行划分时关键字的比较次

数是 n−1 次。从平均时间性能而言,快速排序最佳,其时间复杂性为 $O(n\log_2 n)$。但在最坏情况下,即对几乎是排好序的输入序列,该算法的效率很低,近似于 $O(n^2)$。对于较小的 n 值,该算法效果不明显;反之,对较大的 n 值,效果较好。

5)归并排序法

归并排序(merge sort)是一类与插入排序、冒泡排序、选择排序不同的另一种排序方法,该算法也是采用分治法的一个非常典型的应用。归并的含义是将两个或两个以上的有序表合并成一个新的有序表,即把待排序序列分为若干个子序列,每个子序列是有序的。然后再把有序子序列合并为整体有序序列。若将两个有序表合并成一个有序表,称为 2-路归并。

2-路归并排序的算法步骤为:

①把 n 个元素看成 n 个长度为 l 的有序子表;

②进行两两归并使记录关键字有序,得到 $\lfloor n/2 \rfloor$ 个长度为 2 的有序子表;

③重复第②步,直到所有元素归并成一个长度为 n 的有序表为止。

设有 10 个待排序的记录,关键字分别为 23,18,46,5,84,65,11,32,52,70 归并排序的过程如图 6.35 所示。

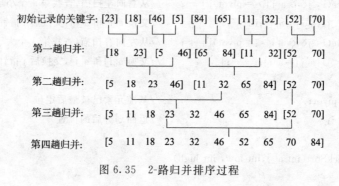

图 6.35　2-路归并排序过程

2-路归并排序的算法核心在于如何将两个有序序列合成一个序列,在进行归并时,首先申请空间,使其大小为两个已经排序序列之和,该空间用来存放合并后的序列。再设定两个指针,最初位置分别为两个已经排序序列的起始位置,然后比较两个指针所指向的元素,选择相对小的元素放入到合并空间,并移动指针到下一位置。重复上述步骤直到某一指针达到序列尾,最后将另一序列剩下的所有元素直接复制到合并序列尾,得到一个新的有序序列。

开始归并时,每个记录是长度为 1 的有序子序列,对这些有序子序列逐趟归并,每一趟归并后有序子序列的长度均扩大一倍;当有序子序列的长度与整个记录序列长度相等时,整个记录序列就成为有序序列。该算法在此不做详细介绍,有兴趣的读者可自己实现。

具有 n 个待排序记录的归并次数是 $\log_2 n$,而一趟归并的时间复杂度为 $O(n)$,则整个归并排序的时间复杂度无论是最好还是最坏情况均为 $O(n\log_2 n)$。在排序过程中,还使用了辅助向量,大小与待排序记录空间相同,则空间复杂度为 $O(n)$。另外归并排序是稳定的排序算法。

2. 查找

数据的组织和查找是大多数应用程序的核心,而查找是所有数据处理中最基本、最常用的操作。特别当查找的对象是一个庞大数量的数据集合中的元素时,查找的方法和效率就显得格外重要。

查找有两种基本形式：静态查找和动态查找。

静态查找(static search)：在查找时只对数据元素进行查询或检索，查找表称为静态查找表。动态查找(dynamic search)：在实施查找的同时，插入查找表中不存在的记录，或从查找表中删除已存在的某个记录，查找表称为动态查找表。

查找的对象是查找表，采用何种查找方法，首先取决于查找表的结构。查找表是记录的集合，而集合中的元素之间是一种完全松散的关系，因此，查找表是一种非常灵活的数据结构，可以用多种方式来存储。

1)顺序查找

顺序查找(sequential search)指的是从表的一端开始逐个记录和给定值进行比较，若某个记录和给定值相等，查找成功；否则，若扫描完整个表，仍然没有找到相应的记录，则查找失败。

例如，在序列 23,18,46,5,84,65,11,32,52,70 中查找元素 65，如图 6.36 所示。

图 6.36　顺序查找过程

在顺序查找过程中只需要按照给定序列的顺序，将待查找的元素和序列中的元素逐一比较即可。程序实现如下：

```
//* * * * * * * * * * * * * * * *
//*            顺序查找算法          *
//* * * * * * * * * * * * * * * *
#include<iostream.h>
bool SeqSearch(int a[ ], int n, int x)
  //在数组 a 中顺序查找元素 x,数组长度为 n;若找到返回 1,否则返回 0.
{
  for(int i=0; i<n; i++)              //从第一个元素开始逐一比较
  {
    if(x==a[i])                      //找到则返回 1
      return 1;
  }
  return 0;
}
int main()
{
  bool flag;
  int arr[]={23,18,46,5,84,65,11,32,52,70};
  flag=SeqSearch(arr,10,65);              //在数组 arr 中查找 65
  if(flag)
```

```
            cout<<"Find!"<<endl;
        else
            cout<<"Not Find!"<<endl;
        return 0；
    }
```

顺序查找的效率不高,最坏的情况下,在有 n 个元素的序列中,顺序查找需要比较 n 次。查找成功时的平均查找长度为 $(n+1)/2$,所以算法的时间复杂度为 $O(n)$。

虽然顺序查找的效率不高,但在下列两种情况下只能采用顺序查找:

(1)如果线性表为无序表,则只能用顺序查找。

(2)采用链式存储结构的有序线性表,只能采用顺序查找。

2)折半查找

对于以数组方式存储的记录,如果数组中各个记录的次序是按其关键字值的大小顺序排列的,则称为有序数组或有序表。对顺序分配的有序表可以采用折半查找(binary search),又称二分查找。折半查找不像顺序查找那样,要从第 1 个记录开始逐个顺序搜索,而是每次把要找的给定值与中间位置记录的关键字值进行比较。通过一次比较,可将查找区间缩小一半,所以折半查找是一种高效的查找方法,它可以明显减少比较次数,提高查找效率。但是,折半查找的先决条件是查找表中的数据元素必须有序。

例如,在有序序列 5,11,18,23,32,46,52,65,70,84 中查找元素 52,折半查找的过程如图 6.37 所示。

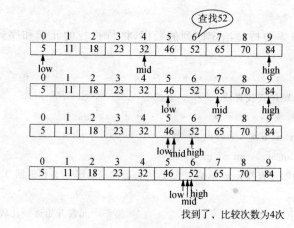

图 6.37　折半查找成功的过程

假设有序表的长度为 n,给定元素值为 x,则折半查找的方法如下:

将 x 与有序表的中间项的元素值进行比较,若中间项的值等于 x,则查找成功,结束返回;若 x 小于中间项的值,则在有序表的前半部分用相同的方法进行查找;若 x 大于中间项的值,则在有序表的后半部分用相同的方法进行查找。这个过程一直进行到查找成功或有序表中没有这个元素为止。程序实现如下:

```
// * * * * * * * * * * * * * * * * *
// *            折半查找算法            *
// * * * * * * * * * * * * * * * * *
#include<iostream. h>
```

```
bool BinSearch(int a[],int n,int x)
    //在数组 a 中顺序查找元素 x,数组长度为 n;若找到返回 1,否则返回 0
{
    int low，mid，high;
    low＝0;
    high＝n－1;
    while(low＜＝high)
    {
        mid＝(low＋high)/2;                //计算中间元素的位置
        if(x==a[mid])                    //找到则返回 1
            return 1;
        if(x＜a[mid])                     //若小于中间元素则在前半部分继续查找
            high＝mid－1;
        if(x＞a[mid])                     //若大于中间元素则在后半部分继续查找
            low＝mid＋1;
    }
    return 0;
}
int main()
{
    bool flag;
    int arr[]＝{5,11,18,23,32,46,52,65,70,84};
    flag＝BinSearch(arr,10,52);           //在数组 arr 中查找 52
    if(flag)
        cout＜＜"Find!"＜＜endl;
    else
        cout＜＜"Not Find!"＜＜endl;
    return 0;
}
```

折半查找的平均查找时间复杂度为 $O(\log_2 n)$。

其他的查找方法还有分块查找法、二叉排序树查找法、hash 表查找法等。

6.6　外存数据组织

在许多实际应用中,特别是数据处理时,都需要长期存储海量数据,这些数据通常以文件的方式组织并存储在外存。如何有效地管理这些数据,从而给用户提供方便而高效的使用数据的方法称为文件管理。

在实际存取这些海量数据时,为了方便使用,往往以某种顺序排序后再存储在外存上,这种排序称为外部排序。在排序时由于一次不能将数据文件中的所有数据同时装入内存中进行,因此就必须研究如何对外存上的数据进行组织的技术。

6.6.1　文件

文件(file)通常指的是存储在外存上性质相同的记录的集合,记录是文件中可以存取的数据的基本单位。

文件可按其中记录的类型不同而分成两类：一类为操作系统的文件,文件中的记录仅是一个字符组。由于操作系统中的文件仅是一维的连续字符序列,为了用户存取和加工的方便,将文件中的信息划分为若干组,其中每一组信息称作一个记录。另一类为数据库文件,文件中的记录带有结构,是数据项的集合。记录是文件中可以存取的数据基本单位,数据项是文件中可以使用的数据最小单位。

文件是由大量记录组成的线性表,因此对文件的操作主要是针对记录的。通常的操作有记录的检索、插入、删除、修改和排序,其中检索是最基本的操作。

文件的逻辑结构指的是呈现在用户面前的文件中记录之间的逻辑关系;文件的物理结构指的是文件中的逻辑记录在存储器中的组织方式。

6.6.2 顺序文件

顺序文件是指记录按进入文件的先后顺序存放,并且文件物理结构中记录的排列顺序和文件的逻辑结构中记录的排列顺序一致。如果顺序文件中的记录按关键字有序排列则称此文件为有序文件,否则为无序文件。为了提高查找效率,常常将顺序文件组织成有序文件。

顺序文件是根据记录的序号或记录的相对位置来进行存取的,因为文件的记录不能像向量空间的数据那样移动,所以不能用内存操作的方法进行插入、删除或修改,而只能通过复制整个文件的方法实现上述更新操作,但这样的复制是以时间为代价的。为了减少更新操作花费的代价,也可以采用批量处理的方式来实现对顺序文件的更新操作。

顺序文件的基本优点是连续存取速度快,因此主要用于只进行顺序存取或批量处理的场合。

6.6.3 索引文件

为了提高查找效率,可以采用索引的方法组织文件,即在主文件之外再建立一张索引表,用来指示关键字与其物理记录之间的一一对应关系,这种由索引表和主文件一起构成的文件称为索引文件。

相应的,索引文件的存储分为两个区:索引区和记录区。文件建立时,自动开辟索引区,按记录进入顺序登记索引项,最后将索引区按关键字值的大小排序。当文件的记录数目很多时,索引区就很大,以致一个存储块放不下整个索引,而需要占用许多块。这样,查索引也很费时。为此,可以建立一个索引的索引(又称查找表)。每一个索引块在查找表中占一项,用以登记该索引块内最后一个索引项的关键字值和该块的地址。

6.6.4 散列文件

散列文件也称为间存取文件,是利用散列法(即哈希法)组织文件。散列文件类似于散列表,根据文件中关键字的特点,设计一个散列函数和处理冲突的方法,将记录散列到存储设备上。

与散列表不同的是,磁盘上的文件记录通常成组存放,即若干个记录组成一个存储单位。在散列文件中,这个存储单位被称为"桶",每个桶有一个物理地址,且桶的地址是通过散列函数得到的。

散列文件的优点是:文件随机存放,记录不需进行排序;插入、删除方便;存取速度快;不需要索引区,节省存储空间。散列文件的缺点有:不能进行顺序存取,只能按关键字随机存取;询问方式限于简单询问;在经过多次插入、删除后,可能造成文件结构不合理,需要重新组织文件。

6.6.5 多关键字文件

多关键字文件的特点是：在对文件进行检索时，不仅对主关键字进行简单的询问，而且还经常需要对次关键字进行其他类型的询问检索。

多重表文件：多重表文件是将索引方法和链接方法相结合的一种组织方式。特点是记录按主关键字的顺序构成一个串联文件，并建立主关键字的索引（称为主索引）；对每一个次关键字项建立次关键字索引（称为次索引），所有具有同一次关键字的记录构成一个链表。主索引为非稠密索引，次索引为稠密索引。每个索引项包括次关键字、头指针和链表长度。多重表文件也易于修改。当相同次关键字链表不按主关键字大小链接时，在主文件中插入新记录后，将记录在各个次关键字链表中插在链表的头指针之后即可。在删去一个记录的同时，需在每个次关键字的链表中删去该记录。

倒排文件：倒排文件和多重表文件的区别在于次关键字索引的结构不同。通常，称倒排文件中的次关键字索引为倒排表，具有相同次关键字的记录之间不设指针，而在倒排表中该次关键字的一项中存放这些记录的物理记录号。在插入和删除记录时，倒排表也要作相应的修改。值得注意的是，倒排表中具有同一次关键字的记录号是有序排列的，所以修改时要作相应移动。

倒排表的主要优点是：在处理复杂的多关键字查询时，可在倒排表中先完成查询的交、并等逻辑运算，得到结果后再对记录进行存取。这样不必对每个记录随机存取，把对记录的查询转换为地址集合的运算，从而提高查找速度。倒排文件的缺点是维护困难。在同一索引表中，不同的关键字其记录数不同，各倒排文件的长度不等，同一倒排表中各项长度也不等。

本 章 小 结

本章主要介绍了在进行程序设计过程中所使用的基本算法和基本数据结构，并给出了算法分析的主要概念、数据结构的基本概念以及常用的内部数据和外部数据的实现和组织形式。在算法设计中已有了一些行之有效的算法，通过对这些算法的介绍让读者更加清晰地了解程序设计过程的方法和原则。

习 题

一、单选题

1. 算法应具的特点不包括（　　）。
   A. 确定性　　　　　　　B. 可行性　　　　　　　C. 一一对应性　　　　　　D. 有输入、输出

2. 下面说法正确的是（　　）。
   A. 算法＋数据结构＝程序　　　　　　B. 算法就是程序
   C. 数据结构就是程序　　　　　　　　D. 算法包括数据结构

3. 链式栈与顺序栈相比，一个比较明显的优点是（　　）。
   A. 插入操作更加方便　　　　　　　　B. 通常不会出现栈满的情况
   C. 不会出现栈空的情况　　　　　　　D. 删除操作更加方便

4. 高度为 d(d>0) 的二叉树至少有（　　）个结点。
   A. d+1　　　　　　　B. 2d　　　　　　　C. d　　　　　　　D. d-1

5. 用冒泡排序方法对下面四个序列进行排序（由小到大），元素比较次数最少的是（　　）。

A. 94、32、40、90、80、46、21、69   B. 32、40、21、46、69、94、90、80

C. 21、32、46、40、80、69、90、94   D. 90、69、80、46、21、32、94、40

二、简答题

1. 算法分析的方法有几种,如何表示?

2. 简述数据结构的 4 种基本关系,并画出它们的关系图。

3. 有一棵二叉树,如下图所示,写出三种(前序、中后、后序)遍历的结果。

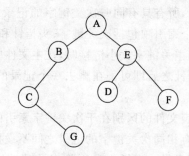

4. 算法设计的方法有哪些,分别适用于那种情况。

5. 什么是文件,有哪些文件类型。

三、编程题

1. 写出下列程序段的时间复杂度。

(1)i=1；

    while(i<n)

    i=i*2；

(2)for (i=0;i<=n;i++)

        for (j=0;j<=i;j++)

        for(k=0;k<=j;k++)

        s=s+1；

2. 试写一个算法,在一个有序线性表中的适当位置插入一个元素,并保持线性表仍然有序。

3. 用古典的 Eratosthenes 的筛法求从 2 起到指定范围内的素数。如果要找出 2～10 中的素数,开始时筛中有 2～10 的数,然后取走筛中的最小的数 2,宣布它是素数,并把该素数的倍数都取走。这样,第一步以后,筛子中还留下奇数 3、5、7、9;重复上述步骤,再取走最小数 3,宣布它为素数,并取走 3 的倍数,于是留下 5、7。反复重复上述步骤,直至筛中为空时,工作结束,求得 2～10 中的全部素数。

4. 用欧几里得算法(辗转相除法)求两个整数的最大公约数和最小公倍数。

5. 求斐波那契数列第 n 项的值。

斐波那契数列形如:1,1,2,3,5,8,13,21,…,其第 n 项的值为

$$\mathrm{Fib}(n)\begin{cases} 1 & n=1 \\ 1 & n=2 \\ \mathrm{Fib}(n-1)+\mathrm{Fib}(n-2) & n>2 \end{cases}$$

第 7 章 数据库系统

7.1 概 述

数据库系统已经成为现代社会生活中的重要组成部分,在日常的工作和生活中,人们经常会或多或少地与数据库打交道。如银行存储与取钱、火车航空订票、书店与图书馆的图书查询以及网络购物等,所有这些活动都会涉及某些人通过计算机访问数据库。

数据库研究跨越三个领域,包括计算机应用、系统软件和理论。数据库系统的出现是计算机应用的一个里程牌,它使得计算机的应用从以科学计算为主转向以数据处理为主,并且,使计算机在各行各业乃至家庭中普遍使用。

7.1.1 数据库系统基本概念

1. 数据

数据(data)是指描述事物的符号记录,它是数据库中存储的基本对象。这里的数据包括数字、文字、图形、图像、声音和视频等。通常,数据库中的数据具有集成与共享两个性质。

集成是指数据库中的数据可以合并,以消除数据间的冗余。例如:某高校的学生管理系统与学生成绩管理系统。在学生管理系统中记录了学生的学号、姓名、性别、专业等信息;现在假设可以通过学生成绩管理系统查询的学生的学号、姓名、性别、专业、课程成绩等信息,那么,显然没有必要记录学生管理系统中的重复信息,可以通过从学生管理系统的数据库中查询到。

共享是指数据库中的数据可以被不同的用户共享。也就是说,不同的用户可以访问到同一个数据库中的相同数据。在上面的例子中,学生的基本信息共享就有其代表性,学校中相关部门(如教务处、就业办)都可以使用这一共享信息。

2. 数据库

所谓数据库 DB(DataBase)是指按照数据结构来组织、存储和管理数据的仓库,或者说数据库就是按照某种数据模型组织起来并存放在二级存储器中的数据集合。并且这种数据集合具有如下特点:尽可能避免不必要的数据冗余,以最优方式为某个特定组织的多种应用服务,其数据结构独立于使用它的应用程序,对数据的添加、删除、修改和查询操作由统一的软件进行管理和控制。使用数据库有下述优点:

(1)数据共享。共享就是指现有的应用程序可以共享数据库中的数据,既可以是前面介绍数据的概念中所阐述的数据共享;也可以指新的应用程序对这些数据进行操作。换句话说就是不向数据库中添加任何新的数据也能满足新的应用程序的数据要求。

(2)减少冗余。在非数据库系统中,应用程序都有自己的专用文件来保存它们所需要的数据。这样就会导致在数据存储时产生相当大的冗余。例如在前面的例子中,某高校的有关学生管理与成绩管理的应用程序都同时包含了学生的一些基本信息,使用数据库可以把这两个文件的信息集成以消除冗余。

（3）避免不一致。这是前一点减少冗余的必然结果。同样的信息保存在多个文件当中，当某些文件的某些信息发生变化时，而其他文件并没有随之变化，这就必然会导致数据的不一致。

（4）保持完整性。完整性是确保数据库中的数据是正确的。前一点已经提到同样的信息出现不一致，就是缺少完整性，当然，只要存在数据冗余就不可避免会引起这样的问题。例如：学生属于一个不存在的专业等。通过完整性约束可以有效解决这一问题。

（5）增强安全性。并非所有的用户都可以访问所有的数据或进行任意的操作。例如，高校学生成绩管理系统中，学生只需看到自己的成绩即可。数据库管理员 DBA（DataBase Administrator）可以确保访问数据库的方式是正确的，对于数据库中的所有数据针对不同类型的访问，都可以建立不同的约束以确保安全性。

（6）数据的独立性。包括数据的物理独立性和逻辑独立性。逻辑独立性是指数据库的逻辑结构和应用程序相互独立，物理独立性是指数据的物理存储变化不影响数据的逻辑结构。

3. 数据库管理系统

数据库管理系统 DBMS（DataBase Management System）是位于用户与操作系统之间的一层数据管理软件。其主要功能有以下几项：

（1）数据定义功能。DBMS 提供数据定义语言 DDL（Data Definition Language），供用户对数据库中的对象进行定义。

（2）数据操纵功能。DBMS 提供数据操纵语言 DML（Data Manipulation Language），实现对数据库数据的基本操作，如添加、修改、删除和查询。

（3）数据库运行管理功能。DBMS 提供数据控制功能，即数据的安全性、完整性和并发控制等对数据库运行进行有效的控制和管理，以确保数据正确有效。

（4）数据库的建立和维护功能。包括数据库初始数据的装入，数据库的转储、恢复、重组织，系统性能监视、分析等功能。

（5）数据库的传输。DBMS 提供处理数据的传输，实现用户程序与 DBMS 之间的通信，通常与操作系统协调完成。

目前有许多 DBMS 产品，如 Oracle、Sybase、Informix、Microsoft SQL Server、DB2 等，它们各以自己特有的功能在数据库市场上占有一席之地。

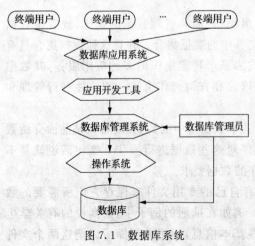

图 7.1　数据库系统

4. 数据库系统

数据库系统 DBS（DataBase System）是指在计算机系统引入数据库后的系统组成，包括计算机、数据库、操作系统、数据库管理系统、数据库开发工具、应用系统、数据库管理员和用户（图 7.1）。概括来说，数据库系统主要由硬件、数据、软件和用户四部分构成。

（1）数据：数据是数据库系统中存储的信息，它是数据库系统的操作对象，这一部分前面已经讨论过，这里不再赘述。

（2）硬件：硬件是数据库系统的物理支撑，它包括两部分：一是硬件处理器和相应的主存；二是二级存储设备（通常为磁盘），以及相关的 I/O 设备、设备控制器等。

（3）软件：软件包括系统软件与应用软件，其中系统软件包括操作系统及负责对数据库的运行进行控制和管理的核心软件——数据库管理系统；而应用软件是在 DBMS 的基础上由用户根据实际需要自行开发的应用程序。

（4）用户：指使用数据库的人员，主要由终端用户、应用程序员和数据库管理员三类组成。终端用户是使用数据库应用系统的工程技术或管理人员，他们无须掌握太多的计算机知识，利用应用系统提供的接口查询获取数据库的数据；应用程序员是为终端用户编写数据库应用程序的软件开发人员；数据库管理员是全面负责数据库系统运行的高级计算机人员，是数据库系统的一个很重要的人员组成。

7.1.2 数据管理技术的发展

数据管理是指对各种数据进行分类、组织、编码、存储、检索和维护。数据管理技术经历了人工管理、文件系统和数据库系统三个阶段。

1. 人工管理阶段

20 世纪 50 年代中期以前，计算机主要用于科学计算。外部存储器只有磁带、卡片和纸带，没有磁盘等存储设备；软件方面只有汇编语言，没有数据管理方面的软件；数据处理采用批处理的方式。这一阶段的特点是：数据不能长期保存，应用程序管理其所涉及的数据，数据不能共享，数据与程序之间不具有独立性。

2. 文件系统阶段

20 世纪 50 年代后期至 20 世纪 60 年代中期，计算机不仅用于科学计算，还用于信息管理方面。外部存储器出现了磁盘和磁鼓等存储设备；软件领域，操作系统提供了专门的数据管理软件。数据处理方式有批处理和联机实时处理。其主要特点是：数据以文件形式可长期保存，由文件系统管理；数据不再属于某个程序，可以重复使用，但是数据的独立性、共享性差，冗余度高。

3. 数据库系统阶段

20 世纪 60 年代后期以来，数据管理技术进入数据库系统阶段。数据库系统克服了文件系统的缺陷，提供了对数据更高级、更有效的管理。这个阶段的程序和数据的联系通过数据库管理系统来实现。数据库系统的特点如下：

（1）数据的结构化。这是数据库系统的主要特征，也是与文件系统的根本区别。在文件系统中，尽管记录内部已经有了结构，但是记录之间并没有联系。数据库系统采用数据模型表示复杂的数据结构，实现了整体数据的结构化，数据不再针对某个或多个应用，而是面向整个应用系统，具有整体的结构化。

（2）数据独立性。包括数据的物理独立性和数据的逻辑独立性。数据的物理独立性是指用户的应用程序与存储在磁盘上的数据库中的数据是相互独立的。也就是说当数据的物理存储发生变化时，应用程序不用变。数据的逻辑独立性是指用户的应用程序与数据库的逻辑结构是相互独立的，即当数据的逻辑结构改变时，应用程序可以不变。数据库管理系统的模式结构和二级映像功能保证了数据库中的数据具有很高的物理独立性和逻辑独立性。

（3）数据的共享性高、冗余度低。数据库系统从整体角度描述数据，数据不再面向某个或多个应用而是面向整个系统,因此数据可以被多个用户、多个应用共享使用。不同的应用程序可以根据自身需求从数据库中获取数据,大大减少数据冗余,节约存储空间。数据共享还能够保证数据之间的一致性。所谓数据的一致性,是指同一数据不同复制的值一样。在人工管理或文件系统管理中,由于数据被重复存储,当不同的应用和修改同一数据的不同的复制时,很难保证数据的一致性。在数据库中,数据共享减少了由于数据冗余造成的不一致现象。此外,在前面也讨论过,数据库中的数据不仅可以被多个现有的应用程序共享,而且可以被新的应用程序共享,这就使得数据库系统易于扩充以适应不同用户的需求。可以取整体数据的子集用于不同的应用系统,当应用需求发生变化时,只需重新选取不同的子集便可以满足新的需求。

(4)数据库系统提供了数据控制功能,包括以下几点:

①数据库的并发控制:对程序的并发操作加以控制,由于数据库中数据的共享性,必然会造成多用户同时对数据库中同一数据进行操作,若不加以控制可能会造成许多错误,如数据丢失或读取错误数据等。

②数据库的恢复:在数据库被破坏或数据不可靠时,如计算机的软硬件故障或者人为的失误等造成的数据丢失或破坏,系统有能力把数据库恢复到某个已知的正确状态。

③数据完整性:保证数据库中数据始终是正确的、有效的。

④数据安全性:保证数据的安全,防止数据的丢失、破坏,以及防止数据的不合法使用,使用户只能按规定访问数据。

7.1.3 数据库系统体系结构

1. 数据库三级模式结构

数据库的三级模式结构,称为 ANSI/SPARC 体系结构,是由 ANSI/SPARC DBMS 研究组提出的数据库系统的体系结构,它是由概念模式、外模式和内模式三级构成,如下图 7.2 所示。

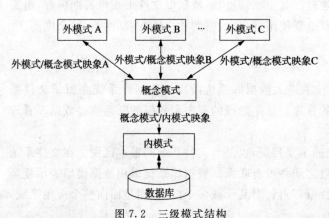

图 7.2 三级模式结构

1)内模式

内模式(internal schema)只有一个,是数据库中全体数据的内部表示,它指明了数据库的数据存储的全部细节(数据的存储方式、索引方法、是否压缩存储和是否加密等)和存取路径,但并不涉及物理记录的形式(物理块或页),也不考虑具体设备的磁道大小。本质上,内模式概括了在概念模式里所描述的联系实际上是如何存储在辅助设备(磁盘等)上的。它与操作系统的访问方法相互合作,以便在存储设备上放置数据、创建索引和检索数据等。内模式由内模式描述语言来定义。

2)概念模式

概念模式(conceptual schema)是三级模式结构的中间层,是数据库中全部数据的逻辑结构的总体描述,是全体用户的公共数据视图,不涉及存储方面的内容,也与具体的应用程序、所使用的应用开发工具无关。

概念模式只有一个,它是由数据库设计者综合所有用户的数据,按照统一的观点构造的全局逻辑结构。定义概念模式不仅要考虑数据的逻辑结构,还包括数据之间的联系,数据的约束以及定义与数据的一致性、完整性和安全性有关的要求。它是由数据库管理系统提供的数据模式描述语言 DDL(Data Description Language)来定义。

3)外模式

外模式(external schema)对应于用户级,它是某个或几个用户所看到的数据库的数据视图,是与某一应用有关的数据的逻辑表示。因此,一个数据库可以有多个外模式,每个外模式描述的是一个特定用户所感兴趣的数据库中的那部分数据,而对该用户隐藏了数据库中的其他数据。用户可以通过外模式描述语言来定义外模式。

2. 数据库的二级映象与数据独立性

为了能够在内部实现数据库的三个抽象层次的联系和转换,数据库管理系统在这三级模式之间提供了两层映象,即概念模式/内模式映象与外模式/概念模式映象。

1)概念模式/内模式映象

数据库中概念模式、内模式都只有一个,因此,概念模式/内模式映象是唯一的,它定义了数据库全局逻辑结构与存储结构之间的对应关系。当数据库的存储结构改变时,由数据库管理员对概念模式/内模式映象作相应的改变,可以使概念模式保持不变,从而应用程序也不必修改,保证了数据与程序的物理独立性。

2)外模式/概念模式映象

对应于同一个概念模式可以有任意多个外模式。对于每一个外模式,数据库系统都有一个外模式/概念模式映象,它定义了该外模式与概念模式之间的对应关系。当概念模式发生改变时,由数据库管理员对各个外模式/概念模式映象作相应的改变,可以使外模式保持不变。应用程序是依据数据的外模式编写的,从而应用程序可以不必修改,保证了数据与程序的逻辑独立性。

7.1.4 数据模型

1. 层次模型

层次模型是数据库系统中最早出现的数据模型。

1968 年,由 IBM 公司推出的 IMS(Information Management System)数据库管理系统是层次数据库系统的典型代表。层次模型是指用树型结构表示实体及其之间的联系,树中每一个结点代表一个记录类型,树状结构表示实体之间的联系。在一个层次模型中有且仅有一个结点,无父结点,此结点为树的根;其他结点有且仅有一个父结点。图 7.3 给出了层次模型的逻辑视图。

图 7.3 描述大学人员的层次模型

在层次模型中,记录之间的联系通过指针实现,查询效率高。但是,只能表示一对多的联系。尽管有许多辅助手段实现多对多的联系,但比较复杂,不易掌握。

2. 网状模型

网状模型(network model)是在 1971 年由美国 CODASYL(Conferenceon Data Systems

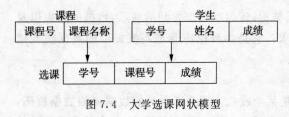

图 7.4 大学选课网状模型

Languages,数据系统语言研究会)中的 DBTG (DataBase Task Group,数据库任务组)提出的,并在 1978 年和 1981 年又做了修改和补充。因此网状数据模型又称为 CODASYL 模型或 DBTG 模型。网状数据库系统的典型代表有 Cullinet 软件公司的 IDMS,Honeywell 公司的 IDSII,Univac 公司(后来并入 Unisys 公司)的 DMS1100,HP 公司的 IMAGE 等。

网状模型用图结构表示实体类型及实体间联系的数据结构。网状模型的数据结构与层次模型不同,它允许一个以上的结点无双亲,并且一个结点可以有多于一个的双亲。网状模型的每个结点表示一个记录类型,结点间的连线表示记录类型之间的联系。图 7.4 描述了大学选课网状模型的逻辑视图。

3. 关系模型

关系模型与以往的数据模型不同,它是建立在严格的数学概念的基础上。在关系模型中,数据结构简单清晰,程序和数据具有高度的独立性;其数据语言非过程化程度较高,具有集合处理能力,并有定义、操纵、控制一体化的优点;关系模型中,结构、操作和完整性规则三部分联系紧密。目前,关系模型是数据库设计中最常用的模型,在 7.2 节中,将详细介绍关系模型。

7.2 关系数据库

20 世纪 70 年代初,IBM 公司的研究员 E. F. Codd 在刊物 *Communication of the ACM* 上发表了一篇具有里程碑意义的论文,题为 *A Relational Model of Data for Large Shared Data Banks*,文中提出了关系模型的概念,奠定了关系模型的理论基础。从此进入了"关系型数据库系统"时期。关系数据库是建立在关系模型基础上的数据库,借助于集合代数等概念和方法来处理数据库中的数据。

7.2.1 关系模型

关系模型将数据库表示为一个关系的集合,也就是说,每个关系类似于一个值表,或者在某种程度上类似于一个"平面"文件。关系中的每一个字段就是表中的一列。每一个记录就是表中的一行。关系可以说就是一张二维表,表中的行称为元组,列称为属性。属性的取值范围称为域。能够唯一标识一个元组的属性或属性组称为候选码,选定其中一个为主码。关系模型由关系数据结构、关系操作集合和关系完整性约束三部分组成。

假设建立学生关系,如表 7.1 所示。

表 7.1 学生表

学号	姓名	专业
201001001	吴金华	计算机应用
201002186	张成刚	计算机网络
201002162	王婷	计算机网络
201001198	高敬	计算机应用

该表有三个列首:学号、姓名和专业。这些列首即关系的属性,每个属性分别有其取值范围,即域,专业的域就是所有专业的名称。表中的每一行都是一个三元组,学号可以唯一标识一个元组,即关系的主码。

关系模型具有如下特点。

- 数据结构单一:关系模型的结构就是关系,现实世界中的实体以及实体之间的联系都用关系来表示。
- 采用集合运算:关系是元组的集合,所以对关系的运算就是集合运算。因其运算的对象和结果都是集合,索引可以采用数学上的各种集合运算。
- 数据完全独立:程序和数据各自独立。
- 数学理论支持:有集合论、数理逻辑作为基础,以数学理论为依据对数据进行严格定义、运算和规范化。

7.2.2 关系操作

常用的关系操作包括查询操作和更新操作两大部分。其中查询操作最为重要,包括选择、投影、连接、并、交、差等;更新操作包括插入、修改和删除。

假设有两个关系 R 和 S,具有相同的结构,t 是元组变量,关系 R 为爱好篮球的学生,关系 S 为爱好足球的学生,分别如表 7.2 和表 7.3 所示。

表 7.2　爱好篮球的学生

学号	姓名	专业
201001001	吴金华	计算机应用
201002186	张成刚	计算机网络
201002162	王婷	计算机网络

表 7.3　爱好足球的学生

学号	姓名	专业
201001001	吴金华	计算机应用
201001198	高敬	计算机应用

1. 并(union)

关系代数中的并与数学上的并有所不同,数学上的并运算指两个集合的所有元素组成的集合;而关系代数中的并运算是有限制的,两个参与操作的关系必须是同一类型,且具有相同的属性。例如,学生关系与选课关系,参与运算的两个关系或者只包含学生关系的元组,或者只包含选课关系的元组。这样得到的结果仍然是一个关系,否则,结果将不再是一个关系,因为结果中的元组不能保证是同一类型。

对于关系 R 和关系 S,并运算记为:$R \cup S = \{ t \mid t \in R \vee t \in S \}$。

【例 7.1】　求出爱好篮球或足球的学生,$R \cup S$ 的关系如表 7.4 所示。

这里爱好篮球的学生与爱好足球的学生类型相同,具有相同的属性,运算结果仍是一个关系,关系中包含了所有爱好篮球与表爱好足球的学生。

表 7.4　R∪S 的关系

学号	姓名	专业
201001001	吴金华	计算机应用
201002186	张成刚	计算机网络
201002162	王婷	计算机网络
201001198	高敬	计算机应用

2. 交(intersection)

与并相似,关系交的操作对象必须是相同类型,且具有相同的属性。操作的结果仍然是相同类型的关系,关系的主体包含同时出现在两个操作对象中的所有元组。

对于关系 R 和关系 S,交运算记为:$R \cap S = \{\, t \mid t \in \mathbf{R} \wedge t \in \mathbf{S} \,\}$。

【例 7.2】　求既爱好篮球也爱好足球的学生,$R \cap S$ 的关系如表 7.5 所示。

表 7.5　$R \cap S$ 的关系

学号	姓名	专业
201001001	吴金华	计算机应用

表 7.5 中的交运算显示了所有既爱好篮球同时也爱好足球的学生,参与操作的两个对象类型相同,且具有相同的属性,操作结果仍然是一个关系。

3. 差(difference)

和并、交一样,关系差操作也要求操作对象必须是相同的类型。给定两个相同类型的关系 a 和 b,它们的差是一个相同类型的关系,关系的主体包含属于 a 但不属于 b 的所有元组。

对于关系 R 和关系 S,差运算记为:$R - S = \{\, t \mid t \in \mathbf{R} \wedge t \notin \mathbf{S} \,\}$。

【例 7.3】　求爱好篮球但不爱好足球的学生,$R - S$ 关系如表 7.6 所示。

表 7.6　$R - S$

学号	姓名	专业
201002186	张成刚	计算机网络
201002162	王婷	计算机网络

表 7.6 显示了经差运算后,所有爱好篮球但不爱好足球的学生,参与操作的两个对象类型相同,且属性相同,操作结果仍是一个关系。

4. 选择(selection)

选择操作用于从关系中选出满足选择条件的一个元组的子集。换句话说,可以把选择操作看作一个过滤器,只保留那些满足限定条件的元组,也就是从原表中选择部分元组,记为:$\sigma_F(R) = \{t \mid t \in \mathbf{R} \wedge F(t) = '真'\}$。其中 σ 表示选择操作,F 表示选择条件,它是一个逻辑表达式,取逻辑值"真"或"假"。

【例 7.4】　设关系 R 如表 7.3 所示,求专业为计算机应用专业的学生。结果如表 7.7 所示。

表 7.7　$\sigma_{stuPro='计算机应用'}$（R）

学号	姓名	专业
201001001	吴金华	计算机应用
201001198	高敬	计算机应用

5. 笛卡儿积（Cartesian Product）

用×表示笛卡儿积运算，设关系 R 和 S 的度数分别为 r 和 s。定义 R 和 S 的笛卡儿积是（r＋s）度的元组集合，每个元组的前 r 个分量来自 R 的一个元组，后 s 个分量来自 S 的一个元组，记为 R×S。若 R 有 m 个元组，S 有 n 个元组，则 R×S 有 m×n 个元组。

【例 7.5】　设关系 R 与关系 S 如表 7.3 和表 7.8 所示，求 R 和 S 的笛卡儿积，R×S 的关系如表 7.9 所示，可以看出对于本例单纯的笛卡儿积运算无任何意义。

表 7.8　学生选课成绩表

学号	课程号	成绩
201001001	001	80
201002186	002	86
201002186	003	79
201002162	001	90
201001198	002	82
201001198	003	88

表 7.9　R×S

学号	姓名	专业	学号	课程号	成绩
201001001	吴金华	计算机应用	201001001	001	80
201001001	吴金华	计算机应用	201002186	002	86
201001001	吴金华	计算机应用	201002186	003	79
201001001	吴金华	计算机应用	201002162	001	90
201001001	吴金华	计算机应用	201001198	002	82
201001001	吴金华	计算机应用	201001198	003	88
201001198	高敬	计算机应用	201001001	001	80
201001198	高敬	计算机应用	201002186	002	86
201001198	高敬	计算机应用	201002186	003	79
201001198	高敬	计算机应用	201002162	001	90
201001198	高敬	计算机应用	201001198	002	82
201001198	高敬	计算机应用	201001198	003	88

6. 投影（projection）

与选择不同，如果把关系看做是一张二维表，那么选择是从这张表中选出满足条件的行，同时丢弃其他的行，但是表中的列不变；而投影则是从表中选出某些列，同时丢弃其他列，但是表中的行不变。比如，在学生信息表中，只想知道学生的姓名与专业，而不关心学号，这时就可以使用投影运算产生这样的关系。

用 Π 来表示投影运算，关系 R 上的投影运算记为：$\Pi_A(R) = \{ t[A] \mid t \in \mathbf{R} \}$，其中 A 为 R 中的属性列。

【例 7.6】 设关系 R 如表 7.2 所示，查询出所有学生的学号与姓名，结果如表 7.10 所示。

表 7.10 $\Pi_{AstuNo, stuName}(\mathbf{R})$

学号	姓名
201001001	吴金华
201002186	张成刚
201002162	王婷

7. 连接（join）

使用 ⋈ 表示连接运算，用于将两个关系中的元组组合在单个元组中，也就是从两个关系的笛卡儿积中选取属性间满足一定条件的元组。比如，查询学生的选课名称，这就需要将选课成绩关系中的课程属性与课程关系中的课程属性相结合，满足二者匹配，可以使用连接运算实现。

连接运算中最为常用的两种是等值连接（equijoin）与自然连接（natural join）。等值连接是从两个关系 R 和 S 的笛卡儿积中选取关系 R 与 S 的属性 A、B，且两属性值相等的那些元组，其中属性 A 是关系 R 的属性，属性 B 是关系 S 的属性。自然连接是一种特殊的等值连接，它要求两个关系中进行比较的分量必须是相同的属性组，并且要在结果中把重复的属性去掉。

【例 7.7】 设关系 R 与关系 S 如表 7.2 和表 7.7 所示，等值连接和自然连接结果如表 7.11 和表 7.12 所示。

表 7.11 R ⋈ S 等值连接

学号	姓名	专业	学号	课程号	成绩
201001001	吴金华	计算机应用	201001001	001	80
201001198	高敬	计算机应用	201001198	002	82
201001198	高敬	计算机应用	201001198	003	88

表 7.12 R ⋈ S 自然连接

学号	姓名	专业	课程号	成绩
201001001	吴金华	计算机应用	001	80
201001198	高敬	计算机应用	002	82
201001198	高敬	计算机应用	003	88

7.2.3 关系的完整性

关系的完整性是指为保证数据库中数据的正确性和相容性，对关系模型的某种约束条件。通常包括实体完整性、参照完整性和用户定义完整性，其中实体完整性和参照完整性是关系模型必须满足的。

1. 实体完整性

实体完整性是指关系的主码不能为空值。在关系模式中，以主码作为唯一性标识，如果主码取空值，表明关系模型中存在着不可标识的实体，这样的实体就不是一个完整实体。因此，主码不得取空值，如主码是多个属性的组合，则所有的属性均不能取空值。

例：表 7.1 中的学生关系，学号为关系的主码，学号不能取空值，否则不能对应某个具体的学生。

2. 参照完整性

参照完整性是指参照关系的外码取值不能超出被参照关系的主码取值。在关系数据库中通常都包含多个关系相互联系，关系与关系之间的联系通过公共属性来实现。这里公共属性是指一个关系 R（称为被参照关系）的主码，同时又是另一关系 K（称为参照关系）的外码。如果参照关系 K 中外码的取值，要么与被参照关系 R 中某元组主码的值相同，要么取空值。

例：表 7.3 学生关系和表 7.7 学生选课关系，学号为学生关系的主码，同时又是学生选课关系的外码，在学生选课关系中，学号的取值只能是学生关系中的某个学号的值相同或者取空值。

3. 用户定义的完整性

用户定义完整性则是根据应用环境的要求和实际的需要，对某一具体应用所涉及的数据提出约束性条件。

例：建立一个学生关系，属性性别的取值必须满足为"男"或"女"。

7.3 结构化查询语言

结构化查询语言 SQL(Structured Query Language)，是一种数据库查询和程序设计语言，用于存取数据以及查询、更新和管理关系数据库系统。SQL 同时也是数据库脚本文件的扩展名，今天市场上的任何数据库产品几乎都支持 SQL。

7.3.1 SQL 概述

SQL 最初于 20 世纪 70 年代，由 IBM 研究院设计与实现，为其关系数据库管理系统 SYSTEM R 开发的一种查询语言，其前身是 SEQUEL(Structured English Query Language)。

如今无论是像 Oracle、Sybase、DB2、Informix、Microsoft SQL Server 这些大型的数据库管理系统，还是像 Visual Foxpro、PowerBuilder 这些 PC 上常用的数据库开发系统，都支持 SQL 语言作为查询语言。SQL 现在已成为商业关系 DBMS 的标准语言。经 ANSI（美国国家标准）和 ISO（国际标准组织）的共同努力，推出了 SQL 的标准版（ANSI 1986），称为 SQL-86。随后又对该版本做了修改，称为 SQL-92，后来又推出了 SQL-99。

SQL 集数据定义语言(DDL)、数据操作语言(DML)和数据控制语言(DCL)的功能于一体，可以完成数据库生命周期的全部活动，包括数据库的建立、维护、定义关系模式等。SQL 是高级的非过程化编程语言，它不要求用户指定对数据的存放方法，也不需要用户了解具体的数据存放方式，所以具有完全不同底层结构的不同数据库系统，可以使用相同的 SQL 语言作为数据输入与管理的接口。SQL 以集合作为操作对象，所有 SQL 语句接受集合作为输入，返回集合作为输出,这种集合特性允许一条 SQL 语句的输出作为另一条 SQL 语句的输入,所以 SQL 语句可以嵌套,这使其具有极大的灵活性和强大的功能。

下面以选课数据库为例说明 SQL 语句的基本使用方法。选课数据库包括三个基本表。

(1)学生表:stuInfo(stuNo, stuName, stuPro)

　　　　stuInfo 由学号(stuNo)、姓名(stuName)和专业(stuPro)三个属性组成。

(2)课程表:couInfo(couID, couName)

　　　　couInfo 由课程号(couID)和课程名称(couName)两个属性组成。

(3)学生选课表:gradeInfo(stuNo, couID, stuGrade)

　　　　gradeInfo 由学号(stuNo)、课程号(couID)和成绩(stuGrade)三个属性组成。

7.3.2　数据定义

SQL 的数据定义包括定义表、视图和索引。本节介绍使用 SQL 语言定义基本表,对于其他的操作在后续课程中继续讲解。

1. 数据类型

数据类型是数据的一种属性,表示数据所表示信息的类型。任何一种计算机语言都定义了自己的数据类型,不同的计算机语言具有不同的特点,所定义的数据类型的种类和名称都多少有些不同。SQL 提供的基本数据类型包括数值型、字符串型和时间类型。

(1)数值类型包括整数(int 和 smallint)和浮点数(float 和 double)。可以使用 decimal(i,j)声明格式化数,其中 i 是十进制位数,j 是小数点后的位数。

(2)字符串类型可以为定长或变长。定长型如 char(n),其中 n 表示最大字符数。如 char(10)。如果对其赋值,并且此值为长度小于 10 的字符串,则要在这个值的后面补空格,假设值为 'Tom',则要在后面补 7 个空格,成为 'Tom'。变长型如 varchar(n),其中 n 表示最大字符数。如 varchar(10),与定长不同,当所赋值的长度小于 10 时,不会在后面补空格。

(3)时间类型包括日期型(date)和时间型(timestamp)。date 类型包括年、月和日,格式为:YYYY-MM-DD。timestamp 类型包括 date 字段和 time 字段,还可以用一个变量 timestamp(p)来表示秒的小数点后的数字(p 的默认值为 6)。

2. 定义、修改与删除基本表

1)定义基本表

定义基本表是建立数据库最为重要的过程。SQL 语言使用 create table 创建一个表,其定义语句的一般格式如下:

　　　　create table 表名

　　(列名 1　数据类型 1　[列级完整性约束条件],

　　　列名 2　数据类型 2　[列级完整性约束条件], …

　　　列名 n　数据类型 n　[列级完整性约束条件]

　　[,表级完整性约束条件])

其中,表名为定义的基本表(关系)的名称,它有一个或多个列(属性),"[]"符号内的内容为可选。

【例 7.8】 创建一个学生表(表 7.1),学号 StuNo,姓名 StuName,专业 StuPro 三个属性组成,其中学号不能为空,且值是唯一的,并且姓名也不能为空。

```
create table stuInfo
(stuNo varchar(10)not null unique ,
 stuName varchar(20)not null ,
 stuPro varchar(20),
 primary key(stuNo))
```

上面的语句定义了学生基本表,其中 not null 用于指定某一列不能为空值,这里指定了学号与姓名不能为空值,而专业没有指定为 not null 则允许为空值。unique 表示所指定列的值唯一,不能重复。这里指定了学号取唯一值,而姓名与专业可以取重复值。primary key 用于指定主键(关系的主属性),这里指定学号为主键。

2)修改基本表

对于基本表的修改主要是修改表中的列的定义。SQL 语言通过使用 alter table 修改基本表,其一般格式为:

```
alter table 表名
[add 新列名 数据类型 [完整性约束条件]]
[drop [完整性约束条件]]
```

其中,表名为要修改的基本表的名称,add 表示添加一列,新列名为所要添加列的列名;drop 用于删除指定的完整性约束条件。

【例 7.9】 在学生表中添加性别 stuSex 一列。

```
alter table stuInfo add stuSex char(2)
```

这里添加了性别 stuSex 一列,类型为 char(2),没有指定完整性约束条件,因此,这一列可以为空值,也可以取重复值。

3)删除基本表

对于一个不再需要的基本表,可以使用 drop table 进行删除,其一般格式为:

```
drop table 表名
```

其中,表名为要删除的表的名称。

【例 7.10】 删除学生表 stuInfo。

```
drop table stuInfo
```

执行语句后,学生表 stuInfo 将被删除,包括表中的数据以及表上建立的索引和视图都将被删除。

7.3.3 查询

数据库查询是数据库的核心操作,SQL 提供了用于查询的 select 语句,使用 select 查询语句可以实现从数据库中获取需要的数据。该语句的形式多样,功能丰富,包括简单查询、连接查询、嵌套查询和子查询等查询操作。其一般格式如下:

```
select 列名[,列名,…列名] from 表[,表, … 表][where 条件表达式]
[group by 列名 [having 条件表达式]]
[order by 列名 [asc | desc]]
```

其功能是查询出 from 子句指定的基本表中满足 where 条件的所有数据,然后按 select 子句指定的列选出元组中的属性值形成结果表。如果有 group 子句,则按其指定的列的值进行分组。

如果有 order 子句,则按其指定的列进行排序,默认为升序(asc),若为 desc 则是降序。

1. 简单查询

这里简单查询指仅涉及一个表的查询操作,包括使用 select 语句实现在单个表上的投影和选择等查询。

【例 7.11】 查询全体学生的详细信息。

> select stuNo, stuName, stuPro from stuInfo 或 select * from stuInfo

当查询表中的全部列时,可以在 select 关键字后列出表中所有的列名,也可以用" * "符号。而查询部分列时,必须列出要查询的所有列的名称。

【例 7.12】 查询专业为计算机应用专业的所有学生的详细信息。

> select * from stuInfo where stuPor='计算机应用'

当查询条件为多个时,可以使用逻辑或运算(OR)和逻辑与运算(AND)。

【例 7.13】 查询课程号为 001 的所有学生的成绩和学号信息,查询结果按成绩由高至低的顺序显示。

> select stuNo, stuGrade from gradeInfo where couID='001' order by stuGrade desc

这里 order by 表示根据指定的列对结果进行排序,包括升序和降序。desc 表示按降序对记录排序,asc 表示按升序对记录排序,如果不指定排序的顺序,默认按升序对记录进行排序。

2. 多表查询

多表查询涉及多个表的查询操作,又称为连接查询。

【例 7.14】 在基本表课程表与选课成绩表中查询课程号为"001"的学号、课程名称与成绩。

> select gradeInfo. stuNo, couInfo. couName, gradeInfo. stuGrade from gradeInfo, couInfo
> where gradeInfo. couID='001' and gradeInfo. couID=couInfo. couID

在该语句中,通过 gradeInfo. couID=couInfo. couID 实现基本表选课成绩表与课程表的连接,在该连接条件下使用 gradeInfo. couID 表示选课成绩表中的课程号,使用 couInfo. couID 表示课程表中的课程号,用以区分在不同表中具有相同列的名,对于仅在一个表中出现的列可以不加前缀(即表名)。

【例 7.15】 在基本表学生表,课程表与选课成绩表中查询学号为"201001001"的学生的姓名,课程名以及成绩。

> select stuName, couName, stuGrade from gradeInfo, couInfo, stuInfo
> where gradeInfo. couID=couInfo. couID and gradeInfo. stuID=stuInfo. stuNo
> and stuInfo. stuNo='201001001'

7.3.4 数据更新

1. 数据插入

insert 语句可以用来在指定的表中插入数据。插入数据的一般格式为:

> insert into 表名 [(列名 1 [, 列名 2, … 列名 n])]
> values(常量 1 [, 常量 2, … 常量 n])

其中列名可以为表的全部列或部分列,也可以不写列名。当为全部列时,所赋的常量值与列名一一对应;当为部分列时,未赋值的列则为空值,若该列不能为空值,则会出错;当不写列名时,必须为每一列赋值。

【例 7.16】 在学生表中插入一名学生信息,其学号为 201001016、姓名为张成,计算机科学与技术专业。用下面的语句实现:

  insert into stuInfo (stuNo,stuName,stuPro)values('201001016','张成','计算机科学与技术')

  或 insert into stuInfo values('201001016','张成','计算机科学与技术')

2. 数据修改

修改基本表中某一列的值使用 update,其一般格式为:

  update 表名 set 列名 1=表达式 1[,列名 2=表达式 2,… 列名 n=表达式 n]

  [where 条件表达式]

其功能为修改指定的表中满足 where 子句条件表达式要求的列值。set 子句表达式的值用于覆盖指定列原值。当 where 子句时,则会修改表中所有的数据。

【例 7.17】 修改表 7.1 学生信息表 stuInfo 中学号为 201002186 的专业改为计算机应用。

  update stuInfo set stuPro='计算机应用' where stuNo='201002186'

3. 数据删除

删除基本表中的元组通过使用 delete 来实现,其一般格式为:

delete 表名 [where 逻辑表达式]

其功能是删除指定表中满足 where 子句条件的所有元组。当省略 where 子句时,则会删除表中所有的数据。

【例 7.18】 删除表 7.1 学生信息表 stuInfo 中学号为 201002186 的数据。

  delete stuInfo where stuNo='201002186'

7.4　数据库系统的应用

随着计算机技术、通信技术和网络技术迅猛发展,数据库更是信息产业中不可缺少的理论与技术,数据库技术与网络通信技术、面向对象技术、并行计算技术、多媒体技术、人工智能技术、管理信息系统、决策支持系统等学科互相渗透,互相结合,形成了新一代数据库系统。

7.4.1　管理信息系统

管理信息系统 MIS(Management Information System)是一个以人为主导,利用计算机硬件、软件、网络通信设备以及其他办公设备,进行信息的收集、传输、加工、储存、更新和维护,为企事业单位的运行、管理、分析和决策等职能提供信息支持的综合性计算机应用系统,是管理人员实现其目标的有效工具。

一个完整的 MIS 应包括:辅助决策系统(DSS)、工业控制系统(CCS)、办公自动化系统(OA)以及数据库、模型库、方法库、知识库和与上级机关及外界交换信息的接口。其中,特别是办公自动化系统(OA)、与上级机关及外界交换信息等都离不开 Intranet(企业内部网)的应用。

7.4.2　数据挖掘系统

随着数据库技术的迅速发展极其广泛的应用使得各组织机构可以积累海量数据。然而,在这些数据背后隐藏着许多重要的信息,人们希望能够对其进行深层次的分析,从中提取有用的信息以便更好的利用这些数据。由于数据量太大,传统的数据分析工具和技术已不再适用,比如数据本身具有非传统特点等,面临的问题需要新的技术与方法,数据挖掘技术也就应运而生。

数据挖掘 DM(Data Mining),就是从存放在数据库、数据仓库或其他信息库中的大量的数据中获取有效的、潜在有用的、最终可理解的模式的过程。例如,预测一下某个学生的某门功课期末成绩是否会在 90 分以上。数据挖掘是数据库中知识发现 KDD(Knowledge Discovery in Database)不可缺少的一部分。并非所有的信息发现任务都被视为数据挖掘。例如,使用数据库管理系统查找个别的记录等,这些不是数据挖掘,而是信息检索。

7.4.3 空间数据库

空间数据库是指地理信息系统在计算机物理存储介质上存储的与应用相关的地理空间数据的总和,一般是以一系列特定结构的文件的形式组织在存储介质之上的。由于传统的关系数据库在空间数据的表示、存储、管理、检索上存在许多缺陷,从而形成了空间数据库这一数据库研究领域。而传统数据库系统只针对简单对象,无法有效的支持复杂对象(如图形、图像)。

空间数据库的特点:数据量庞大、可访问性高、空间数据模型复杂(涵盖几乎所有与地理相关的数据类型,包括属性、图形图像和空间关系数据。)、属性数据和空间数据联合管理以及应用范围广泛。

7.4.4 多媒体数据库

多媒体数据库是数据库技术与多媒体技术结合的产物。多媒体数据库不是对现有的数据进行界面上的包装,而是从多媒体数据与信息本身的特性出发,考虑将其引入到数据库中之后而带来的有关问题。

多媒体数据库从本质上来说,要解决三个难题。一是信息媒体的多样化,不仅仅是数值数据和字符数据,要扩大到多媒体数据的存储、组织、使用和管理。二是要解决多媒体数据集成或表现集成,实现多媒体数据之间的交叉调用和融合,集成粒度越细,多媒体一体化表现才越强,应用的价值也才越大。最后是多媒体数据与人之间的交互性,没有交互性就没有多媒体,要改变传统数据库查询的被动性,能以多媒体方式主动表现。

本 章 小 结

本章在阐述数据库系统的基本概念的基础上,具体介绍了关系数据库有关知识,结构化查询语言 SQL 的基本使用方法以及数据库的一些具体的应用。

通过本章的学习,应该理解数据库系统的基本概念与关系数据库的基本知识,掌握 SQL 语言的基本使用方法,了解数据库的应用领域。通过《数据库系统概论》等后续课程的学习,可以进一步理解数据库系统的原理。

习 题

1. 关于数据库系统叙述正确的是( )。

    A. 数据库系统避免了一切冗余

B. 数据库系统减少了数据冗余

C. 数据库系统比文件系统能管理更多的数据

D. 数据库系统中数据的一致性是指数据类型一致

2. DB、DBMS、DBS 三者之间的关系是(　　)。

A. DBMS 包括 DB 和 DBS　　　　　　　　B. DB 包括 DBS 和 DBMS

C. DBS 包括 DB 和 DBMS　　　　　　　　D. DB、DBMS、DBS 是同一个意思

3. 关系数据库的基本操作是(　　)。

A. 选择、更新、关联　　　　　　　　　　B. 投影、选择、关系

C. 排序、索引、统计　　　　　　　　　　D. 选择、投影、连接

4. 简述数据、数据库、数据库管理系统、数据库系统的概念。

5. 简述数据管理技术的发展经历了哪几个阶段？

6. 使用 T-SQL 完成以下功能：

(1)创建员工信息表 EmployeeInfo(EmpID,EmpName,EmpDept,EmpAge)，员工信息表 EmployeeInfo 由员工编号(EmpID)、员工姓名(EmpName)、员工所作部门(EmpDept)以及员工年龄(EmpAge)四个属性组成。

(2)在表中添加数据，姓名张三、年龄 29 岁、员工编号 2011010002、员工所作部门总公司人力资源部。

(3)查询员工姓名为赵成刚的信息。

(4)查询年龄大于 25 岁的且部门为总公司考核处的所有员工的信息。

第8章 多媒体技术基础

多媒体技术是一门综合计算机技术、通信技术、视听技术,以及多种学科和信息领域技术成果的技术,是信息社会发展的一个新方向。多媒体技术已经成为计算机研究、开发和应用领域的新兴热点,它为计算机产业的持续发展提供了机会。同时,多媒体计算机正逐步进入家庭和社会的各个方面,给人类社会的工作和生活带来深刻的变化。

8.1 多媒体概述

8.1.1 基本概念

1. 媒体

所谓媒体(medium)在计算机领域有两种含义,一是指存储信息的实体,如磁盘、光盘和半导体存储器等;一是指承载信息的载体,如数字、文字、声音、图形和图像等。多媒体技术中的媒体是指后者。国际电信联盟 ITU(International Telecommunications Union)对媒体的分类如下。

(1)感觉媒体:直接作用于人的感官,直接使人产生感觉的一类媒体,如人类的语言、文字、音乐、图形,自然界的声音、图像、形态、气味等。

(2)表示媒体:为有效的加工和传输感觉媒体而人为构造出了的一种媒体,如语言、文字、图形、图像的编码等。

(3)表现媒体:感觉媒体与通信电信号之间的转换用的一类媒体。一种是输入表现媒体,如键盘、鼠标、光笔、话筒、摄像机、扫描仪等;另一种是输出表现媒体,如显示器、打印机、扬声器等。

(4)存储媒体:用于存放表示媒体,以便信息处理设备加工和调用,如磁盘、光盘等。

(5)传输媒体:将媒体从一处传送到另一处的物理介质,如电缆、光缆、红外线、电磁波、网卡、路由器等。

2. 多媒体和多媒体技术

多媒体从文字上理解就是多种媒体的综合,因为多媒体(multimedia)技术现在仍处于快速成长期,其概念还在不断扩展和修正,其中有许多还没有权威、标准的定义,所以并没有标准、统一的多媒体定义。当前多媒体从不同的角度有着不同的定义,将多媒体定义为包含以下含义:

(1)多种媒体表达的信息。

(2)处理由多种媒体所表达的信息的技术。

(3)以计算机为主的对多种媒体表达的信息处理设备。

多媒体技术概括起来说,就是一种能够对多种媒体信息综合处理的技术。全面的说,可以将多媒体技术定义为:把文字、音频、视频、图形、图像、动画等多媒体信息通过计算机进行数字化采集、获取、压缩/解压缩、编辑、存储、表现、综合处理多种媒体信息并使之建立起有机的逻辑联系,集成为一个系统并能具有良好交互性的技术。

多媒体技术应用于人-机结合的信息系统,而不是机-机之间,人-人之间或某个领域内的单纯事物,如电影并不属于多媒体范畴,因其并不具有良好的交互性。由于计算机是目前信息处理最有效的设备,人们习惯于将人-机结合具体化为人与计算机的结合,因此多媒体系统被认为是基于计算机的系统。

3. 多媒体系统

多媒体计算机系统是对多媒体信息进行逻辑互联、获取、编辑、存储和播放等功能实现的一类多媒体创作计算机系统。它能灵活的调度和使用多种媒体信息,使之与硬件协调的工作,并且具有交互性。因此,多媒体计算机系统是一个软硬件结合的综合系统。多媒体计算机系统与一般的计算机系统结构原则上相同,都是由底层的硬件系统和各层的软件系统组成,区别在于多媒体计算机系统需要考虑多媒体信息处理的特性。

一个完整的多媒体计算机系统由硬件和软件两部分组成,其核心是一台计算机,其外围主要是视听等多种媒体设备。多媒体系统的硬件是计算机主机及可以接收和播放多媒体信息的各种输入/输出设备,其软件是多媒体操作系统及各种多媒体工具软件和应用软件。

8.1.2 多媒体的主要特征

多媒体的主要特征包括信息载体的多样性、处理过程的交互性、技术的集成性、信息载体的实时性四个方面,同时这也是多媒体研究中必须解决的主要问题。

1. 多样性

信息载体的多样性是相对于早期计算机只能处理单一数据类型而言的,指的就是信息媒体的多样化,即把计算机所能处理的信息空间范围扩展和放大,而不再局限于数值、文本或是被特别处理的图形、图像。

多媒体就是要把机器处理的信息多样化,这样,在信息交互的时,可以具有更加广阔、自由的空间以及更加灵活的方式。多媒体的信息多样化包括信息的输入和信息的输出,但多媒体在处理过程中输入和输出并不一定都是相同的。如果两者完全一样,这只能称为信息的记录和重放。如果对其进行变换、组合和加工,即创作(authoring),就可以很大程度上丰富信息的表现力和增强效果。通常,这些创作也不仅仅局限于对信息数据方面,也包括对设备、网络等多种要素的重组和综合,目的是能够更好的组织、处理和表现信息,从而使用户所接受的信息更全面、更准确。例如,用多媒体系统来辅助地理课教学,不仅有文字、图像、声音的表达,还可以看到热带茂密的丛林,听到鸟儿的歌唱,使其有身临其境之感。

2. 交互性

所谓交互性,是指用户可以与计算机的多种信息媒体进行交互操作,包括编辑、控制等操作,从而使用户可以更加有效地控制和使用信息。人们在很多情况下都是在被动的接收信息,如看电视、听广播等,而这些并不能称为多媒体,因其不具备交互的能力,这些过程中用户只能被动的接收信息。如果把电视技术具有的图、声、文并茂的信息传播能力,通过多媒体技术与计算机结合起来,提供交互功能,从而形成全新的信息传播方式,这就是多媒体技术。多媒体系统向用户提供交互式使用、加工和控制信息的方法,同时为应用开辟了更加广阔的领域,也为用户提供更加自然的信息存取手段。

交互具有多层含义,根据需求的不同,交互的层次也不同。简单的低层次的交互主要是对信息的交换,交换的对象主要是数据流,数据单一、过程简单,如简单的信息检索与显示等。较复杂的高层次信息交互,交互模式复杂、交互对象是多样化信息,其中包括文字、图形、图像、音频和视频信息等。通过交互使用户介入到信息处理过程中,不仅仅是提取信息,还可以让用户自由控制和干预信息的处理,增加对信息的理解。

3. 集成性

多媒体中的集成性是在系统级的一次飞跃。早期,多媒体各项技术的应用都是单一的,如声音、图像等,有的仅有静态图像而无动态视频,有的仅有声音而无图像等。多媒体系统将这些媒体集成起来,经过多媒体技术处理后,充分利用了各个媒体之间的关系和蕴涵的大量信息,使它们能够发挥综合作用。随着多媒体技术的发展,这种综合系统效果也越来越明显。

多媒体的集成性主要体现在两个方面:一是多种媒体信息的集成处理,二是处理这些媒体的设备的集成。

(1)各种媒体信息不能是分散或孤立的存在,它们之间是相互联系,应该能够同时且统一的表示信息。尽管可能是多通道的输入或输出,但对用户来说,它们都应该是一体的。这种集成包括:采用多途径统一获取信息,统一存储、组织与合成信息等方法。多种信息集成处理的关键就在于把信息看成是一个有机的整体。

(2)多媒体系统是建立在一个大的信息环境之下的,系统的各种设备应该成为一个整体。硬件方面,由于信息量的急剧增加、输入输出通道的单一化、网络通信带宽不足,因此应具有能够处理各种媒体信息的高速及并行的处理系统、大容量的存储、适合多媒体多通道的输入输出能力及外设、宽带的通信网络接口,以及适合多媒体信息传输的多媒体通信网络。软件方面,应该有集成一体化的多媒体操作系统、适合于多媒体信息管理的数据库系统、合适的多媒体创作工具以及各类应用软件等。

4. 实时性

在多媒体系统中多种媒体之间无论在时间上还是空间上都存在着紧密的联系,是具有同步性和协调性的群体。多媒体系统提供同步和实时处理的能力,这样,在人的感官系统允许的情况下,进行多媒体交互,就好像面对面实时交流一样,图像和声音都是连续的。例如,视频会议系统的声音和图像都不允许停顿,否则传过去的声音和图像就没有意义了。

8.1.3 多媒体技术的发展和应用

多媒体技术的发展是各类需求的集中反映,是计算机技术不断成熟和扩展的必然结果。多媒体技术的飞速发展给计算机应用领域带来了一场革命,把信息社会推向了一个新的历史时期,对人类社会正产生着深远的影响。

1. 多媒体技术的发展

1984 年,美国的 Apple 公司首次推出了 GUI(图形用户界面)的 Macintosh 计算机,引入了"图形窗口"(window)、图标(icon)以及交互设备(鼠标)的新概念及新技术。后来 Microsoft 公司的 Windows 进一步发展了这种技术,并且将多种媒体播放、多媒体设备支持和多媒体程序设计作为主要技术性能全力发展。

1985 年,美国 Commodore 公司研制出第一个多媒体计算机系统 Amiga,该公司研制出一系列的多媒体数据处理专用芯片:动画制作芯片 Agnus8370、图形芯片 Denise8362、音响处理及外设接口芯片 Paula8364。

1986 年,荷兰 Philips 和日本 SONY 联合推出了交互式紧凑光盘系统 CD-I(Compact Disc Interactive),同时还公布了 CD-ROM 文件格式,后经国际标准化组织 ISO(International Standard Organization)的确认而成为国际标准。

1987 年,美国 RCA 公司推出了交互式数字视频系统 DVI(Digital Video Interactive),后由美国 Intel 公司和 IBN 公司于 1989 年联合将 DVI 技术发展成为新一代多媒体开发平台 Action Media 750。

除了这些重要事件外,还有很多发明、技术和器件对多媒体技术的发展产生了重要的影响,典型的有网络、存储器、CPU、外设及 MPEG 等技术标准。

2. 多媒体技术的应用

多媒体技术集图像、文字、声音等多种媒体于一体,多媒体最初应用于公司内部的培训和产品的演示,目前,多媒体的应用极为广泛,几乎涉及人类生活的各个领域。总的来说,主要表现在以下几个方面。

1)教育领域

教育领域是应用多媒体技术最早的领域,也是发展最快的领域。以多媒体计算机为核心的现代教育技术使教学变得丰富多彩,并引发教育的深层次改革。计算机多媒体教学已在较大范围内替代了基于黑板的教学方式,从以教师为中心的教学模式,逐步向学生为中心、学生自主学习的新型教学模式转移。

多媒体为丰富多彩的教学方法又增添了一种新的手段:音频、动画和视频的加入。各种计算机辅助教学软件 CAI(Computer Assisted Instruction)及各类视听类教材、图书、培训材料等使现代教育教学和培训的效果越来越好。多媒体技术在有些领域的培训工作中发挥着重要的作用,最具有代表性的例子是对飞行员的飞行培训,飞行员在采用多媒体技术的飞行模拟器中模拟各种气候条件下的安全飞行,进而掌握处理紧急情况的基本技能。这不但能大幅度降低训练成本,而且还可以确保飞行员和设备的万无一失。

2)商业领域

在广告和销售服务工作中,采用多媒体技术可以高质量地、实时地、交互地接收和发布商业信息,进行商品展示、销售演示,并且把设备的操作和使用说明制作成产品操作手册,以提高产品促销的效果,为广大商家及时地赢得商机。另外,各种基于多媒体技术的演示查询系统和信息管理系统,如车票销售系统、气象咨询系统、病历库、新闻报刊音像库等也在人们的日常生活中扮演着重要的角色,发挥着重要的作用。

3)文化娱乐

有声信息已经广泛地用于各种应用系统中。通过声音录制可获得各种声音或语音,用于宣传、演讲或语音训练等应用系统中,或作为配音插入电子讲稿、电子广告、动画和影视中。

数字影视和娱乐工具也已进入我们的生活,如人们利用多媒体技术制作影视作品、观看交互式电影等;而在娱乐领域,游戏软件,无论是在色彩、图像、动画、音频的创作表现,还是在游戏内容的精彩程度上也都是空前的。

4)其他领域

多媒体技术在办公自动化方面主要体现在对声音和图像的处理上。采用语音自动识别系统可以将语言转换成相应的文字，同时又可以将文字翻译成语音。通过 OCR(Optical Charact-er Recognition)系统可以自动输入手写文字并以文字的格式存储。

管理信息系统(MIS)在引入计算机多媒体技术后，信息的管理、查询、统计和报表更加及时和方便，并且多媒体数据类型的增加使早期的数据库转变为多媒体数据库，能够获得更加生动、丰富的信息资源。

利用多媒体技术进行多媒体测试已用于各种检测系统中，如心理测试、健康测试、设备测试、环境测试和系统测试等。另外在工程辅助设计、制图等工作中，利用平面图形、图像设计和处理为主的 Photoshop、CorelDraw、FreeHand 等软件，可以轻松绘图、制作广告、喷绘和刻字等作品。

此外，多媒体还广泛应用于工农业生产、通信、旅游、军事、航空航天等领域。

3. 多媒体技术的发展趋势

伴随着社会信息化步伐的加快，特别是近年来兴起的全球范围"信息高速公路"热潮的推动，多媒体的发展和应用前景将更加广阔。

(1)分布式、网络化、协同工作的多媒体系统。在当前形式下，有线电视网、通信网和因特网这三网正在日趋统一，各种多媒体系统尤其是基于网络的多媒体系统，如可视电话系统、点播系统、电子商务、远程教学和医疗等将会得到迅速发展。一个多点分布、网络连接、协同工作的信息资源环境正在日益完善和成熟。

(2)三电(电信、电脑、电器)通过多媒体数字技术将相互渗透融合。多媒体技术的进一步发展将会充分地体现出多领域应用的特点，各种多媒体技术手段将不仅仅是科研工作的工具，而且还可以是生产管理的工具、生活娱乐的方式。如欣赏声像图书馆的各种资料、阅读电子杂志、向综合信息中心咨询、电子购物等。另外，还可以采用多媒体信息形式的远程通信，虽然相距遥远，但其交谈和合作的感受却如同相聚一室。

(3)以用户为中心，充分发展交互多媒体和智能多媒体技术与设备。对于未来的多媒体系统，人类可用日常的感知和表达技能与其进行自然的交互，系统本身不仅能主动感知用户的交互意图，而且还可以根据用户的需求做出相应的反应，系统本身会具有越来越高的智能性。

8.2 多媒体系统的组成

多媒体系统是指能综合处理多种媒体信息，使信息之间能建立联系，并具有交互性的计算机系统。多媒体计算机系统一般由多媒体计算机硬件系统和多媒体计算机软件系统组成。通常应包括 5 个层次结构，如图 8.1 所示。

多媒体系统是一个能处理多媒体信息的计算机系统。它是在现有 PC 计算机基础上加上硬件板卡和相应的软件，使其具有综合处理声音、文字、图像、视频等多种媒体信息的多功能计算机。可见，多媒体系统是计算机和视觉、听觉等多种媒体系统的综合。多媒体计算机系统与普通计算机一样，也是由多媒体硬件和多媒体软件两部分组成。其核心是一台计算机，外围主要是视听等多种媒体设备。因此，简单地说，多媒体系统的硬件是计算机主机及可以接收和播放多媒体信息的各种输入/输出设备，其软件是音频/视频处理核心程序、多媒体操作系统及各种多媒体工具软件和应用软件。

最底层为多媒体计算机主机 MPC(Multimedia PC)、各种多媒体外设的控制接口和设备。构成多媒体硬件系统除了需要较高性能的计算机主机硬件外,通常还需要音频、视频处理设备、光盘驱动器、各种媒体输入/输出设备等。例如,摄像机、电视机、话筒、录像机、录音机、视盘、扫描仪、CD-ROM、高分辨率屏幕、视频卡、声卡、实时压缩和解压缩专用卡、家电控制卡、通信卡、操纵杆、键盘、触摸屏等,如图 8.2 所示。

多媒体应用系统	第五层
多媒体著作工具及软件	第四层
多媒体应用程序接口	第三层
多媒体操作系统	第二层
多媒体通信软件	
多媒体输入/输出控制卡及接口	第一层
多媒体计算机硬件	
多媒体外围设备	

图 8.1　多媒体计算机系统层次结构

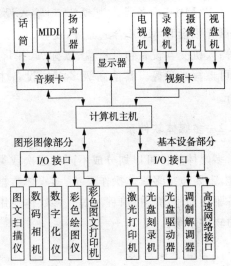

图 8.2　多媒体硬件结构图

第二层为多媒体操作系统、设备驱动程序。该层软件除驱动、控制多媒体设备外,还要提供输入输出控制界面程序(I/O 接口程序)。操作系统负责对多媒体计算机的硬件、软件的控制与管理。

第三层为多媒体应用程序接口 API,为上层提供软件接口,使程序开发人员能在高层通过软件调用系统功能,并能在应用程序中控制多媒体硬件设备。

第四层是媒体制作平台和媒体制作工具软件。设计者可利用该层提供的接口和工具采集、制作媒体数据。多媒体制作工具软件可缩短多媒体应用系统的开发周期,降低对设计人员技术方面的要求。

第五层为多媒体应用系统的运行平台,即多媒体播放系统。该层直接面向用户,要求有较强的交互功能和良好的人-机界面。

8.2.1　多媒体硬件系统

多媒体硬件系统包括计算机硬件、音频/视频处理器、多种媒体输入/输出设备及信号转换装置、通信传输设备及接口装置等。其中,最重要的是根据多媒体技术标准而研制生成的多媒体信息处理芯片和板卡、光盘驱动器等。

多媒体硬件是指支持多媒体信息交互处理所需的硬件设备,包括主机、视频部分、音频部分、基本输入/输出设备以及其他高级多媒体设备。

这里主机是多媒体计算机的核心,用得最多的还是微机,目前主机主板上可能集成有多媒体专用芯片。视频部分负责多媒体计算机图像和视频信息的数字化摄取和回放。主要包括视频压缩卡、电视卡、加速显示卡等。视频卡主要完成视频信号的 A/D(Analog/Digital)和 D/A(Digital/

Analog)转换及数字视频的压缩和解压缩功能。其信号源可以是摄像头、影碟机等。电视卡完成普通电视信号的接收、解调、A/D 转换及主机之间的通信,从而可在计算机上观看电视节目,同时还可以以 MPEG 压缩格式录制电视节目。加速显示卡主要完成视频的流畅输出,是Intel公司为解决 PCI 总线带宽不足的问题而提出的图形加速端口。音频部分主要完成音频信号的 A/D 和 D/A 转换及数字音频的压缩、解压缩及播放等功能,主要包括声卡、外接音箱、话筒、耳麦、MIDI 设备等。视频/音频输入设备包括摄像机、录像机、影碟机、扫描仪、话筒、录音机、激光唱盘和 MIDI 合成器等;视频/音频输出设备包括显示器、电视剧、投影电视、扬声器、耳机等;人机交互设备包括键盘、鼠标、触摸屏和光笔等;数据存储设备包括 CD-ROM、磁盘、打印机、可擦写光盘等。其他高级多媒体设备主要是随着科技的进步,出现的一些新的输入/输出设备。

8.2.2 多媒体软件系统

多媒体软件可以划分成不同的层次或类别,这种划分是在发展过程中形成的,并没有绝对的标准,主要包括多媒体操作系统、多媒体数据准备软件、多媒体创作工具与开发环境、多媒体外部设备驱动和驱动器接口程序等。多媒体应用软件是在多媒体创作平台上设计开发的面向应用领域的软件系统。

1. 多媒体驱动软件

多媒体软件中直接和硬件交互的软件称为驱动程序,它的功能主要包括完成设备的初始化、各种设备的操作以及基于硬件的压缩解压、图像快速变换等。这种软件一般随着硬件提供。

2. 多媒体操作系统

多媒体操作系统,又称多媒体核心系统(multimedia kernel system)。通常是指除具有一般操作系统的功能外,还具有多媒体底层扩充模块,支持高层多媒体信息的采集、编辑、播放和传输等处理功能的系统。例如,微软在 PC 机上推出的 Windows 系列操作系统。

多媒体操作系统大致可分为三类:
(1)具有编辑和播放双重功能的开发系统;
(2)以具备交互播放功能为主的教育/培训系统;
(3)用于家庭娱乐和学习的家用多媒体系统。

3. 媒体素材制作软件

媒体素材指的是文本、图像、声音、动画、视频等不同种类的媒体信息,它们是多媒体产品的重要组成部分。媒体素材制作软件是指对上述各种媒体数据进行操作的软件,包括数据的采集、输入、处理、存储和输出等操作。

媒体素材制作软件种类繁多,包括文字编辑、图像处理、动画制作、音频处理和视频处理等软件。由于媒体素材制作软件各自的局限性,因此在制作和处理较为复杂的多媒体素材时,需要使用多个软件共同完成。

(1)文本编辑软件,如 Microsoft Word、WPS 等。
(2)文本录入软件包括 IBM 的 ViaVoice、汉王语音录入和手写软件、清华 OCR、尚书OCR 等。

（3）图形图像处理软件，如 Photoshop、CorelDRAW 等。

（4）音频编辑与处理软件，如 Voyetra 公司的 Wavedit、Create WaveStudio 等。

（5）MIDI 的编辑软件，如 Voyetra 公司的 MIDI Orchestrator 等。

（6）视频编辑软件，如 Adobe Premiere 等。

（7）二维动画制作软件，如 Animator Studio、Flash 等。

（8）三维动画制作软件，如 3D Studio MAX 等。

4.多媒体创作软件

多媒体创作软件又称多媒体著作工具，是多媒体专业人员在多媒体操作系统之上开发的供特定应用领域的专业人员处理多媒体数据，并把它们联接成完整的多媒体应用系统的工具。这些多媒体开发工具综合了计算机信息处理的各种最新技术，如数据采集技术、数据压缩技术、三维动画技术、虚拟现实技术、超文本和超媒体技术等，并且能够灵活地处理、调度和使用这些多媒体数据，使其能和谐工作，形象逼真地传播和描述要表达的信息，真正成为多媒体技术的灵魂。

早期，多媒体应用软件的制作大多是使用程序语言开发的。但是，由于多媒体技术的复杂性以及各种媒体处理与合成的难度较高，通常用程序设计多媒体应用系统比一般计算机应用系统的开发难度要高许多。为了能够有效的提高开发多媒体应用系统的质量和速度，各种开发需要的多媒体著作工具也就随之出现，通过使用这些工具，使得多媒体应用系统不再是只有程序员才能开发，普通应用领域的技术人员也能够高效率的制作出适合不同领域的多媒体应用系统。

多媒体著作工具种类繁多，基于创作方法和结构特点的不同，可将其划分为如下几类。

1）基于卡片或页的多媒体著作工具

这类软件提供了一种可以将对象连接于页面或卡片的工作环境。一页或一张卡片类似于书本中的一页书或数据袋内的一张卡片，只是这种页面或卡片的结构比书本上的一页书或数据袋内的一张卡片的数据类型更为多样化。在这种著作工具中，可以将这些页面或卡片连接成有序的序列，可以用面向对象的方式来处理多媒体元素，这些元素用属性来定义，允许播放声音元素及动画和数字化视频节目，可以根据命令从一页跳至所需的任何一页，形成多媒体作品。

这类工具的优点是组织和管理多媒体素材方便，但是在要处理的内容非常多时，由于卡片或页面数量过大，不利于维护于修改。

典型代表如 PowerPoint、ToolBook 等。

2）基于图标或流程的多媒体著作工具

在这类创作工具中，多媒体成分和交互队列（事件）按结构化框架或过程组织为对象。它使项目的组织方式简化而且多数情况下是显示沿各分支路径上各种活动的流程图。创作多媒体作品时，创作工具提供一条流程线，供放置不同类型的图标使用。多媒体素材的展现是以流程为依据的，在流程图上可以对任一图标进行编辑。

这类工具的优点是调试方便，在复杂的结构中，流程图有利于开发过程，能确保按流程图所规定的程序解决问题，但是当多媒体应用软件规模很大时，图标及分支增多，进而复杂度增大。

典型的工具如 Authorware 和 IconAuthor 等。

3）基于时基的多媒体著作工具

这种工具主要用来制作电影、卡通片等，即以看得见的时间轴来决定事件的顺序和对象演示的时间。这种时间轴包括许多行道或频道，以安排多种对象同时展现。它还可以用来编程控制转向一个序列中的任何位置的节目，从而增加了导航功能和交互控制。通常基于时基的多媒体创作工具中都具有一个控制播放的面板,它与一般录音机的控制面板类似。在这些创作系统中,各种成分和事件按时间路线组织。

其优点是操作简便,形象直观,在一时间段内,可任意调整多媒体素材的属性,如位置、转向等。缺点是要对每一素材的展现时间都要作出精确安排,调试工作量大,例如:Director 和 Action 等。

4)基于传统程序语言为基础的多媒体著作工具

在这类工具中,设计者既可用传统语言撰写程序,发挥自己的特长,又可借助于开发好的文本绘图等工具箱,使这些工具箱内的编码(如绘图、按钮、窗体等)可直接取用成为可重用编码,较为轻松地进行多媒体应用程序设计。但是需要用户编程量较大,不便于组织和管理多媒体素材、调试困难,如 Visual Basic 等。

5. 多媒体应用软件

多媒体应用软件是在多媒体硬件平台上设计开发的面向应用的软件系统,目前多媒体应用软件种类繁多,既有可以广泛使用的公共型应用支持软件,如多媒体数据库系统等,又有不需要二次开发的应用软件。这些软件已开始广泛应用于教育、电子出版、影视特技、动画制作、咨询服务等各个反面;也可以支持各种信息系统过程,如通信、数据管理等;而且,它还将逐渐深入到社会生活的各个领域。

8.3 多媒体技术

多媒体技术是使用计算机交互式综合技术和数字通信网络技术处理多种媒体信息,多媒体开发研究的目标是将多种计算机软硬件技术、数字化声像技术和高速通信网络技术综合应用,实现对多种媒体信息获取、加工、处理、传输、存储和表现。它涉及计算机技术、数字化处理技术、音视频技术、网络通信技术等多学科的综合应用技术。

8.3.1 多媒体数据压缩技术

在多媒体计算系统中,信息从单一媒体转到多种媒体,若要表示、传输和处理大量数字化的声音/图片/视频信息等,数据量相当大。例如,一幅分辨率为 640×480 像素的真彩色图像(24位/像素),它的数据量约为每帧 7.37Mbit。若要达到每秒 25 帧的全动态显示要求,每秒所需的数据量为 184Mbit,而且要求系统的数据传输速率必须达到 184Mbit/s。对于声音也是如此。若用量化位数为 16bit,采样率选为 44.1kHz,则双声道立体声声音每秒将有 176KB 的数据量。由此可见音频、视频的数据量之大。如果不进行处理,计算机系统几乎无法对它们进行存取。因此,在多媒体计算机系统中,为了达到令人满意的图像、视频画面质量和听觉效果,必须解决视频、图像、音频信号数据的大容量存储和实时传输问题。由于数据之间尤其是相邻的数据之间,常存在着相关性。例如,图片中常常有色彩均匀的背影,电视信号的相邻两帧之间可能只有少量的变化,声音信号有时具有一定的规律性和周期性等。因此,有可能利用某些变换来尽可能地去掉这些相关性,达到数据压缩的效果,当然,这种变换有时会带来不可恢复的损失和误差。

1. 数据压缩的基本原理和方法

数据的压缩实际上是一个编码过程,即把原始的数据进行编码压缩。数据的解压缩是数据压缩的逆过程,即把压缩的编码还原为原始数据。因此数据压缩方法也称为编码方法。简单地说就是将庞大的数据中的冗余信息去掉(包括数据之间的相关性)保留相互独立的信息,如假定某符号串为 1110000111100000,可表示为 31404150,这里 41 表示 4 个 1 符号,50 表示 5 个 0 符号,以此类推。

目前数据压缩技术日臻成熟,适应各种应用场合的编码方法不断产生。针对多媒体数据冗余类型的不同,相应的有不同的压缩方法,一般可分为有损压缩和无损压缩两种。

无损压缩是指将压缩后的数据进行解压缩,解压缩后的数据与原来的数据完全相同。典型的无损压缩的算法有 Huffman 编码、算术编码、行程编码等。这类算法主要特点是压缩比较低,为 2:1~5:1 之间。

有损压缩是指使用压缩后的数据进行解压缩,解压缩的数据与原来的数据有所不同,但不会使人对原始资料表达的信息造成误解。典型的有损压缩算法有混合编码的 JPEG 标准、预测编码、变换编码等。这类算法的主要特点是压缩比高,为几十到几百倍。一般用于图像、声音、视频压缩。

衡量一种数据压缩技术的优劣有三个重要的性能指标。

(1)压缩比:指输入数据和输出数据比。

(2)恢复效果:对于有损压缩,失真情况很难量化,只能对测试的图像进行估计。而无损压缩不存在这一问题。

(3)压缩解压速度:在许多情况下压缩和解压缩可能不同时用,在不同的位置不同的系统中。所以,压缩、解压速度分别估计。在静态图像中,压缩速度没有解压速度严格;在动态图像中,压缩、解压速度都有要求,因为需要实时的从摄像机或其他设备中抓取动态视频。

常用的数据压缩方法有以下几种。

(1)统计编码:根据信息出现概率的分布特性而进行的压缩编码。其中典型的有行程编码、Huffman 编码、LZW 编码、算术编码等。

(2)预测编码:先对原始模拟信号作脉冲取样,把实际样值与预测样值之间的差进行量化。解压时,也用同样的预测器,把预测出的值与存储的量化后差值相加,产生近似的原始信号。

(3)编号编码:指先对信号进行某种函数变换,从一种信号变换到另一种信号。再对变换后的信号进行编码。

(4)混合编码:使用两种或两种以上的编码方式进行编码称为混合编码。它能提高数据压缩的效率。多媒体图像压缩标准中都采用混合编码,如 JPEG、MPEG 等。

2. 声音压缩

音频压缩方法有许多种,无损压缩主要包括不引入任何数据失真的各种熵编码;而有损编码则可分为波形编码、参数编码、感知编码和同时利用多种技术的混合编码。波形编码是在模拟音频数字化的过程中,根据人耳的听觉特性进行编码,并使编码后的音频信号与原始信号的波形尽可能匹配,实现数据的压缩。波形编码适用于高质量的音频信号,也适用于高保真语言和音乐信号。参数编码把音频信号表示成某种模型的输出,利用特征提取的方法抽取必要的模型参数和激励信号的信息,且对这些信息编码,最后在输出端合成原始信号。参数编码压缩率大,但计算量大、保真度不高,适合于语音信号的编码。

音频编码标准可分为电话质量的音频压缩编码技术标准(如欧洲数字移动特别工作组制定了采用长时线性预测规则码激励压缩技术的 GSM 编码标准)、调幅广播质量的音频压缩编码技术标准（如 ITU 制定的 G.722）和高保真立体声音频压缩编码技术标准（如 ISO 的 MPEG 标准）。

3. 图像压缩

图像压缩方法可分为有损压缩与无损压缩。无损压缩利用数据的统计特性来进行数据压缩，编码有 Huffman 编码、行程编码。压缩率一般为 2：1～5：1。有损压缩不能完全恢复原始数据，而是利用人的视觉特性，使解压缩后的图像看起来与原始图像一样。主要编码由预测编码、变换编码、模型编码以及混合编码。压缩比根据编码方法而定。

图像压缩标准包括静态图像压缩标准（如 ISO 制定的 JPEG 标准）和动态图像压缩标准（如 ISO 制定的 MPEG 标准）。

8.3.2 音频

声音是一种由机械振动产生的波，称为声波，其强弱体现在声波振动的幅度大小上，音调的高低体现在声波振动的频率上。声音是一种连续变化的模拟信号，数字化音频就是通过采样和量化，对模拟量表示的声音信号进行编码后转换成二进制的音频文件，数字化音频的质量取决于采样频率和量化位数这两个参数。

采样是每间隔一段时间读取一次声音信号幅度，使声音信号在时间上被离散化。采样频率是指将模拟声音波形数字化时，每秒钟所抽取声波幅度样本的次数，其计算单位是千赫兹（kHz）。一般来讲，采样频率越高声音失真越小，用于存储数字音频的数据量也越大。奈奎斯特（Nyquist）采样定律：采样频率不应低于声音信号最后频率的两倍，就能把以数字表达的声音还原成原来的声音。例如，电话话音的信号频率约为 3.4kHz，采样频率就选为 8kHz；高质量声音（如 CD）采样频率为 44.1kHz。量化就是采样得到的声音信号幅度转换为数字值，是声音信号在幅度上被离散化。量化位数是每个采样点能够表示数据范围，常用的有 8 位、12 位和 16 位。

凡是通过声音形式传递信息的媒体都属于听觉类媒体，主要有三种类型：波形声音、数学音乐和语音。

1. 波形声音

波形声音就是通过对模拟声音按一定间隔采样获得的幅度值，再经过量化和编码后得到的便于计算机存储和处理的数据格式。波形声音实际上已经包含了所有的声音形式，是声音的一般形态。其相关的技术参数如下。

（1）频率：采用的频率等于波形被等分的份数。频率越高，声音质量越接近原始声音，所需的存储量也就越多。标准的采样频率有 44.1kHz、22.05kHz 和 11.025kHz。

（2）信息量：每个采样点存放的信息数量是指采样点测量的精度。采样的信息量是通过将每个波形采样垂直等分而形成的，8 位采样值的是采用幅度划分为 256 等份，16 位采样是 65536 等份。显然，用来描述波形特性的垂直单位数量越多，采样越接近原始的模拟波形，存储量也就越大。

（3）声道数：声音通道的个数表明声音记录只产生一个波形（单声道）还是产生两个波形（双声道）。双声道显然要比单声道的声音丰满且有空间感，但需要的存储量也更大。

（4）数据量：如果不经过压缩，声音的数据量可有公式推出，数据量＝（采样频率×每个采样位数×声道数）/8，单位是 B/s。例如，一分钟声音、单声道、8 位采样位数、11.025kHz（采样频率,数据量为 0.66MB/min。

波形声音的获取是通过声音数字化接口进行的,输入的声音经过数字化后存入计算机中,在需要时,再将其恢复成原始波形输出。对于声音的处理主要集中在压缩、编辑和效果处理上。压缩常在硬件或低层软件中完成,以求降低数据量。对声音的编辑常常是进行分段、组合、收尾处理等,以求单一的声音片段能以干净、准确的形式出现。效果处理也常常放在编辑操作中,常用的处理有回声处理、倒序处理、音色效果处理等。

2. 数字音乐

波形声音也可以表示音乐,但是并没有将它看成是音乐。而音乐是用符合来表示的,可以把音乐看成是符号的声音媒体。音乐符符号化的形式有许多种,最主要的是乐器数字接口 MIDI (Musical Instrument Digital Interface),是数字音乐的国际标准。任何电子乐器,只要有处理 MIDI 消息的微处理器,并有合适的硬件接口,就可以成为一个 MIDI 设备。MIDI 传输的不是声音信号,而是音符、控制参数等指令,它指示 MIDI 设备要做什么、怎么做。它们被统一表示成 MIDI 消息。

MIDI 格式数字化文件可以看做是乐谱的数字化描述,它记录的是乐器的种类,音阶的高低、长短、强弱、速度等因素,即 MIDI 消息,存储为 MIDI 文件。当需要播放时,从相应的 MIDI 文件中读出的 MIDI 消息,通过音乐合成器产生相应的声音波形,经放大后,再由扬声器输出。

与波形声音相比,MIDI 数据本身并非数字化声音而是指令,所以它的数据量比波形声音少得多。半小时的立体声 16 位高品质音乐,如果用波形文件无压缩录制,约需 300MB 的存储空间。而同样时间的 MIDI 数据大约只需 200KB,两者相差 1500 多倍。此外,MIDI 文档的大小与播放质量完全无关,由于 MIDI 文件非常小,可以嵌入到网页中,因此下载和播放要比相当的数字音频速度快。在有些情况下,如果使用的 MIDI 声源质量很高,MIDI 将会比数字音频文件效果更好。

MIDI 的另一个特点是,由于数据量小,故可以在多媒体应用中与其他波形声音配合使用,形成伴音的效果。而两个波形声音一般是不可能同时使用的。当然,MIDI 的声音不能做到音质上与真正的乐器完全相似,在质量上还需要进一步提高;MIDI 也无法模拟出自然界中其他非乐曲类声音。

常用的软件有 Cakewalk Sonar、Logic Audio、Band in a Box、Guitar Pro 等,主要完成 MIDI 乐谱的制作、编辑等功能。

3. 语音

语言方式是最直接的信息交流方式,人们无法满足通过键盘和显示器与计算机进行信息交互的方式,因此计算机语音学随之诞生,它包括语音编码、语音合成、语音识别等方面。

语音编码主要研究的是如何高效率的采样数字方式表达模拟信号,去除冗余,达到数据压缩的目的。

语音合成则是人工的方法生成语音,让机器"能说会道"。语音合成与传统的声音回放设备(系统)有着本质的区别。传统的声音回放设备(系统),如磁带录音机,是通过预先录制声音然后回放来实现"让机器说话"的。这种方式无论是在内容、存储、传输或者方便性、及时性等方面都存在很大的限制。而通过语音合成则可以在任何时候将任意文本转换成具有高自然度的语音,从而真正实现让机器"像人一样开口说话"。

语音识别是使机器分析和理解人的语音,最终"听懂"人类语言,涉及的领域包括信号处理、模式识别、概率论和信息论、发声机原理和听觉原理、人工智能等。

近些年来,人类对信息交换和处理的需求更为广泛和迫切,语音技术已成为国际上的热门课题,并已在办公、军事、机器人、通信等领域得到了部分应用。目前,虽然语音技术取得了相当的进展,但仍存在许多亟待解决的问题,如提高合成语音的自然度。

8.3.3 图形图像

图像信息以其信息量大、传输速度快、作用距离远等一系列优点,成为人类获取信息的主要来源及利用信息的重要手段。数字图像处理技术发展迅速,已成为各领域、各学科之间学习和研究的对象。

1. 图形图像基本概念

图像是指能为人类视觉所感知的信息形式或人们心目中的有形想象统称为图像,如图片、照片、光学影像等。静止的图像是一个矩阵,由一些排成行列的点组成,这些点称为像素点(pixel),这种图像称为位图(bitmap)。位图中的位是每个像素点的颜色和亮度。对于黑白图常用1位值表示,对于灰度图常用4位或8位表示该点的亮度,而彩色图像则有多种描述方法。位图图像适合于表现含有大量细节(如明暗变化、场景复杂、轮廓色彩丰富)的对象,如照片、绘图等,通过图像软件可进行复杂图像的处理以得到更清晰的图像或产生特殊效果。图像文件在计算机中的存储格式有多种,如 BMP、TIF、TGA、GIF、JPG 等。

图形是指由外部轮廓线条构成的矢量图。即由计算机绘制的直线、圆、曲线、矩形等。在图形文件中只记录生成图的算法和图上的某些特征点。通过读取这些指令并将其转换为屏幕上所显示的形状和颜色,而生成图形的软件通常称为绘图程序。在计算机还原输出时,相邻的特征点之间用特定的诸多段小直线连接就形成曲线,若曲线是一条封闭的图形,也可靠着色算法来填充颜色。图形最大优点在于可以分别控制处理图中的各个部分。因此,图形主要用于描述轮廓不很复杂,色彩不是很丰富的对象,如几何图形、工程图纸、CAD、3D 造型等。由于图形只保存算法和特征点,所以对于图像的大数据量来说,它占用的存储空间也就较小,但在屏幕每次显示时,它都需要经过重新计算。此外,在打印输出和放大时,图形的质量较高。在计算机中图形的存储格式不固定,根据各个软件的特点而定,常用的有 3DS、DXF 等。

2. 数字图像处理

数字图像处理是指将通过图像输入设备获取的图像信号转换为数字信号,并利用计算机对其进行处理的过程。图像获取是利用各种图像输入设备将外部世界的图像信息进行采集。例如,扫描仪、数码相机等。主要有以下三个步骤:

(1)采样:将外部世界的模拟画面分成若干个小的网格,每个网格都是一个采样点,即将模拟图像转换为许多采样点组成的阵列。

(2)量化:对每个采样点的每个颜色分量进行 A/D 变换。

(3)编码:采用一定的格式来记录图像数据,以及采用一定的算法压缩数据以减少存储空间。

数字图像处理需要利用专业的图像处理软件对图像进行处理、变换、压缩、保存等操作。包括调整图像的像素、处理图像的几何效果、转换图像格式等。常用的图像处理软件有 Adobe Photoshop 等。

8.3.4 视频

由于人眼的视觉惰性作用,在亮度信号消失后亮度感觉仍可以保持 1/20～1/10 秒的时间。动态图像就是根据这个特性而产生的。从物理意义上看,任何动态图像都由多幅连续的图像序列构成。每一幅图像以一定的速度(一般为每秒 25～30 帧),连续不断地更换就形成了运动图像的感觉。

动态图像序列根据每一帧图像的产生形式,又分为不同的种类。当每一帧图像是人工或计算机产生的图形时,称为动画;当每一帧图像为实时获取的自然景物图像时,称为动态影像视频,简称动态视频或视频;当每一帧图像为计算机产生的具有真实感的图像时,称为三维真实感动画。实际上,还有许多种叫法,但总的来说都可归入动画和视频两大类或者是它们的混合方式。常用的视频文件格式,如 AVI 与 MPG。

1. 动画

计算机实现动画有两种,即造型动画与帧动画。帧动画是由多幅连续的画面组成的图像或图形序列。造型动画是对每一个活动的对象分别进行设计,赋予每个对象一些特征,然后用这些对象组成完整的画面。

2. 视频

与动画一样,视频也是由连续的画面组成,只是画面图像是自然景物的图像。与动画一样,视频序列也是由节段构成的。由于压缩必须考虑前后帧的顺序,而操作则要求能双向运行,所以关键帧就可以作为随机访问操作的起点一般是间隔 10～15 帧为一个单位。播放的方向取决于压缩时对于帧序的处理方式。

3. 相关技术参数

帧速:动画和视频都是利用快速变换帧的内容而达到运动的效果。视频根据制式的不同有 30 帧/秒、25 帧/秒两种最为常用。

数据量:如不计压缩应是帧速乘以每幅图像的数据量。假设一幅图像为 1MB,则每秒将达到 30MB。但经过压缩后将减少几十倍甚至更多。

图像质量:除了原始数据质量外,还与视频数据压缩的倍数有关。一般来说,压缩比较小时对图像质量不会有太大影响,而超过一定倍数后,将会明显看出图像质量下降。

本 章 小 结

多媒体技术是一门迅速发展的新兴技术,许多概念还在扩充、深入和更新。本章从基础内容出发,介绍了多媒体技术,包括媒体、多媒体、多媒体系统等基本概念;多媒体系统架构、多媒体系统硬件、多媒体系统软件;音频处理、图形图像处理、视频处理等多媒体基本技术。

习 题

1. 多媒体信息不包括( )。

A. 音频、视频　　　　B. 文字、动画　　　　C. 声卡、解压卡　　　　D. 声音、图形

2. 多媒体技术是( )。

A. 一种图像和图形处理技术

B. 文本和图形处理技术

C. 超文本处理技术

D. 计算机技术、电视技术和通信技术相结合的综合技术

3. 在计算机领域中,字符的 ASCII 码属于( )。

A. 感觉媒体　　　　B. 表现媒体　　　　C. 表示媒体　　　　D. 存储媒体

4. 简述多媒体关键特性。

5. 数据压缩技术可以分为几大类? 各有什么特点?

6. 简述多媒体系统的组成。

第9章 计算机网络基础

计算机网络作为一种新的知识媒体,已经成为信息社会的命脉和发展知识经济的重要基础之一,在当今社会的各个行业中发挥着不可忽视的作用,计算机网络已经成为人们社会生活不可或缺的一个重要组成部分。

9.1 计算机网络概述

计算机网络已经深入到人类工作、学习和生活的各个方面。人们可以通过电话线以多种方式或通过网卡以局域网方式连接到 Internet,享受 Internet 所提供的如 WWW 浏览、收发电子邮件、网上聊天、网络游戏等多种服务,不仅拓展了人们获取信息、与他人交流的渠道,也丰富了人们的生活、工作、学习和娱乐方式。在其他的许多地方也都可以感受到各种网络应用的存在,如超市、银行、医院、企业和政府部门等。总之,网络与网络应用无处不在。

9.1.1 计算机网络的定义

在计算机网络发展过程的不同阶段中,人们对计算机网络提出了不同的定义。不同的定义反映着当时网络技术发展的水平,人们对网络的认识程度及研究的着眼点不同。

目前得到最广泛认同的定义是:所谓计算机网络,是指将地理位置不同且具有独立功能的计算机系统通过通信设备和线路互相连接在一起,并由功能完善的网络软件(协议、方式控制程序和网络操作系统)控制,从而实现网络资源共享和远程通信的系统。

(1)这里所谓的独立功能的单台计算机系统指的是组成计算机网络中的计算机系统应该是独立自主的,也就是说网络的计算机都能独立自主的进行数据处理,各个计算机之间的地位是平等的。

(2)网络中的计算机地理位置是相互分散的,可以在一个房间内、一个学校、一个城市、一个国家甚至全球范围内,但之间是相互耦合的。

(3)各个计算机之间相互连接需要相应的通信设备和传输介质,如电缆、光纤、紫外线等有形和无形的传输介质。

(4)构成计算机网络必须装配完善的网络软件,主要包括网络协议和网络操作系统,其目的就是为用户提供网络服务。

(5)计算机网络的最主要功能是数据通信和资源共享。计算机网络的基本资源包括硬件资源、软件资源和数据资源。

共享资源即共享网络中的硬件、软件和数据资源。网络中可共享的硬件资源一般包括海量存储器、绘图仪、激光打印机等硬件设备。可以共享的软件包括各种应用软件、工具软件、系统开发所用的支撑软件、语言处理程序及其他控制程序等。同时,分散在不同地点的网内计算机用户可以共享网内的大型数据库,而不必自己再去重新设计和构建这些数据库。

数据传输是计算机网络的基本功能之一,用以实现计算机与终端,或计算机与计算机之间传送各种信息,如随着因特网在世界各地的流行,传统的通信方式受到了前所未有的冲击,与以前人们常用的电话、电报、信件的邮递相比,网络电话的收费价廉;各类聊天软件的开发与应用,使得有计算机的用户可以随时随地进行通话;电子邮件的快速已经成为用户广泛接受的通信方式;网络银行可以进行实时汇兑,速度快且收费低;视频会议也可以解决因参加会议而浪费太多工作时间的实际问题。随着数据通信技术的发展,网络的应用会更加深入到人们的日常生活。从而提高了计算机系统的整体性能,也大大方便了人们的工作和生活。

9.1.2 计算机网络产生与发展

计算机网络是计算机技术和通信技术相结合的产物。它是信息社会最重要的基础设施,并将构筑成人类社会的信息高速公路。

随着计算机技术和通信技术的不断发展,计算机网络也经历了从简单到复杂,其发展过程大致可分为以下几个阶段。

1. 终端-主机通信网络

又称终端(Terminal,以下简称 T)-计算机网络,时间在 20 世纪 50 年代到 60 年代中期,是早期计算机网络的主要形式。这一代计算机网络是以单个计算机为中心的远程联机系统。典型应用如由一台计算机和全美范围内 2000 多个终端组成的飞机订票系统。终端是一台计算机的外部设备包括显示器和键盘,无 CPU 和内存。当时计算机比较少,以单个计算机为中心的远程联机系统,远程终端利用通信线路与计算机主机相连,构成面向终端的计算机网络。它是将一台计算机经通信线路与若干终端直接相连,但是终端之间不能进行通信,如图 9.1 所示。

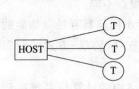

图 9.1 终端-主机通信网络

在简单的终端-主机通信网络中,主机负担较重,既要进行数据处理,又要承担通信功能。为了减轻主计算机负担,20 世纪 60 年代出现了在主计算机和通信线路之间设置通信控制处理机(或称为前端处理机,简称前端机 FEP(Front End Processor)或通信控制器 CCU(Communication Control Unit))的方案,专门负责与终端之间的通信控制,出现了数据处理与通信控制的分工,以便更好的发挥中心计算机的处理能力。还可以互相连接,并连接多个主机,具有路由选择功能,它能根据数据包的地址把数据发送给适当的主机,不过当时它的功能还不是很强。

此外,在终端聚集处与前端处理机一样也可以设置集中器,终端集中器的硬件配置相对简单,它主要负责从终端到主机的数据集中从主机到终端的数据分发。显然采用终端集中器可提高远程高速通信线路的利用率,如图 9.2 所示。

图 9.2 使用终端集中器的通信系统

这一时期的特征是:主机一个,终端多个,以主机为中心,终端之间不能进行通信。但为后期网络的产生奠定了技术基础。若要严格按照计算机网络定义理解,这种终端-主机通信网络并不是真正的计算机网络。

2. 计算机-计算机网络

计算机-计算机网络又称计算机互联网络,从 20 世纪 60 年代中期开始,出现了若干个计算机互联系统,开创了计算机-计算机通信时代,即利用通信线路将多台计算机连接起来,实现了计算机与计算机之间的通信。

20 世纪 60~70 年代,美国和苏联两个超级大国一直处于相互对立的冷战阶段,美国国防部为了保证不会因其军事指挥系统中的主计算机遭受来自苏联的核打击而使整个系统瘫痪,委托其所属的高级研究计划局于 1969 年成功研制了世界上第一个计算机网络——ARPANET,该网络是一个典型的以实现资源共享为目的的计算机-计算机网络,它为计算机网络的发展奠定了基础。

ARPANET 的主要特点是:以通信子网(主机间的通信通过通信控制机 CCP(Communication Control Processor))的中继功能间接进行,由 CCP 组成的传输网络(称为通信子网)为中心,多台计算机通过通信子网构成一个有机整体。原来单一的主机的负载可以分散到全网的各个机器上,单机故障不会导致整个网络系统的瘫痪,如图 9.3 所示。

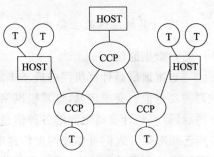

图 9.3 计算机-计算机网络

这一时期的主要特征是:以通信子网为中心,多主机多终端。这一阶段的代表,在 ARPANET 上首先实现了以资源共享为目的不同计算机互连的网络,它奠定了计算机网络技术的基础,成为今天 Internet 的前身。

3. 标准、开放的计算机网络阶段

经过 20 世纪 60 年代和 70 年代的发展,人们对组网技术、方法和理论的研究日趋成熟,随后各大计算机公司都陆续推出了自己的网络体系结构,以及实现这些网络体系结构的软件硬件产品。1974 年 IBM 公司提出的 SNA(System Network Architecture)和 1975 年 DEC 公司推出的 DNA(Digital Network Architecture)就是两个著名的例子。但这些网络也存在不少弊端,主要问题是各厂家提供的网络产品实现互联十分困难。这种自成体系的系统称为"封闭"系统。因此,人们迫切希望建立一系列的国际标准,渴望得到一个"开放"系统,这正是推动计算机网络走向国际标准化的一个重要因素,最终促成了国际标准的制定。

1977 年国际标准化组织(ISO)为了适应网络向标准化发展的需要,在各大计算机厂家网络技术标准的基础上制定了开放系统互联参考模型 OSI/RM(Open System Connection/Reference Model),简称 OSI。有了统一的标准,不同厂家的网络产品可以连接起来并进行通信。只有标准的才是开放的,OSI 参考模型的提出引导着计算机网络走向开放的标准化的道路,同时也标志着计算机网络的发展步入了成熟的阶段。

4. Internet 时代

从 20 世纪 90 年代开始,这个阶段最有挑战性的话题是互联网、高速通信网络、无线网络与

网络安全技术。各种网络进行互连，形成更大规模的互联网络。其中以 Internet 为典型代表，特点是互联、高速、智能与更为广泛的应用。

Internet 的建立，它把分散在各地的网络连接起来，形成一个跨越国界范围、覆盖全球的网络。

互联网作为国际性的网际网与大型信息系统，正在当今经济、文化、科研、教育与社会生活等方面发挥越来越重要的作用。更高性能的下一代互联网正在发展中。宽带网络技术的发展为社会信息化提供了技术基础，网络安全技术为网络应用提供了重要安全保障。基于光纤通信技术的宽带城域网与无线网技术，以及移动网络计算、网络多媒体计算、网络并行计算、网格计算与存储区域网络等，正在成为网络应用与研究的热点问题。

9.1.3　计算机网络的功能与应用

计算机网络要完成数据通信与资源共享两大主要功能，但也要完成其他重要的功能。

1. 计算机网络的主要功能

1）数据通信

数据通信是计算机网络最基本的功能之一，主要完成网络中各个结点之间的通信。任何人都需要与他人交换信息，计算机网络提供了最快捷最方便的途径。它用来快速传送计算机与终端、计算机与计算机之间的各种信息，包括文字信件、新闻消息、咨询信息、图片资料、报纸版面、声音视频等。人们可以在网上传送电子邮件、发布新闻消息、进行电子商务、远程教育、远程医疗等活动。利用这一特点，可实现将分散在各个地区的单位或部门用计算机网络联系起来，进行统一的调配、控制和管理。

2）资源共享

"资源"指的是网络中所有的软件、硬件和数据资源。"共享"指的是网络中的用户都能够部分或全部地享用广泛的，远远大于单机所能提供的资源，这些资源同时也可以由网上的多个计算机共同分担计算任务，特别是已在网上合理的存放了重要数据的副本的情况下，即使个别机器出故障，依靠网络系统仍能提供可靠的服务。这种资源共享还使得安装网络与工作站比装备单台巨型机在经济上更为节省，如果两者能提供相同的计算能力，常常前者的花费只及后者的几分之一。例如，某些地区或单位的数据库（如飞机机票、饭店客房等）可供全网使用；一些外部设备如打印机，可面向用户，使不具有这些设备的地方也能使用这些硬件设备。如果不能实现资源共享，各地区都需要有完整的一套软、硬件及数据资源，则将大大地增加全系统的投资费用。

3）分布式处理

当某台计算机负担过重时，或该计算机正在处理某项工作时，网络可将任务转交给空闲的计算机来完成，这样处理能均衡各计算机的负载，提高处理问题的实时性；对大型综合性问题，可将问题各部分交给不同的计算机分头处理，充分利用网络资源，扩大计算机的处理能力，即增强实用性。对解决复杂问题来讲，多台计算机联合使用并构成高性能的计算机体系，这种协同工作、并行处理要比单独购置高性能的大型计算机便宜得多。

4）提高系统的安全可靠性

计算机通过网络中的冗余部件可大大提高可靠性，如在工作过程中，一台机器除了故障，可以使用网络中的另一台机器；网络中一条通信线路出了故障，可以取道另一条线路，从而提高了网络整体系统的可靠性。

2. 计算机网络的应用

计算机网络是信息产业的基础,在各行各业都获得了广泛的应用,常见的应用描述如下。

1)办公自动化系统 OAS(Office Automation System)

办公自动化是以先进的科学技术(信息技术、系统科学和行为科学)完成各种办公业务。

办公自动化系统的核心是通信和信息。通过将办公室的计算机和其他办公设备连接成网络,可充分有效地利用信息资源,以提高生产效率、工作效率和工作质量,更好地辅助决策。

2)管理信息系统 MIS(Management Information System)

管理信息系统是一个以人为主导,利用计算机硬件、软件、网络通信设备以及其他办公设备,进行信息的收集、传输、加工、储存、更新和维护,支持组织高层决策、中层控制、基层运作的集成化的人机系统。MIS 是基于数据库的应用系统。在计算机网络的基础上建立管理信息系统,是企业管理的基本前提和特征。例如,使用 MIS 系统,企业可以实现各部门动态信息的管理、查询和部门间信息的传递,可以大幅提高企业的管理水平和工作效率。

3)电子数据交换 EDI(Electronic Data Interchange)

电子数据交换,它是一种在公司之间传输订单、发票等作业文件的电子化手段,是将贸易、运输、保险、银行、海关等行业信息用一种国际公认的标准格式,通过计算机网络,实现各企业之间的数据交换,并完成以贸易为中心的业务全过程。电子商务系统(EB 或 EC)是 EDI 的进一步发展。

4)现代远程教育(Distance Education)

远程教育是一种利用在线服务系统,开展学历或非学历教育的全新的教学模式。远程教育的基础设施是网络,其主要作用是向学员提供课程软件及主机系统的使用,支持学员完成在线课程,并负责行政管理、协同合作等。

5)电子银行 E-Bank(Electronic Bank)

电子银行也是一种在线服务,是一种由银行提供的基于计算机和计算机网络的新型金融服务系统,其主要功能有:金融交易卡服务、自动存取款服务、销售点自动转账服务、电子汇款与清算等。目前最常见的使用如网上交易、淘宝网上购物等。

6)企业信息化

企业信息化(Enterprises Informatization),企业信息化实质上是将企业的生产过程、物料移动、事务处理、现金流动、客户交互等业务过程数字化,通过各种信息系统网络加工生成新的信息资源,提供给各层次的人们洞悉、观察各类动态业务中的一切信息,以作出有利于生产要素组合优化的决策,使企业资源合理配置,以使企业能适应瞬息万变的市场经济竞争环境,求得最大的经济效益。

分布式控制系统(DCS)和计算机集成与制造系统(CIMS)是两种典型的企业网络系统。

9.2 计算机网络的组成和分类

已经了解了计算机网络的主要功能,但完成这些功能的硬件与软件需要哪些? 如何去管理?

9.2.1 计算机网络的组成

计算机网络是计算机应用的高级形式,它充分体现了信息传输与分配手段、信息处理手段的

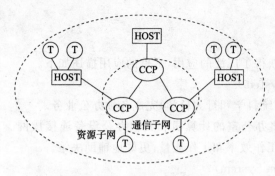

图 9.4　计算机网络逻辑结构

有机联系。从用户角度出发,计算机网络可看成一个透明的数据传输机构,网上的用户在访问网络中的资源时不必考虑网络的存在。从网络逻辑功能角度来看,可以将计算机网络分成通信子网和资源子网两部分,如图 9.4 所示。

计算机网络以通信子网为中心,通信子网处于网络的内层,由网络中的通信控制处理机、其他通信设备、通信线路和只用作信息交换的计算机组成,负责完成网络数据传输、转发等通信处理任务。当前的通信子网一般由路由器、交换机和通信线路组成。

资源子网处于网络的外围,由主机系统、终端、终端控制器、外设、各种软件资源与信息资源组成,负责全网的数据处理业务,向网络用户提供各种网络资源和网络服务。主机系统是资源子网的主要组成部分,它通过高速通信线路与通信子网的通信控制处理机相连接。普通用户终端可通过主机系统连接入网。

通信子网是计算机网络的外层,为资源子网提供传输服务,资源子网上用户间的通信是建立在通信子网的基础上。没有通信子网,网络就不能工作,而没有资源子网,通信子网的传输也失去了意义。但是从逻辑结构上将网络划分为这两部分是为了便于对网络进行研究和设计,资源子网和通信子网可以单独规划,这两种子网的连接必须满足以下几点要求:

(1)资源子网中的主机系统发生故障与通信子网中的某些结点发生故障时,各自的工作互不影响。

(2)主机系统与通信子网的连接不应该耗费过多的资源和时间,否则就失去了建立资源子网的意义。

(3)两者分工后应利于全网整体效益的发挥。

随着计算机网络技术的不断发展,在现代的网络系统中,直接使用主机系统的用户在减少,资源子网的概念已有所变化。

9.2.2　计算机网络的分类

计算机网络应用非常广泛,目前对于计算机网络的分类由于计算机网络的复杂,人们可以从各个不同的角度来对计算机进行分类。从不同角度观察网络、划分网络,有利于全面了解网络系统的各种特性。常见的分类如下。

1. 按照距离分类

按网络分布范围的大小来分类,可分为局域网、城域网和广域网。

(1)局域网 LAN(Local Area Network)又称为局部区域网,一般用微型计算机通过高速通信线路相连,覆盖范围为几百米到几公里,通常用于连接一幢或几幢大楼。在局域网内的计算机之间一般距离较近,数据传输不存在路径问题,所以传输速率较高,一般为 1～20Mbit/s;传输可靠,误码率低,配置容易,结构简单容易实现。

(2)广域网 WAN(Wide Area Network)又称远程网。当人们提到计算机网络时,通常指的是广域网。广域网一般是在不同城市之间的 LAN 或者 MAN 网络互联,地理范围通常为几十到几千公里,它的通信传输装置和媒体一般由电信部门提供。因为距离较远,广域网常常借用传统的公共传输网(如电话网)进行通信,信息衰减比较严重,这就使广域网的数据传输率比局域网系统慢,传输错误率也较高。随着新的光纤标准和能够提供更宽带宽和更快传输率的全球光纤通信网络的引入,广域网的速度也将大大提高。

(3)城域网 MAN(Metropolitan Area Network)通常是使用高速的光纤的网络,距离介于局域网和广域网之间,在一个特定的范围内(如校园、社区或城市)将不同的局域网段连接起来,构成一个覆盖该区域的网络,其传输速率比局域网高。城域网网络的所有者需自行安装通信设备和电缆。

2. 按照通信介质分类

根据通信介质的不同,网络可以分为有线网和无线网。

(1)有线网:采用同轴电缆、双绞线,甚至利用有线电视电缆来连接的计算机网络,有线网通过"载波"空间进行传输信息,需要用导线来实现。

(2)无线网:用空气做传输介质,用电磁波作为载体来传播数据。无线网包括无线电话、语音广播网、无线电视网、微波通信网、卫星通信网。

3. 按照带宽速率分类

带宽速率指的是"网络带宽"和"传输速率"两个概念,传输速率是指每秒传送的二进制位数,通常使用的计量单位为 bit/s、kbit/s、Mbit/s。按照网络带宽可以分为基带网(窄带网)和宽带网;按照传输速率可以分为低速网、中速网和高速网。一般来讲,高速网是宽带网,低速网是窄带网。

4. 按照通信协议分类

通信协议是指网络中的计算机进行通信所共同遵守的规则和约定。在不同的计算机网络中采用不同的通信协议。在局域网中采用 CSMA 协议,令牌环网采用令牌环协议,广域网中的报文分组交换网采用 X.25 协议,Internet 网采用 TCP/IP 协议,采用不同协议的网络可以称为"×××协议网"。

5. 基于应用范围分类

根据使用范围分类,网络可分为公用网和专用网。

(1)公用网一般是国家的电信部门建造的网络。公用的意思是所有愿意按照电信部门规定缴纳费用的人都可以使用,因此公用网也可称为公众网。Chinanet 是邮电部门经营管理的基于 Internet 网络技术的中国公用计算机互联网,是 Internet 的一部分,是我国的 Internet 骨干网,也是我国的主干公用网。

(2)专用网是某个部门根据本系统特殊业务工作需要而建造的网络。这种网络不向本系统以外的人提供服务,如军队、铁路、电力等系统均有本系统的专用网。

6. 基于拓扑结构分类

这是一种比较重要的网络分类方法。拓扑这个名词是从几何学中借用来的,从图论演变而来的,是一种研究与大小形状无关的点、线、面特点的方法。网络拓扑就是网络形状,或者是它在物理上的连通性,构成网络的拓扑结构有很多种。在计算机网络中把工作站、服务器等网络单元抽象为点，把网络中的电缆等通信介质抽象为线，这样从拓扑学观点看计算机网络系统，就形成了点和线组成的几何图形，从而抽象出了网络系统的具体结构，将这种网络结构称为计算机的网络拓扑结构。

研究计算机网络的拓扑结构，可使我们从全局上研究网络中网点的分布、通信线路的走向、各线路上信息的流量及线路应有的容量、传输信息的速率和传输延时以及网络的可靠性等。

计算机网络系统的拓扑结构主要有星型结构、环型结构、总线型结构、分布式结构、树型结构、网状型结构。

9.2.3 计算机网络的拓扑结构

1. 总线型结构

总线型结构网络中的所有结点均连接到一条称为总线的公共线路上，即所有的结点共享同一条数据通道，结点间通过广播进行通信，如图 9.5 所示。

这种拓扑结构连接形式简单、易于实现、组网灵活方便、所用的线缆最短、增加和撤销结点比较灵活，个别结点发生故障不影响网络中其他结点的正常工作。但是由于在任一时刻只能有一个结点发送信息，所以该网络的性能受到总线上连接的结点数目的影响，传输能力低，易发生"瓶颈"现象；并且安全性低，链路故障对网络的影响大，总线的故障会导致网络瘫痪。

2. 星型结构

星型结构是局域网中最常用的物理拓扑结构，它是一种集中控制式的结构，以一台设备为中央结点，其他外围结点都通过一条点到点的链路单独与中心结点相连，各外围结点之间的通信必须通过中央结点进行。中央结点可以是服务器或专门的集线设备（如 HUB），负责信息的接收和转发，如图 9.6 所示。

这种拓扑结构的结构简单，容易实现，在网络中增加新的结点也很方便，易于维护、管理及实现网络监控，某个结点与中央结点的链路故障不影响其他结点间的正常工作。但是对中央结点的要求较高。如果中央结点发生故障，就会造成整个网络的瘫痪。

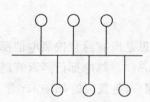

图 9.5 总线型拓扑结构

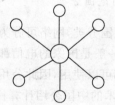

图 9.6 星型拓扑结构

3. 环型结构

环型结构各结点通过链路连接，在网络中形成一个首尾相接的闭合环路，信息在环中作单向流动，通信线路共享，如图 9.7 所示。

这种拓扑结构结构简单，容易实现，信息的传输延迟时间固定，且每个结点的通信机会相同。但是网络建成后，增加新的结点较困难；此外，链路故障对网络的影响较大，只要有一个结点或一处链路发生故障,则会造成整个网络的瘫痪。

4. 树型结构

树型结构可以看做是星型结构的扩展,是一种分层结构,具有根结点和各分支结点。除了叶结点之外,所有根结点和子结点都具有转发功能,其结构比星型结构复杂,数据在传输的过程中需要经过多条链路,时延较大,适用于分级管理和控制系统,是一种广域网常用的拓扑结构,如图9.8所示。

5. 网状型结构

网状型结构由分布在不同地点、各自独立的结点经链路连接而成,每一个结点至少有一条链路与其他结点相连,每两个结点间的通信链路可能不止一条,需进行路由选择,如图9.9所示。

这种结构可靠性高、灵活性好、结点的独立处理能力强、信息传输容量大;但是结构复杂、管理难度大、投资费用高。网状型结构是一种广域网常用的拓扑结构,互联网大多也采用这种结构。

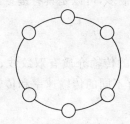

图9.7　环型拓扑结构　　　　图9.8　树型拓扑结构　　　　图9.9　网状型拓扑结构

9.2.4 计算机网络的硬件和软件

由计算机网络的定义可知,计算机网络系统的正常运行要使用不同的硬件和各种各样的软件。

1. 网络硬件

网络硬件是计算机网络系统的物质基础。要构成一个计算机网络系统,首先要将计算机及其附属硬件设备与网络中的其他计算机系统连接起来,实现物理连接。不同的计算机网络系统,在硬件方面是有差别的。随着计算机技术和网络技术的发展,网络硬件日趋多样化,且功能更强,更复杂。常见的网络硬件有服务器、工作站、网络接口卡、集中器、调制解调器、终端及传输介质等。

1)服务器

在计算机网络中,分散在不同地点担负一定数据处理任务和提供资源的计算机被称为服务器。服务器是网络运行、管理和提供服务的中枢,它影响着网络的整体性能。一般在大型网络中采用大型机、中型机和小型机作为网络服务器,可以保证网络的可靠性。对于网点不多、网络通信量不大、数据的安全可靠性要求不高的网络,可以选用高档微机作网络服务器。

2)工作站

在计算机局域网中,网络工作站是通过网卡连接到网络上的一台个人计算机,它仍保持原有计算机的功能,作为独立的个人计算机为用户服务,同时它又可以按照被授予的一定权限访问服务器。工作站之间可以进行通信,可以共享网络的其他资源。

3) 网络接口卡

网络接口卡也称为网卡或网板,是计算机与传输介质进行数据交互的中间部件,主要进行编码转换。在接收传输介质上传送的信息时,网卡把传来的信息按照网络上信号编码要求和帧的格式接受并交给主机处理。在主机向网络发送信息时,网卡把发送的信息按照网络传送的要求装配成帧的格式,然后采用网络编码信号向网络发送出去。

4) 调制解调器

调制解调器(MODEM)是调制器和解调器的简称,是实现计算机通信的外部设备。调制解调器是一种进行数字信号与模拟信号转换的设备。例如,计算机处理的是数字信号,而电话线传输的是模拟信号,在计算机和电话线之间需要一个连接设备,将计算机输出的数字信号变换为适合电话线传输的模拟信号,在接收端再将接收到的模拟信号变换为数字信号由计算机处理。因此,调制解调器成对使用。

5) 终端

终端设备是用户进行网络操作所使用的设备,它的种类很多,可以是具有键盘及显示功能的一般终端,也可以是一台计算机,也可以是一台打印机。

6) 传输介质

传输介质是传送信号的载体,在计算机网络中通常使用的传输介质有双绞线、同轴电缆、光纤、微波及卫星通信等。它们可以支持不同的网络类型,具有不同的传输速率和传输距离。

2. 网络软件

在网络系统中,网络中的每个用户都可享用系统中的各种资源,所以系统必须对用户进行控制,否则就会造成系统混乱,造成信息数据的破坏和丢失。为了协调系统资源,系统需要通过软件工具对网络资源进行全面的管理,进行合理的调度和分配,并采取一系列的保密安全措施,防止用户不合理的对数据和信息的访问,防止数据和信息的破坏与丢失。

网络软件是实现网络功能所不可缺少的软环境。通常网络软件包括网络协议软件、网络通信软件和网络操作系统。例如,网络软件 IE 浏览器、收发电子邮件的 Outlook Express 软件等。

9.3 计算机网络的体系结构

网络体系结构是从功能上来描述计算机网络结构。网络体系结构最早是由 IBM 公司在1974 年提出的,名为 SNA,是指计算机网络层次结构模型和各层协议的集合。

9.3.1 计算机网络体系结构的定义

网络体系就是为了完成计算机之间的通信合作,把每个计算机的功能划分成定义明确的层次规定,定义了同层次进程通信的协议及相邻层之间的接口及服务。

在这里需要了解三点。

层功能:本层具有的通信能力。

层服务:本层向上邻层(用户)提供的通信能力。

层协议:为保证层功能实现和层服务的提供而定义的一组有关通信方面的、在语义、语法和时序方面的约定(由相应的标准确定)。有时,同一层次中可能定义多个协议,只有执行相同协议系统之间才能进行通信。

因此可以简单定义网络体系结构:将同层次进程间通信的协议以及相邻层接口统称为网络体系结构。

常见的计算机网络体系结构有 DEC 公司的 DNA 数字网络体系结构、IBM 公司的 SNA 系统网络体系结构等。但是这些大型公司的网络硬件、软件、网络体系结构等设置各不相同。

为了解决异种计算机系统、异种操作系统及异种网络之间的通信,1977 年国际标准化组织(ISO)为适应网络标准化发展的需求,在吸取了各计算机厂商网络体系标准化经验的基础上,制定了开放系统互联参考模型,形成网络体系结构的国际标准。

9.3.2　通信协议

通过通信信道和设备互连起来的多个不同地理位置的计算机系统,要使其能协同工作实现信息交换和资源共享,它们之间必须有共同的语言,交流什么、怎样交流及何时交流,都必须遵循某种互相都能接受的规则。

也就是说在网络系统中为了保证数据通信双方能正确而自动地进行通信,需要针对通信过程的各种问题,制定一套交互双方必须遵循的规则,这就是网络系统的通信协议。

协议总是指某一层协议,准确地说,它是对同等实体之间的通信制定的有关通信规则约定的集合。即应该发送什么样的控制信息;如何解释这个控制信息;协议的规程说明具有最严格的约束。

其中网络协议设计者不应当设计一个单一、巨大的协议来为所有形式的通信规定完整的细节,而应把通信问题划分成多个小问题,然后为每一个小问题设计一个单独的协议。这样做使得每个协议的设计、分析、时限和测试比较容易。协议划分的一个主要原则是确保目标系统有效且效率高。为了提高效率,每个协议只应该注意没有被其他协议处理过的那部分通信问题;为了主协议的实现更加有效,协议之间应该能够共享特定的数据结构;同时这些协议的组合应该能处理所有可能的硬件错误以及其他异常情况。为了保证这些协议工作的协同性,应当将协议设计和开发成完整的、协作的协议系列(即协议族),而不是孤立地开发每个协议。这就是随后 OSI 参考模型分层的根本原因所在。

9.3.3　OSI 参考模型

为了解决不同厂家生产的计算机系统之间及网络之间的通信,1977 年国际标准化组织为适应网络标准化发展的需求,吸取了各计算机厂商网络体系标准化经验的基础上,制定了开放系统互联 OSI(Open System Interconnection)参考模型,形成网络体系结构的国际标准。

OSI 参考模型并不是一个标准,而是一个在制定标准时所使用的概念性的框架。在 OSI 中的"开放"是指只要遵循 OSI 标准,一个系统就可以与位于世界上任何地方、同样遵循同一标准的其他任何系统进行通信;也即是体系结构是抽象的,实现是具体的。

计算机网络系统是一个十分复杂的系统。将一个复杂系统分解为若干个容易处理的子系统,然后"分而治之",减少研究和实现计算机网络的复杂程度,这种结构化设计方法是工程设计中常见的手段。分层就是系统分解的最好方法之一。由国际标准化组织制定的标准化开放式计算机网络层次结构模型,如图 9.10 所示。

OSI 七层模型从下到上分别为物理层、数据链路层、网络层、运输层、会话层、表示层和应用层。

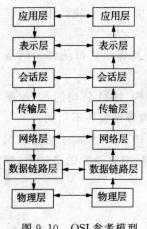

图 9.10　OSI 参考模型

各层功能简要介绍如下。

(1)物理层:OSI 模型的最低层或第一层,该层包括物理联网媒介,如电缆连线连接器。物理层的协议产生并检测电压以便发送和接收携带数据的信号。在个人计算机上插入网络接口卡,就建立了计算机联网的基础。换言之,提供了一个物理层。尽管物理层不提供纠错服务,但它能够设定数据传输速率并监测数据出错率。网络物理问题,如电线断开,将影响物理层。

(2)数据链路层:OSI 模型的第二层,它控制网络层与物理层之间的通信。它的主要功能是如何在不可靠的物理线路上进行数据的可靠传递。为了保证传输,从网络层接收到的数据被分割成特定的可被物理层传输的帧。帧是用来移动数据的结构包,它不仅包括原始数据,还包括发送方和接收方的网络地址以及纠错和控制信息。其中的地址确定了帧将发送到何处,而纠错和控制信息则确保帧无差错到达。

数据链路层的功能独立于网络和它的结点和所采用的物理层类型,它也不关心是否正在运行 Word、Excel 或使用 Internet。有一些连接设备,如交换机,由于它们要对帧解码并使用帧信息将数据发送到正确的接收方,所以它们是工作在数据链路层的。

(3)网络层:OSI 模型的第三层,其主要功能是将网络地址翻译成对应的物理地址,并决定如何将数据从发送方路由到接收方。

网络层通过综合考虑发送优先权、网络拥塞程度、服务质量以及可选路由的花费来决定从一个网络中结点 A 到另一个网络中结点 B 的最佳路径。由于网络层处理路由,而路由器因为即连接网络各段,并智能指导数据传送,属于网络层。在网络中,"路由"是基于编址方案、使用模式及可达性来指引数据的发送。

(4)传输层:OSI 模型中最重要的一层。传输协议同时进行流量控制或是基于接收方可接收数据的快慢程度规定适当的发送速率。除此之外,传输层按照网络能处理的最大尺寸将较长的数据包进行强制分割。例如,以太网无法接收大于 1500B 的数据包。发送方结点的传输层将数据分割成较小的数据片,同时对每一数据片安排一序列号,以便数据到达接收方结点的传输层时,能以正确的顺序重组。该过程即被称为排序。

工作在传输层的一种服务是 TCP/IP 协议集中的 TCP(传输控制协议),另一项传输层服务是 IPX/SPX 协议集的 SPX(序列包交换)。

(5)会话层:负责在网络中的两结点之间建立和维持通信。会话层的功能包括:建立通信链接,保持会话过程通信链接的畅通,同步两个结点之间的对话,决定通信是否被中断以及通信中断时决定从何处重新发送。

可能常常听到有人把会话层称为网络通信的"交通警察"。当通过拨号 ISP(因特网服务提供商)请求连接到因特网时,ISP 服务器上的会话层向客户机上的会话层进行协商连接。若电话线偶然从墙上插孔脱落时,终端机上的会话层将检测到连接中断并重新发起连接。会话层通过决定结点通信的优先级和通信时间的长短来设置通信期限。

(6)表示层:应用程序和网络之间的翻译官,在表示层,数据将按照网络能理解的方案进行格式化;这种格式化也因所使用网络的类型不同而不同。

表示层管理数据的解密与加密,如系统口令的处理。例如,在 Internet 上查询银行账户,使用的即是一种安全连接。账户数据在发送前被加密,在网络的另一端,表示层将对接收到的数据解密。除此之外,表示层协议还对图片和文件格式信息进行解码和编码。

(7)应用层:负责对软件提供接口以使程序能使用网络服务。术语"应用层"并不是指运行在网络上的某个特别应用程序,应用层提供的服务包括文件传输、文件管理及电子邮件的信息处理。

9.4 Internet

Internet 是计算机分组交换网的缩写,是一个全球性的计算机互联网络,它的中文名称有"因特网"、"国际互联网"等,有的称为"信息高速公路"。Internet 并不是一个具体的网络,它是全球最大的、开放的、由众多网络互联而成的一个广泛集合,有人称它为"计算机网络的网络"。

9.4.1 Internet 的起源与发展

Internet 是利用通信设备和线路将全世界上不同地理位置的功能相对独立的数以千万计的计算机系统互连起来,以功能完善的网络软件(网络通信协议、网络操作系统等)实现网络资源共享和信息交换的数据通信网。

Internet 的最早起源于美国国防部高级研究计划署 DARPA(Defence Advanced Research Projects Agency)的前身 ARPANET,当时建立这个网络的目的只是为了将美国的几个军事及研究用电脑主机连接起来,人们普遍认为这就是 Internet 的雏形。该网于 1969 年投入使用。由此,ARPANET 成为现代计算机网络诞生的标志。现代计算机网络的许多概念和方法,如分组交换技术都来自 ARPANET。ARPANET 不仅进行了租用线互联的分组交换技术研究,而且做了无线、卫星网的分组交换技术研究,其结果导致了 TCP/IP 问世。

1977~1979 年,ARPANET 推出了目前形式的 TCP/IP 体系结构和协议。1980 年前后,ARPANET 上的所有计算机开始了 TCP/IP 协议的转换工作,并以 ARPANET 为主干网建立了初期的因特网。1983 年,ARPANET 的全部计算机完成了向 TCP/IP 的转换,并在 UNIX(BSD4.1)上实现了 TCP/IP。ARPANET 在技术上最大的贡献就是 TCP/IP 协议的开发和应用。1985 年,美国国家科学基金组织 NSF 采用 TCP/IP 协议将分布在美国各地的 6 个为科研教育服务的超级计算机中心互联,并支持地区网络,形成 NSFNET。1986 年,NSFNET 替代 AR-PANET 成为因特网的主干网。

1988 年因特网开始对外开放。1991 年 6 月,在连通因特网的计算机中,商业用户首次超过了学术界用户,这是因特网发展史上的一个里程碑,商业机构开始进入 Internet,使 Internet 开始了商业化的新进程,也成为 Internet 大发展的强大推动力。从此因特网成长速度一发不可收拾。1995 年,NSFNET 停止运作,Internet 已彻底商业化了。

现在 Internet 已发展为多元化,不仅仅单纯为科研服务,正逐步进入到日常生活的各个领域。近几年来,Internet 在规模和结构上都有了很大的发展,已经发展成为一个名副其实的"全球网"。

9.4.2 TCP/IP 协议的产生

1972 年,全世界计算机业和通信业的专家学者在美国华盛顿举行了第一届国际计算机通信会议,就在不同的计算机网络之间进行通信达成协议,会议决定成立 Internet 工作组,负责建立一种能保证计算机之间进行通信的标准规范(即"通信协议");1973 年,美国国防部也开始研究如何实现各种不同网络之间的互联问题。

至 1974 年，IP(Internet 协议)和 TCP(传输控制协议)问世，合称 TCP/IP 协议。TCP/IP (Transmission Control Protocol/Internet Protocol)的简写，中文译名为传输控制协议/因特网互联协议，又叫网络通信协议，这个协议是 Internet 最基本的协议、Internet 国际互联网的基础，简单地说，就是由网络层的 IP 协议和传输层的 TCP 协议组成的。这两个协议定义了一种在计算机网络间传送报文(文件或命令)的方法。随后，美国国防部决定向全世界无条件地免费提供 TCP/IP，即向全世界公布解决计算机网络之间通信的核心技术，TCP/IP 协议核心技术的公开最终导致了 Internet 的大发展。

通俗而言：TCP 负责发现传输的问题，一有问题就发出信号，要求重新传输，直到所有数据安全正确地传输到目的地。而 IP 是给因特网的每一台计算机规定一个地址。

到 1980 年，世界上既有使用 TCP/IP 协议的美国军方的 ARPA 网，也有很多使用其他通信协议的各种网络。为了将这些网络连接起来，美国人温顿·瑟夫(Vinton Cerf)提出一个想法：在每个网络内部各自使用自己的通信协议，在和其他网络通信时使用 TCP/IP 协议。这个设想最终导致了 Internet 的诞生，并确立了 TCP/IP 协议在网络互联方面不可动摇的地位。

9.4.3 IP 地址和域名

1. IP 地址(IPv4)

每一个 Internet 上的主机在它连接的子网内都有唯一的网络地址，每一个网络地址都有它的物理地址和其对应的 IP 地址或域名。

1)物理地址

每一个物理网络中的主机都有其真实的物理地址，这是网卡制造者制作在网卡上的无法改变的地址码。物理网络的技术和标准不同，其网卡地址编码也不同。例如，以太网网卡地址用 48 位二进制数编码，因此可以用 12 个十六进制数表示一个网卡物理地址。

2)IP 地址

为了确保 Internet 上的主机地址的唯一性、灵活性和适应性，Internet 要对每一台主机进行统一编址，因此，产生了 IP 地址。现有两个版本：IPv4(4.0 版，通常称为 IP 地址)，IPv6(6.0 版)。

所谓 IP 地址，就是给每个连接在 Internet 上的主机分配的一个 32bit 地址。按照 TCP/IP 协议规定，IP 地址用二进制来表示，每个 IP 地址的长度为 32 位，分为 4 段，每段 8 位，用十进制数字表示，每段数字范围为 0~255，段与段之间用句点隔开。例如，一个采用二进制形式的 IP 地址是"00001010 00000000 00000000 00000001"，这么长的地址，人们处理起来也太费劲了。为了方便人们的使用，IP 地址经常被写成十进制的形式，中间使用符号"."分开不同的字节。于是，上面的 IP 地址可以表示为"10.0.0.1"。IP 地址的这种表示法叫做"点分十进制表示法"，这显然比 1 和 0 容易记忆得多。

Internet 上的主机唯一的 IP 地址，它和网卡上的物理地址之间的相互转换依靠 IP 协议提供的地址解析协议(ARP)和反向地址解析协议(RARP)两个子协议。IP 协议就是使用这个地址在主机之间传递信息，这是 Internet 能够运行的基础。APR 协议其功能是将 Internet 逻辑地址(IP 地址)转换成物理网络地址。RARP 协议其功能是将物理网络地址转换成 Internet 逻辑地址(IP 地址)。

于是从网络层次结构考虑,一个 IP 地址必须指明两点:属于哪个网络;是这个网络中的哪台主机。

IP 地址有两部分组成,由网络号(netid)和主机号(hostid)两部分构成。根据网络规模,IP 的编址方案将 IP 地址分为 A 到 E 五类,其中 A、B、C 类称为基本类,D 类用于组播,E 类为保留不用。常用的是 B 和 C 两类,如图 9.11 所示。

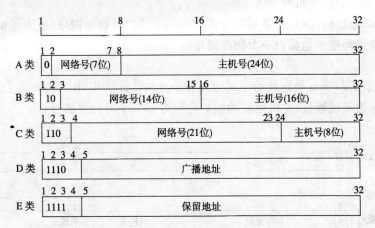

图 9.11　IP 地址编址方案

由图 9.11 可知,用此种方法表示的 IP 地址范围为 0.0.0.0～255.255.255.255。5 类 IP 地址的十进制数表示范围如下。

A 类:0.0.0.0～255.255.255.255

B 类:128.0.0.0～191.255.255.255

C 类:192.0.0.0～223.255.255.255

D 类:224.0.0.0～239.255.255.255

E 类:240.0.0.0～249.255.255.255

A 类地址用于主机数目非常多且超大规模的网络。A 类地址的最高位为 0,接下来的 7 位完成网络 ID,剩余的 24 位二进制位代表主机 ID。第一个字节在 1～126 之间。A 类地址理论上允许 128 个网络,实际上可用的有 126(2^7-2,其中有两个特殊使用)个,每个网络最多可设 $2^{24}-2$ 台主机。

B 类地址用于中型到大型网络,该类地址的前 2 字节为网络 ID,后 2 字节为主机 ID。B 类地址的最高位为 10,接下来的 14 位完成网络 ID,剩余的 16 位二进制位代表主机 ID。第一个字节在 128～191 之间。B 类地址理论上共有 16384 个网络,实际上可用的有 16382($2^{14}-2$)个,每个网络最多可设 65534($2^{16}-2$)台主机。

C 类地址用于小型本地网络,该类地址的前 3 个字节为网络 ID,最后 1 字节为主机 ID。C 类地址的最高位为 110,接下来的 21 位完成网络 ID,剩余的 8 位二进制位代表主机 ID。第一个字节在 192～223 之间。C 类地址共有约二百万($2^{21}-2$)个网络,每个网络最多可设 254(2^8-2)台主机。

D 类地址用于多重广播组(广播传送给多个目的地址用)。一个多重广播组可能包括一台或更多台主机,或根本没有。D 类地址的最高位为 1110;第一个字节在 224～239 之间。剩余的位设计给客户机参见的特定组。在多重广播组中没有网络或主机位,数据包将传送给网络中选定的主机子集中。只有注册了多重广播地址的主机才能受到数据包。Microsoft 支持 D 类地址，用于应用程序将多重广播数据发送到网络间的主机上，包括 WINS 和 Microsoft NetShow。

2. 子网划分

为了提高 IP 地址的使用效率，子网编码的思想是将主机号部分进一步划分为子网络号和主机号，即网络号、子网号、主机号。

在原来的 IP 地址模式中，网络号部分就标识一个独立的物理网络，引入子网模式后，网络号加上子网号才能全局唯一地标识一个物理网络。

1）子网和主机

图 9.12 显示了一个 B 类地址的子网地址表示方法。此例中，B 类地址的主机地址共 16 位，用它的高 7 位作为子网地址，主机地址的低 9 位作为每个子网的主机号。

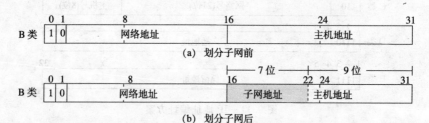

图 9.12　B 类地址划分

假定原来的网络地址为 129.10.0.0，划分子网后，129.10.2.0 表示第 1 个子网；129.10.4.0 表示第 2 个子网……

在这个方案中，最多可以有 $2^7-2=126$ 个子网（不含全 0 和全 1 的子网，因为路由协议不支持全 0 或全 1 的子网掩码，全 0 和全 1 的网段都不能使用）。每个子网最多可以有 $2^9-2=510$ 台主机（不含全 0 和全 1 的主机）。

子网地址的位数没有限制（但显然不能是 1 位，其实 1 位的子网地址相当于并未划分子网，主机地址也不能只保留 1 位），可由网络管理人员根据所需子网个数和子网中主机数目确定。

2）子网掩码（网络掩码）

IP 地址能适应于不同的网络规模，但是个人电脑普及使小型网络（特别是小型局域网络）越来越多，网络中的每个电脑必须有唯一的 IP 地址，这样 IP 地址非常浪费（即使采用 C 类地址），为了克服 IP 地址浪费，并且在数据的传输中，路由器必须从 IP 数据报的目的 IP 地址中分离出网络地址，才能知道下一站的位置。为了分离网络地址，就要使用网络掩码。

网络掩码为 32 位二进制数值，分别对应 IP 地址的 32 位二进制数值。对于 IP 地址中的网络号部分在网络掩码中用"1"表示，对于 IP 地址中的主机号部分在网络掩码中用"0"表示。

A 类地址的网络掩码为：255.0.0.0

B 类地址的网络掩码为：255.255.0.0

C 类地址的网络掩码为：255.255.255.0

划分子网后，将 IP 地址的网络掩码中相对于子网地址的位设置为 1（与 IP 地址的网络号和子网号相对应的位用"1"表示，与 IP 地址的主机号相对应的位用"0"表示），就形成了子网掩码，又称子网屏蔽码，它可从 IP 地址中分离出子网地址，供路由器选择路由。换句话说，子网掩码用来确定如何划分子网。

图 9.12 所示的例子，B 类 IP 地址中划分子网后主机地址的高 7 位设为子网地址，则其子网掩码为 255.255.254.0。

可以将子网掩码与 IP 地址的逻辑运算获得网络地址和主机地址。

获取网络地址的方法：将网络掩码与 IP 地址按二进制位做逻辑"与"运算。

获取主机地址的方法：将掩码反码与 IP 地址按二进制位做逻辑"与"运算。

在局域网中，各个主机的 IP 地址与其相应的子网掩码进行逻辑与运算后，若结果相同，则它们属于同一个网段可以直接通信，否则它们属于不同的网段。例如，在一个局域网中，有三台主机的 IP 地址分别为 202.200.119.27、202.200.119.23 和 202.200.203.105。如果该局域网中每台主机的子网掩码都是 255.255.255.0，则将这三台主机的 IP 地址与其子网掩码进行逻辑与运算得到结果分别是 202.200.117.0 和 202.200.203.0。由此说明，前两个 IP 地址的主机属于同一个网段，而第三个 IP 地址的主机属于另外一个网段。

因此，网络掩码主要有两大作用：

(1)充分利用 IP 地址，减少地址空间浪费。它可将一个网段划分为多个子网段，便于网络管理。

(2)便于网络设备尽快地区分本网段地址和非本网段的地址。

3. IPv6

随着网络的迅猛发展，全球数字化和信息化步伐的加快，越来越多的设备、电器、各种机构、个人等加入到争夺 IP 地址的行列中，IPv4 地址资源的匮乏，促使了 IPv6 的产生。

IPv6 是下一代网络的核心协议，它在下一代网络的演进中，在基础设施、设备服务、媒体应用、电子商务等方面将形成具有巨大潜力的产业。IPv6 对我国也具有非常重要的意义。

IPv6 只能在发展中不断完善，也不可能在一夜之间发生，过渡需要时间和成本，但从长远看，IPv6 有利于互联网的持续和长久发展。目前，国际互联网组织已经决定成立两个专门工作组，制定相应的国际标准。

进入 21 世纪，在美国、欧洲、日本已经出现了 IPv6 商用网。我国在 2003 年 8 月启动了中国下一代互联网示范工程 CNGI 项目，开始建设我国自己的基于 IPv6 的下一代互联网。2004 年年底，CNGI 核心网之一，CERNET2 主干网建成，成为目前全球最大的纯 IPv6 网络。2008 年奥运会也体现了使用 IPv6 后在视频、音频方面的高质量保证。

4. 域名

IP 地址是一串数字，显然人们记忆有意义的字符串比记忆数字更容易。为此因特网采用了域名系统。将二进制的 IP 地址转换成字符型地址，即域名地址，简称域名(domain name)。

网络中命名资源(如客户机、服务器、路由器等)的管理集合即构成域(domain)。从逻辑上，所有域自上而下形成一个森林状结构，每个域都可包含多个主机和多个子域，树叶域通常对应于一台主机。每个域或子域都有其固有的域名。

Internet 所采用的这种基于域的层次结构的名字管理机制叫做域名系统 DNS(Domain Name System)。它一方面规定了域名语法以及域名管理特权的分派规则，另一方面，描述了关于域名-地址映射的具体实现。

域名系统将整个 Internet 视为一个由不同层次的域组成的集合体，即域名空间，并设定域名采用层次型命名法,从左到右,从小范围到大范围,表示主机所属的层次关系。

域名由字母、数字和连字符组成,开头和结尾必须是字母或数字,最长不超过 63 个字符,而且不区分大小写。完整的域名总长度不超过 255 个字符。在实际使用中,每个域名的长度一般小于 8 个字符。通常格式为:主机名．机构名．网络名．最高域名。比如,www. henu. edu. cn. 就是河南大学一台计算机的域名地址。

顶层域名又称最高域名,分为两类:一类通常由三个字母构成,一般为机构名,是国际顶级域名;另一类由两个字母组成,一般为国家或地区的地理名称。

(1)机构名称:如表 9.1 所示。

(2)地理名称:如 cn 代表中国,us 代表美国,ru 代表俄罗斯等,如表 9.2 所示。

表 9.1　国际顶级域名——机构名称

域名	含义	域名	含义
com	商业机构	net	网络组织
edu	教育机构	int	国际结构
gov	政府部门	org	其他非赢利组织
mil	军事机构		

表 9.2　国家或地区代码

地区代码	国家或地区	地区代码	国家或地区
au	澳大利亚	jp	日本
br	巴西	kr	韩国
ca	加拿大	mo	中国澳门
cn	中国	ru	俄罗斯
fr	法国	sg	新加坡
de	德国	tw	中国台湾
hk	中国香港	uk	英国

例如,www. henu. edu. cn:cn. 代表中国,edu 代表教育机构,henu 河南大学,www 代表万维网,从这个域名例子中我们可以看出域名的命名规则。

IP 地址和域名相对应,域名也是全球唯一的。域名是 IP 地址的字符表示,目的是便于记忆,它与 IP 地址是等效的。

因特网中的一台主机只能有一个 IP 地址,而一个 IP 地址可以对应有多个域名(一般用于不同的目的)。这有点类似于人的身份证和姓名之间的关系:一个人只能拥有唯一的一个身份证号码(IP 地址),而可以有多个名字(域名),如曾用名、笔名、昵称等。

一台主机从一个地方移到另一个地方,当它属于不同的网络时,其 IP 地址必须更换,但是可以保留原来的域名。

将域名翻译为对应 IP 地址的过程称为域名解析(name resolution)。

运行域名和 IP 地址转换服务软件的计算机称作域名服务器 DNS(Domain Name Server),它负责管理、存放当前域的主机名和 IP 地址的数据库文件,以及下级子域的域名服务器信息。DNS 是今天在 Internet 上成功运作的名字服务系统。

Internet 的应用服务,如电子邮件系统,远程登录,文件传输,WWW 等都需要 DNS 服务。

当用户使用 IP 地址时,负责管理的计算机可直接与对应的主机联系,而使用域名时,则先将域名送往域名服务器 DNS,通过服务器上的域名和 IP 地址对照表翻译成相应的 IP 地址,传回负责管理的计算机后,再通过该 IP 地址与主机联系。

9.4.4 Internet 的服务功能

因特网的巨大吸引力,来源于它的无以计数的信息资源和高效的服务功能。下面介绍因特网的电子邮件、文件传输、远程登录、万维网等几大主要功能。

1. 电子邮件(E-mail)

电子邮件是因特网最基本、最重要的服务功能,通过网上电子邮件工具,用户之间可以彼此快捷地收发电子邮件。由于因特网几乎覆盖了全世界的所有国家,因此它成了最为便捷的全球通信工具。

1)电子邮件系统组成

电子邮件系统主要由 3 部分组成:用户代理、邮件服务器和电子邮件使用的协议,如图 9.13 所示。

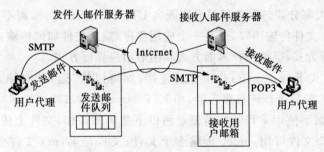

图 9.13 电子邮件系统的组成

用户代理(user agent):是用户和电子邮件系统的接口,它使用户通过一个友好的接口(如图形窗口界面)来发送和接收邮件。

邮件服务器:是电子邮件系统的核心构件,其功能是发送和接收邮件,同时还要向发信人报告邮件传送的情况。

邮件服务器使用的协议 SMTP(Simple Mail Transfer Protocol):用于发送邮件,当两台使用 SMTP 协议的计算机通过 Internet 实现了连接,它们之间就可以进行邮件交换;POP3 (Post Office Protocol)用于接收邮件,主要是用处理电子邮件客户如何从邮件服务器中取回等待的邮件。

2)它的工作方式

电子邮件系统使用的协议是 SMTP 和 POP3,并采用"存储—转发"的工作方式。在这种工作方式下,当用户向对方发送邮件时,邮件从该用户的计算机发出,通过网络中的发送服务器及多台路由器中转,最后到达目的服务器,并把该邮件存储在对方的邮箱;当对方启用电子邮件软件进行联机接收时,邮件再从其邮箱中转发到他的计算机中。

与普通邮件一样,电子邮件也必须按地址发送。电子邮件地址标识邮箱在网络中的位置,E-mail 地址的一般格式为:username@hostname.domainname,其中 username 指用户在申请时所得到的账户名,@ 即"at",意为"在",hostname 指账户所在的主机,有时可省略,domainname 是指主机的 Internet 域名。例如:Hw@henu.edu.cn,其中 Hw 是账户名,这一账户在域名为 henu.edu.cn 的主机上。

电子邮件系统的设置如下描述。设置你的姓名，如木木；设置你的 E-Mail 地址，如 mumu@ mail. shu. edu. cn；设置你的邮件服务器：POP3 服务器，如 mail. shu. edu. cn，SMTP 服务器，如 smtp. shu. edu. cn；设置你的登录账号，如 mumu，设置你的密码，如＊＊＊＊＊＊＊＊。

2. 文件传输(FTP)

文件传输可以将一台计算机上的文件传送到另一台计算机，且与计算机的位置无关。为了在具有不同结构、运行不同操作系统的计算机之间能够交换文件(上传或下载)，达到资源共享的目的，需要有一个统一的文件传输协议 FTP(File Transfer Protocol)。

FTP 服务器包括匿名 FTP 服务器和非匿名 FTP 服务器两类。

匿名 FTP 服务器是任何用户都可以自由访问的 FTP 服务器，当用户登录时，使用 anonymous(匿名)用户名和一个任意的口令就可以访问了。

非匿名 FTP 服务器，用户必须首先获得该服务器系统管理员分配的用户名和口令，才能登录和访问(如作业服务器)。连接到 FTP 服务器，输入有效的账号和口令后，才能将文件下载(download)到自己的计算机。

出于安全考虑，大部分匿名服务器只允许匿名 FTP 用户下载文件，而不允许上传文件。

FTP 不仅是一个文件传输协议，还是一个应用程序，规定文件如何传输。

FTP 有两种运行方式，字符用户界面方式和图形用户界面方式。

字符用户界面方式下与一个 FTP 服务器连接，如可以从"运行"中输入"cmd"，然后输入"ftp"，即启动了 FTP，然后进行连接服务器，如 FTP＞open 202.123.122.69。自己可动手练习。

注意：在字符界面下使用 FTP 时，需要熟悉以下基本的操作，文件上传下载用命令：get 或 recv 文件名；传输多个文件可用：mget-传输多个文件；文件命名：get 文件名新文件名；断开连接：bye-退出 FTP；disconnect-留在 FTP 中。

图形用户界面下可以直接输入 FTP：202.123.122.69，这里只是举例服务器的例子(202.123.122.69)，可以利用身边的真实可用的服务器去练习。

常用的软件有 CuteFTP，Serv-U 等。

3. 远程登录(Telnet)

远程登录是为了共享资源而设的，但并不意味着任何一台主机都允许任何人登录，更不意味着可以完全免费地使用别人系统的全部资源。要使用这些超级计算机或主机资源时，首先要提交使用计算机资源的充分理由和申请在该机上建立账户。当建立好账号后，进入该主机登录时，必须输入用户名(user ID)和口令(password)。计算机管理员(主机的超级用户)对不同账户可以给予不同的权限。如有的只准许浏览部分文件，有的可以运行某些程序，而有些可以使用全部资源。但很多 Internet 上的主机提供特殊的账户供普通访问者登录，但只允许访问者运行某些服务程序，如 ftp，及浏览部分目录和文件等。使用这些服务程序花费的主机开销是全部免费的。使用远程登录所联的那台主机称为远程系统(remote site，remote machine)或服务器端，而用户自己的计算机称为本地系统(local machine)或客户端。

Telnet 远程登录程序由运行在用户的本地计算机(客户端)上的 Telnet 客户程序和运行在要登录的远程计算机(服务器端)上的 Telnet 服务器程序所组成。

远程登录允许将自己的本地计算机与远处的服务器进行连接，然后在本地计算机上发出字符命令送到远程的计算机上执行。远程登录所对应的通信协议称为 Telnet，所以远程登录功能又称为 Telnet 功能。

利用远程登录功能,使本地的计算机能作为远程的高性能计算机的终端进行工作,充分共享了网络的软硬件资源。Telnet 的应用体现以下这些方面,例如,作为高性能超级计算机完成复杂的运算;可以作为访问 BBS 的途径之一;可以作为公共文献检索系统查询等。

运行 Telnet 程序进行远程登录的方法之一:直接输入命令:Telnet ＜远程主机网络地址＞,如登录复旦大学的 BBS,在 PC 机上从"开始"→"运行",输入"telnet bbs. fudan. edu. cn"。

4. 万维网(WWW)

WWW(World Wide Web)又称万维网,简称为 Web 或 3W, 是 Internet 技术发展中的一个重要里程碑。

WWW 中使用了一种重要信息处理技术——超文本(hypertext)。它是文本与检索项共存的一种文件表示和信息描述方法。查找和表示信息,利用链接从一个站点跳到另一个站点,彻底摆脱了以前查询工具只能按特定路径一步步地查找信息的限制。

WWW 提供了一种简单、统一的方法来获取网络上丰富多彩的信息,它屏蔽了网络内部的复杂性,WWW 技术为 Internet 的全球普及扫除了技术障碍,促进了网络飞速发展,已成为 Internet 最有价值的服务。

超文本置标语言 HTML(Hypertext Markup Language),它是一种专门用于 WWW 的编程语言。超文本文件是按其格式写成,WWW 文本不仅含有文本和图像,还含有超链接,超链接还可以指向声音、电影等多媒体。

(1)WWW 由 3 部分组成:浏览器、Web 服务器和超文本传输协议(HTTP)。浏览器向 Web 服务器发出请求,Web 服务器向浏览器返回其所要的万维网文档,然后浏览器解释该文档,并按照一定的格式将其显示在屏幕上。浏览器与 Web 服务器使用 HTTP 进行互相通信。为了指定用户所要求的万维网文档,浏览器发出的请求采用 URL 形式描述。

(2)WWW 工作原理:WWW 采用客户机/服务器(C/S)模式,客户端软件称为 WWW 浏览器,简称浏览器。浏览器软件种类繁多,目前常见的有 IE(Internet Explorer)、Netscape Navigator、世界之窗浏览器等,浏览器和服务器之间通过超文本传输协议 HTTP(HyperText Transfer Protocol)进行通信和对话,该协议建立在 TCP 连接之上,默认端口为 80。用户通过浏览器建立与 WWW 服务器的连接,交互地浏览和查询信息。

(3)统一资源定位符 URL

WWW 的一个重要特点就是采用了统一资源定位符 URL(Uniform Resource Locator), URL 是一种用来唯一标识网络信息资源的位置和存取方式的机制,是 WWW 中用来寻找资源地址的办法。URL 的思想是为了使所有的信息资源都能得到有效利用,从而将分散的孤立信息点连接起来,实现资源(指在 Internet 可以被访问的任何对象,包括文档、图像、声音、视频等)的统一寻址。

URL 的格式:URL 的格式由三部分组成:协议、主机名和端口、路径。其中对于常用服务端口可以省略,格式为:＜协议＞://＜主机的域名或 IP 地址＞:＜端口＞/＜路径文件名＞

①第一部分是协议(或称服务方式,目前支持 http、ftp、telnet 等);

②第二部分是存有该资源的主机 IP 地址(有时也包括端口号);

③第三部分是主机资源的具体地址,如目录和文件名等;

④第一部分和第二部分之间用"://"符号隔开;

⑤第二部分和第三部分用"/"符号隔开；

⑥第一部分和第二部分是不可缺少的，第三部分有时可以省略。

其中，＜协议＞定义所要访问的资源类型（表9.3）。如果路径文件名缺省，大部分主机会提供一个缺省的文件名，如 index. html、default. html 或 homepage. html 等。

例如：http：//www. sina. com/home/files/index. htm
　　　　协议　　　　　主机域　　　　　路径名　　　　文件名

表 9.3　部分资源类型的含义

资源类型	含义	资源类型	含义
file	访问本地主机	http	访问 WWW 服务器
ftp	访问 FTP 服务器	telnet	访问 Telnet 服务器

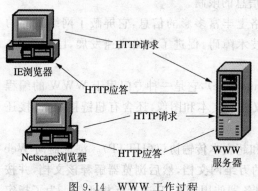

图 9.14　WWW 工作过程

（4）超文本传输协议（WWW 工作过程）：浏览器首先向 WWW 服务器发出 HTTP 请求，WWW 服务器作出 HTTP 应答并返回给浏览器，然后浏览器装载超文本页面，并解释 HTML，从而显示给用户。工作过程如图 9.14 所示。

5. 电子公告板（BBS）

BBS 是英文 Bulletin Board System 的缩写，即电子公告牌系统，是 Internet 上的一种电子信息服务系统。它提供一块公共电子白板，每个用户都可以在上面书写，可发布信息或提出看法。

传统的 BBS 是一种基于 Telnet 协议的 Internet 应用，与人们熟知的 Web 超媒体应用有较大差异。BBS 是一种发布并交换信息的在线服务系统，可以使更多的用户通过电话线以简单的终端形式实现互联，从而得到廉价的丰富信息，并为其会员提供进行网上交谈、发布消息、讨论问题、传送文件、学习交流和游戏等的机会和空间。

BBS 的主要功能如下。

（1）内部通信：企业机构可通过安装 BBS 来加强职员间的通信，而学校可以用 BBS 加强与教师和学生之间的联系和交流。

（2）顾客服务或支持：通过 BBS 可以发布新产品及其性能特点之类的信息、发放演示程序和最新的驱动程序、反馈客户意见，加强对客户的支持服务。使客户随时可在 BBS 上获得问题的答案。

（3）讨论区：这是 BBS 最主要的功能，包括科学研究、时事评论、文娱体育等各类学术专门讨论区、疑难问题解答区、闲聊区等。目前 BBS 上常设的有数十个各具特色的分类讨论区。

BBS 还有 E-mail、文件传输、查看各类信息等功能。

在我国许多大学都有 BBS 站点，如国内第一个清华大学的"水木清华"bbs. tsinghua. edu. cn；北京大学的"未名湖"bbs. pku. edu. cn，中南大学的"云麓园"bbs. csu. edu. cn。

BBS 的登录使用有两种方式：Telnet 方式和 Web 方式。过去主要采用 Telnet 直接登录到服务器上，现在采用 Web 浏览更加方便、快捷、丰富多彩。

使用 Telnet 可以访问 BBS 站点,例如,从"开始"→"运行",输入"Telnet bbs.tsinghua.edu.cn",查看水木清华的 BBS,然后可以按照说明以 guest 身份登录查看相应的内容等,如图 9.15 所示。

(a)

(b)

图 9.15 水木清华 BBS

还可以通过 WWW 的方法访问水木清华的 BBS,在浏览器地址栏中输入"http://bbs.tsinghua.edu.cn"。

6. 网络新闻(Usenet)

Netnews(又称 Usenet)是电子新闻或网络新闻的意思,是由许多专题讨论组组成的信息集合,是由新闻稿(article)、新闻组(newsgroup)组成的,存放在新闻服务器中。对于新闻组有许多不同的主题,如生物、国防数据网、各种科学、社会问题、市场、广告等。

新闻组和"新闻"几乎没有关系,它其实是集中了对某一主题有共同兴趣的人发表的文章,人们在这里可以阅读并张贴(post)各类消息。每一讨论组有一个名字来反映所讨论的内容主题。常见的新闻组有宁波新闻组(news://news.cnnb.net),微软新闻组(news://msnews.microsoft.com),万千新闻组(news://news.webking.cn),希网新闻组(news://news.cn99.com),雅科新闻组(news://news.yaako.com),香港新闻组(news://news.newsgroup.com.hk),前线新闻组(news://freenews.netfront.net)。

新闻阅读软件(如 Outlook Express)安装在用户计算机上,就可以通过新闻组服务器阅读和发送信息。在 Internet 上有许多新闻服务器,它们之间根据一定的协议交流新闻稿,用户在使用时只要与一台新闻服务器链接,就可以阅读网络新闻了。

新闻阅读器 Outlook Express 是一个标准的 E-Mail 和新闻阅读程序,简单设置新闻服务器步骤如下:Outlook Express 窗口中,单击"工具"→"账号"→"添加"→"新闻",然后进行 Internt 连接向导,如新闻服务器:news.cnnb.net;还可以进行预订新闻组或阅读新闻组。

BBS 和新闻组的不同之处:

(1)BBS 具有较强的地域性,大学中非常普及,而新闻组则是全球性的论坛;

(2)新闻组中的文章同服务器系统采用"先入先出"的方式让它自生自灭,而 BBS 由于有自己的管理人员,可以根据文章的质量去伪存真;

(3)BBS 附加的在线聊天、邮箱服务等功能,也是新闻组所不具备的。

本 章 小 结

本章初步介绍了计算机网络概念及其基础内容。首先介绍了计算机网络的定义以及网络的发展历史,进而介绍网络的基本组成,包括硬件和软件,从而理解计算机网络的基本分类。在此基础上介绍网络的体系结构以及有关 ip 等实际网络常涉及的网络常识。特别描述了 Internet 的相关基础知识,有助于日常使用网络时遇到问题进行简单分析。并引导学生从原理上了解网络并对网络有更深的认识和兴趣。

习 题

一、选择题

1. 在 Internet 中,用字符串表示的 IP 地址称为(　　)。

   A. 账户　　　　　　　B. 域名　　　　　　　C. 主机名　　　　　　D. 用户名

2. 计算机网络以(　　)为中心。

   A. 通信子网　　　　　B. 资源子网　　　　　C. 分组交换网　　　　D. 局域网

3. 计算机的域名可以有(　　)个。

   A. 多个　　　　　　　B. 一个　　　　　　　C. 两个　　　　　　　D. 三个

4. BBS 和新闻组是(　　)。

   A. 相同　　　　　　　B. 不同　　　　　　　C. 既有相同又有区别　D. 以上都不对

5. 局域网的英文缩写是(　　)。

   A. WAN　　　　　　　B. LAN　　　　　　　C. MAN　　　　　　　D. VAN

6. 下列域名中,表示教育机构的是(　　)。

   A. ftp. bta. net. cn　　B. ftp. cnc. ac. cn　　C. www. ioa. ac. cn　　D. www. buaa. edu. cn

二、思考题

1. 计算机网络按照作用范围可以分为哪几类?

2. OSI 参考模型分为哪几层? 简单阐述各层的主要功能。

3. 什么是子网? 如何设定子网掩码? 子网掩码 225.225.225.0 代表什么意思?

4. IP 地址怎么表示? 206.119.122.156 是哪一类网址?

5. 什么是域名? 域名的各个部分怎么理解?

第 10 章　网络信息安全

随着信息和网络技术的发展,计算机网络已经存在于人们生活的每个角落,并且给人们带来了很大的便利,对社会产生了深远的影响。但是由于计算机网络是一个开放式的系统,体系日益庞大,对计算机网络的安全和信息的保密措施还不够完善,致使网络易受黑客、恶意软件等的攻击,存在着巨大的安全隐患。本章从信息安全的概念开始,阐述了计算机系统面临的安全威胁,介绍了信息安全的技术。通过本章的学习,使读者能初步了解信息安全的相关知识,掌握基本的网络防范技术,重视计算机系统中的信息安全问题,为今后学习网络安全相关课程奠定基础。

10.1　网络信息安全概述

据统计,每年全球因计算机网络的安全系统被破坏而造成的经济损失达数百亿美元。网络安全技术,关系到个人、企业甚至是国家的信息安全。

10.1.1　网络信息安全的含义

网络信息安全涉及计算机技术、网络技术、通信技术、密码技术、应用数学、数论等多种学科和技术。从本质上来讲,网络安全就是网络上的信息安全,是指网络系统的硬件、软件及其系统中的数据受到保护,不受偶然的或者恶意的原因而遭到破坏、更改、泄露,系统连续可靠正常地运行,网络服务不中断。

保证信息安全,最根本的就是保证信息安全的基本特征发挥作用。因此,必须了解信息安全的以下五大特征。

1)完整性

信息存储和传输的过程不被修改、不被破坏、不延迟、不乱序和不丢失的数据特征。对于军用信息来说,完整性遭破坏会延误战机,自相残杀或闲置战斗力。破坏信息完整性是对信息安全发动攻击的最终目的。

2)保密性

保密性指信息按给定要求不泄漏给非授权的个人、实体或过程,或提供其利用的特性,即杜绝有用信息泄漏给非授权个人或实体,强调有用信息只被授权对象使用的特征。军用信息安全尤为注重信息保密性。

3)可用性

可用性指网络信息可被授权对象正确访问,并按要求能正常使用或在非正常情况下能恢复使用的特征,即在系统运行时能正确存取所需信息,当系统遭受攻击或破坏时,能迅速恢复并能投入使用。可用性是衡量网络信息系统面向用户的一种安全性能。

4)不可否认性

不可否认性指通信双方在信息交互过程中,确信参与者本身,以及参与者所提供的信息的真实同一性,即所有参与者都不可能否认或抵赖本人的真实身份,以及提供信息的原样性和完成的操作与承诺。

5)可控性

可控性指对流通在网络系统中的信息传播及具体内容能够实现有效控制的特性,即网络系统中的任何信息要在一定传输范围和存放空间内可控。美国政府提倡"密钥托管"、"密钥恢复"等措施就是实现信息安全可控性的例子。

10.1.2 安全威胁

网络面临的安全威胁是多种多样的:网络中的主机可能会受到非法入侵者的攻击,网络中的敏感数据有可能泄露或被修改;从内部网向公共网传送的信息可能被他人窃听或篡改等。据统计,全球大约每20秒就有一次计算机入侵事件发生,Internet上的网络防火墙约1/4被突破,大约70%的网络信息主管人员报告因机密信息泄露而受到损失。造成网络安全的威胁的原因是多方面的,有来自外部,也有可能来自企业网络内部。归纳起来,网络面临的安全威胁通常有以下类型。

(1)窃听。通过监视网络数据获取敏感信息,它不破坏传输信息的内容,因而不易被察觉。

(2)伪造。攻击者将伪造的信息发送给接收者。

(3)篡改。对合法用户之间交流的信息进行修改或部分修改后再发送给接收者。

(4)非法访问。指未经授权使用信息资源或以未经授权的方式使用信息资源,如非法用户进入网络系统进行非法操作、合法用户以未经授权的方式进行操作等。

(5)冒充。冒充主机欺骗合法主机及合法用户;冒充网络控制程序套取或修改使用权限、口令、密钥等信息,越权使用网络设备和资源;冒充合法用户欺骗系统,占用合法用户的资源等。

(6)重演。攻击者事先拦截并录制信息,然后在必要的时候重发或反复发送这些信息。如一个实体可以重发含有另一个实体鉴别信息的消息,以证明自己是该实体,达到冒充的目的。

(7)恶意攻击。当一个对资源的合理请求大大超过资源的支付能力,并使计算机功能或性能崩溃时就会发生拒绝服务攻击。典型的拒绝服务攻击有资源耗尽和资源过载两种形式。常见的拒绝服务攻击行为主要包括Ping of Death、Teardrop、SYN flood、电子邮件炸弹、DDoS攻击等。除了拒绝服务攻击之外,恶意攻击还包括缓冲区溢出等。

(8)恶意软件。通过一些恶意程序入侵或用户的计算机,获取用户的信息,如计算机病毒、木马、后门程序等。

(9)行为否认。发送信息者事后否则曾经发送过某条信息,接收信息者事后否认曾经接收过某条信息等。

(10)内部泄露和破坏。指内部人员有意或无意泄露,更改信息;内部非授权人员有意偷窃机密信息或更改信息等。例如,日本软银公司发生内部客户数据泄露,损失达数亿元;郎讯公司产品图纸泄露,新产品推出落后于竞争对手,直接损失3.5亿美元等。

网络安全是相对的,绝对安全的计算机是根本不存在的。计算机只要投入使用,就或多或少存在着安全问题,只是程度不同而已。到底需要多大的安全性,完全依赖实际需要及自身能力而定。

10.2 恶 意 软 件

随着计算机的普及和网络的迅速发展,计算机安全、保密问题也随之产生并越来越突出。恶意软件对计算机安全、保密问题构成了严重威胁,在 Internet 安全问题中,恶意软件造成的经济损失占有最大的比例,例如:

1998 年,CIH 病毒造成数十万台计算机受到破坏。

1999 年,Happy99、Melissa 蠕虫大爆发。Melissa 蠕虫通过 E-mail 附件快速传播使得 E-mail 服务器和网络负载过重,它还将敏感的文档在用户不知情的情况下按地址簿中的地址发出,并利用微软产品中存在的一些弱点产生破坏性操作。

2000 年 5 月爆发的"爱虫"蠕虫及其以后出现的 50 多个变种蠕虫,是近年来让计算机信息界付出极大代价的蠕虫,仅一年时间就感染了 4000 多万台计算机,造成大约 87 亿美元的经济损失。

2001 年,国家信息安全办公室与公安部共同主办了我国首次计算机病毒疫情网上调查工作,结果表明感染过计算机病毒的用户高达 73%。其中,感染三次以上的用户占 59%多,网络安全依然存在大量隐患。

2001 年 8 月,"红色代码"蠕虫利用微软 Web 服务器 IIS4.0 或 5.0 中 Index 服务的安全漏洞,攻破目标机器,并通过自动扫描方式传播蠕虫,在互联网上大规模泛滥。

2003 年,SLammer 蠕虫在 10 分钟内导致互联网 90%脆弱主机受到感染。同年 8 月,"冲击波"蠕虫爆发,8 天内导致全球电脑用户损失高达 20 亿美元之多。

这些恶意软件给 Internet 上的计算机用户造成了巨大的损失。那么,到底什么是恶意软件呢?

恶意软件是指一切旨在破坏计算机或者网络系统可靠性、可用性、安全性和数据完整性或者消耗系统资源的恶意程序。恶意软件可能通过网络安全漏洞、电子邮件、存储媒介或者其他方式植入到目标计算机,并随着目标计算机的启动而自动运行。

恶意软件主要包括计算机病毒、蠕虫、木马程序、后门程序等,下面将分别介绍。

10.2.1 计算机病毒

病毒是最早产生的恶意代码之一。根据最初的定义,病毒是一种寄生在其他程序之上,能够自我繁殖,并对寄生体产生破坏的一段执行代码。病毒虽然能把自身附加到其他程序包括操作系统之上,但是它不能独立运行,需要运行它的宿主程序(被感染的文件称为"宿主")来激活它。例如,Windows 下可执行文件的格式为 pe 格式(portable executable),当需要感染 pe 文件时,在宿主程序中,建立一个新节,将病毒代码写到新节中,修改程序入口点等。这样,宿主程序执行的时候,就可以先执行病毒程序,病毒程序运行完之后,在把控制权交给宿主原来的程序指令。

最典型的计算机病毒可分为引导模块、传染模块和破坏模块三大部分。引导模块的作用是通过寄生体将病毒装入到计算机内存中去,为传染和破坏模块做准备。传染模块使病毒能够迅速传播,扩大感染范围。破坏模块是病毒程序的核心部分,专门破坏受感染的系统。病毒工作时,三部分相互依赖,协作工作。

计算机病毒具有以下特征:

1)寄生性

计算机病毒寄生在其他程序之中,被寄生的程序称为宿主,当执行宿主时,病毒就随之启动,而在未启动这个程序之前,它是不易被人发觉的。这是病毒的最基本特征。

2)传染性

病毒可以通过各种渠道从已被感染的计算机扩散到未被感染的计算机,病毒一旦进入计算机并得以执行,便会搜寻符合其传染条件的程序和存储介质,通过修改宿主程序,将自己的全部代码复制在宿主中,从而达到扩散的目的。

3)隐蔽性

病毒一般是具有很高的编程技巧、短小精悍的程序,一般只有几百个字节或者几千字节,并且巧妙的隐藏在正常程序或者磁盘的隐蔽部位,或者以隐藏文件的形式出现,不便于发觉。

4)破坏性

病毒的危害,小到个人,大到全世界,凡是使用电脑的人无一不受其困扰。病毒的破坏性能各不相同,轻者降低计算机工作效率,占用系统资源,重者可以导致系统崩溃,甚至破坏重要数据。

5)潜伏性

大多数病毒感染系统后并不马上发作,而是长期隐藏在计算机中,等待触发条件,当其触发条件得到满足的时候才启动破坏模块。

10.2.2 蠕虫

蠕虫是一种智能化,自动化,综合网络攻击、密码学和计算机病毒技术,不需要计算机用户干预即可运行的攻击程序或代码。它会扫描和攻击网络上存在安全漏洞的主机,通过局域网或者Internet 从一个结点传播到另外一个结点。比较典型的蠕虫有 CodeRed、Blaster、SQL Slammer和 Nimda。

一个蠕虫通常具备三个基本功能,即传播、隐藏和目标执行。传播功能使其可以在很短的时间内通过网络迅速繁殖,隐藏功能则使得蠕虫在侵入目标系统后不被发现,如从系统进程列表上隐藏自己,或更名为操作系统某个系统进程的名称等等。执行功能可以使其实现对主机的恶意控制操作。

蠕虫传播过程一般有以下几个步骤:

①扫描网络内所有可能的 IP 地址,收集目标主机信息,找到存在的漏洞。

②针对漏洞发动攻击,侵入目标主机。

③在目标主机上安置后门,并采取一些隐匿措施防止被发现。

蠕虫的传播繁殖速度相当的快。有资料表明,2003 年 Slammer 爆发时,在两个小时内就席卷了全球,受到攻击的网络几近瘫痪,该病毒在一天内造成的损失约 12 美元。

总的说来,蠕虫具有很明显的行为特征,主要表现为以下 5 点。

1)自我繁殖

蠕虫被释放后,从搜索漏洞,到利用搜索结果攻击系统,到复制副本,整个流程全由蠕虫自身主动完成。

2)利用软件漏洞

任何计算机系统都存在漏洞,这使蠕虫利用漏洞获得被攻击计算机的相应权限,并进行复制和传播成为可能。

3)造成网络拥塞

蠕虫扫描主机漏洞会产生网络数据流量。同时,蠕虫副本的传播或向随机目标发出的攻击数据都不可避免地产生大量网络数据流量。

4)消耗系统资源

蠕虫入侵到计算机系统之后,会在被感染的计算机上产生自己的多个副本,每个副本启动搜索程序寻找新的攻击目标。大量的进程会耗费系统资源,导致系统性能下降。

5)留下安全隐患

大部分蠕虫会搜集、扩散、暴露系统敏感信息,并在系统中留下后门,导致未来的安全隐患。

10.2.3　后门

后门(也称"陷门")是在程序员进行开发时插入的一小段程序,目的是测试这个模块,或是为了连接将来的更改和升级程序,或者是为了将来发生故障后,为程序员提供方便等合法用途等。总而言之,后门就是一个程序模块的秘密入口,这个入口是未记入相关文档的(如用户手册)。通常在程序开发后,程序员将去掉这些后门。但由于各种原因,后门也可能被保留下来。后门一旦被原来的程序员利用,或者被不怀好意的人发现,都将带来严重的安全后果。比如,可能利用这个后门在程序中建立隐蔽通道,植入一些隐蔽的病毒程序等。就好比家里有一个你不知道的后门,会发生什么事情你是应该可以想象的。更可怕的是,如果是位于局域网上的话,黑客更可以利用"后门"将你的主机作为攻击整个局域网的大本营。

下面介绍几个常见的后门实例:

逻辑炸弹:在网络软件(如程控交换机的软件)可以预留隐蔽的对日期敏感的定时炸弹。在一般情况下,网络处于正常工作状态,一旦到了某个预定的日期,程序便自动跳到死循环程序,造成死机甚至网络瘫痪。

遥控旁路:某国向我国出口的一种传真机,其软件可以通过遥控将加密接口旁路,从而失去加密功能,造成信息泄露。

远程维护:某些通信设备(如数字程控交换机)具有一种远程维护功能,即可以通过远程终端,由公开预留的接口进入系统完成维护检修功能;甚至可以实现国外厂家的维护人员在其本部的终端上对国内进口的设备进行远程维护。这种功能在带来明显的维护管理便利的同时,当然也带来了一种潜在的威胁。在特定情况下,也可以形成潜在的攻击。

非法通信:某些程控交换机具有单向监听功能,即由特许用户,利用自身的话机拨号,可以监听任意通话双方的话音而不会被发现。这本是一种合法的监听。但是,从技术上来说,这也可以实现隐蔽的非法通信。比如,攻击者可以利用主动呼叫,收方不用摘机,由随机数激活收方的专用设备并从约90s的回铃音的时隙内将情报信息传至发方。整个通信过程隐蔽,没有计费话单,不易被发现。

贪婪程序:一般程序都有一定的执行时限,如果程序被有意或错误地更改为贪婪程序和循环程序,或被植入某些病毒(如蠕虫病毒),那么此程序将会长期占用机时,造成意外阻塞,使合法用户被排挤在外不能得到服务。

10.2.4　特洛伊木马

特洛伊木马,简称木马(trojan horse),其名称取自希腊神话的特洛伊木马记。特洛伊木马的攻击手段具有隐蔽性、潜伏性、非授权性、不可预见性等特点。木马的隐蔽性主要指木马通常会附在正常程序或磁盘中较隐蔽的地方,也有个别的以隐形文件的形式出现,目的是不让管理员或用户发现木马程序的存在。非授权性是指如果控制端与网络服务端连接后,控制端将会享有网络服务端的大部分操作权限,包括修改文件、修改注册表、控制鼠标,键盘等,而这些权力并不是服务端赋予的,而是通过木马程序窃取的。

木马入侵一般有以下几种方法:

(1)通过诱使用户执行特定的程序,实现木马安装。通常这些程序都伪装成很有趣或非常有用的软件,通过用户的单击执行木马内核程序的安装。

(2)通过电子邮件入侵。类似于许多病毒的传播,木马会被黑客隐藏在邮件附件中,一旦用户单击,木马立即被下载安装。

(3)在软件源代码中加入恶意代码。一些网络上的软件在开发时就被恶意设置了后门。

(4)通过网页传播。

特洛伊木马程序可以直接侵入用户的计算机并进行破坏,它们会在用户的计算机系统中隐藏一个可以在 Windows 启动时悄悄执行的程序。当用户连接到 Internet 上时,这个程序就会通知黑客,来报告用户的 IP 地址以及预先设定的端口。黑客在收到这些信息后,再利用这个潜伏在其中的程序,就可以任意地修改计算机的参数设定、复制文件,窥视整个硬盘中的内容等,从而达到控制计算机的目的。

要防止木马的攻击,用户平时不要随便从网站上下载软件,不要打开来路不明的电子邮件,不要随便运行陌生人给的软件。经常检查客户端和服务器的系统文件注册表、端口,经常去网络安全站点查看最新的木马提示等。

10.3 网 络 攻 击

网络攻击是目前网络安全技术所面临的一个重要问题。要保证运行在网络环境下的信息系统的安全,首要问题是保证网络自身能够正常运作,防止网络被攻击或采取适当的措施使网络在被攻击的情况下还能保持正常的工作。网络攻击方法层出不穷,可以分为窃听技术、欺骗技术、拒绝服务等多种类型。下面主要介绍拒绝服务攻击、网络欺骗攻击和缓冲区溢出攻击三种。

10.3.1 拒绝服务攻击

拒绝服务攻击 DoS(Denial of Service),是一种历史最久,应用最广泛的攻击方式。随着网络的不断发展,拒绝服务攻击逐渐成为危害网络安全的罪魁祸首之一。从技术层面上分析,假设网络协议的实现存在隐患,或者网络系统或应用服务存在漏洞,拒绝服务攻击就有其存在的潜质。

从某种意义上说,DoS 并不是某一特定的攻击方法,它只是攻击所要达到的一个结果。发动攻击的人可以采用多种方法,以使被攻击服务器受到某种特定样式的破坏而使服务器不能提供正常服务,甚至引起服务器物理上的瘫痪或损毁。

随着目前网络环境的不断改进,以及网络通信协议和计算机系统的防护能力不断增强,以往的那种依靠单台机器(包括单个网络或主机)的拒绝服务式攻击已经不能满足攻击的需要,而且仅依靠单台机器进行攻击也容易被追踪到攻击源。随着单点拒绝服务式攻击的缺陷逐渐暴露出来,出现了一种新的基于拒绝服务攻击的攻击样式-分布式拒绝服务攻击 DDoS(Distributed De-nial of Service)。DDoS 在 1999 年就已经出现,当时有人利用了 200 多个远程系统对一台位于美国明尼苏达州的服务器进行了拒绝服务攻击。而在 2000 年的 2 月份,更多的人开始利用DDos 对 Buy.com、Yahoo 等国际大型网站进行远程攻击,从而导致了这些大型网站长时间无法正常工作,其经济损失高达数百万美元。分布式拒绝服务攻击本质上是拒绝服务攻击的一种延伸,因为这种攻击方式可以协同多台主机或网络同时发起攻击,所以其威力较以往的拒绝服务攻击大得多。攻击发起者可以使用分布式拒绝服务攻击工具,同时控制成百上千的攻击源,对某个特定服务器发起进攻。而且,DDos其表现形式也是多种多样的,它可以将拒绝服务攻击的多种手段综合利用。

10.3.2　网络欺骗攻击

欺骗攻击技术是针对网络协议的缺陷,采用某种欺骗的手段,以截获信息或取得特权的攻击方式。主要的欺骗攻击方式有IP欺骗、ARP欺骗、DNS欺骗、电子邮件欺骗、Web欺骗等。

1)IP欺骗

IP欺骗就是利用伪造的数据包中的源IP地址进行的攻击方式,不过这种攻击方式要有两个前提条件,第一,攻击主机与被攻击主机间要存在IP地址的认证授权访问;第二,通信协议不对源IP地址进行达到性判断。

2)ARP欺骗攻击

在局域网中,通信前必须通过ARP协议来完成IP地址转换为第二层物理地址(即MAC地址)。ARP协议对网络安全具有重要的意义,但是当初ARP方式的设计没有考虑到过多的安全问题,给ARP留下很多的隐患。ARP欺骗攻击就是利用该协议漏洞,通过伪造IP地址和MAC地址实现ARP欺骗的攻击技术。

3)DNS欺骗攻击

DNS欺骗,即域名信息欺骗,是最常见的DNS安全问题。当一个DNS服务器掉入陷阱,使用了来自一个恶意DNS服务器的错误信息,那么该DNS服务器就被欺骗了。DNS欺骗会使那些易受攻击的DNS服务器产生许多安全问题,如将用户引导到错误的互联网站点,或者发送电子邮件到未经授权的邮件服务器。

4)电子邮件欺骗

攻击者使用电子邮件欺骗有三个目的:第一,隐藏自己的身份。第二,如果攻击者想冒充别人,他能假冒那个人的电子邮件。使用这种方法,无论谁接收到这封邮件,他会认为它是攻击者冒充的那个人发的。第三,电子邮件欺骗能被看做是社会工程的一种表现形式。例如,如果攻击者想让用户发给他一份敏感文件,攻击者伪装他的邮件地址,使用户认为这是老板的要求,用户可能会发给他这封邮件。

5)Web欺骗

(1)基本的网站欺骗。攻击者会利用现在注册一个域名没有任何要求的现状,抢先或特别设计注册一个非常类似的有欺骗性的站点。当一个用户浏览了这个假冒地址,并与站点作了一些信息交流,如填写了一些表单,站点会给出一些响应的提示和回答,同时记录下用户的信息,并给这个用户一个cookie,以便能随时跟踪这个用户。典型的例子是假冒金融机构,偷盗客户的信用卡信息。

(2)man-in-the-middle攻击

所有不同类型的攻击都能使用man-in-the-middle攻击,不止是Web欺骗。在man-in-the-middle攻击中,攻击者必须找到自己的位置,以使进出受害方的所有流量都经过他。攻击者可通过攻击外部路由器来实现,因为所有进出公司组织的流量不得不经过这个路由器。

(3)URL重写。在URL重写中,就像在攻击中一样,攻击者把自己插入到通信流中,唯一不同的是,在攻击中,当流量通过互联网时,攻击者必须在物理上能够截取它。在URL重写中,攻击者能够把网络流量转到攻击者控制的另一个站点上。

这样,当用户与访问站点进行安全链接时,就会毫不防备地进入攻击者的服务器,于是用户的所有信息便处于攻击者的监视之中。

6)非技术类欺骗

攻击者设法伪装自己的身份并设计让受害人泄密私人信息。这些攻击的目标是搜集信息来侵入计算机系统的,通常通过欺骗某人使之泄露出口令或者在系统中建立一个新账号。其他目标是侦察环境,找出安装了什么硬件和软件,服务器上装载了什么补丁等。

10.3.3 缓冲区溢出攻击

缓冲区溢出(buffer overflow)攻击作为目前一种主要的攻击手段,其应用也较为广泛。攻击发起者可以利用这种攻击方式获取某台计算机的一定控制权限,由此可见这种攻击方式对网络安全构成了巨大的威胁。

缓冲区溢出攻击有很多种方法,按照填充数据溢出的缓冲区位置来分,可以将缓冲区溢出分为静态数据区溢出、堆溢出和栈溢出,还有一种溢出类形式是格式化字符串溢出,事实上可以将这种溢出方式看做栈溢出的特例;按攻击发起者将程序流程重新定义的方式来看,缓冲区溢出攻击有跳转执行系统中已经加载了的代码的方式、也有直接注入攻击发起者自己代码的方式;依据攻击发起者使用缓冲区溢出漏洞的外部条件的不同,可以分为远程缓冲区溢出及本地缓冲区溢出。

10.4 防火墙技术

防火墙是一种连接内部网络和外部网络的关卡,提供对进入内部网络连接的访问控制能力。它能够根据预先定义的安全策略,允许合法连接进入内部网络,阻止非法连接,抵御黑客入侵,保护内部网的安全。尽管近年来各种网络安全技术不断涌现,但到目前为止防火墙仍然是网络中保护系统安全最常用的技术。

10.4.1 防火墙的概念

"防火墙"一词源于我国古代,它是一道隔在房屋之间的墙壁,当有房屋失火的时候防止火势蔓延到附近的房屋。当今应用于网络的防火墙,也是一种屏障,只不过它隔离的是被保护网络(内部网络)和外部网络,像在两个网络之间设置了一道关卡。内部网络被认为是安全和可信赖的,而外部网被认为是不安全和不可信赖的。防火墙的作用是防止不希望的、未经授权的通信进出内部网络,通过边界控制来达到内部网络的安全政策。防火墙的安放位置是可信网络和不可信网络的边界,它所保护的对象是网络中有明确闭合边界的网段。

如图10.1所示,防火墙的安放位置是可信网络和不可信网络的边界,它被设计为只运行专用的访问控制软件的设备,而没有其他的服务,因此也就意味着相对少一些缺陷和漏洞。防火墙是可信网络通向不可信网络的唯一出口,在被保护网络周边形成被保护保护网与外部网络隔离,防范来自被保护网络外部的对保护网络安全的威胁。如果采用了防火墙,可信网络中的主机将不在直接暴露给来自不可信网络的攻击。因此,对内部网络主机的安全管理就变成了对防火墙的管理,这样就使安全管理更加易于控制,也使可信网络更加安全。

一个防火墙系统需要具备功能如下。

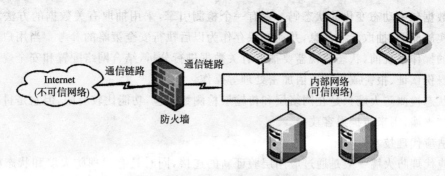

（1）访问控制功能。这是防火墙最基本也是最重要的功能。

（2）内容控制功能。通过控制可信任网络与不可信任网络之间的通信内容来保证信息的安全。

（3）全面的日志功能。防火墙需要完整地记录网络访问情况，对网络进行监控，一旦发生入侵或是遭到破坏，就可以对日志进行审计和查询。

（4）集中的管理功能。一个网络系统不是单个简单的计算机，防火墙也可能不只一台，所以防火墙必须易于集中管理，这样更方便，更人性化。

（5）自身的安全和可用性。防火墙首先要保证自身的安全，才能真正起到对整个安全体系的保护。另外，防火墙也要保证可用性，如果网络连接中断，防火墙的使用也就失去了意义。

（6）随着防火墙功能的强大，防火墙也渐渐融合了一些设备的功能，如流量控制，网络地址转换 NAT（Network Address Translation），虚拟专用网 VPN（Virtual Private Network）。

10.4.2　防火墙技术

防火墙的种类多种多样，在不同的发展阶段，采用的技术也各不相同，因而也就产生了不同类型的防火墙。

1）包过滤技术

包过滤就是根据数据包头信息和过滤规则决定是否允许数据包通过防火墙。当数据包到达防火墙时，防火墙就检查数据包包头的源地址、目的地址、源端口、目的端口及其协议类型。若是可信连接，就允许通过，否则就丢弃。

包过滤最大的优点是对用户透明，传输性能高。但只能进行较为初步的安全控制，对于恶意的拥塞攻击、内存覆盖攻击或病毒等高层次的攻击手段，则无能为力。而且不具备用户身份认证功能，不具备检测通过高层协议实现的安全攻击的能力。

2）应用代理技术

应用层代理防火墙也被称为应用层网关，这种防火墙的工作方式同包过滤防火墙的工作方式具有本质区别。代理服务器是运行在防火墙主机上的专门的应用程序或者服务器程序。应用层代理为一特定应用服务提供代理，它对应用协议进行解析并解释应用协议的命令。应用层代理防火墙的优点是能解释应用协议，支持用户认证，从而能对应用层的数据进行更细粒度的控制。缺点是效率低，不能支持大规模的并发连接，只适用于单一协议。

3）状态检测技术

状态检测防火墙也叫自适应防火墙。状态检测防火墙在包过滤的同时，检查数据包之间的关联性和数据包中动态变化的状态码。它有一个检测引擎,采用抽取有关数据的方法对网络通信的各层实施监测,抽取状态信息,并动态保存作为以后执行安全策略的参考。当用户访问请求到达网关的操作系统前,状态监视器要抽取有关数据进行分析,结合网络配置和安全规定做出接纳、拒绝、身份认证、报警或给该通信加密处理等操作。

虽然状态检测防火墙只是在网络层和传输层检测数据包,功能比较有限,但它是目前使用最为广泛的防火墙,用来防护黑客攻击。

4)自适应代理技术

自适应代理防火墙一般是通过应用层验证新的连接,同时具有代理防火墙和状态检测防火墙的特性。防火墙能够动态地产生和删除过滤规则。由于这种防火墙将后续的安全检查重定向到网络层,使用包过滤技术,因此对后续的数据包的应用层数据没有进行有效地检查。同样,由于使用了代理技术,而代理技术不能检测未知的攻击行为。

5)内容过滤技术

目前越来越多的攻击出现在应用层。由于应用层协议较底层多而复杂,有较大的发挥空间,大量的网络攻击利用应用系统的漏洞来实现,这逐渐演变为一种趋势,危害力也越来越大。兼顾对网络层和运输层的保护的同时,对应用层的安全检测也变得至关重要,其性能好坏成为衡量防火墙产品安全性能的重要因素。

保护应用层的有效手段是对应用层的数据进行内容过滤。内容过滤和信息检索有着极为密切的联系,内容过滤本质是建立在信息检索的基础之上。但信息检索领域所关心的信息需求是用户感兴趣的信息,网络安全领域中的内容过滤所表达的是用户不需要的信息。另外,信息检索对内容过滤的时间要求不严格,甚至可以定期在后台进行,而网络安全对内容过滤有实时性要求。

内容过滤技术一般包括 URL 过滤、关键词匹配、图像过滤、模板过滤和智能过滤等。目前内容过滤技术还处于初级阶段,图像过滤和模板过滤还处于理论研究阶段,许多技术瓶颈尚未解决,实际应用并不多见。智能过滤同样只限于研究领域,没有大量应用。相比之下,URL 过滤和关键词匹配基本成熟。其中,URL 过滤已经成为内容过滤产品的基本功能,但其主要用途在于访问控制而不是内容安全。所以,提供关键词过滤或应用层命令、病毒、攻击代码扫描和垃圾邮件过滤的功能是防火墙的发展趋势。

10.4.3　防火墙的体系结构

目前,防火墙的体系结构一般有以下几种:双重宿主主机体系结构、被屏蔽主机体系结构和被屏蔽子网体系结构。

1. 双重宿主主机体系结构

双重宿主主机体系结构是围绕具有双重宿主的主机计算机而构筑的,该计算机至少有两个网络接口。这样的主机可以充当与这些接口相连的网络之间的路由器;它能够从一个网络到另一个网络发送 IP 数据包。然而,实现双重宿主主机的防火墙体系结构禁止这种发送功能。因而,IP 数据包从一个网络(如 Internet)并不是直接发送到其他网络(如内部的、被保护的网络)。防火墙内部的系统能与双重宿主主机通信,同时防火墙外部的系统(在因特网上)能与双重宿主主机通信,但是这些系统不能直接互相通信。它们之间的 IP 通信被完全阻止。

双重宿主主机的防火墙体系结构是相当简单的:双重宿主主机位于两者之间,并且被连接到因特网和内部的网络,如图 10.2 所示。

2. 屏蔽主机体系结构

双重宿主主机体系结构提供来自与多个网络相连的主机的服务(但是路由关闭),而被屏蔽主机体系结构使用一个单独的路由器提供来自仅仅与内部的网络相连的主机的服务,如图 10.3 所示。在这种体系结构中,主要的安全由数据包过滤。在屏蔽的路由器上的数据包过滤是按这样一种方法设置的:即堡垒主机是因特网上的主机能连接到内部网络上的系统的桥梁(如传送进来的电子邮件)。即使这样,也仅有某些确定类型的连接被允许。任何外部的系统试图访问内部的系统或者服务将必须连接到这台堡垒主机上。因此,堡垒主机需要拥有高等级的安全。数据包过滤也允许堡垒主机开放可允许的连接(什么是"可允许"将由用户的站点的安全策略决定)到外部世界。

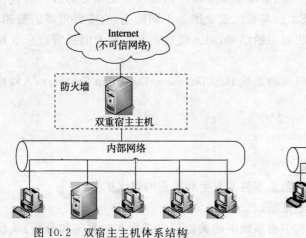

图 10.2 双宿主主机体系结构

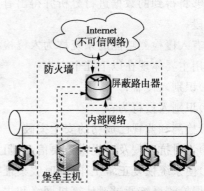

图 10.3 屏蔽主机体系结构

3. 屏蔽子网体系结构

屏蔽子网体系结构添加额外的安全层到被屏蔽主机体系结构,即通过添加周边网络更进一步地把内部网络与 Internet 隔离开,如图 10.4 所示。

堡垒主机是用户的网络上最容易受侵袭的机器。如果在屏蔽主机体系结构中,用户的内部网络对来自用户的堡垒主机的侵袭门户洞开,那么用户的堡垒主机是非常诱人的攻击目标。在它与用户的其他内部机器之间没有其他的防御手段时(除了它们可能有的主机安全之外,这通常是非常少的)。如果有人成功地侵入屏蔽主机体系结构中的堡垒主机,那就毫无阻挡地进入了内部系统。通过在周边网络上隔离堡垒主机,能减少在堡垒主机上侵入的影响。可以说,它只给入侵者一些访问的机会,但不是全部。屏蔽子网体系结构最简单的形式为,两个屏蔽路由器,每一个都连接到周边网络。一个位于周边网络与内部网络之间,另一个位于周边

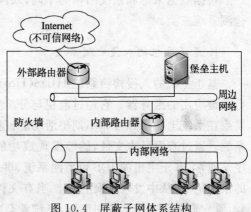

图 10.4 屏蔽子网体系结构

网络与外部网络之间。为了侵入用这种类型的体系结构构筑的内部网络,侵袭者必须要通过两个路由器。即使侵袭者设法侵入堡垒主机,他仍然必须通过内部路由器。在此情况下,没有损害内部网络的单一的易受侵袭点。作为入侵者,只是进行了一次访问。

10.5　入侵检测技术

网络安全技术发展到今天,除了防火墙和杀毒系统的防护,入侵检测技术也成为抵御黑客攻击的有效方式,被认为是防火墙之后的第二道安全闸门。

10.5.1　入侵检测的概念

入侵检测 ID(Intrusion Detection)技术主要是通过对计算机网络或计算机系统中的若干关键点收集信息并对其进行分析,从中发现网络或系统中潜在的违反安全策略的行为和被攻击的迹象,并有针对性地进行防范的一种技术。与其他安全措施不同的是,它需要更多的智能模块,以便能够将得到的数据进行分析并得出有用的结果,对入侵攻击行为能及时报警或采取相应的防护手段。

具有入侵检测功能的系统称为入侵检测系统 IDS(Intrusion Detection System),入侵检测系统的作用主要体现在以下几个方面:

(1)识别入侵者;

(2)识别入侵行为;

(3)检测和监视已成功的安全突破;

(4)为对抗入侵及时提供重要信息,阻止事件的发生和事态的继续扩大;

(5)使系统恢复正常工作,同时收集证据。

入侵检测系统通过对计算机网络和主机系统中的关键信息进行实时采集和分析,从而判断出非法用户入侵和合法用户滥用资源的行为,并做出适当响应。它在传统的网络安全技术的基础上,实现了检测与响应,起着主动防御作用,从而使得对网络安全事故的处理,由原来的事后发现发展到事前报警、自动响应,并可以为追究入侵者的法律责任提供有效证据。因此,入侵检测技术的出现使网络安全领域的研究进入了一个新的阶段。

10.5.2　入侵检测系统分类

根据数据来源和系统结构的不同,入侵检测系统可以分为基于主机、基于网络和混合性入侵检测系统三类。

1. 基于主机的入侵检测系统

基于主机的入侵检测系统 HIDS(Host-based Intrusion Detection System)主要用于保护运行关键应用的服务器。它通过监视与分析主机的审计记录和日志文件来检测入侵。日志中包含发生在系统上的不寻常和不期望活动的证据,这些证据可以指出有人正在入侵或已成功入侵了系统。通过查看日志文件,能够发现成功的入侵或入侵企图,并很快地启动相应的应急响应程序。通常,基于主机的 IDS 可监测系统、事件和 Windows NT 下的安全记录以及 UNIX 环境下的系统记录,从中发现可疑行为。当有文件发生变化时,IDS 将新的记录条目与攻击标记相比较,看它们是否匹配。如果匹配,系统就会向管理员报警并向别的目标报告,以采取措施。对关键系统文件和可执行文件的入侵检测的一个常用方法,是通过定期检查和校验来进行的,以便发现意外的变化。反应的快慢与轮询间隔的频率有直接的关系。此外,许多 IDS 还监听主机端口的活动,并在特定端口被访问时向管理员报警。

HIDS 主要有易于用户定制、不受网络带宽限制、误报率低、视野集中等优点。但是构建 HIDS 成本高,对操作系统依赖性高,系统负荷比较大。

2. 基于网络的入侵检测系统

近年来,随着网络的迅速普及应用,来自网络的入侵事件逐渐成为信息系统的最大威胁,基于网络的入侵检测系统 NIDS(Network Intrusion Detection System)已经成为当前 IDS 发展的主要趋势。NIDS 放置在比较重要的网段内,通过线路窃听的手段对截获的网络分组进行处理,从中提取有用的特征模式,再通过与已知入侵特征相匹配或与正常网络行为原型相比较来识别入侵事件。NIDS 根据网络流量、协议分析、简单网络管理协议信息等数据来检测入侵,如 NET-STAT。基于网络的入侵检测系统搜集来自网络层的信息。这些信息通常是通过使用嗅探技术,从混杂模式的网络接口中获得。基于网络的入侵检测系统位于客户端与服务端的通信链路中央,它可以访问到通信链路的所有层次。因此可以监视和检测网络层的攻击。

NIDS 具有如下优点:成本较低、容易部署;不增加网络中主机的负载;便于取证;操作系统无关性;隐蔽性好等。但是 NIDS 由于其自身检测条件的限制,其也存在着一些缺点,如受限于高速网络、不适合交换网络、不适合加密环境、误报率较高。

3. 混合型

混合型是基于主机和基于网络的入侵检测系统的结合,它为前两种方案提供了互补,综合了 HIDS 和 NIDS 两种结构特点的入侵检测系统,既可发现网络中的攻击信息,也可从系统日志中发现异常情况。一个完备的入侵检测系统应该是基于主机和基于网络两种方式兼备的分布式系统。

10.5.3 入侵检测的方法

入侵检测技术是入侵检测系统的核心,它直接关系到攻击的检测效果、效率、误报率等性能。入侵检测方法主要分为异常检测技术、误用检测技术两大类。两种类型的入侵检测方法也可以结合起来,共同构建混合类型的入侵检测系统。

1. 异常检测

异常检测(abnormal detection)假设入侵者活动异常于正常主体的活动。根据这一理念事先建立对系统正常活动行为的描述,通过分析各种收集到的信息,标识出那些与系统正常行为偏离很大的行为并被视为可能的入侵企图。

正常行为的描述包括 CPU 利用率、内存利用率、文件校验和用户行为等。对正常行为的描述过程可以人为定义,也可以利用程序来收集、处理系统行为的特征,并用统计的方法自动获得。这种检测方法的难题在于如何定义所谓的"正常"行为以及如何设计统计算法,从而不把正常的操作作为"入侵"或忽略真正的"入侵"行为。

异常检测与系统相对无关,通用性较强。它甚至有可能检测出以前未出现过的攻击方法,不像滥用检测那样受已知脆弱性的限制。但因为很难对整个系统内的所有用户行为进行全面而准确的描述,况且每个用户的行为是经常改变的,所以它的主要缺陷在于误报率很高。

2. 误用检测

误用检测(misuse detection)也被称为基于特征检测,主要是假设入侵者活动可以用一种模式来表示,系统的目标就是检测主体活动是否符合这些模式。

误用检测与杀毒软件的方法有些相似,它基于已知的系统缺陷和攻击模式预先把攻击方法以某种模式或特征表示出来,检测时将收集到的信息与已知的攻击模式或特征进行匹配,从而可以判断是否存在入侵行为。用来检测攻击特征的是过滤器(或称预处理器),它把攻击特征的描述转换成机器可读的代码或查询表。

误用检测的关键在于是否能够准确的描述攻击模式。误用检测需要构造完备的知识特征库,通过依据具体的特征库进行判断,一般检测准确度都很高。并且因为检测结果有明确的参照,也为系统管理员采取相应措施提供了方便。同时相对于异常检测,其开发难度较小。但是误用检测的难点在于如何将具体入侵手段准确的抽象成知识特征,同时又不会将正常的活动行为包含进来,如果抽象出的特征不够准确,则在检测时就会产生大量的误报。由于误用检测其自身检测条件的限制,当出现新的攻击并且该攻击模式还未被加入到知识特征库中时,误用检测则对此类攻击无能为力。

误用检测可以直接识别攻击,误报率低;缺点是只能检测已定义的攻击方法,对新的攻击方法无能为力,必须及时更新模式库。

10.5.4　入侵检测体系结构

Dorothy Denning 在 1987 年提出了 IDS 的通用模型 CIDF(Common Intrusion Detection Framework),它将入侵检测系统分为:事件产生器、事件分析器、事件数据库、响应单元和目录服务器组成。CIDF 将 IDS 需要分析的数据统称为事件,它既可是网络中的数据包,也可是从审计日志等其他途径中获得的信息。CIDF 定义的入侵检测系统体系结构如图 10.5 所示。

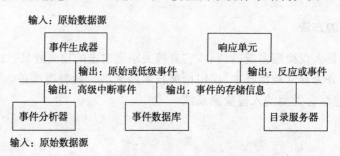

图 10.5　入侵检测系统体系结构图

(1)事件生成器:它是采集和过滤事件数据的程序或模块。负责收集原始数据,它对数据流、日志文件等进行追踪,然后将搜集到的原始数据转换成事件,并向系统的其他部分提供此事件。

(2)事件分析器:事件分析器是分析事件数据和任何 CIDF 组件传送给它的各种数据。例如,将输入的事件进行分析,检测是否有入侵的迹象,或描述对入侵响应的响应数据,都可以发送给事件分析器进行分析。

(3)事件数据库:负责存放各种原始数据或已加工过的数据。它从事件产生器或事件分析器接收数据并进行保存,它可以是复杂的数据库,也可以是简单的文本。

(4)响应单元:是针对分析组件所产生的分析结果,根据响应策略采取相应的行为,发出命令响应攻击。

(5)目录服务器:目录服务器用于各组件定位其他组件,以及控制其他组件传递的数据并认证其他组件的使用,以防止入侵检测系统本身受到攻击。目录服务器组件可以管理和发布密钥,提供组件信息和用户组件的功能接口。

在 CIDF 模型中,事件数据库是核心。事件数据库体现了 IDS 的检测能力。但 CIDF 目前还不成熟,仍在不断地改进和完善之中,然而它是入侵检测领域最具影响力的建议,CIDF 很可能会成为未来的 IDS 国际通用标准。

10.6　密码学基础

密码技术是保护信息安全的主要手段之一,它是集数学、计算机科学、电子与通信等诸多学科于一身的交叉学科。它不仅具有保证信息机密性的信息加密功能,而且具有数字签名、身份验证等功能。使用密码技术不仅可以保证信息的机密性,而且可以保证信息的完整性和正确性。

10.6.1　加密的概念

加密作为保障数据安全的一种方式,其起源可以追溯于公元前 2000 年,虽然它不是现在所讲的加密技术(甚至不叫加密),但作为一种加密的概念,确实早在几个世纪前就诞生了。埃及人是最先使用特别的象形文字作为信息编码的,随着时间推移,巴比伦、美索不达米亚和希腊文明都开始使用一些方法来保护他们的书面信息。

简单地说,加密就是把数据信息(称为明文)转换为不可辨识形式(称为密文)的过程,使不应该了解该数据的人不能够知道和识别。将密文转变为明文,就是解密的过程。加密和解密过程组成加密系统,明文和密文称为报文。加密系统基本上由以下四个部分组成。

(1)待加密的报文,即明文;

(2)加密后的报文,即密文;

(3)加密、解密装置或算法;

(4)用于加密和解密的密钥。它可以是数字、词汇或语句。

密码在早期仅对文字或数码进行加、解密变换,随着通信技术的发展,对语音、图像、数据等都可实施加、解密变换。

密码技术是信息安全的核心技术。如今,计算机网络环境下信息的保密性、完整性、可用性和抗抵赖性,都需要采用密码技术来解决。密码体制大体分为对称密码(私钥密码)和非对称密码(公钥密码)两种。公钥密码由于加密效率低,因而在信息安全中主要担负密钥协商、数字签名、消息认证等重要角色,加密数据量一般较小,而对称密码加密效率较高,通常用于数据量大的场合,对称密码和非对称密码一般结合起来使用。

10.6.2　对称密码算法

对称密码算法是传统的算法。它就是用加密数据所使用的密钥可以计算出用于解密数据的密钥,反之亦然。绝大多数对称加密算法的加密密钥和解密密钥都是相同的。对称加密算法要求通信双方在建立安全信道之前,约定好所使用的密钥。对于好的对称加密算法,其安全性完全决定于密钥的安全,算法本身是可以公开的,因此一旦密钥泄漏就等于泄漏了被加密的信息。图

10.6 所示为对称加密/解密的原理。

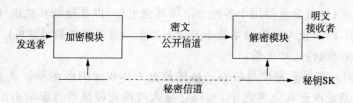

图 10.6 对称加密/解密过程示意图

图 10.6 中 SK 为秘密密钥,SK 密钥的传递通过秘密的物理信道。

常见的对称密码算法有 DES 算法及其各种变形、FEALN、RC4 和 RC5 等算法。DES 是目前应用最普遍,研究最透彻的对称加密算法。

10.6.3 非对称密码算法

非对称加密算法也称公钥密码算法,由 Niffie 和 Hellman 1976 年提出,用于加密的密钥与用于解密的密钥是不同的,而且从加密的密钥无法推导出解密的密钥。这类算法之所以被称为公钥算法是因为用于加密的密钥是可以广泛公开的,任何人都可以得到加密密钥并用来加密信息,但是只有拥有对应解密密钥的人才能将信息解密。

传统的对称加密算法中,如果密钥在分发、传发时泄漏,则整个安全体系毁于一旦。非对称加密成功地避开了对称加密中存在的密钥管理复杂的问题。非对称加密过程如图 10.7 所示。

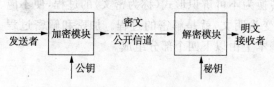

图 10.7 非对称加密/解密过程示意图

公钥加密也存在很多算法,如 RSA、背包密码、McEliece 密码、Diffe-Hellman、椭圆曲线等。其中 RSA 算法是最有代表性的一种。

非对称加密算法具有算法复杂,加密数据速度和效率较低,加密密文较长的缺点。因此,在实际应用中往往采用对称和非对称加密相结合的方式,提高系统的效率和可实施性。

10.6.4 公钥基础设施

公钥基础设施(PKI)是基于公钥理论和技术建立起来的安全体系,是提供普适性安全服务的安全基础设施。PKI 是一种遵循既定标准的密钥管理平台,能够为所有网络应用提供信息加密、身份认证和数字签名等密码服务以及所必需的密钥和证书管理体系。

PKI 的核心是要解决信息互联网络中的信任问题,确定信息网络空间中各种行为主体身份的唯一性、真实性和合法性,保护信息网络空间中各种主体的安全利益。一个有效的 PKI 系统必须是安全的和透明的,用户在获得加/解密服务时,不需要详细地了解 PKI 是怎样管理证书和密钥的。一个典型、完整、有效的 PKI 应用系统至少应具有以下功能:公钥密码证书管理;黑名单的发布和管理;密钥的备份和恢复;自动更新密钥;自动管理历史密钥;支持交叉认证。

PKI 在实际应用上是一套软硬件系统和安全策略的集合,它提供了一整套安全机制,使用户在不知道对方身份或分布地很广的情况下,以证书为基础,通过一系列的信任关系进行通信和电子商务交易。一个典型的 PKI 系统包含认证机构 CA、证书和证书库、密钥备份与恢复系统、证书撤销与密钥更新机制、PKI 应用接口系统等基本构成部分。

认证机构 CA(Certificate Authority)：它是 PKI 的核心组成部分和执行机构，它是数字证书的颁发中心，CA 必须具备权威性的特征。从广义上讲，认证中心还应包括证书申请注册机构 RA(Registration Authority)，它是数字证书的注册、审批机构证书和证书库。证书是数字证书或电子证书的简称，它符合 X.509 标准，是网上实体身份的证明。证书是由具备权威性、可信任性和公正性的第三方机构签发的，它是权威性的电子文档。证书库是 CA 颁发证书和撤销证书的集中存放地，用于存储已签发的数字证书及公钥，用户可由此获得所需的其他用户的证书及公钥。

密钥备份及恢复系统：密钥备份及恢复是密钥管理的主要内容，用户由于某些原因将解密数据的密钥丢失，从而使已被加密的密文无法解开，这将造成合法数据丢失。为避免这种情况的发生，PKI 提供了密钥备份与密钥恢复机制：当用户证书生成时，加密密钥即被 CA 备份存储；当需要恢复时，用户只需向 CA 提出申请，CA 就会为用户自动进行恢复。但须注意，密钥的备份与恢复必须由可信的机构来完成。并且，密钥备份与恢复只能针对解密密钥，签名私钥为确保其唯一性而不能够作备份。

证书撤销与密钥更新机制：证书撤销处理系统是 PKI 的一个必备的组件。与日常生活中的各种身份证件一样，证书有效期以内也可能需要作废，原因可能是密钥介质丢失或用户身份变更等。为实现这一点，PKI 必须提供作废证书的一系列机制。另外，一个证书的有效期是有限的，这种规定在理论上是基于当前非对称算法和密钥长度的可破译性分析，在实际应用中是由于长期使用同一个密钥有被破译的危险，因此，为了保证安全，证书和密钥必须有一定的更换频度。为此，PKI 对已发的证书必须有一个更换措施，这个过程称为"密钥更新或证书更新"。证书更新一般由 PKI 系统自动完成，不需要用户干预。即在用户使用证书的过程中，PKI 也会自动到目录服务器中检查证书的有效期，当有效期结束之前，PKI/CA 会自动启动更新程序，生成一个新证书来代替旧证书。

应用接口(API)：PKI 的价值在于使用户能够方便地使用加密、数字签名等安全服务，因此一个完整的 PKI 必须提供良好的应用接口系统，满足查询证书和相关证书的撤销信息、证书路径处理以及对特定文档提供时间戳请求等需求，使得各种各样的应用能够以安全、一致、可信的方式与 PKI 交互，确保安全网络环境的完整性和易用性。

通常来说，CA 是证书的签发机构，它是 PKI 的核心。众所周知，构建密码服务系统的核心内容是如何实现密钥管理。公钥体制涉及一对密钥(即私钥和公钥)，私钥只由用户独立掌握，无须在网上传输，而公钥则是公开的，需要在网上传送，故公钥体制的密钥管理主要是针对公钥的管理问题，目前较好的解决方案是数字证书机制。

本 章 小 结

随着信息和网络技术的发展，计算机安全和保密问题日益受到关注。保证网络上的信息安全，就是要保证信息安全的基本特征发挥作用，即完整性、保密性、可用性、不可否认性及可控性。在开放式的计算机网络中，存在各种安全威胁，包括窃听、恶意攻击、恶意软件、冒充等。本章对计算机病毒、蠕虫、木马、后门四种典型的恶意软件的原理及特征进行了简单介绍。对拒绝服务攻击、网络欺骗攻击和缓冲区溢出攻击三种攻击类型的原理或分类进行了阐述。

为了保障网络安全，本章重点介绍了防火墙技术、入侵检测技术两种安全保障技术的原理、分类及体系结构。密码技术是保护信息安全的主要手段之一,信息的保密性、完整性、可用性都需要采用密码技术解决。本章最后讨论了对称密钥算法、非对称密钥算法及公钥基础设施 PKI。

习 题

1. 什么是信息安全? 具有什么特征?
2. 威胁网络安全的因素有哪些?
3. 什么是恶意软件? 调研最近一些恶意软件破坏的例子。
4. 网络攻击有什么类型?
5. 什么是防火墙? 具有什么功能?
6. 有哪些防火墙技术?
7. 什么是入侵检测? 如何分类?
8. 加密的过程是什么? 有哪些密码算法,写一份调研报告。

第11章 软 件 工 程

在现代社会中,软件应用于多个方面。典型的软件有电子邮件、嵌入式系统、人机界面、办公套件、操作系统、编译器、数据库和游戏等。同时,各个行业几乎都有计算机软件的应用,如工业、农业、银行、航空和政府部门等。这些应用促进了经济和社会的发展,使得人们的工作更加高效,同时提高了生活质量。但随着软件功能的日益强大,软件的复杂性越来越高,人们的软件开发能力就显得力不从心,相对于计算机硬件的发展,软件技术的发展存在着"瓶颈":软件的可靠性没有保障、维护费用不断上升、开发进度和成本难以控制等。为了扭转这种局面,自20世纪60年代末以来,人们十分重视软件开发方法、工具和环境的研究,并在这些领域取得了一些重要的成果。本章主要介绍软件和软件工程的基本概念、软件过程模型,软件开发方法学、软件项目管理方面的原理,为今后学习软件工程、UML以及进行课程设计奠定基础。

11.1 软件危机和软件工程

由于软件开发时缺少好的方法指导和工具的辅助,同时又缺少必要的文档,使得软件难以维护,这些问题严重制约了软件的发展。人们在认真地分析了软件危机的原因之后,开始探索用工程的方法进行软件开发的可能性,即用现代工程的概念、原理、技术和方法进行计算机软件的开发、管理、维护和更新。于是,计算机科学技术的一个新领域——"软件工程"诞生了。

11.1.1 软件危机

20世纪60年代以前,计算机刚刚投入实际使用,软件设计往往只是为了一个特定的应用而在指定计算机上设计和编制,采用密切依赖于计算机的机器代码或汇编语言,软件的规模比较小,文档资料通常也不存在,很少使用系统化的开发方法,设计软件往往等同于编制程序,基本上是个人设计、个人使用、个人操作、自给自足的私人化的软件生产方式。到了60年代中期,大容量、高速度计算机的出现,使计算机的应用范围迅速扩大,软件开发急剧增长。高级语言开始出现;操作系统的发展引起了计算机应用方式的变化;大量数据处理导致第一代数据库管理系统的诞生。软件系统的规模越来越大,复杂程度越来越高,软件可靠性问题也越来越突出。

在那个时代,很多的软件最后都得到了一个悲惨的结局。很多的软件项目开发时间大大超出了规划的时间。一些项目导致了财产的流失,甚至某些软件导致了人员伤亡。同时软件开发人员也发现软件开发的难度越来越大。

IBM/360被认为是一个典型的案例。IBM/360系统由4000多个模块组成,约100万条指令,开发总投资5亿美元。在研制期间,布鲁克斯主持了这个项目,率领着2000名程序员夜以继日地工作,仅OS/360操作系统的开发就用了5000个人年(1个人年为一个人工作一年的工作量)。但这个操作系统每次发行的新版本都是从前一版本中找出上千个程序错误而修正的结果。如今经历了数十年,这个极度复杂的软件项目甚至产生了一套不包括在原始设计方案之中的工作系统。

软件的错误可能导致巨大的财产损失。1996 年 6 月 4 日,在欧洲阿里亚娜火箭的首次航行中,发射大约飞行了 40 秒后开始偏离航向,在地面控制系统的引导下,火箭通过远程控制被销毁。销毁这个未保过险的火箭不仅损失了火箭本身,而且也损失了它装载的 4 颗卫星。这次灾难在当时共造成 50 亿美元的损失。从火箭导航系统到它各个组成部分的运行,几乎所有方面都与软件有关。火箭发射的失败及随后的销毁涉及很多与软件质量有关的问题。调查委员会在调查原因时,把重点放在了软件质量及软件质量保证上。

软件的错误也会导致人员伤亡。1995 年 12 月泛美航空公司喷气式飞机在机长输入目的地 Cali 的坐标之后不久,在哥伦比亚坠毁,致使机上 163 人中除 4 人生还外,其余全部丧生。美国调查人员总结说,虽然机长以为他输入了正确的目的地坐标,但是,在大多数南美洲的航空图上,Cali 的单字母编码与波哥大(Bogota)的编码相同,而波哥大位于相反方向的 132 英里处。正是波哥大的坐标引导飞机撞到了山上。计算机的数据库和航空图的不一致造成了这场悲剧。另一个在软件工程界被大量引用的案例是 Therac-25 事故。Therac-25 是加拿大原子能有限公司所生产的一种辐射治疗的机器。由于其软件设计时的瑕疵,致命地超过剂量设定导致在 1985 年 6 月到 1987 年 1 月之间,造成 6 件患者死亡或严重辐射灼伤的医疗事故。事后的调查发现整个软件系统没有经过充分的测试,而最初所做的 Therac-25 全分析报告中有关系统安全分析只考虑了系统硬件,没有把计算机故障(包括软件)所造成的隐患考虑在内。

这一系列在计算机软件的开发和维护过程中所遇到的一系列严重问题,称为软件危机。这类问题绝不仅仅是"不能正常运行的软件"才具有的,实际上几乎所有软件都不同程度地存在这类问题。软件危机从计算机诞生的那一天起就出现了,只不过到了 1968 年,北大西洋公约组织的计算机科学家在联邦德国召开的国际学术会议上第一次提出了"软件危机"(software crisis)这个名词。

具体地说,软件危机主要有下列表现。

(1)软件开发费用和进度失控。费用超支、进度拖延的情况屡屡发生。有时为了赶进度或压成本不得不采取一些权宜之计,这样又往往严重损害了软件产品的质量。

(2)用户对"已完成"系统不满意的现象经常发生。这主要是由于在开发的初期,软件需求不够明确,开发过程中又未能和用户及时交换意见,致使开发出的软件不能满足用户的需求,甚至无法使用。

(3)软件产品的质量往往靠不住。尽管耗费了大量的人力物力,而系统的正确性却越来越难以保证,出错率大大增加,由于软件错误而造成的损失十分惊人。

(4)软件的可维护程度非常之低。很多程序缺乏相应的文档资料,程序中的错误难以定位,难以改正,有时改正了已有的错误又引入新的错误。随着软件的社会拥有量越来越大,维护占用了大量人力、物力和财力。

(5)软件通常没有适当的文档资料。文档资料是软件必不可少的重要组成部分。缺乏必要的文档资料或者文档资料不合格,将给软件开发和维护带来许多严重的困难和问题。

(6)软件成本在计算机系统总成本中所占比例逐年上升。软件开发的生产率每年只以 4%~7% 的速度增长,远远落后于硬件的发展速度;而且软件开发需要大量的人力,软件成本随着通货膨胀、软件规模和数量的不断扩大而逐年上升。

11.1.2 软件工程

1968 年 10 月,NATO 的科技委员会召集了近 50 名一流的程序工程人员、计算机科学家和工业界巨头,讨论和制定摆脱"软件危机"的对策,Fritz Bauer 首次提出了软件工程的概念,他认为:软件工程是为了经济地获得能够在实际机器上高效运行的可靠软件而建立和使用的一系列好的工程化原则。

随后,人们对软件开发是否符合工程化思想这一核心问题进行了长达数年的探索,以及软件工程作为一门学科又和自身特点等问题展开了广泛的讨论和研究,从而形成了软件工程的各种各样定义。

P. Wegtner 和 B. Boehm 曾为软件工程下了定义:运用现代科学技术知识来设计并构造计算机程序及为开发、运行和维护这些程序所必需的相关文件资料。这里的"设计"应该广义地去理解,它包括软件的需求分析和对软件进行修改时所进行的再设计活动。

F. L. Baner 认为,为了经济地获得软件且这个软件是可靠的,并且能在计算机中工作,需要确立健全的工程原理(方法)和过程。

1993 年,IEEE 计算机学会将软件工程定义为:软件工程是将系统化、规范化、可度量的方法应用于软件的开发、运行和维护过程,即将工程化应用于软件方法的研究。

尽管后来又有一些人提出了许多更为完善的定义,但主要思想都是强调在软件开发过程中需要应用工程化的原则。总之,为了解决软件危机,既要有技术措施(包括方法和工具),又要有必要的组织管理措施。软件工程正是从管理和技术两方面研究如何更好地开发和维护计算机软件的一门新兴学科。

11.1.3 软件工程的基本原理

自从 1968 年提出"软件工程"这一术语以来,研究软件工程的专家学者们陆续提出了许多关于软件工程的准则或信条。美国著名的软件工程专家 Boehm 根据自身多年开发软件的经验,同时综合这些专家的意见,于 1983 年提出了软件工程的 7 条基本原理。Boehm 认为,这 7 条原理是确保软件产品质量和开发效率的原理的最小集合。这 7 条原理是相互独立、缺一不可的最小集合,同时又是相当完备的。

下面简要介绍软件工程的 7 条原理。

1. 用分阶段的生命周期计划严格管理

这一条是吸取前人的教训而提出来的。统计表明,50% 以上的失败项目是由于计划不周而造成的。在软件开发与维护的漫长生命周期中,需要完成许多性质各异的工作。这条原理意味着,应该把软件生命周期分成若干阶段,并相应制订出切实可行的计划,然后严格按照计划对软件的开发和维护进行管理。Boehm 认为,在整个软件生命周期中应指定并严格执行六类计划:项目概要计划、里程碑计划、项目控制计划、产品控制计划、验证计划和运行维护计划。

2. 坚持进行阶段评审

当时已经认识到,软件的质量保证工作不能等到编码阶段结束之后再进行。这样说至少有两个理由:第一,大部分错误是在编码之前造成的,如根据 Boehm 等的统计,设计阶段的错误占软件错误的 63%,编码阶段的错误仅占 37%;第二,错误发现与改正得越晚,所需付出的代价越高。因此,在每个阶段都进行严格的评审,以便尽早发现在软件开发过程中所犯的错误,是一条必须遵循的重要原则。

3. 实行严格的产品控制

在软件开发过程中不应随意改变需求，因为改变一项需求往往需要付出较高的代价，但是，在软件开发过程中改变需求又是难免的，由于外部环境的变化，相应地改变用户需求是一种客观需要，显然不能硬性禁止客户提出改变需求的要求，而只能依靠科学的产品控制技术来顺应这种要求。也就是说，当改变需求时，为了保持软件各个配置成分的一致性，必须实行严格的产品控制，其中主要是实行基准配置管理。所谓基准配置又称基线配置，它们是经过阶段评审后的软件配置成分（各个阶段产生的文档或程序代码）。基准配置管理也称为变动控制：一切有关修改软件的建议，特别是涉及对基准配置的修改建议，都必须按照严格的规程进行评审，获得批准以后才能实施修改。绝对不能谁想修改软件（包括尚在开发过程中的软件），就随意进行修改。

4. 采纳现代程序设计技术

从 20 世纪 60、70 年代的结构化软件开发技术，到现在的面向对象技术，从第一、第二代语言，到第四代语言，人们已经充分认识到：方法比气力更有效。采用先进的技术既可以提高软件开发的效率，又可以减少软件维护的成本。

5. 结果应能清楚地审查

软件产品不同于一般的物理产品，它是看不着摸不着的逻辑产品。软件开发人员（或开发小组）的工作进展情况可见性差，难以准确度量，从而使得软件产品的开发过程比一般产品的开发过程更难于评价和管理。为了提高软件开发过程的可见性，更好地进行管理，应该根据软件开发项目的总目标及完成期限，规定开发组织的责任和产品标准，从而使得所得到的结果能够清楚地审查。

6. 开发小组的人员应少而精

开发人员的素质和数量是影响软件质量和开发效率的重要因素，应该少而精。这一条基于两点原因：高素质开发人员的效率比低素质开发人员的效率要高几倍到几十倍，开发工作中犯的错误也要少得多；当开发小组为 N 人时，可能的通信信道为 $N(N-1)/2$，可见随着人数 N 的增大，通信开销将急剧增大。

7. 承认不断改进软件工程实践的必要性

遵从上述 6 条基本原理，就能够较好地实现软件的工程化生产。但是，上述 6 条原理只是对现有经验的总结和归纳，并不能保证赶上技术不断前进发展的步伐。因此，Boehm 提出应把不断改进软件工程实践的必要性作为软件工程的第 7 条原理。根据这条原理，不仅要积极采纳新的软件开发技术，还要注意不断总结经验，收集进度和消耗等数据，进行出错类型和问题报告统计。这些数据既可以用来评估新的软件技术的效果，也可以用来指明必须着重注意的问题和应该优先进行研究的工具和技术。

11.2　软件过程模型

随着计算机应用的飞速发展，软件的复杂程度不断提高，源代码的规模越来越大，软件开发过程越来越不容易被控制。在长期的研究与实践中,人们越来越深刻地认识到,建立简明、准确的表示模型是把握复杂系统的关键。为了更好地理解软件开发过程的特性,以及跟踪、控制和改进软件产品的开发过程,就必须对这一开发过程模型化。

模型是对事物的一种抽象,人们常常在正式建造实物之前,首先建立一个简化的模型,以便更透彻地了解它的本质,抓住问题的要害。使用模型可以使人们从全局上把握系统的全貌及其相关部件之间的关系,可以防止人们过早地陷入各个模块的细节。

经过软件领域的专家和学者不断努力,科学、切合实际的各种软件过程模型不断被推出,它们来源于实践,是用户的需求和软件开发技术共同促进的结果。

11.2.1 瀑布模型

Winston Royce 于 1970 年提出了"瀑布模型",直到 20 世纪 80 年代早期,它一直是唯一被广泛采用的软件过程模型。

瀑布模型规定了各项软件工程活动,包括:制订开发计划、进行需求分析、软件设计、程序编码、测试及运行维护,如图 11.1 所示。它规定了各项软件工程活动自上而下、相互衔接的固定次序,如同瀑布流水,逐级下落。瀑布模型中的每一个开发活动都具有下列特征:

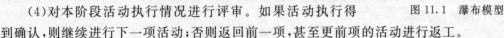

图 11.1 瀑布模型

(1)上一项活动接受该项活动的工作对象作为输入;

(2)利用这一输入实施该项应完成的内容;

(3)产生本阶段活动的相关产出,作为输出传给下一项活动;

(4)对本阶段活动执行情况进行评审。如果活动执行得到确认,则继续进行下一项活动;否则返回前一项,甚至更前项的活动进行返工。

瀑布模型有利于大型软件开发过程中人员的组织及管理,有利于软件开发方法和工具的研究与使用,从而提高了大型软件项目开发的质量和效率。然而软件开发的实践表明,上述各项活动之间并非完全是自上而下且呈线性的,因此瀑布模型存在严重的缺陷。当开发成果尚未经过测试时,用户无法看到软件的效果。软件与用户见面的时间间隔越长,风险较大。在软件开发前期未发现的错误传到后面的开发活动中时,可能会扩散,进而可能会造成整个软件项目开发失败。而且,在软件需求分析阶段,完全确定用户的所有需求是比较困难的,甚至可以说是不太可能的。

11.2.2 原型模型

原型通常是指模拟某种最终产品的原始模型,在工程领域中得到了广泛应用。例如,一座大桥在开工建设之前需要建立很多原型:风洞实验原型、抗震实验原型等,以检验大桥设计方案的可行性。在软件开发过程中,原型是软件的一个早期可运行的版本,它反映了最终系统的部分重要特征。

由于软件的规模和复杂性越来越大,软件开发在需求获取、技术实现手段选择、应用环境适应等方面都出现了前所未有的困难,特别是对变化需求的控制和技术实现尤为突出。为了应对早期需求获取困难以及后期需求的变化,人们采取了原型方法构造软件系统。当获得一组基本需求之后,通过快速分析构造出一个小型的软件系统原型,满足用户的基本要求。用户可在使用原型系统的过程中得到亲身感受和受到启发,做出反应和评价。然后开发人员根据用户的反馈

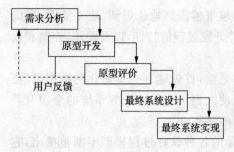

图 11.2　原型模型

意见对原型加以改进。如图 11.2 所示。随着不断构造、交付、使用、评价、反馈和修改,一轮一轮产生新的原型版本,如此周而复始,逐步减少分析过程中用户和开发人员之间的沟通误解,逐步使原本模糊的各种需求细节清晰起来。对于需求的变更,也可以在变更后的原型版本中做出适应性调整,从而提高了最终产品的质量。

原型系统能够逐步明确用户需求,能够适应需求的变化;由于用户介入到软件开发过程,因此能够及早发现问题从而降低风险。在软件开发过程中,面对快速变化的市场需求和新技术发展,最大的风险往往来自对需求的分析和技术实现手段的选择,通过原型方法,可以以合理的成本细化需求、试验技术手段,在总体上降低软件开发的风险,加快软件产品的形成,降低软件开发的成本。

原型模型的优点是使用户能够感受到实际的系统,使开发者能够快速地构造出系统的框架。其缺点是产品的先天性不足,因为开发者常常需要做实现上的折中,可能采用不合适的操作系统或程序设计语言,以使原型能够尽快工作。

11.2.3　螺旋模型

软件风险是普遍存在于任何软件开发项目中的实际问题。对于不同的项目,其差别只是风险有大有小而已。软件风险是由于某些不确定或难以确定的因素造成的。实践表明,项目规模越大,问题越复杂,资源、成本、进度等因素的不确定性越大,承担项目所冒的风险也越大。总之,风险是软件开发不可忽视的潜在不利因素,它可能在不同程度上损害到软件开发过程或软件产品的质量。驾驭软件风险的目标是在造成危害之前,及时对风险进行识别、分析、采取对策,进而消除或减少风险的损害。

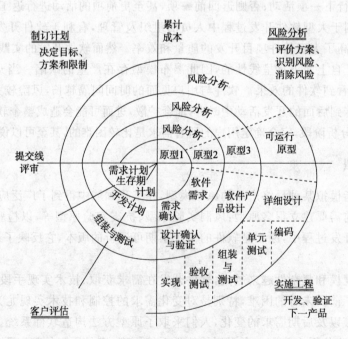

图 11.3　螺旋模型

螺旋模型如图 11.3 所示，它是 Boehm 于 1988 年提出来的。其基本思想是，使用原型及其他方法来尽量降低风险。螺旋模型中的每个回路被分在四个象限上，分别表达了四个方面的活动。

(1)制订计划：确定软件项目目标；明确对软件开发过程和软件产品的约束；制定详细的项目管理计划；根据当前的需求和风险因素，制定实施方案，并进行可行性分析，选定一个实施方案，并对其进行规划。

(2)风险分析：明确每一个项目分险，估计风险发生的可能性、频率、损害程度，并制定风险管理措施规避这些风险。例如，需求不清晰的风险，需要开发一个原型来逐步明确需求；可靠性要求较高的风险，需要开发一个原型来试验及技术方案能否达到可靠性要求；对于时间性能要求较高的风险，需要开发一个原型来试验算法性能能否达到时间要求等。风险管理措施应该纳入选定的项目实施方案中。

(3)实施工程：当采用原型方法对系统风险进行评估之后，就需要针对每一个开发阶段的任务要求执行本开发阶段的活动，如需求不明确的项目需要用原型来辅助进行需求分析；界面设计不明确时需要用到原型来辅助进行界面设计。这一象限中的工作就是根据选定的开发模型进行软件开发。

(4)客户评估：客户使用原型，反馈修改意见；根据客户的反馈，对产品及其开发过程进行评审，决定是否进入螺旋线的下一个回路。

沿螺旋线自内向外每旋转一圈便开发出新的一个更为完善的软件版本。例如，在第一圈，确定了初步的目标、方案和限制条件以后，转入右上象限，对风险进行识别和分析；如果风险分析表明，需求有不确定性，那么在右下的工程象限内，建立原型以帮助开发人员和客户，考虑其他开发模型，并对需求作进一步修正；客户对工程成果做出评价之后，给出修正建议；在此基础上需再次计划，并在此进行风险分析。在每一圈螺旋线上，做出风险分析的终点是判断是否继续下去的标准。加入风险过大，开发者和用户无法承受，项目有可能终止。多数情况下沿螺旋线的活动会继续下去，自内向外，逐步延伸，最终得到所期望的系统。

对于大型系统及软件的开发来说，螺旋模型是一个很现实的方法。因为软件随着过程的进展演化，开发者和用户能够更好地理解和对待每一个演化级别上的风险。螺旋模型使用原型作为降低风险的机制，更重要的是，它使开发者在产品演化的任一阶段均可应用原型方法。它保持了传统生命周期模型中系统的、阶段性的方法，但将其并进了迭代框架，更加真实地反映了现实世界。螺旋模型要求在项目的所有阶段直接考虑技术风险，如果应用得当，能够在风险变成问题之前降低它的危害。

不过，螺旋模型可能难以使用户（尤其在有合同约束的情况下）相信演化方法是可控的；同时也需要相当的风险评估的专门技术，且其成功依赖于这种专门技术，如果一个大的风险未被发现和管理，毫无疑问会出现问题。

11.2.4 增量模型

增量模型也称渐增模型，是由 Mills 等于 1980 年提出的，它可以让客户得到一些机会延迟对详细需求的决策，即客户的需求可以逐步提出来，如图 11.4 所示。

使用增量模型开发软件时，把软件产品作为一系列的增量构件来设计、编码、集成和测试。每个构件由多个相互作用的模块构成。使用增量模型时，第一个增量构件往往实现软件的基本需求，提供最核心的功能。例如使用增量模型开发字处理软件时，第一个增量构件提供基本的文件管理、编辑和文档生成功能；第二个增量构件提供更完善的编辑和文档生成功能；第三个增量

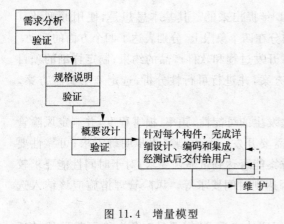

图 11.4 增量模型

构件实现拼写和语法检查功能;第四个增量构件完成高级的页面布局功能。把软件产品分解增量构件时,应该使构件的规模适中,规模过大或过小都不好,最佳分解方法因软件产品特点和开发人员的习惯而异。分解时必须遵守的约束条件是:当把新构件集成到现有软件中时,所形成的产品必须是可测试的。

一旦一个增量已完成开发,客户就可以使用实现了核心需求的部分产品,并对其进行评价,反馈需求修改和补充意见。下一个增量的内容包括这些反馈意见,同时可以包括下一个优先级的增量需求。当新的增量开发完成,系统的功能就随着每个增量的集成而改进,并最终实现完成的系统,经系统测试和验收测试交付用户使用。

增量模型的优点是能在较短时间内,向用户提交可完成部分工作的产品。另一个优点是,逐步增加产品功能,可以使用户有较充裕的时间学习和适应新产品,从而减少一个全新的软件可能给客户组织带来的冲击。

使用增量模型的困难是,在把每个新的增量模型构件集成到现有软件体系结构中时,必须不破坏原来已经开发出的产品,要求软件体系结构必须是开发的,便于扩充。另外,增量的粒度选择也很难把握,有时候很难将客户的需求映射到适当规模的增量上。

11.3 软件工程方法学

软件工程中的开发方法又成为软件工程方法论。软件开发方法是指软件开发过程中所应遵循的方法和步骤,有些软件开发方法是针对某些活动的,属于局部软件开发方法,也有覆盖开发全过程的全局软件开发方法。实践表明,针对分析和设计的开发方法更加重要。到目前为止,已经形成了几种成熟的软件开发方法,但是没有哪种方法能够适应各种软件开发的需要,不同的开发方法适合开发不同类型的系统,当需要选用一种开发方法时,可以考虑如下 4 个因素:

(1)对该软件开发方法是否已具有经验,或有已受过训练的人员;

(2)为软件开发提供的软件硬件资源及可使用的工具的情况;

(3)该开发方法在计划、组织和管理方面的可行性;

(4)对开发项目所涉及领域的知识的掌握情况。

11.3.1 结构化方法

结构化方法也称为面向功能的软件开发方法或 Yourdon 方法,是由 E. Yourdon 和 L. Constantine 提出的,是 20 世纪 80 年代使用最广发的软件开发方法。

结构化方法是采用结构化分析方法 SA(Structured Analysis)对软件进行需求分析,然后用结构化设计方法 SD(Structured Design)进行总体设计和详细设计,最后是结构化编程 SP(Structured Programming)。

结构化分析的主要工作是按照功能分解的原则,自顶向下、逐步求精,直到实现软件功能为止。在分析问题时,系统分析人员一般利用图表的方式描述用户需求,使用的工具有:数据流图、数据字典、问题描述语言、判定表和判定树等。结构化设计是以结构化分析为基础,将分析得到的数据流图推导为描述系统模块之间关系的结构图。

结构化方法的主要问题是构造的软件系统不够稳定,它以功能分解为基础,而用户的功能是经常改变的,必然导致系统的框架结构不稳定。另外,从数据流程图到软件结构图之间的过渡有明显的断层,导致设计回溯到需求有困难。但是由于该方法非常简单、实用,并可有效地控制系统的复杂度,至今仍然有许多软件开发机构在使用结构化方法。

11.3.2 面向数据结构的开发方法

面向数据结构的软件开发方法有两种:一种是 1974 年由 J. D. Warnier 提出的结构化数据系统开发方法 DSSD(Data Structured System Development),又称 Warnier 方法;另一种是 1975 年由 M. A. Jackson 提出的 Jackson 系统开发方法 JSD(Jackson Systems Development),简称 Jackson 方法。

面向数据结构开发方法的基本思想是:从目标系统的输入/输出数据结构入手,导出程序的基本框架结构,在此基础上,对细节进行设计,得到完整的程序结构图。

从表面上看,Wanier 方法与 Jackson 方法十分相似,开发的重点都在于数据结构,通过对数据结构的分析导出软件结构。但它们之间仍存在许多差别,而且两种方法使用不同的图形工具(Warnier 图和 Jackson 图)描述信息的层次结构。

系统开发面向数据结构的设计方法的最终目标是得出对程序处理过程的描述,这种方法最适合于在详细设计阶段使用,也就是说,在完成了软件结构设计之后,可以使用面向数据结构的方法来设计每个模块的处理过程。

11.3.3 面向对象的方法

20 世纪 90 年代以来,一些专家按照面向对象的思想,对面向对象的分析和设计(OOA/OOD)工作的步骤、方法、图形工具等进行了详细研究,提出了多种实施方案。

面向对象方法比较其他的软件开发方法更符合人类的思维方式。它通过将现实世界问题想面向对象解空间映射的方式,实现对现实世界的直接模拟。由于面向对象的软件系统的结构是根据实际问题域的模型建立起来的,它以数据为中心,而不是基于对功能的分解。因此,当系统功能发生变化时不会引起软件结构的整体变化,往往只需要进行一些局部的修改,相对来说,软件的重用性、可靠性、可维护性等特性都较好。反之,传统的软件开发方法以功能为基础,所建立的软件系统的结构与系统功能是密切相关的,而功能是不稳定的因素,一旦功能发生变化时,整个软件结构也必须改变。因此其软件的重用性较差,维护起来也相对困难。采用面向对象方法使得软件开发在需求分析、可维护性和可靠性这 3 个关键环节和质量指标上有了实质性的突破,较好地解决了在这些方面存在的严重问题。

20 世纪 90 年代以来,出现了很多种面向对象的分析或设计方法,比较流行的有十几种。这些方法中,有较大影响的有:Booch 方法、OMT 方法、OOSE 方法、Coad/Yourdon 方法和 UML 方法。

11.4　标准建模语言

软件开发技术和模型的表现手法层出不穷,但在目前的软件开发方法中,面向对象的方法占据着主导地位。面向对象方法的主导地位也决定着软件开发过程模型化技术的发展,面向对象的建模技术方法也就成为主导的方法。

　　公认的面向对象建模语言出现于 20 世纪 70 年代中期。1989～1994 年,其数量从不到 10 种增加到了 50 多种。20 世纪 90 年代中期,一批新方法出现了,其中最引人注目的是 Booch 1993、OOSE 和 OMT-2 等。面对众多的建模语言,用户由于没有能力区别不同语言之间的差别,因此很难找到一种比较适合其应用特点的语言;其次,众多的建模语言实际上各有千秋,极大地妨碍了用户之间的交流。因此在客观上,有必要在精心比较不同的建模语言优缺点及总结面向对象技术应用实践的基础上,组织联合设计小组,根据应用需求,取其精华,去其糟粕,求同存异,统一建模语言。

　　20 世纪 90 年代,Rational 软件公司(现已并入 IBM)聘请了 Jim Rumbaugh 参加 Grady Booch 的工作,将 Booch 1993 和 OMT-2 两种技术合二为一,并于 1995 年 10 月发布了第一个公开版本——UM 0.8(Unitied Method),称之为统一方法。1995 年秋,OOSE 的创始人 Jacobson 也加入了 Rational 公司,与 Rumbaugh 和 Booch 一同工作,将过 Booch、Rumbaugh 和 Jacobson 的共同努力,于 1996 年 6 月共同开发了统一方法的 0.9 版。此后许多公司加入了 Jacobson、Rumbaugh 和 Booch 发起的 UML 联盟。UML 联盟将统一方法更名为统一建模语言 UML(Unified Modeling Language),于 1997 年将 UML1.0 版作为标准草案正式提交给对象管理组 OMG。OMG 是一个非官方的独立标准化组织,它接管了 UML 标准的制定和开发工作,之后先后推出了 UML 的多个版本。UML 的发展历史如图 11.5 所示。在美国,截至 1996 年 10 月,UML 获得了工业界、科技界和应用界的广泛支持,已有 700 多个公司表示支持采用 UML 作为建模语言。1997 年 10 月 17 日,OMG 采纳 UML1.1 作为面向对象技术的标准建模语言。在我国,UML 也成为广大软件公司的建模语言。1999 年底,UML 已稳占面向对象技术市场的 90%,成为可视化建模语言事实上的工业标准。

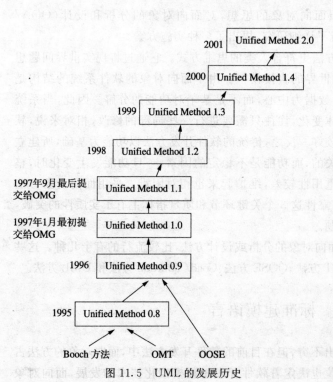

图 11.5　UML 的发展历史

　　UML 与其他建模表示法的主要不同在于 UML 不是由 Booch、Rumbaugh 和 Jacobson 等个人发明的,是由许多供业界的专家、软件开发工具供应商、联合软件开发组织和许许多多的业界人士一同制定的建模语言标准。因此,UML 的诞生,使得软件开发领域第一次出现了世界级的标准建模语言。UML 代表了面向对象方法的软件开发技术的发展方向,具有巨大的市场前景,也具有重大的经济价值和国防价值。

　　UML 的目标是以面向对象图的方式来描述任何类型的系统,具有很广的应用领域。其中最常用的是建立软件系统的模型,但它同样可以用于描述非软件领域的系统,如机械系统、企业机构和业务过程,以及处理复杂数据的信息系统、具有实时要求的工业系统或工业过程等。总之,UML 是一个通用的标准建模语言,可以对任何具有静态结构和动态行为的系统进行建模。

此外,UML 适用于系统开发过程中从需求规格描述到系统完成后测试的不同阶段。在需求分析阶段,可以用用例来捕获用户需求。通过用例建模,描述对系统感兴趣的外部角色及其对系统的功能需求。分析阶段主要关心问题域中的主要概念(如抽象、类和对象等)和机制,需要识别这些类以及它们之间的关系,并用 UML 类图来描述。为实现用例,类之间的协作,可以用 UML 动态模型来描述。在分析阶段,只对问题域的对象(现实世界的概念)建模,而不考虑定义软件系统中技术细节的类(如处理用户接口、数据库、通信和并行性等问题的类)。这些技术细节将在设计阶段引入,因此设计阶段为构建阶段提供更详细的规格说明。UML 模型还可作为测试阶段的依据。系统通常需要经过单元测试、集成测试、系统测试和验收测试。不同的测试小组可以使用不同的 UML 图作为测试依据。单元测试使用类图和类规格说明,集成测试使用部件图和合作图,系统测试使用用例图来验证系统的行为,验收测试由用户进行,以验证系统测试的结构是否满足在分析阶段确定的需求。

总之,标准建模语言 UML 适用于以面向对象技术来描述任何类型的系统,而且适用于系统开发的不同阶段,从需求规格描述直至系统完成后的测试和维护。

11.5 软件项目管理

开发软件项目与开发硬件项目一样,需要一定的人力、财力、时间,也需要一定的技术和工具。为了使项目能够按照预定成本、进度、质量顺利完成,需要对成本、人员、进度、风险等进行分析和管理。管理在软件工程项目中的地位和作用与其他工程项目一样,是十分重要的。但是,软件项目管理和其他的项目管理相比有相当的特殊性。首先,软件是纯知识产品,其开发进度和质量很难估计和度量,生产效率也难以预测和保证。其次,软件系统的复杂性也导致了开发过程中各种风险的难以预见和控制。因此软件项目管理不仅有它的特殊性,也有一定的困难。软件项目管理贯穿于软件生命周期的全过程。

简单地说,软件项目管理的主要职能包括以下几点。

(1)制订计划:规定待完成的任务、要求、资源、人力和进度等。

(2)建立组织:为实施计划,保证任务的完成,需要建立分工明确的责任制机构。

(3)配置人员:任用各种层次的技术人员和管理人员。

(4)指导:鼓励和动员软件人员完成所分配的工作。

(5)检验:对照计划或标准,监督和检查实施的情况。

下面主要从人员组织和管理、成本管理、进度与软件配置管理几个方面来介绍。

11.5.1 人员的组织与管理

小型软件项目成功的关键是高素质的软件开发人员。然而大多数软件产品的规模都很大,以致单个的软件开发人员无法在合理的时间内完成软件产品的生产,因此必须把许多软件开发人员组织起来,使他们分工协作共同完成开发的工作。因而大型软件项目成功的关键除了高素质的开发人员以外,还必须有高水平的管理。没有高水平的管理,软件开发人员的素质再高,也无法保证软件项目的成功。

为了成功地完成大型的软件开发工作,项目的组成人员必须以一种有意义、有效的方式彼此交流与通信。如何安排项目组成人员是一个管理问题,管理者必须合理地组织项目组,使项目组有尽可能高的生产率,能够按照预定的进度计划完成所承担的工作。经验表明:影响项目进展和质量的最重要因素是组织管理水平,项目组织得越好,生产效率就越高,产品质量也越好。

11.5.2 人员的配置和管理

软件开发中的开发人员是重要的资源。对人员的配置,调度安排贯穿整个软件过程,人员的组织管理是否得当,是影响对软件项目质量的决定性因素。

首先在软件开发的一开始,要合理的配置人员,根据项目的工作量,所需要的专业技能,再参考各个人员的能力,性格,经验,组织一个高效,和谐的开发小组。一般来说,一个开发小组人数在8到10人之间最为合适,如果项目规模很大,可以采取层级式结构,配置若干个这样的开发小组。

在选择人员的问题上,要结合实际情况来决定是否选入一个开发组员。并不是一群高水平的程序员在一起就一定可以组成一个成功的小组。作为考察标准,技术水平,与本项目相关的技能和开发经验,以及团队工作能力都是很重要的因素。一个一天能写一万行代码但却不能与同事沟通融洽的程序员未必适合一个对组员之间通信要求很高的项目。还应该考虑分工的需要,合理配置各个专项的人员比例。例如一个网站开发项目,小组中有页面美工,后台服务程序,数据库几个部分,应该合理的组织各项工作的人员配比。对于一个中型导购网站,对数据采集量要求较高,一个人员配比方案可以是2个美工,2个后台服务程序编写,3个数据采集整理人员。

11.5.3 成本的估计与控制

软件开发成本主要是指软件开发过程中所花费的工作量及相应的代价。它不同于其他物理产品的成本,它不包括原材料和能源的消耗,主要是人的劳动消耗。人的劳动消耗所需的代价是软件产品的开发成本。另一方面,软件产品开发成本的计算方法不同于其他物理产品成本的计算。例如,软件产品不存在重复制造的过程,它的开发成本是按照一次性开发所花费的代价来计算的。因此,软件开发成本的估算,应是从软件计划、需求分析、设计、编码、单元测试、组装测试到确认测试,即整个软件开发全过程所花费的代价作为依据的。

11.5.4 进度计划

项目管理者的目标是定义全部醒目任务,识别出关键任务,跟踪关键任务的进展状况,以保证能及时发现拖延进度的情况。为达到上述目标,管理者必须制订一个足够详细的进度表,以便监督项目进度并控制整个项目。

软件项目的进度安排是这样一项活动,它通过把工作量分配给特定的软件工程任务并规定完成各项任务的起止时间,从而将估算出的项目工作量分配于计划好的项目持续期内。进度计划将随时间的流逝而不断演化。在项目计划的早期,首先制订一个宏观的进度安排表,标识出主要的软件活动和这些活动影响到的产品功能。随着项目的进展,把宏观进度表中的每个条目都精化成一个详细进度表,从而标识出完成一个活动所必须实现的一组特定任务,并安排好实现这些任务的进度。

11.5.5 软件配置管理

在软件开发过程中,变动和修改是不可避免地。这些变动常常在项目开发人员之间引起混乱和误会。如果修改之前不作分析,修改后不作记录,不通知有关人员,修改时亦不注意质量和正确性,混乱的程度必将更加严重。解决这一问题的唯一途径是加强软件开发的管理,而软件开发管理的核心是软件配置管理。

软件配置管理是一套规范、高效的软件开发基础结构。作为管理软件开发过程有效的方法，早已被发达国家软件产业的发展和实践所证明。软件配置管理可以系统地管理软件系统中的多重版本；全面记载系统开发的历史过程，包括为什么修改，谁作了修改，修改了什么；管理和追踪开发过程中危害软件质量及影响开发周期的缺陷和变化。软件配置管理对开发过程进行有效的管理和控制，完整、明确地记载开发过程中的历史变更，形成规范化的文档，不仅使日后的维护和升级得到保证，而且更重要的是，这还会保护宝贵的代码资源，积累软件财富，提高软件重用率，加快投资回报。

从某种角度讲，软件配置管理是一种标识、组织和控制修改的技术，目的是使错误降为最小并最有效地提高生产效率，是通往 ISO9000 和 SEI CMM 标准的一块基石。

简单地说，在软件开发过程中，配置管理的主要任务是控制软件的修改，包括：

(1)标识软件配置中的各种对象；

(2)管理软件的各种版本；

(3)建立系统；

(4)控制对软件的修改；

(5)审计配置；

(6)报告配置状况。

常用的配置管理工具有 SourceSafe、SVN 和 CVS。

本 章 小 结

随着软件功能的日益强大，软件复杂性越来越高，软件的开发、维护费用不断上升，可靠性无法保障，软件工程应运而生。

本章首先介绍了软件危机的概念和特征，阐述了软件工程的基本原理。然后介绍了瀑布模型、原型模型、螺旋模型、增量模型四个重要的软件过程模型的原理和特点。这些模型为软件开发人员如何组织开发过程提供了指导。随后，介绍了结构化方法、面向数据结构的开发方法、面向对象的方法三种重要的软件开发方法。UML 是目前一种重要的建模语言，是面向对象方法的重要基础，简单阐述了 UML 的功能及其发展进行。最后，介绍了软件开发过程中的项目管理。理解并掌握本章内容，不仅能为读者软件开发提供指导，同时为后续软件工程课程的学习奠定了基础。

习 题

1. 什么是软件危机？

2. 如何应对软件危机？

3. 什么是软件生命周期，包含哪几个阶段？

4. 请调研现存的软件过程模型，指出优缺点。

5. 有哪些软件开发方法，有什么特点？

6. 什么是 UML，有什么作用？

7. 软件项目管理包含哪些内容？

参 考 文 献

白中英. 2008. 计算机组成原理. 4 版[M]. 北京:科学出版社

陈国先. 2008. 计算机维护与维修[M]. 北京:机械工业出版社

丰继林,高焕芝. 2009. 网络安全技术[M]. 北京:清华大学出版社,北京交通大学出版社

冯博琴. 2004. 计算机网络. 2 版[M]. 北京:高等教育出版社

黄国兴,陶树平,丁岳伟. 2008. 计算机导论. 2 版[M]. 北京:清华大学出版社

蒋加伏,魏书堤. 2007. 大学计算机基础教程[M]. 北京:北京邮电大学出版社

兰海兵. 2007. 密码学在数字水印技术中的应用研究[D]. 武汉:武汉理工大学

刘海燕. 2009. 计算机网络安全原理与实现[M]. 北京:机械工业出版社

刘益洪. 2008. 入侵检测系统的研究与实现[D]. 长沙:湖南大学

罗小勇,边卫国. 2008. 蠕虫病毒分析研究[J]. 甘肃科技,4(6):48-51

孟静. 2006. 操作系统教程——原理和实例分析. 2 版[M]. 北京:高等教育出版社

孟昭然. 2008. 入侵检测系统的研究与实现[D]. 济南:山东大学

彭波. 2010. 多媒体技术教程[M]. 北京:机械工业出版社

齐治昌,谭庆平,宁洪. 2004. 软件工程. 2 版[M]. 北京:高等教育出版社

上方文 Q. 2004. 提速 2400MHz 海力士第二家宣布 DDR4 内存[EB/OL](2011-4-5). http://news. mydrivers. com/1/190/190239. htm

唐思均,陈腾,朱万双. 2008. 微机组装与维护[M]. 北京:人民邮电出版社

吴灏. 2009. 网络攻防技术[M]. 北京:机械工业出版社

严蔚敏. 2009. 数据结构(C 语言版)[M]. 北京:清华大学出版社

尹才荣. 2009. 基于混合入侵检测技术的网络入侵检测系统[D]. 合肥:合肥工业大学

尤克滨. UML 应用建模实践过程[M]. 北京:机械工业出版社

张海藩. 2003. 软件工程导论. 5 版[M]. 北京:清华大学出版社

张新明,姜茸. 2008. 大学计算机基础教程[M]. 北京:科学出版社

周学广,张焕国,张少武等. 2010. 信息安全学[M]. 北京:机械工业出版社

第二部分

实验 1　Windows XP 系统启动及键盘鼠标基本操作

一、实验目的

(1)掌握操作系统的冷启动、热启动及关闭的方法。

(2)熟悉键盘上各按键的功能。

(3)练习鼠标的操作。　　—

二、实验内容

1. 开机

开机前观察一下主机、显示器、键盘和鼠标之间的连接情况;观察电源开关的位置、Reset 键位置、指示灯位置和键盘上各键的位置。

2.WindowsXP 的冷启动、热启动及关闭的方法

1)冷启动

按机箱上的重新启动键,计算机在没有加电的状态下初始加电,一般原则是:先开外设电源,后开显示器,再开主机电源,因为主机的运行需要非常稳定的电源,为了防止外设启动引起电源波动影响主机运行,应该先把外设电源接通,同时应避免主机启动后,在同一电源线上再启动其他电器设备,如打印机、扫描仪等。所以开机的顺序是:先开其他设备,再开显示器,最后开主机;而关机的顺序正好相反,应该在关闭计算机程序后,先关主机后关外设,这样可以防止外设电源断开一瞬间产生的电压感应冲击对主机造成意外伤害。

开机步骤如下:

①检查显示器右下角电源指示灯是否已亮,若电源指示灯不亮,则按下显示器电源开关,给显示器通电;若电源指示灯已亮,则表示显示器已经通电,不需再通电。

②按下主机电源开关,给主机加电。

③主机开始自检,等待数秒钟后,听到"嘀"的一声,随后会出现 Windows XP 的桌面,此时表示启动基本成功。

2)热启动

计算机在开机状态下运行时,同时按下 Ctrl、Alt、Del 三个键,计算机会重新启动,这种启动方式是在不断电状态下进行计算机的程序启动,也叫做热启动。对于熟练计算机操作的用户经常在程序停止响应后,通过这三个键来调出任务管理器,从列表中选择相应的正在执行的程序,强行关闭停止响应的程序,对于死机的情况可以在不得已的情况下采用连续两次按这三键产生热启动。当然,重启动后系统会立即对硬盘进行检测和修复,大多情况下都会正常修复。

在计算机已加电的情况下重新启动计算机。操作方法如下：

①按一次主机箱面板中的 Reset 键,这时计算机将会重新启动。

②单击左下角菜单"开始"→"关闭计算机",出现对话框,选择"重新启动",也可实现计算机的重新启动。

关机过程即是给计算机断电的过程,这一过程与开机过程正好相反,关机过程的要求是:先关主机,再关显示器。

①把任务栏中所有已打开的任务关闭。

②单击"开始"→"关闭系统",再选择"关闭计算机",最后单击"确定"按钮。正常情况下,系统会自动切断主机电源。在异常情况下,系统不能自动关闭时,可选择强行关机,其方法是:按下主机电源开关不放手,持续 5s,即可强行关闭主机。

③关闭显示器电源。

3)复位启动

复位启动指在计算机停止响应后(死机),甚至连键盘都不能响应时采用的一种热启动方式,一般在主机面板上都有一个复位按钮开关,轻轻按一下即可,计算机会重新加载硬盘等所有硬件以及系统的各种软件,当然它的威胁不亚于热启动。复位启动按钮,一般标有"Reset"英文字样。

4)冷启动、热启动的区别

冷启动和热启动,都是对系统进行的复位操作,热启动需要软件支持,在某些操作系统下,按 Ctrl＋Alt＋Del 键并不被系统响应,而需要执行相应的热启动指令。

计算机启动的最终目的是把操作系统从磁盘装入内存之中,并且在屏幕上给出提示符(DOS系统)或者在屏幕上出现桌面(Windows XP 系统及更高版本)。

在冷启动方式下,机器将进行全面自检,最后完成操作系统的引导。

在热启动方式下,只对机器作局部的自检,内存等部分不作自检。

注意:在一些名牌机(sun 笔记本)上没有复位按钮,因此不能按复位键启动。

3. 键盘操作的简单练习

打开任意一个文字编辑文件,如 Word、"记事本"等进行练习键盘的操作。例如,单击"程序"→"开始"→"Microsoft Office"→"Word 2003"命令,打开 Word 后进行文字、字符等内容的编辑练习。输入一些英文字母,注意以下几个内容的练习:

1)大小写字母的输入。

两种方法可以实现大小写字母的转换。

①按下键盘左下方的 Caps Lock 键,看到键盘右上方的 Caps Lock 指示灯亮,就可以输入大写字母,此时输入的也是大写字母。

②不要按 Caps Lock 键,先按住键盘左下方的 Shift 键再按字母键,也可以输入大写字母。

2)练习!、@、♯、＄、％、∧、&、＋等上挡键的输入。

按下 Shift 键同时再按下主键盘区上面的 0～9 数字键,就可以实现这些符号的输入。

3)练习 Backspace、Del 键的使用,并体会它们的区别。

4)练习 PrintScreen 键的作用。

在任何的操作界面上,直接按下小键盘上方的 PrintScreen 后,相当于复制的作用,将当前的桌面以图的形式保存在粘贴板里面,然后打开"附件"→"画图",直接按 Ctrl＋V 快捷键,已经将截图后的内容复制在了画图新建的文件中,然后可以根据需要对该截图进行设计。

技巧：与 PrintScreen 键作用相同的操作有：打开与 QQ 中好友的任意一个人的聊天对话框，在对话框右下角单击"截屏"，然后用鼠标进行限制要截屏的范围，双击后就可以得到截屏的内容，复制到想要粘贴的位置，如实验图 1.1 所示。

实验图 1.1　QQ 截屏

5）体会 Insert 的作用。

打开一个文字编辑软件，如记事本、写字板、Word 等软件，先输入一段内容，如输入以下内容：查看 IE 浏览器安全锁和地址栏颜色。工商银行个人网上银行登录页面和网上支付页面都经过 128 位 SSL 加密处理，在打开上述页面时，在 IE 浏览器状态栏上会显示一个"挂锁"图形的安全证书标识。如果客户浏览器为 IE7，在客户进入工商银行个人网上银行登录页面和网上支付页面时，IE 浏览器地址栏颜色为绿色。

将鼠标定位在任意两个字之间，查看按下 Insert 键和不按下 Insert 键前后进行输入文字的变化情况。

6）体会 F2 键在文件名字更改中的快捷作用。

选中任意文件夹或文件后，直接按下 F2 键可以对该文件夹或文件进行重新命名。

4. 鼠标操作

鼠标的操作有单击、双击、移动、拖动、与键盘组合等。

（1）指向：指移动鼠标，将鼠标指针移到操作对象上。

（2）单击：指快速按下并释放鼠标左键。单击一般用于选定一个操作对象。

（3）双击：指连续两次快速按下并释放鼠标左键。双击一般用于打开窗口，启动应用程序。

（4）拖动：指按下鼠标左键，移动鼠标到指定位置，再释放按键的操作。拖动一般用于选择多个操作对象，复制或移动对象等。

（5）右击：指快速按下并释放鼠标右键。右击一般用于打开一个与操作相关的快捷菜单。

（6）移动：不按鼠标的任何键移动鼠标，此时屏幕上鼠标指针相应移动。

例如，选定文件或文件夹的步骤如下。

（1）选定一个：单击。

（2）选定多个：连续的文件或文件夹为拖动鼠标、按下 Shift＋单击；不连续的文件或文件夹为按下 Ctrl＋单击。

（3）选定所有的文件和文件夹：在菜单上选择"编辑"→"全部选定"，或选择一个文件夹，然后按 Ctrl＋A 键。

（4）取消选定：取消一项：按 Ctrl 键单击。取消所有的选定，单击任一项。

（5）与键盘组合：有些功能仅用鼠标不能完全实现，需借助于键盘上的某些按键组合才能实现所需功能。例如，与 Ctrl 键组合，选定不续的多个文件；与 Shift 键组合，选定的是单击的两个文件所形成的矩形区域之间的所有文件；与 Ctrl 键和 Shift 键同时组合，选定的是几个文件之间的所有文件。

实验 2 键盘指法的练习

一、实验目的

（1）熟悉键盘的基本操作及键位。

（2）熟练掌握英文字母大小写、数字、标点的用法及输入。

（3）掌握正确的操作指法及姿势。

二、基本内容

键盘上键位的排列按用途可分为：主键盘区、功能键区、小键盘区和光标控制区，如实验图 2.1 所示。

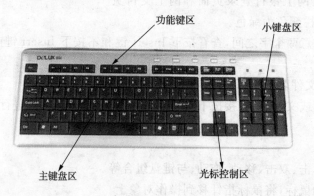

实验图 2.1 键盘

主键盘区是键盘操作的主要区域，包括 26 个英文字母、0～9 个数字、运算符号、标点符号、控制键等。

字母键共 26 个，按英文打字机字母顺序排列，在主键盘区的中央区域。一般的，计算机开机后，默认的英文字母输入为小写字母。如果需输入大写字母，可按住上挡键 Shift 同时按字母键，或按下大写字母锁定键 Caps Lock（此时，小键盘区对应的指示灯亮，表明键盘处于大写字母锁定状态），同时按字母键可输入大写字母。再次按下 Caps Lock 键（小键盘对应的指示灯灭），重新转入小写输入状态。键盘上的键名及其功能如实验表 2.1 所示。

实验表 2.1 键盘上的键名及其功能

类型	键名	符号及功能
主键盘	字母键	26 个英文字母（A～Z）
	数字键	10 个数字（0～9），每个数字键和一个特殊字符共用一个键
	回车键	键上标有"Enter"或"Return"。按下此键，标志着命令或语句输入结束
	退格键	标有"←"或"BackSpace"，使光标向左退回一个字符的位置
	空格键	位于键盘下方的一个长键，用于输入空格
	制表键	标有"Tab"。每按一次，光标向右移动一个制表位（制表位长度由软件定义）

类 型	键 名	符 号 及 功 能
数字/编辑键	光标键	小键盘区的光标键具有两种功能,既能输入数字又能移动光标,通过 NumLock 键来切换
	箭头键	光标上移或下移一行,左移或右移一个字符的位置
	Home 键	将光标移到屏幕的左上角或本行首字符
	End 键	将光标移到本行最后一个字符的右侧
	PgUp 和 PgDn 键	上移一屏和下移一屏
	插入键 Insert	插入编辑方式的开关键,按一下处于插入状态,再按一下,解除插入状态。在编辑状态时,用做插入/改写状态的切换键。在插入状态下,输入的字符插入到光标处,同时光标右边的字符依次后移一个字符位置,在此状态下按 Insert 键后变为改写状态,这时在光标处输入的字符覆盖原来的字符。系统默认为插入状态
	删除键 Del	删除光标所在处的字符,右侧字符自动向左移动
控制键	Ctrl 键	此键必须和其他键配合使用才起作用,如按 Ctrl+Break 键中断或取消当前命令的执行, Ctrl+C 键中断当前命令的执行; Ctrl+N 键用于新建一个新的文件; Ctrl+O 键用于打开"打开文件"对话框; Ctrl+S 键用于保存当前操作的文件; Ctrl+X 键用于剪切被选择的项目到剪贴板; Ctrl+C 键用于复制; Ctrl+V 键用于粘贴; Ctrl+F5 键用于强行刷新; Ctrl+空格键用于切换中英文输入法; Ctrl+F4 键用于关闭当前应用程序中的当前文本(如 Word 中)
	Alt 键	此键一般用于程序菜单控制、汉字输入方式转换等。例如,在 DOS 环境下,Alt+F1 键为区位码输入法,Alt+F6 键为西文输入法。Alt+F4 键用于关闭当前窗口或退出程序; Alt+Enter 键或 Alt+双击:查看项目的属性; Alt+Ctrl+Delete 键用于显示任务管理器; Ctrl+Shift 键用于拖动文件; Alt+Tab 键用于切换当前程序(切换到上次使用的窗口或者按住 Alt 然后重复按 Tab,切换到另一个窗口)
	Esc 键	用于退出当前状态或进入另一状态或返回系统
	Caps Lock 键	大写或小写字母的切换键
	Print Screen 键	屏幕硬复制键 Print Screen:当和 Shift 键配合使用时是把屏幕当前的显示信息输出到打印机。在 Windows 系统中,如不联打印机是复制当前屏幕内容到剪贴板,再粘贴到如"画图"程序中,即可把当前屏幕内容抓成图片。例如,在"开始"→"程序"→"附件"→"画图"中利用"粘贴"命令(Ctrl+V)完成图片保存
	Pause/Break 键	用于暂停命令的执行,按任意键继续执行命令。可中止某些程序的执行,特别是 DOS 程序,现在 Windows 操作系统下已经很少使用。进入操作系统前自检界面显示的内容在按 Pause Break 键后,会暂停信息翻滚,之后按任意键可以继续。在 Windows 操作系统下按 Windows 标志+Pause/Break 可以调出系统属性
	Scroll Lock 键	滚动锁定键,按一下荧屏停止滚动。按一次该键后,光标上移键和光标下移键会将屏幕上的内容上移一行或下移一行

类 型	键 名	符 号 及 功 能
控制键	Windows 键	按 Windows 键可以打开开始菜单。它还可以和其他键组合使用,如 Win＋E 键:打开资源管理器,Win＋D 键将所有打开的窗口最小化,将屏幕切换到桌面。按菜单键就相当于按了鼠标右键 Windows＋F 键显示"查找:所有文件"; Windows＋R 键显示"运行"命令; Windows 键显示"开始"菜单; Windows＋E 键显示"Windows 资源管理器"; Windows＋D 键最小化或还原所有窗口; Windows＋M 键最小化所有被打开的窗口
	Shift 键	上挡键(Shift),操作时,先按住 shift 键,再击其他键,输入该键的上挡符号;不按 shift 键,直接按该键,则输入该键的下挡符号。如果先按住 shift 键,再按字母键,那么字母的大小写将被转换(也就是原来是大写的转为小写,或原来是小写转为大写)。 Shift＋Delete 键立即删除某项目而不将其放入"回收站"
功能键	F1～ F12 键	其功能随操作系统或应用程序的不同而不同,如在 Windows 系统中按 F1 键表示进入系统帮助窗口。 F1 键用于显示当前程序或者 Windows 的帮助内容; F2 键用于当你选中一个文件的话,这意味着"重命名"; F3 键用于当你在桌面上的时候是打开"查找:所有文件"对话框; F5 键用于刷新窗口的内容; F10 键或 Alt 键用于激活当前程序的菜单栏

使用键盘时应注意正确的按键方法。

在按键时,手抬起,伸出要按键的手指,在键上快速击打一下,不要用力太猛,更不要按住一个键长时间不放。在按键时手指也不要抖动,一定要用力均匀。在进行输入时,正确姿势是坐势端正、腰背挺直、两脚平稳踏地;身体微向前倾、双肩放松、两手自然地放在键盘上方;大臂和小肘微靠近身体、手腕不要抬得太高、也不要触到键盘;手指微微弯曲、轻放在导键上、右手拇指稍靠近空格键。

具体操作:手指略微弯曲,左右手食指、中指、无名指、小指依次轻放在 F、D、S、A 和 J、K、L、;八个键位上,并以 F 与 J 键上的凸出横条为识别记号,大拇指则轻放于空格键上。

眼睛看着文稿或屏幕。按键时,伸出手指弹击按键之后迅速回归基准键位,做好下次击键准备。如需按空格键,则用右手大拇指横向下轻击。如需按回车键 Enter,则用右手小指侧向右轻击。输入时,目光应集中在稿件上,凭手指的触摸确定键位,初学时尤其不要养成用眼确定指位的习惯。

三、实验步骤及内容

(1)开机启动 Windows。检查机器上是否安装"金山打字"或者其他打字游戏,若未安装打字软件,则安装软件之后进行练习。

(2)在任务栏上单击"开始"→"程序"→"金山打字",或双击桌面上的"金山打字"图标。

(3)根据屏幕左边的菜单提示,单击"打字练习"或"打字游戏"。

(4)根据屏幕指示进行英文输入,注意正确的姿势与指法。

(5)指法练习。打开记事本或其他文字编辑器窗口,按要求分别对各手指进行指法训练。击键时,若键入的字母有错,可按 Backspace 键删除。输入过程中可按 Enter 键换行。

①G、F、D、S、A 键的练习。

asdf gads gfsd fadssdfagfsd asgd afgs dafs fsdg gafs gdfs asfg sdga dgsa gdfs dfsg dags fsd-sa dsga fsga fdgs fgsa fdgs sdfg fdsa dsag sdfa dsfg fsga dfga fdga dsfa fsdg adfg adfs afgs sdfa asdf fdsa gfds asdf dsag sdfa dsfg

②H、J、K、L、;键的练习。

Hjkl jklh kjhl hjkl jkhl jhkl jklh kjhl hjkl hklj hjkl ;lhk jhk; hjk; kjhl ;kjh jhk; hj;l jhk; hjk; jhl; ljk; hj;l hk;j hk;l hjl; ;lkj kl;j; lkh kjh; ljh; k;lj hjl; kh;j kj;h l;kj k;kh jkl; ;lkj hjkl lkjh j;lh lkj; hjk;

③T、R、E、W、Q 键的练习。

Trew ewrt qwer terw trqw rwte trwe ertq trwe ertq twer qwer ertq wert qwer rewq rtew erwq rewq ereq trwq erwt ewqr wetq ewrq trew rewq rtew ewtq wetq ertw twer reqw rwte qwtr wert rteq rtwq trwq rwtq qwer wert trew rewq wert ertw twer

④Y、U、I、O、P 键的练习。

Yiop uiop iuyo poiu yuio oiup poiy iuyp iouy iopu iuyp iopu youp ipuy oiyp ouyp uopi yuip pouy ipou yuip oupy oupi ouip oypu ouip iuyo opiy uioy ypou ioyu pouy yipu oypi ouyp iopu uopy iuoy yuio poiu iopu opyu pyui ouip iuyo

⑤B、V、C、X、Z 键的练习。

Bvxc cxzv vczb bvcz cvbx vxbz cbzv vxbz cbzv vxbz cbzv xcvb cvbx zxcv vcxz cvbz

Vxbc cbzx vcxz bxcz zcbx vcxz bvxz bxvz zbvz xvcz cvzb vczb czxv bvcx cvbx zxbv vcxb zcxb vxcb vxbc zcbx zxcv xcvb cvbz vbzx bzxc vcxz zvbx zxcv xcvb

⑥N、M、、,、. 、/键的练习。

Nm,. /. m, nm,/ , m. /. , m/ nm,/ mn. , . m/n /, n. m. /n , mn. ,/n . mn/ . m/n m. / .. mn/ m. /n . m/n m. /n,. /m. n/m. m/n. m/,. n. /,/m. n/m/,. m. n /. n. ,n/ m. n/ n. ,/ m,/n , . m/n,mn . m/n,/. m nm,. M,. / ,. /n /nm /nm, nm,. M,. /

⑦输入大写字母。

按下 Caps Lock 键,键盘右上方相应的指示灯亮,输入 26 个英文字母;

在小写状态,用小指按住 Shift 键,另一手按指法击字母键,或数字键,观察屏幕;

右边的小键盘上有一个 NumLock 键,按下这个键,键盘右上方相应的指示灯亮,这时可录入相应的数字和运算符号。

⑧数字的练习。

a12 ab3 s2d 345 123 789 907 1st 2nd 3rd 4th 5th JANUARY 15 1998 05. 06. BUS NO. 6 ROOM 567 1234 3456 9807 6423 12. 4 23. 6 98. 7 0. 56 3. 14 5. 78 67. 8 85. 0 0. 34 9. 08 4523 1234 5678 8901 5. 12 5462 7895 2. 12 0. 69 0. 14 12. 3 22. 4

⑨上挡键的练习。

输入上挡键字符要先按住 shift 键,再敲击对应的符号键。

,〈. 〉〈,. 〉,〉. 〈,〉. 〈/? /?? /? /:;:;:';";";'{}[]{[]}\|\|{|\}"[]'~`~`"~~` 1! 1! 11!! 22@@@@22 2@2@ 33## # #33 3#3# 44$ $ $ $44 4$4$ 55%% %%55 5%5%66^^ ~66 6~^ 77&& &&. 77 7&7& 88 * * * *88 8*8* 99((((9900)))00 9( )0( ) 90—— _ _ ——— _—_++= = = =+=+=+=+

One last plane left France just before the Nazis gained control of the airport. On board were the final rose cuttings, cushioned in a diplomatic pouch, destined for the United States.

Four long years passed. Throughout Europe, shelling resounded like a giant bell solemnly tolling the dead. And then it arrived: a letter from a rose grower in Pennsylvania praising the beauty of Meilland's discovery. It was ruffled. Delicate. The petals were of cameo(配角)ivory and palest cream, tipped with a tinge of pink.

实验 3　输入法的练习

一、实验目的

(1)掌握输入法的设置。

(2)掌握汉字的输入技巧技能,提高汉字的输入速度。

二、设置汉字输入法

启动任何一种汉字输入法后,使用鼠标右击输入法状态条,屏幕上都会弹出一个菜单,从中选择"设置"命令,即可进入"输入法设置"对话框,对当前汉字输入法进行需要的设置。例如,启动五笔字型输入法,右击输入法状态条,选择"设置"选项卡,对话框如实验图 3.1 和实验图 3.2 所示。

实验图 3.1　输入法设置选择框

在实验图 3.1 中所示,可以对系统中现存的输入法的顺序进行调整,以便在使用的时候默认为个人最喜欢的输入法。

1. 输入法属性设置

对每一种输入法若要设置成个人习惯的方式,选中任一输入法后,选择"属性"命令,进行相应的选择以方便自己的使用。如实验图 3.3 所示的搜狗输入法的属性设置。

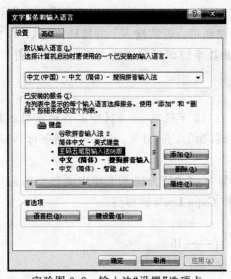

实验图 3.2　输入法"设置"选项卡

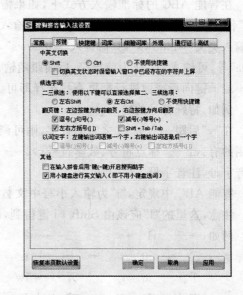

实验图 3.3　输入法的属性设置

例如,对中英文切换的键可以使用 Shift 键切换,也可以使用 Ctrl 键切换中英文。

2. 改变当前输入法

用 Ctrl+Shift 键改变当前输入法。

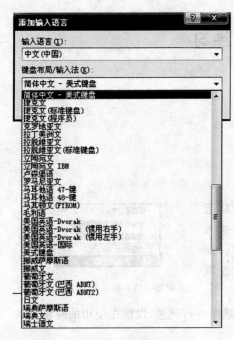

实验图 3.4　输入法语言添加对话框

3. 汉字输入法的安装/删除

（1）安装一般有两种方法。

①直接安装下载的输入法安装程序到计算机中。

②如实验图 3.2 所示，单击"添加"按钮，弹出"添加输入语言"对话框，如实验图 3.4 所示。在对话框里选中一种输入法，单击"确定"按钮，完成安装。

（2）删除：选定一种输入法，单击"删除"按钮，再单击"确定"按钮即可。若需要安装，可直接按照上述安装步骤即可。

4. 汉字输入技巧

汉字输入是计算机操作的基本功。在勤加练习的基础上，如学习一些输入技巧，可以大大提高输入的速度。

智能 ABC 是一种在全拼输入法基础上加以改进的常用拼音类汉字输入法。智能 ABC 不是一种纯粹的拼音输入法，而是一种音形结合输入法。因此在输入拼音的基础上如果再加上该字第一笔形状编码的笔形码，就可以快速检索到这个字。以下是智能 ABC 的输入技巧。

1）智能 ABC 中文输入过程中的英文及特殊符号输入

在智能 ABC 的标准输入方式下，如果需要输入英文，可以不用切换到英文方式，只需键入"V"作为英文输入的前导符，后面跟随要输入的英文即可。例如，在输入中文"欢迎使用"后，希望输入英文"windows"，只需键入"windows"，按空格键即可。若需输入一些特殊符号如"1. まア△ēā"等，可键入"V"作为前导符，后面跟随输入不同的数字键即可分别输入不同类型的符号，再按＋或－键向后或前进行翻页查找选择即可。

例如，特殊符号的输入。

在"v"后跟一个 1～9 之间的数字，则可调出 GB—2312 字符集 1～9 区中的各种符号。其中常用的有：v1——标点符号、数学符号；v2——各种数码，如①，五，Ⅵ 等；v6——希腊字母；v8——拼音字母，注音字母。

智能 ABC 中规定，"i"为输入小写中文数字的前导字符，"I"为输入大写中文数字的前导字符。注意，这里的"I"应该由 Shift＋i 键得到，而不是按 Caps Lock 键得到。

例如，一—— i1　　　二—— i2　　　三—— i3

〇 —— i0　　　十 —— is　　　百—— ib

千 —— iq　　　万 —— iw　　　亿—— ie

壹 —— I1　　　贰 —— I2　　　叁 —— I3

零 —— I0　　　拾 —— Is　　　佰—— Ib

仟 —— Iq　　　万 —— Iw　　　亿 —— Ie

其中"壹"的输入是这样实现的，同时按下 Shift＋I 键，然后再按数字"1"即可得到。

例如：输入"一二三四五"，可先击 I 键，再输入阿拉伯数字"12345"，用空格结束输入，屏幕上即显示"一二三四五"。

再如:同时按下 Shift＋I 键,然后输入"123456",即可得到"壹贰叁肆伍陆"。

如果需输入大写的英文字母,可以用大小写字母锁定键 CapsLock 将字母锁定在大写状态,再输入英文字母即可。再次击 CapsLock 键,将字母锁定键锁定在小写状态即转入拼音输入方式。

2)输入中文日期

在智能 ABC 中快速输入年月日的方法与其他输入法相似,使用"n"、"y"、"r"来分割"年"、"月"、"日",只是在输入前,加上"i",如输入"二〇〇四年五月八日",只需键入"i2004n5y8r"即可。

3)快速输入单位

智能 ABC 还提供了单位的快速输入,所用热键同样是"i",采用"i＋单位缩写",如输入"厘米",则键入"icm"即可。输入"万"、"千"、"百"、"十"等的方法是在其声母前加"i",如输入"千",只需键入"iq"就可以。

4)词频调整设置

所谓词频,是指一个词的使用频繁程度。智能 ABC 标准词库中同音词的排列顺序反映了它们的一般规律,但对于不同用户来说,使用的词频可能有较大的差异。所以,智能 ABC 设计了词频调整记忆功能。右击"智能 ABC 输入法"状态条,屏幕上就会出现智能 ABC 输入法的快捷菜单,单击"属性设置"选项,即可进入"智能 ABC 输入法设置"对话框,如实验图 3.5 所示。选中"词频调整"复选框,最后单击"确定"按钮,词频调整就开始自动进行,不需要人为干预。在词组输入过程中,系统自动把具有最高词频的候选词条作为默认词条。

实验图 3.5　智能 ABC 设置属性框

5)上下标快捷键

下标是 Ctrl＋＝(Ctrl 和等号两键同时按下),上标是 Ctrl
＋＋(Ctrl、Shift、等号三个键同时按下,注意要快按快放),按一次进行设置,再按一次取消设置。注意,上下标的设置仅在英文状态下有效。

6)双打输入方式

在标准输入法中,完全按字按词的声母和韵母输入汉字的音节,即"全拼"输入。单击"智能 ABC 输入法"状态条上的"标准/双打切换按钮",进入双打输入方式。双打输入法与标准输入法的区别使一些声母和韵母被安排到特定的键位上,用一个字母代表一个声母或韵母。这样每个汉字最多只需输入一个声母键和一个韵母键,输入两个键即可。

双打输入中声母和韵母与键位的对应关系如实验表 3.1 所示。

实验表 3.1　声母和韵母与键位的对应关系表

代码键	声母	韵母	代码键	声母	韵母
A	zh	A	N	n	un ün
B	b	Ou	O	零声母	uo
C	c	in uai	P	P	uan üan
D	d	ua ia	Q	q	ei
E	ch	E	R	r	iu er
F	f	En	S	s	ong iong

代码键	声母	韵母	代码键	声母	韵母
G	g	Eng	T	t	uang iang
H	h	Ang	U		u
I		I	V	sh	ü
J	Jj	An	W	w	Ian
K	K	Ao	X	X	Ie
L	L	Ai	Y	y	Eng
M	M	Ui ue üe	Z	z	iao

由上表可知,在双打方式下,声母和韵母可以使用同一个键位,输入一个汉字时,系统将第一次击键作为声母键,第二次击键作为韵母键。有些汉字只有韵母,如以"a"、"e"、"o"作为一个字的音节,称为零声母音节,在输入时,应先键入零声母"o",再键入该字的韵母。虽然击键为两次,但是在屏幕上显示的仍然是一个汉字规范的拼音码。

在双打输入方式中,单字、词组的输入方法,重码的选择以及自动造词方法与标准输入方式下相同。在双打输入方式下输入编码有错时,只能使用退格键和 Esc 键两个编辑键,而不能用 ←、→ 和 Del 键进行编辑。

7)全半角切换

按 Shift+Space(上挡键加空格)就可以了,如~和～,全半角不一样的。

8)中英文标点符号切换

按 Ctrl+.(控制键和句号)键就可以了,如"."和"。"、"￥"和"＄"还有"……"和"~"。

实验 4 计算机的组装

一、实验目的

(1)掌握微型计算机的硬件构成。

(2)掌握计算机组装的规范,重点掌握每个部件的安装方法,完成机器的组装。

二、实验内容

(1)微型计算机的硬件安装。

(2)微型计算机的硬件参数设置。

三、实验准备

(1)工作台:便于组装方便,在安装时应该找一个防静电塑料袋置于主板的下方,同时将主板放在较为柔软的物品上,以免刮伤背部的线路,建议使用主板包装盒和包装袋。

(2)小工具盒(用于置放各类螺丝),以防止螺丝丢失。

(3)十字和一字螺丝刀各一把。

(4)尖嘴钳、镊子、电工刀、试电笔、万用表、散热硅脂等。

四、装机准备

(1)认真阅读说明书,避免在装机时不清楚原理而无从下手。

(2)时时刻刻防静电,以防止板卡等损伤。

(3)安装板卡时要细心,防止破坏插槽、芯片引脚等。

(4)通电之前全面检查,数据线、电源、各种指示灯的连接要正确。

五、实验步骤

在实验之前,了解微型计算机的工作原理和结构组成。并按照以下的要求进行操作。

主机中常见零件包括:网卡、CD-ROM 光驱、声卡、硬盘、数据线、显卡、网卡、内存条、CPU 及风扇、主板等。

1. 安装电源

现在计算机电源盒分两种:一种是传统的普通电源(AT 电源),给普通结构的 AT 主板使用;另一种是新型的 ATX 电源。

安装电源比较简单,把电源放在电源固定架上,使电源后的螺丝孔和机箱上的螺丝孔一一对应,然后拧上螺丝即可。

把电源放到机箱内电源安装位置,使电源上的螺丝孔与机箱上的螺丝孔对准,然后上紧螺丝钉,如实验图 4.1 所示。

实验图 4.1　安装电源

注意：若电源背面有 110/220V 选择开关，将其设置为 220V。

2. 安装 CPU

将主板放到桌面上准备好的一块绝缘的泡沫板上（主板的包装盒里就有这样的泡沫板），找到 CPU 插槽的位置。

①用手将 CPU 插槽边上的拉杆拉起，最终使其与插槽成 90°，如实验图 4.2 所示。

实验图 4.2　将拉杆拉起

实验图 4.3　安装 CPU

②将 CPU 按正确的方向轻轻插入 CPU 插槽中，要插到底，但不必给 CPU 施加压力。注意，在 CPU 的角上有一个三角形标记，插槽上也有一个三角形标记，插入 CPU 时一定要使这两个标记对准。由于 CPU 的安放都是"零插拔"，找准位置后，只需轻轻一放，就可以将 CPU 放进插槽中，如实验图 4.3 所示。

③将拉杆压至水平方向，CPU 就被牢牢地固定在主板上了。

④在 CPU 表面均匀地涂抹一层散热硅脂，注意不要太多（若散热器底部已涂有硅脂，此步骤可省略）。一定要在 CPU 上涂散热膏或加块散热垫，这有助于将热量由处理器传导至散热装置上。没有在处理器上使用导热介质可能会导致运行不稳定、频繁死机等问题。

实验图 4.4　将拉杆拉起

实验图 4.5　连接风扇电源线

一些散热装置附带散热膏。常用的散热膏是散热硅脂,能够很好地填充散热片和 CPU 之间的缝隙。注意不要涂抹的过多,反倒会影响散热效果,如实验图 4.4 所示。

⑤把散热器安装到 CPU 外圈的托架上,扣紧散热器上的扣具。

⑥将散热器风扇的电源线插头插到主板上标有"CPU Fan"的插座上,如实验图 4.5 所示。

3. 安装内存条

在主板上找到内存条插槽的位置(实验图 4.6),主板上通常有 2~3 个内存条插槽,分别标有 DDR1、DDR2、DDR3。在正常情况下,内存条无论插入哪一个插槽中效果都是一样的。但最好按顺序插入,若只有一根内存条,则插入 DDR1 插槽中;若有两根内存条,则插入 DDR1 和 DDR2 插槽中。

DDR 内存条插脚上有一个用于定位的凹槽,在内存条插槽上也有一个对应的凸起部分,插入时若这两个部分能对齐,说明内存条插入的方向正确。

①扳开内存条插槽两边的卡子。

②把内存条以正确方向对准插槽,均匀用力插到底就可以了,同时插槽两端的卡子会自动卡住内存条。

实验图 4.6　安装内存条

③若要取下内存条时,只要用力扳开插槽两端的卡子,内存条就会被推出插槽了。

4. 安装主板

将电源、CPU 和内存条安装到主板上之后,下一步需要把主板固定到机箱中。机箱内的金属底板上有金属螺柱,主板将固定在这些螺柱上,如实验图 4.7 所示。

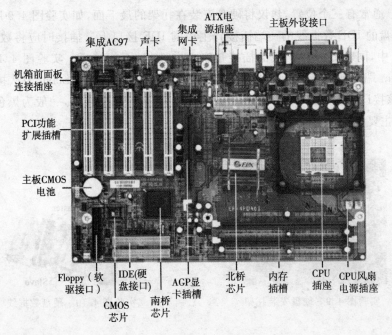

集成AC97　声卡　集成网卡　ATX电源插座　主板外设接口

机箱前面板连接插座

PCI功能扩展插槽

主板CMOS电池

Floppy（软驱接口）　IDE(硬盘接口)　AGP显卡插槽　北桥芯片　内存插槽　CPU插座　CPU风扇电源插座

CMOS芯片　南桥芯片

实验图 4.7　主板

①用双手端住主板,倾斜着放入机箱。将主板上的 I/O 接口对准机箱背面的 I/O 接口孔,然后放平主板。调整主板位置,使主板上的固定孔对准金属螺柱。

②用螺丝刀将螺钉垂直拧入固定孔。注意,在拧入时,不要将螺钉一次拧紧,而是把所有螺钉都固定到位后,再依次将每颗螺钉拧紧,这样可以在拧紧的过程中对主板位置进行微调。

③用手轻轻摇动主板,检查安装是否牢固。

5. 安装硬盘、软驱和光驱

机箱内有专用的托架,可用来安装硬盘、软驱和光驱,建议将光驱安装在上部托架,硬盘和软驱安装在下部托架。注意,光驱要从机箱外部安装,而硬盘要从机箱内部安装。

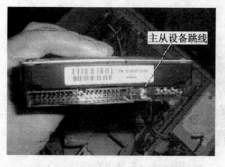

主从设备跳线

实验图 4.8　主从设备跳线

1) 安装硬盘

设置硬盘和光驱标识的跳线状态,将硬盘设为主盘、光驱设为从盘。IDE 接口的硬盘和光驱都用一组跳线来设置该设备的属性,如实验图 4.8 所示。

通过跳线开关,可将该设备设置成三种状态:MA(Master,主设备),SL(Slave,从设备)和 CS(Cable Select,电缆选择)。CS 由特制的 IDE 数据线决定硬盘的主从设备,此时接在数据线末端的为主设备,接在中间的为从设备。相关的连接方法在主板说明书上都会有详细说明。

通过对跳线的设置,将接在同一根 IDE 数据线的两个 IDE 设备的其中一个设置为主设备,另一个设置为从设备,从而达到识别设备的目的。

用手托住硬盘,将有标签的一面向上,无接口的一端对准机箱内软/硬盘托架的入口处,平行将其放入。放入时注意从托架侧面的固定螺丝孔观察,使硬盘的螺孔与硬盘托架的固定孔对齐。软/硬盘托架上通常有三个位置,建议将硬盘安装在托架的最下面,如实验图 4.9 所示。

将连接硬盘的 IDE 数据线的一端插接到主板的 IDE 接口上。插接时应将数据线插入到第一个 IDE 接口中,同时 IDE 数据线的插接是有方向性的,不能接反。实验图 4.10 所示的数据线,其中 System 端一般为蓝色,此端必须接在主板的 IDE 接口上。Slave 为从接口,一般为灰色,用于接在该接口上的第二个 IDE 设备,如光驱。Master 为主接口,一般为黑色,用来连接该IDE 接口上的主要设备,如硬盘。

实验图 4.9　硬盘安装托架

实验图 4.10　硬盘数据线

将硬盘 IDE 数据线的另一端插接到硬盘的 IDE 接口插座上。插接数据线时是有方向性的,

IDE 数据线的花边(1 号线)与硬盘电源插座相邻。

2)安装光驱

光驱数据线的连接方法与硬盘一样。最好不要将光驱与硬盘共用 1 根数据线,即用另外 1 根数据线接于主板的第二个 IDE 接口上,这样有助于系统发挥较好的性能。

①把机箱前部与光驱相对应位置上的塑料挡板取下。

②用手托住光驱,有标签的一面向上,后端对准机箱内部,从取掉塑料挡板后的缺口处平行地将光驱推入。前后调整光驱位置,使光驱面板与机箱前面板对齐,并使光驱的螺孔与托架的固定孔对齐。

③把螺钉拧入光驱两侧的螺丝孔,先不要上紧,适当调整光驱位置,然后再拧紧螺钉。

3)软驱数据线的连接

将软驱数据线反扭一端的插头连接在软驱上,另一端连接到主板的软驱的接口。注意,数据线的红色线与 1 号插针相对应。接反时,软驱指示灯将一直呈亮状态。

6. 安装显卡和声卡

若实验中选用集成了显卡和声卡的主板,此步骤可省略。

目前,独立显卡大多数是 AGP 接口,声卡则以 PCI 接口为主。因此,显卡应安装在主板的 AGP 插槽中,声卡应安装在主板的 PCI 插槽中。主板上通常只有一个 AGP 插槽,颜色为棕黄色,一般位于主板的中部。主板上的 PCI 插槽通常有 5~6 个,颜色为白色。

1)安装显卡

①取下机箱内后部与 AGP 插槽对应的金属挡片。

②将 AGP 插槽右端的白色小卡子扳开(有些主板的 AGP 插槽无此小卡子)。

③将显卡插脚对准 AGP 插槽,显卡的金属挡板对准机箱挡片孔,双手均匀用力将显卡压入 AGP 插槽中。正确插入后,白色小卡子会自动闭合,卡住显卡边沿的勾紧口。

④在显卡挡板上拧上螺钉,使显卡牢靠地固定在机箱上。

2)安装声卡

①确定要把声卡插入到哪一个 PCI 插槽中,通常可选最下面的一个 PCI 插槽,然后取下机箱后部与该 PCI 插槽对应的金属挡片。

②将声卡插脚对准 PCI 插槽,声卡的金属挡板对准机箱挡片孔,双手均匀用力将声卡压入插槽中。

③在声卡挡板上拧上螺钉,使声卡牢靠地固定在机箱上。

7. 安装网卡

以太网卡是局域网中最重要的和必不可少的联网设备,计算机要通过网卡接入网络。

目前常用的网卡大多数是 PCI 总线结构的,而且具有 PnP 功能,不需要进行硬件设置。

①确定要把网卡插入到哪一个 PCI 插槽中。通常可选第二个或第三个 PCI 插槽,这样便于连接网线,然后取下机箱后部与该 PCI 插槽对应的金属挡片。

②将网卡插脚对准 PCI 插槽,网卡的金属挡板对准机箱挡片孔,用双手均匀用力将网卡压入插槽中。

③在网卡挡板上拧上螺钉,使网卡牢靠地固定在机箱上。

8. 连接机箱内的各种连线

1) ATX 电源连线

ATX 电源比较方便,它的开关不是由电源直接引出的接线,而是在主板上,由主板控制。ATX 电源有三种输出接头,单独的一个比较大的是主板电源插头,插头的一侧有卡子,安装时不会弄反。连接时只要将插头对准主板上的电源插座插到底就可以了。在取下时,先要捏开卡子,然后垂直主板用力把插头拔起。

实验图 4.11 所示为连接硬盘、光驱的电源输和接头,连接时保证插头和插座的缺角相吻合,并用力插到底就可以了。最小的一个插头是连接软驱的电源接头,连接比较简单,对准插紧即可。

2) 连接主板信号线和控制线

包括电源开关控制线、电源指示灯线、复位控制线、硬盘指示灯线、PC 扬声器线、USB 信号线等。

①USB 信号线。大多数 Pentium 4 主板都可提供 6 个 USB 接口,主板后部接口区已提供了 2 个 USB 接口,其余 4 个要通过主板上的两组 USB 插针来提供,因此需要将机箱上的 USB 接口信号线连接到主板上。

②各种控制线和指示灯线。机箱上提供的信号线插头如实验图 4.12 所示。其标注及含义如下:

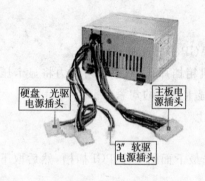

实验图 4.11　电源输出接头

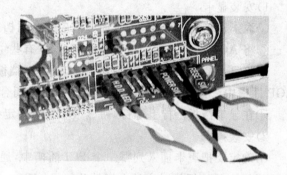

实验图 4.12　前面板信号线

SPEAKER:PC 扬声器。

POWER SW:电源开关。

RESET SW:复位按钮。

H. D. D LED:硬盘指示灯。

POWER LED:电源指示灯。

在主板上找到与以上控制信号线对应的插座(通常它们被集中安排在主板的边沿处,并标有相应的名称),把信号线插头分别插到对应的插针上。注意,扬声器线、电源开关线和复位按钮线没有正负极之分,但硬盘指示灯和电源指示灯则要区分正负极,通常白色线为负极、红色线为正极。

在主板上安装机箱前面板上的指示灯、开关的连接线。机箱前面板上的指示灯、开关包括电源开关(PWS)、复位按钮(Reset)、硬盘指示灯(H. D. D)、电源指示灯(Power)、机箱喇叭(Speaker)等。相关的连接方法在主板说明书上都会有详细说明,大多数主板在线路板上也都有标明,若没有主板说明书,也可参照主板上印刷的说明进行连接。

③音频线。用光驱播放 CD 碟片时要想听到 CD 音乐,必须将一根音频线连接到光驱和声卡上的音频接口中。还有一点,就是要在光驱和声卡之间连接音频线,通常音频线是 3 芯或者 4 芯的,其中红色、白色的线是连接左、右声道的,黑色的线是地线。光驱的这一头比较好连接,一插就可以了。声卡这边要注意,通常声卡上有 2～3 个 CD 音频接口,各不相同,找一个和音频线接头相对应的接口,要保证红、白两线接在两个声道上。如果连接错误,可能听不到 CD 音乐或者只有一个声道发声。

3)连接主板上的数据线

包括硬盘数据线、光驱数据线和软驱数据线。新型的 ATX 主板上有一个软驱接口、两个 IDE 口,如实验图 4.13 所示。

IDE 口是用来连接 IDE 设备的,一般是硬盘和光驱。主板上的两个 IDE 口,一个是主接口,一个是副接口。每个 IDE 口可以连接两个 IDE 设备,所以一台微机最多可连接四个 IDE 设备。连接时要注意,不仅两个 IDE 口之间有主次关系,接在同一个 IDE 口上的两个 IDE 设备之间也有主次关系;主硬盘,也就是启动硬盘必须作为主设备接到主 IDE 口上。比较新的主板没有这样严格的要求。

实验图 4.13　主板上的 IDE 口和软驱接口

在主板上,主 IDE 口一般用"Primary IDE"或"Secondary IDE"或"IDE 2"表示。在主板的各个接口附近都标明了第一根针的位置,在接线之前要弄清楚。

此处把硬盘接到 IDE1 接口,光驱接到 IDE 2 接口,并把它们都利用跳线设置为主设备 Master。

硬盘和光驱数据线都是 80 针的数据排线。在接头中间有一个凸起的部分,数据排线中侧面有一根红色的花边线,该线为第一根线,通过这根线可识别接头的插入方向。

将数据排线上的一个插头插入主板上的 IDE 1 插座(实验图 4.13),红线的一侧对准插座上标有"1"的一端。数据排线上的另一个插头插到硬盘的信号插座上,插入方向由插头上的凸起部分定位。

光驱数据线的连接方法与硬盘数据线的连接方法相同,只是要把数据排线插到主板上的另一个 IDE 插座上。

软盘数据线的宽度要窄一些,其中一端有扭曲的部分。扭曲部分一端的插头要插在软驱上(注意,排线中间的插头不使用),另一端的插头插到主板上的 FDD(或 FLOPPY)接口插座上。

以上步骤完成后,需要仔细检查一下各部件的安装是否牢固,有无漏接的信号线和电源线,检查无误后,将主机箱盖上,并上紧螺钉,主机部分就算完成了。最后把电源线插到机箱背面的电源插座上。下面就进行常用外部设备的连接。

9. 连接显示器

①把旋转底座固定到显示器底部,注意一定要固定到位。

②把视频信号线插到主机背后的显示器视频信号插座上。若采用集成主板,该插座在 I/O

接口区；若采用独立显卡，该插座在显卡挡板上。

③连接显示器电源线。

10. 连接键盘和鼠标

将键盘和鼠标信号线插头插入机箱背面的 PS/2 键盘接口和鼠标接口或 USB 接口。鼠标接口与键盘接口位于主机箱后部的 I/O 接口区，它们的外形几乎完全一样，因此不要搞混淆。连接时可根据插头、插座颜色来区别，PC99 标准中规定紫色的为键盘接口，绿色的为鼠标接口。另外，机箱背面的鼠标和键盘接口旁边印有标志图形，根据标志图形也能方便地区分它们。若使用 USB 接口的鼠标，则应把鼠标插到任意一个 USB 接口。

11. 连接音箱(耳机)

声卡(包括集成声卡)都有三个插孔：LINE IN(线路输入)、MIC IN(麦克风输入)和 SPEAKER OUT(扬声器输出)，有些声卡还有 LINE OUT(线路输出)插孔。LINE OUT 为音频信号直接输出，该信号需要外接功率放大器进行放大，再接到扬声器发出声音，音质较好。SPEAKER OUT 的信号则已由声卡内带的功率放大器放大，可直接接到扬声器发出声音，但音质稍差。

若外接音箱是有源音箱，可将其接到 LINE OUT 插孔，否则应接到 SPEAKER OUT 插孔。耳机则可接到 SPEAKER OUT 插孔或 LINE OUT 插孔。

至此，微型计算机硬件就全部安装好了。

实验 5　Windows XP 安装及基本操作

本实验主要练习 Windows 安装;Windows 基本操作及中文输入法的使用;Windows 的资源管理及文件和文件夹的操作;在"控制面板"中对系统进行设置。

实验 5.1　Windows XP 安装

一、实验目的

(1)了解 Windows XP 安装的一般方式。

(2)熟练掌握安装 Windows XP 操作系统。

二、实验内容

(1)安装前准备工作。

(2)设置光驱启动。

(3)安装 Windows XP。

三、实验指导

1. 准备工作

①准备好 Windows XP Professional 简体中文版安装光盘,并检查光驱是否支持自启动。

②在运行安装程序前用磁盘扫描程序扫描所有硬盘以检查硬盘错误并进行修复,否则安装程序运行时如检查到有硬盘错误即会很麻烦。

③用纸张记录安装光盘的产品密匙(安装序列号)。

④如果想在安装过程中格式化 C 盘或 D 盘(建议安装过程中格式化 C 盘),请在安装前先备份 C 盘或 D 盘重要的数据。

2. 设置光驱启动

所谓光驱启动,是指计算机在启动时首先读取光驱,如果光驱中已插入具有启动功能的光盘就可以在硬盘启动之前读取出来。

常规设置方法:

①启动计算机,并按住 Del 键(有的按 F2 键或者 F10 键,具体参考台式计算机主板或笔记本电脑的相关用户手册)不放,直到出现 BIOS 设置窗口(通常为蓝色背景,白色英文字)。

②根据操作提示,使用"←→"方向键选择 Boot,并使用数字小键盘"+"或"-"将"CD-ROM Drive"调整到最上面即可(表示首先从光驱启动系统)。

③选择好启动方式后,按 F10 键保存,出现 Setup Confirmation 对话框(实验图 5.1.1),选择 Yes 选项,并按 Enter 键,计算机自动重启,此时所做更改的设置生效。

提示:对于目前的计算机主板,还可以根据启动时在屏幕上显示的信息来启用光驱引导系统,如有的提示"Esc for Boot Menu"则表示在此时按 Esc 键就可以进入到启动菜单;某些品牌计

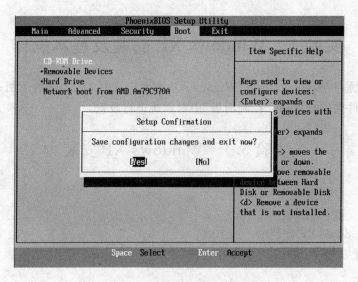

实验图 5.1.1　设置光驱启动并确认退出

算机如 DELL 则提示"F12＝Boot Menu",HP 则提示"F9",注意根据不同计算机的提示操作,且此操作比常规设置方法更加简单易用。

3. 安装 Windows XP

下面介绍安装 Windows XP 的几种常用方法。

方法 1:执行 Windows XP 全新安装

全新安装是指通过对硬盘进行重新分区和重新格式化来删除硬盘中的所有数据,然后将操作系统和程序重新安装到空(全新)的硬盘上。在执行 Windows XP 全新安装之前,应备份所有重要信息。

备份所有重要信息后,按照下列步骤安装 Windows XP:

从 Windows XP CD 启动计算机。将 Windows XP CD 放入 CD 或 DVD 驱动器中,然后重新启动计算机。

看到"Press any key to boot from CD"消息后(实验图 5.1.2),按任意键从 Windows XP CD 启动计算机。

实验图 5.1.2　按任意键启用光盘引导

进入蓝色的 Windows 安装程序界面(此时屏幕的左上角有"Windows Setup"字样,如实验图 5.1.3 所示)。

在"欢迎使用安装程序"屏幕中,按 Enter 键启动 Windows XP 安装程序,如实验图 5.1.4 所示。

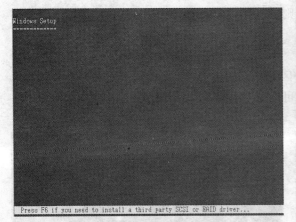

实验图 5.1.3　蓝色安装界面

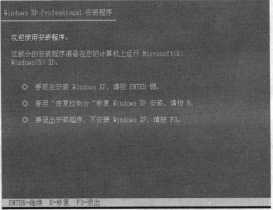

实验图 5.1.4　安装选择界面

阅读"Microsoft 软件许可条款"（实验图 5.1.5），然后按 F8 键。

按照屏幕上的说明选择并格式化要安装 Windows XP 的分区，如实验图 5.1.6 所示。

提示：使用 Windows XP 安装程序对硬盘进行分区和格式化。

实验图 5.1.5　Microsoft 软件许可条款

实验图 5.1.6　划分磁盘分区

步骤 1：对硬盘进行分区

①这里将列出每个物理硬盘的现有分区和未分区空间。使用方向键选择现有分区，或通过选择要在其中创建新分区的未分区空间创建新分区。也可以按 C 键来使用未分区空间创建新分区。

注意：如果要在已存在一个或多个分区的空间上创建分区，则必须先删除现有分区，然后再创建新分区。可以按 D 键删除现有分区，然后按 L 键（如果是系统分区，则先按 Enter 键，然后按 L 键）确认要删除此分区；对要包含在新分区中的每个现有分区重复此步骤。删除所有分区以后，选择其余未分区空间，然后按 C 键创建新分区。

②要以最大磁盘空间创建分区，直接按 Enter 键。若要指定分区大小，须为新分区键入以兆字节（MB）为单位的大小，然后按 Enter 键。

③如果要创建其他分区，则重复①和②。

④要格式化分区并安装 Windows XP，转到步骤 2。

如果不想安装 Windows XP,按两次 F3 键则退出 Windows 安装程序,然后不继续执行本实验的其他步骤。

步骤 2:格式化硬盘并安装 Windows XP

①用方向键选择要安装 Windows XP 的分区,然后按 Enter 键(实验图 5.1.7)。

②选择要用于格式化分区的格式化选项。可以从下列选项中选择(实验图 5.1.8):

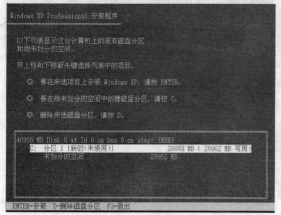 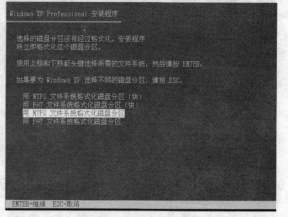

实验图 5.1.7　选择分区　　　　　　　　　实验图 5.1.8　格式化分区

- 使用 NTFS 文件系统格式化分区(快速);
- 使用 FAT 文件系统格式化分区(快速);
- 使用 NTFS 文件系统格式化分区;
- 使用 FAT 文件系统格式化分区;
- 保持现有文件系统(无变化)。

注意:

- 如果所选的分区是一个新分区,则用于保持现有文件系统的选项不可用。
- 如果所选分区的大小超过 32GB,则不能使用 FAT 文件系统选项。
- 如果所选分区的大小超过 2GB,则 Windows 安装程序将使用 FAT32 文件系统(必须按 Enter 键加以确认)。
- 如果分区小于 2GB,则 Windows 安装程序使用 FAT16 文件系统。
- 若硬盘存在逻辑错误,则一般不建议使用快速格式化,这是因为快速格式化无法修正硬盘的逻辑错误。
- 如果删除并创建了新的系统分区,但正在另一分区上安装 Windows XP,则会提示用户为系统和启动盘分区选择文件系统。

按 Enter 键继续。

③Windows 安装程序格式化分区后,安装程序开始复制文件,如实验图 5.1.9 所示。

文件复制完后,安装程序开始初始化 Windows 配置,然后系统将会自动在 15 秒后重新启动,重新启动后进入图形安装界面,如实验图 5.1.10 所示。

按照屏幕上的提示继续 Windows XP 安装。

④稍等则屏幕上出现"区域和语言选项"设置界面。一般不用更改,直接单击"下一步"按钮选用默认值即可,如实验图 5.1.11 所示。

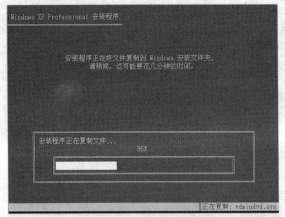

实验图 5.1.9　安装程序复制文件

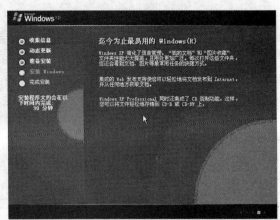

实验图 5.1.10　图形安装界面

⑤输入姓名和单位的界面,姓名必须要填写(实验图 5.1.12),单位由用户决定是否填写,然后单击"下一步"按钮。

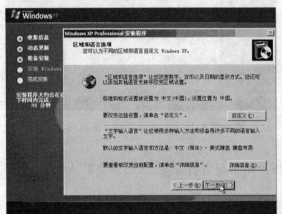

实验图 5.1.11　区域和语言选项

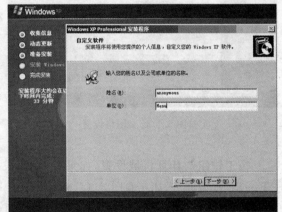

实验图 5.1.12　用户信息

⑥输入事先准备好的产品密钥(实验图 5.1.13),如果没有或输入不正确,则无法继续安装 Windows。

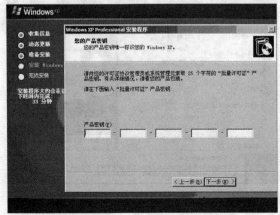

实验图 5.1.13　产品密钥输入界面

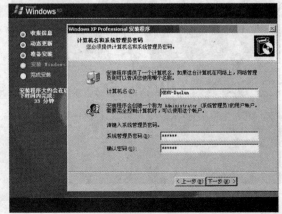

实验图 5.1.14　计算机名和系统管理员密码输入界面

⑦安装程序自动创建计算机名称,用户自己可任意更改,输入两次系统管理员密码并记住该密码,用户名为 Administrator 的系统管理员在系统中具有最高权限,平时登录系统一般不需要这个账号。并继续单击"下一步"按钮,如实验图 5.1.14 所示。

注意: Windows XP 专业版才有密码设置的选项,家庭版没有此密码设置项。

⑧进入到"日期和时间设置",一般默认显示就是正确的,这里随便设置也没关系,安装完系统后还可以在控制面板中更改。

⑨下一步网络设置有两个选项:典型设置和自定义设置。这里选择"典型设置"并单击"下一步"按钮继续,如实验图 5.1.15 所示,有关网络具体设置方法详见实验 8.1 相关章节。

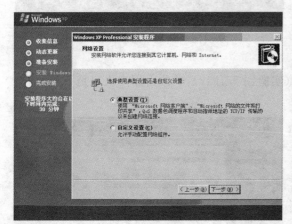

实验图 5.1.15　网络设置

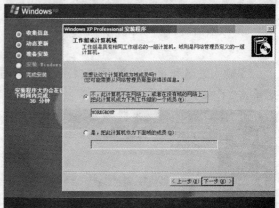

实验图 5.1.16　工作组或计算机域设置

⑩工作组与计算机域设置,如果有需要,根据网络情况自行设定;否则保留默认设置,单击"下一步"按钮即可,如实验图 5.1.16 所示。

注意: Windows XP 专业版有设置域的选项,家庭版只有设置工作组的选项。

至此,接下来的安装过程就不再需要用户参与,安装程序会自动完成全剩余过程。安装完成后自动重新启动,出现启动画面,如实验图 5.1.17 所示。

实验图 5.1.17　启动画面

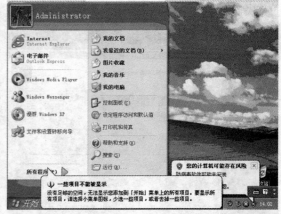

实验图 5.1.18　Windows 桌面

进入系统后,会出现"显示设置"对话框,直接单击"确定"按钮并进入"监视器设置"对话框,单击"确定"按钮即可。系统会自动调整显示属性,并进入 Windows 用户登录界面,输入前面设置过的管理员密码即可进入 Windows 桌面(实验图 5.1.18)。

全新安装 Windows XP 完毕。

方法 2:升级到 Windows XP

下面介绍如何从 Microsoft Windows 98、Microsoft Windows Millennium Edition 和 Microsoft Windows 2000 Professional 升级到 Windows XP。

注意:开始升级过程之前,从计算机的制造商处获取并安装适用于用户计算机的最新 BIOS 升级。如果在升级计算机操作系统后更新 BIOS,则可能需要重新安装 Windows XP 以利用 BIOS 中的高级配置和电源接口(ACPI)支持等功能。如有可能,在开始升级之前更新所有硬件设备中的固件。但更新 BIOS 操作颇具危险性,稍有不慎可能会造成计算机硬件的损坏;而如今计算机硬件支持 Windows XP 完全没有问题,因此若非必须则不建议更新。

此外,在安装过程中可能需要断开 Internet 连接。在安装过程中断开 Internet 连接有助于防止恶意用户入侵。用户还可能需要启用 Microsoft Internet Explorer 防火墙。

要升级到 Windows XP,按照下列步骤操作:

①启动计算机,然后将 Windows XP CD 放入 CD 或 DVD 驱动器中。

②如果 Windows 自动检测到该 CD,单击"安装 Windows"以启动 Windows XP 安装向导。

③如果 Windows 没有自动检测到该 CD,单击"开始"按钮,单击"运行"选项,键入"CD 驱动器号:\setup. exe"命令,然后单击"确定"按钮。

④在收到选择安装类型的提示时,选择"升级"(默认设置),然后单击"下一步"按钮。

⑤按照屏幕上的说明完成升级。

提示:接下来的安装操作,可以参照方法 1 中图示来完成。

方法 3:将 Windows XP 安装到新的硬盘

使用下列任一介质启动计算机:

• Windows XP 启动盘

• Windows XP CD

注意:如果要从 Windows XP CD 启动计算机,则必须对 CD 或 DVD 驱动器进行相应的配置。有关将计算机配置为从 CD 或 DVD 驱动器启动的信息详见本实验"设置光驱启动"章节内容或参见计算机附带的文档或与计算机制造商联系。

要将 Windows XP 安装到新的硬盘,按照下列步骤操作。

①阅读"Microsoft 软件许可条款",然后按 F8 键。

注意:如果用户的 Windows XP CD 是升级版本,则系统将提示用户插入以前操作系统的 CD,以验证升级兼容性。取出 Windows XP CD,然后将以前操作系统的 CD 放入 CD 驱动器中。可以使用 CD 升级以下版本的 Windows:

• Windows 98;

• Windows 98 Second Edition;

• Windows Millennium Edition;

• Windows NT 4.0;

• Windows 2000 Professional。

②在收到需要 Windows XP CD 的提示后,取出以前操作系统的 CD,然后放入 Windows XP CD。

③要通过从 Windows XP CD 启动计算机来安装 Windows XP,将 Windows XP CD 放入 CD 或 DVD 驱动器中,然后重新启动计算机。

④看到"Press any key to boot from CD"消息后,按任意键从 Windows XP CD 启动计算机。

⑤在"欢迎使用安装程序"屏幕中,按 Enter 键启动 Windows XP 安装程序。

⑥按照屏幕上的说明选择并格式化要安装 Windows XP 的分区。

⑦按照屏幕上的说明完成 Windows XP 安装。

方法 4:将 Windows XP 安装到新的文件夹

要将 Windows XP 安装到新文件夹(也称为并行安装),按照下列步骤操作:

①从 Windows XP CD 启动计算机。为此,将 Windows XP CD 放入 CD 或 DVD 驱动器中,然后重新启动计算机。

②当屏幕上显示"Press any key to boot from CD"消息时,按任意键从 Windows XP CD 启动计算机。

③在"欢迎使用安装程序"屏幕中,按 Enter 键开始安装 Windows XP。

④阅读"Microsoft 软件许可条款",然后按 F8 键。

⑤选择要安装 Windows XP 的分区,然后按 Enter 键。

⑥选择"保持现有文件系统(无变化)"选项,然后按 Enter 键继续。

⑦按 Esc 键可安装到不同的文件夹中。

如果安装程序检测到其他操作系统文件夹,则会提示用户在反斜杠(\)后键入新文件夹的名称,如"\WINXP"。如果没有检测到其他操作系统,安装程序会自动将文件夹命名为"\Windows"。

⑧按 Enter 键继续。

⑨按照屏幕上的说明完成 Windows XP 安装。

方法 5:执行多重启动操作

如果要实现 Windows XP 与 Ubuntu 多重启动操作系统,按以下顺序并根据标准安装步骤安装操作系统:

- Windows XP;
- Ubuntu。

注意:

①在安装 Ubuntu 时需要注意将 Ubuntu 的 GRUB 启动管理器安装到 MBR。用户可以从启动管理器(GRUB)的屏幕选择启动上述操作系统。

②尽可能将各个操作系统安装在不同的逻辑驱动器上。如果将多个操作系统安装在一个驱动器上,当尝试运行这些操作系统时可能会遇到意想不到的问题。

具体操作详见"实验 6 Ubuntu 操作系统安装与基本操作实验"中的"使用 Wubi 在 Windows 上安装 Ubuntu"部分。

实验 5.2　Windows XP 基本操作及中文输入法的使用

一、实验目的

(1)正确启动与退出 Windows XP。

(2)掌握鼠标和键盘的功能与使用。

(3)掌握 Windows XP 的桌面及有关操作方法。

(4)掌握"开始"菜单与"任务栏"的功能及使用技巧。

(5)掌握窗口的操作方法。

(6)学会使用 Windows 帮助。

(7)掌握一种中文输入法。

二、实验内容

(1)启动 Windows XP。

(2)鼠标与键盘的功能及操作。

(3)Windows XP 桌面图标的有关操作。

(4)Windows XP 的"开始"菜单和任务栏的有关操作。

(5)窗口操作。

(6)获取帮助操作。

(7)使用中文输入法。

(8)屏幕图像的截取。

三、实验指导

1.启动 Windows XP

按照先外设后主机的启动顺序,打开
显示器电源按钮以及计算机电源,计算机
主机面板上电源指示灯和显示器指示灯
亮,计算机开始进行硬件自检和初始化,检
测无误后开始启动 Windows XP 操作系
统。在启动过程中可能出现用户登录界
面,单击用户图标,输入用户密码,按 Enter
键加载个人设置,最后显示 Windows XP
桌面,如实验图 5.2.1 所示。

实验图 5.2.1　Windows XP 桌面

2.鼠标与键盘操作

鼠标是一种最常用的输入设备,用来
定位光标、选择命令或代替键盘输入数据,通常连接到 PS/2 或 USB 接口。鼠标指针是屏幕上
显示的一个特殊标志,用来指示当前操作位置或操作状态,只要在桌面或垫子上轻轻移动鼠标,
鼠标指针就会随之移动。

1)鼠标操作练习

①指向:在桌面上滑动鼠标,计算机屏幕上的鼠标指针将随之移动,将鼠标指针移动到某一
对象上(如"我的电脑"图标)。

②单击:将鼠标指向某一对象,如"我的电脑"图标,按下鼠标左键一次后释放。"我的电脑"
图标将以蓝底反白显示。

③双击:将鼠标指向某一对象,如"我的电脑"图标,连续两次快速单击鼠标左键,将打开"我

的电脑"窗口。

④拖动:将鼠标指向某一对象,如"我的电脑"窗口的标题栏,按住鼠标左键移动至某个位置后,释放鼠标,则"我的电脑"窗口移动到新的位置。

⑤右击:移动鼠标,将鼠标指针指向某个对象,快速按下并释放鼠标右键,将打开不同的快捷菜单,显示针对该对象的一些常用操作命令,其中"属性"命令中包含该对象的有关信息。实验图5.2.2为右击"回收站"时打开的快捷菜单;实验图5.2.3所示为右击"Internet Explorer"图标时打开的快捷菜单。

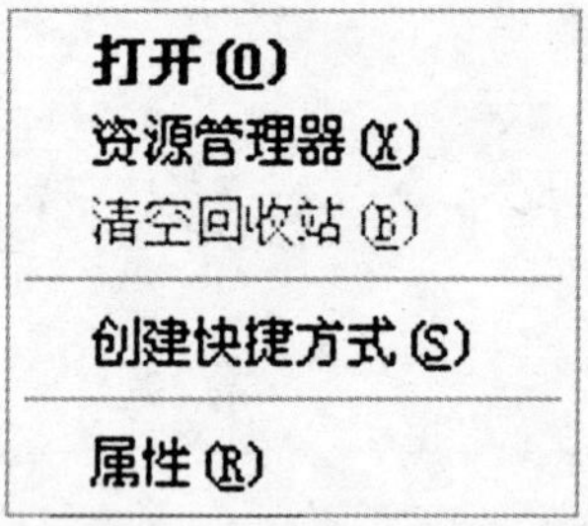

实验图 5.2.2 "回收站"快捷菜单 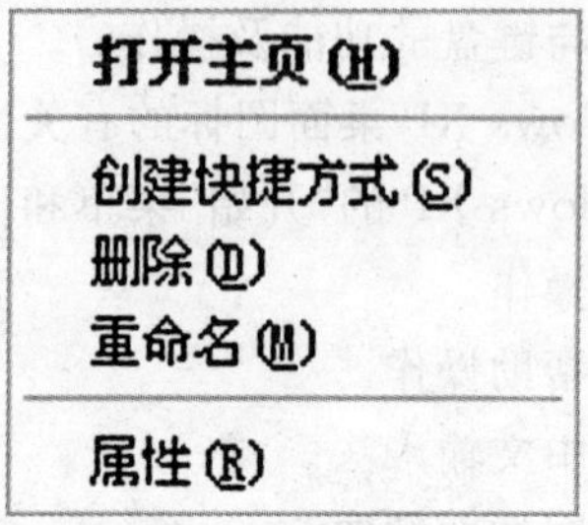   实验图 5.2.3 "Internet Explorer"快捷菜单

随着指向位置或工作状态的改变,鼠标指针的形状会发生变化,不同形状代表不同的含义,常见鼠标指针形状和代表含义如实验图5.2.4所示。

实验图 5.2.4 鼠标指针形状及含义

2)键盘的功能和使用

常用的计算机键盘有104键盘和107键盘,它包括数字、字母、常用符号和功能键等共计104或107个按键,现将键盘常用按键及功能列入实验表5.2.1~实验表5.2.3,供读者参考。

实验表 5.2.1　常用操作键的使用方法

操作键	功　能
Enter	回车键:确认有效或结束逻辑行
Backspace	退格键:按一次则删除光标左侧的一个字符
Shift	上挡键:按住此键不放,再按双字符键,则取双字符键上边显示的字符。对字母键,则取与当前所处状态相反的大写或小写字母形式
Caps Lock	大小字母转换键:按下此键后键盘右上角的 Caps Lock 指示灯亮(再次按下时熄灭),键入字母为大写,否则为小写字母
Num Lock	小键盘数字锁定键:控制小键盘的数字/编辑键之间的换挡,按下此键后 Num Lock 灯亮,表示数字键盘有效,否则编辑键有效
Print Screen	截屏键:按此键将屏幕信息复制到剪贴板中(在 DOS 环境下为输出到打印机上)
空格键	用于输入空格,即输入空字符

实验表 5.2.2　常用控制键的使用方法

控制键	功　能
Ctrl	控制键:和其他键合用完成某种功能
Alt	控制键:与其他键合用完成某种功能
Tab	制表键:按一次光标右移八个字符位置
Esc	取消键:按下该键,则取消当前进行的操作
Ctrl＋Alt＋Del	热启动组合键

实验表 5.2.3　常用编辑键的使用方法

编辑键	功　能
Home	光标移到行首
End	光标移到行尾
Page Up	向上翻页键,按一次该键光标上移一屏
Page Down	向下翻页键,按一次该键光标下移一屏
Insert	插入/改写状态转换键
Delete	删除键:每按一次删除光标右侧的一个字符
Ctrl＋Home	光标移至文档的开始
Ctrl＋End	光标移至文档的尾部

3. Windows XP 对象图标的有关操作

1)在窗口或桌面创建快捷方式

①选择要创建快捷方式的对象(程序、文件、文件夹、硬件设备)。

②执行"编辑"→"复制"命令,或右击对象,在弹出的快捷菜单中选择"复制"命令。

③选择要创建快捷方式的目标位置(桌面、文件夹、窗口、驱动器)。

④执行"编辑"→"粘贴快捷方式"命令,或右击桌面、窗口的空白区域,在弹出的快捷菜单中选择"粘贴快捷方式"命令。

2)在快速启动工具栏创建快捷方式

将图标从任意位置(如桌面、窗口)拖到快速启动工具栏,可在快速启动工具栏中创建快捷方式。右击快速启动工具栏中的图标,从快捷菜单中选择"删除"命令,删除快速启动工具栏中的快捷方式。

3)在"所有程序"菜单中创建快捷方式

"所有程序"菜单中的项目都是快捷方式,拖动"所有程序"中的菜单项或程序图标,可以改变菜单项或程序的放置位置;在拖动过程中,出现一条黑色粗线,指示将要放置的位置。在"所有程序"菜单中创建快捷方式的操作如下:

①右击"开始"按钮,选择"打开所有用户"或"打开"命令,出现"开始菜单"窗口,窗口中显示一个"程序"文件夹。

②右击窗口空白区域,选择"新建"→"文件夹"命令,在"所有程序"菜单的顶部创建菜单项。

③双击"程序"文件夹,右击窗口的空白区域,在弹出的快捷菜单中选择"新建"→"文件夹"命

令,在"所有程序"菜单中创建菜单项。

④使用"复制"和"粘贴"命令,可在新建菜单项中添加快捷方式。

提示:若将程序的快捷方式放在"启动"文件夹中,Windows XP 启动后将自动运行该快捷方式指向的相应程序。

4)排列图标

图标的排列方式有两种,即自动排列和手动排列。右击桌面的空白处将出现桌面快捷方式菜单,在"排列图标"子菜单中单击"名称、大小、类型、修改时间"不同的排列方式,即可使图标按选项规则排列。

常用排列方式如下:

* 名称:按对象名称排列图标。
* 类型:按对象类型排列图标。例如,同类文件连续排列,文件夹连续排列。
* 大小:按文件大小排列图标(文件大小是指文件包含的字节个数)。
* 修改时间:按文件或文件夹的修改时间排列图标。
* 自动排列:图标自动整齐排列,仅适用于"缩略图"、"平铺"和"图标"视图。
* 对齐到网格:图标按隐形网格对齐,仅适用于"缩略图"、"平铺"和"图标"视图。

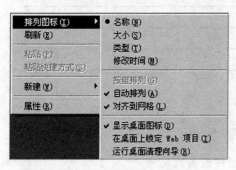

实验图 5.2.5 "排列方式"快捷菜单

取消"自动排列"选项时,用户可以手动拖动图标把它们放在桌面上的任意位置;否则,桌面上的图标总是行列对齐按"自动排列"方式排列,如实验图 5.2.5 所示。

5)启动程序与打开文件夹窗口

①双击桌面上的应用程序图标或其快捷方式,将启动相应的应用程序。例如,双击桌面上的"Internet Explorer"图标 ,将启动 Internet Explorer 应用程序。

②双击文档文件图标,将启动创建该文档的应用程序并打开该文档。例如,双击 Word 文档图标 ,将打开该 Word 文档。

③双击文件夹图标,将打开文件夹窗口。例如,双击"我的电脑"图标 ,将打开"我的电脑"窗口。

4. Windows XP 的"开始"菜单和"任务栏"的操作

1)"开始"菜单

单击"开始"按钮,打开"开始"菜单,参见实验图 5.1.18 所示,在"开始"菜单中可以进行所需操作。例如,在开始菜单中启动附件中的"画图"应用程序的操作方法为:单击"开始"→"程序"→"附件"→"画图"命令即可。

2)"任务栏"的操作

任务栏中包括"开始"按钮、快速启动按钮、窗口按钮、输入法选择按钮和通知区域,如实验图 5.2.6所示。

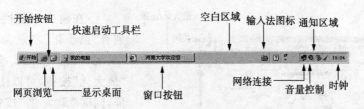

实验图 5.2.6　Windows XP 任务栏

①任务栏属性设置。右击任务栏空白区域处，在弹出的快捷菜单中选择"属性"命令，如实验图 5.2.7 所示，打开"任务栏和开始菜单属性"对话框，如实验图 5.2.8 所示。

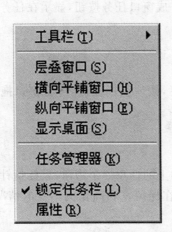

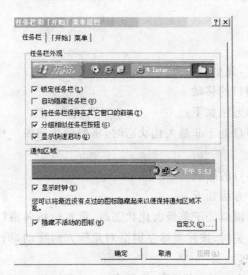

实验图 5.2.7　任务栏快捷菜单　　　实验图 5.2.8　"任务栏和开始菜单属性"对话框

例如，设置任务栏为自动隐藏：选中"自动隐藏任务栏"选项，任务栏自动隐藏，当鼠标指向任务栏位置时，任务栏自动出现。

②调整任务栏大小及位置。

• 调整大小：将鼠标指向任务栏靠近屏幕中央的边框，当鼠标指针变成垂直双箭头后，按住左键拖动即可改变任务栏大小。

• 移动位置：鼠标指向任务栏的空白处，拖动鼠标可将任务栏移动到屏幕的四边。

5. 窗口操作

打开"我的电脑"窗口，进行窗口的最大化、还原、最小化、缩放、层叠与平铺、切换等操作。

1)打开窗口

操作方法如下：

方法 1：双击桌面上"我的电脑"图标，可打开如实验图 5.2.9 所示"我的电脑"窗口。

方法 2：右击桌面上"我的电脑"图标，在弹出的快捷菜单中选择"打开"命令，也可打开"我的电脑"窗口。

2)窗口的最大化、最小化和还原

操作方法如下：

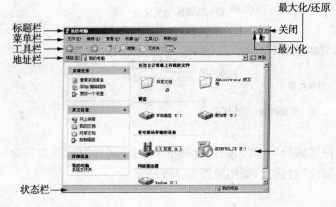

标题栏
菜单栏
工具栏
地址栏

最大化/还原
关闭
最小化

状态栏

实验图 5.2.9 "我的电脑"窗口

①在窗口标题栏的右上角依次排列有"最小化"、"最大化"（或"还原"）、"关闭"按钮，参见实验图 5.2.9。单击"最大化"按钮，可以使窗口充满整个屏幕，同时"最大化"按钮变成"还原"按钮。

②单击"还原"按钮，可使处于最大化状态的窗口恢复为最大化之前的大小，同时"还原"按钮变成"最大化"按钮；

③单击"最小化"按钮，则窗口缩小成窗口任务按钮，显示在任务栏上。在任务栏上，显示着所有打开的窗口任务按钮。

3）窗口的移动

操作方法如下：

当窗口处于非最大化状态时，将鼠标指向窗口标题栏，按住鼠标左键，可将窗口拖动到所需位置。

4）窗口的缩放

操作方法如下：

①当窗口处于非最大化状态时，将鼠标指向窗口四角上的任意一个边角，鼠标指针变为斜向的双向箭头时，按住鼠标左键沿对角线方向拖动，则窗口在保持宽和高比例不变的情况下，大小随之调整。

②当窗口处于非最大化状态时，将鼠标指向窗口上、下、左、右四个边框上，鼠标指针变为垂直或水平的双向箭头时，按住鼠标左键拖动，则窗口大小随之调整，至所需高度或宽度时可释放鼠标。

5）窗口之间的切换

在打开多个窗口时，只有一个窗口是活动窗口或当前窗口。活动窗口在桌面上高亮显示，窗口图标背景呈现深蓝色。单击任务栏中的活动窗口图标，可将活动窗口最小化；再单击一次，恢复原来显示状态。将窗口切换为活动窗口的操作方法如下：

①单击任务栏中的窗口任务按钮。

双击"我的电脑"窗口；再打开"我的文档"窗口，该窗口为当前窗口，此时，"我的电脑"和"我的文档"两个窗口按钮都显示在任务栏上。单击任务栏上"我的电脑"窗口按钮，则"我的电脑"窗口成为当前窗口。再单击任务栏上"我的文档"任务按钮，则"我的文档"窗口又成为当前窗口。

②单击桌面上窗口的可见部分。

③按 Alt＋Esc 键或 Alt＋Tab 键。

提示：按 Alt＋Esc 键或 Alt＋Tab 键，同样能实现在多个窗口之间进行切换。不过两者有差别：使用快捷 Alt＋Tab 键来切换窗口时，会出现一个对话框（实验图 5.2.10），可以自由选择要切换到的窗口；而使用 Alt＋Esc 键不出现任何提示，按顺序切换窗口。

实验图 5.2.10 Alt＋Tab 切换窗口

6)窗口的层叠和平铺、最小化所有窗口

操作方法如下：

在打开多个窗口时，桌面上的窗口可按不同方式排列。右击任务栏的空白区域，从快捷菜单（实验图 5.2.7）中，分别单击层叠窗口、横向平铺窗口、纵向平铺窗口、最小化所有窗口各项，注意观察窗口排列方式的变化情况。

7)窗口的关闭

例如，关闭已打开的"我的电脑"窗口。

操作方法如下：

方法 1：单击"我的电脑"窗口右上角的关闭按钮，关闭"我的电脑"窗口。

方法 2：单击窗口"文件"→"关闭"命令，关闭窗口。

方法 3：单击"我的电脑"窗口左上角（窗口标题栏左端）的控制菜单图标，在弹出的控制菜单中选"关闭"或按 Alt＋F4 键。

6．菜单的基本操作

以"我的电脑"窗口菜单为例，使用鼠标或键盘打开命令菜单，执行菜单命令。

①打开菜单：单击菜单栏中的菜单项，打开下拉菜单；在桌面上或窗口中，右击对象或空白区，打开快捷菜单。右击不同对象，显示不同快捷菜单；同一对象处于不同状态，显示不同快捷菜单。快捷菜单中包含了常用操作命令，与下拉菜单相比，操作起来方便快捷。

例如：双击"我的电脑"图标，打开"我的电脑"窗口，单击菜单栏中的任意菜单项，将展开其下拉菜单，移动鼠标到要执行的命令项上单击该命令即可（实验图 5.2.11 所示"我的电脑"窗口中的"查看"菜单的"图标"命令）。

②执行命令：单击下拉菜单或快捷菜单中的命令，执行菜单命令。按 Alt＋字母键，使用键盘打开下拉菜单，再按热键字母，执行相应菜单命令。例如，按 Alt＋V 键，打开"查看"下拉菜单，再按 N 键，按图标视图显示窗口中的对象。

③关闭菜单：一旦选择了菜单命令，打开的菜单就会立即关闭。如果打开菜单后不选择任何命令，按 Esc 键或单击菜单之外的任意位置，均可关闭菜单。

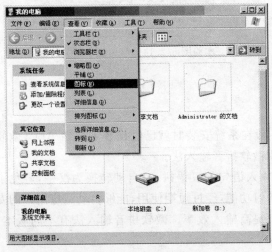

实验图 5.2.11　命令菜单

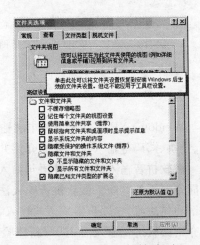

实验图 5.2.12　对话框帮助

7. 使用 Windows 帮助

1）在使用对话框时获取帮助

在打开对话框进行操作时，如果不知道某一对象的功能，如按钮、图标等，可单击对话框右上角的 ? 按钮，鼠标指针将变成 ⬚?，再单击需要帮助的对象，此时系统会自动给出该对象的功能说明。例如，在"文件夹选项"对话框"查看"选项卡中，单击对话框右上角的 ? 按钮，然后单击"重置所有文件夹"按钮，则出现如实验图 5.2.12 所示帮助。

2）获取系统帮助

方法 1：单击"开始"→"帮助"选项菜单，或单击窗口菜单的"帮助"菜单项，可打开"Windows帮助"窗口，如实验图 5.2.13 所示，可按目录逐级查找帮助主题，或通过"索引"选项卡查找"关键字"，或通过"搜索"选项卡等找到"帮助主题"，从而得到 Windows XP 的详细帮助信息。

方法 2：在 Windows XP 使用过程中，可以随时按 F1 键打开"帮助主题"，获得帮助信息。

例如：使用"帮助"查找有关"对话框"的帮助主题。

操作方法如下：

①在实验图 5.2.13 中单击"搜索"文本框，并在文本框中输入"对话框"作为搜索关键词。

②单击实验图 5.2.13 中的 ➡ 按钮，则显示出有关"对话框"的主题项。

③选择主题列表中"在对话框中获取'帮助'"，则在右侧内容栏中显示主题具体帮助内容，如实验图 5.2.14 所示。

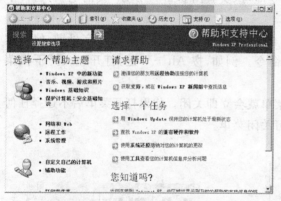

实验图 5.2.13　Windows XP 帮助窗口

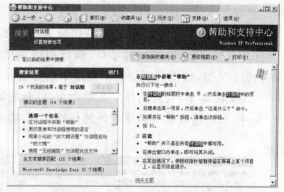

实验图 5.2.14　与关键字相关的帮助主题

8. 使用中文输入法

Windows XP 提供了多种中文输入法。一般在系统安装时就已经预装了智能 ABC、微软拼音、全拼、郑码等输入法。在此介绍并练习使用微软拼音输入法。

微软拼音输入法是一种语句输入法，连续输入语句的汉语拼音，自动转换为汉字，避免了选择同音词语的麻烦。微软拼音输入法具有自学习功能，经过短期使用，能够自动适应用户的专业术语和句法习惯，逐步实现语句输入，从而大大提高输入效率。微软拼音输入法有不同版本，此处介绍微软拼音输入法 2007（新体验输入风格）。

1）选择输入法

鼠标单击任务栏上的输入法按钮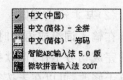，在弹出的输入法菜单中选择"微软拼音输入法 2007"，如实验图 5.2.15 所示。如果使用键盘操作，默认情况是按 Ctrl＋Shift 键，循环选择汉字输入法；按"Ctrl＋空格"键，打开或关闭汉字输入法。

实验图 5.2.15　输入法菜单

2）用微软拼音输入法

（1）输入法状态条

选择微软拼音输入法 2007，任务栏通知区域显示输入法状态条。右击通知区域中的输入法状态条，选择"调整语言选项带位置"命令，调整状态条宽度；选择"还原语言栏"命令，浮动显示实验图 5.2.16 所示输入法状态条。单击实验图 5.2.16 中的"选项"按钮，选择状态条中显示的按钮；单击"最小化"按钮，浮动状态条又回到通知区域。状态条中的 10 个按钮如下：

①输入法图标：单击输入法图标，选择其他输入法，如全拼、智能 ABC 输入法等。

②输入风格选择：单击此按钮，选择"微软拼音新体验"、"微软拼音经典"或"ABC 输入风格"，ABC 输入风格完全兼容智能 ABC 输入法。

③中文/英文切换：中表示中文输入，英表示英文输入。单击此按钮（或按 Shift 键）可进行中/英文输入状态的切换，表示中文输入时，标点自动转换成中文格式；表示英文输入时，标点自动转换成英文格式。

④全角/半角切换：表示半角输入，表示全角输入。默认切换快捷键是 Shift＋空格键。

⑤中文/英文标点切换：单击此按钮或按"Ctrl＋圆点"键，输入中文标点或英文标点。

⑥简体/繁体切换：单击此按钮，选择"简体中文"、"繁体中文"或"大字符集"，大字符集是简体中文和繁体中文的字符集之和。

⑦开启/关闭软键盘：单击此按钮，打开或关闭软键盘。

⑧开启/关闭输入板：打开或关闭输入板。使用输入板可以通过偏旁部首检索汉字，输入未知读音或冷僻汉字，或取代软键盘输入各种符号，如数学符号、数字序号等。

⑨功能菜单：单击此按钮，显示功能菜单。例如，可从"软键盘"菜单中选择软键盘布局；执行"输入选项"命令，打开"输入选项"对话框，全面设置微软拼音输入法。如实验图 5.2.17 所示。

⑩帮助：单击此按钮，获取微软拼音输入法 2007 的帮助信息。

　①②③④⑤⑥⑦⑧⑨　⑩
　　　　　　　　　　　　　←最小化
　　　　　　　　　　　　　←选项

实验图 5.2.16　输入法状态条　　　　　实验图 5.2.17　功能菜单

（2）基本输入规则

在输入词组或语句时，可以连续输入拼音串而不必关心音节的切分，因为微软拼音输入法会自动完成切分工作，微软拼音输入法的基本输入单位为语句。在输入语句时，若发现有错别字不必急于修改，可以在未按空格键或 Enter 键确认语句之前对整句一起修改。这时句子下面有一条虚线，直接移动光标到错字处，候选窗口自动打开，用鼠标或键盘从中选择正确的字词即可。

（3）软键盘的使用

例如：输入"★☆※●【】(1)①"

单击软键盘开/关按钮 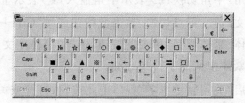，打开软键盘。默认是 PC 键盘，在软键盘的任意位置右击，或单击功能设置按钮，打开如实验图 5.2.18 所示功能菜单。在功能菜单中，选择"软键盘"菜单中的"特殊符号"。打开"特殊符号"软键盘，如实验图 5.2.19 所示。单击软键盘或敲击键盘相应键位即可输入★、※、●、☆ 等符号。再选择"数学序号"软件盘，可打开"数学序号"软键盘，输入(1)、①等符号。

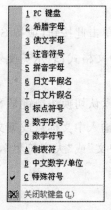

实验图 5.2.18　软键盘菜单　　　　实验图 5.2.19　"特殊符号"软键盘

（4）输入法练习

单击"开始"→"所有程序"→"附件"→"记事本"命令，打开记事本程序窗口，用微软拼音输入法输入下列样文中的文字：

Associated Press 美国暑假驾车出游季即将于下周开始，此时有预测说，随着生活拮据的开车人因高油价减少开车，美国汽油消费量可能会低于去年。但在世界另一面，行业观察者看到的却是相反的情形，因为中国面临着电力短缺的威胁。如果今夏大力限电，中国人又像过去那样用上备用燃油发电机，那么石油需求可能就会大幅高于先前预测。

在人们认为全球石油供需差距越来越窄的情况下，这两种相反趋势到时候哪一种胜出，可能会对今年下半年的油价产生很大影响。

巴克莱资本(Barclays Capital)分析师说，仅中国的柴油短缺本身，就有可能缓解石油需求的疲软，并进一步缩小全球供需差距；需求的疲软可能来自于经合组织(OECD)国家，原因是价格上涨。

美国智库 Eurasia Group 分析师约翰斯通(Robert Johnston)说，中国电力企业联合会估计缺电 300 亿瓦，南方电网估计缺电 500 亿瓦。近些年缺电的时候，人们曾使用备用柴油发电机填补电力缺口。

巴克莱资本分析师说，柴油发电机使用量的增加，在以往的夏季将中国的每日石油需求提高了 40 万到 60 万桶。包括国际能源署(International Energy Agency)在内的很多分析机构都预测,今年夏季石油需求的提高量将在每日 30 万桶左右,低于往年,原因是今年的电力短缺没有以往严重,但这个提高量仍旧不小。

但美国的情况却更加不明朗。最近汽油价格涨至每加仑 4 美元大关,普遍认为这是驾车人开始减少驾驶里程数的转折点。但自那以后油价已经下跌,美国的经济实力依然难以评估。

例如,上个月高盛集团(Goldman Sachs)几位颇有影响力的分析师强调,近期原油市场的疲软是因为美国市场开始显现原油需求大幅减少的现象。本周高盛表示,在汽油价格下跌后上述状况可能逆转,今年下半年原油市场的前景可能会乐观得多。

统计数据喜忧参半。汽油库存已连续三周上升,大多数分析显示与去年夏天相比,汽油消费量下降了几个百分点。不过,旅游休闲组织美国汽车协会(AAA)展开的一项调查预计,尽管油价高,但今年夏天驾车前往度假胜地的美国人数量仅仅减少了 0.3%。

各个机构对今年夏天美国汽油需求的估计存在很大不同。尽管近期修正了数据,美国能源情报署(U. S. Energy Information Administration)依旧预计按年增长率计算,每日原油消费将增加 10.9 万桶。

本月,另一家备受尊敬的能源数据发布机构国际能源署(International Energy Agency)以美国需求疲软为由将其对 2011 年每日原油需求的预测削减了 19 万桶。国际能源署在月度原油市场报告中说,我们认为今年美国汽油需求肯定将令人失望。

在进一步数据出炉前,很难判断在上述完全对立的两种预测中,哪一方的看法更加准确。据 Petromatrix 分析师雅各布(Olivier Jakob)透露,最悲观的看法认为,受近期油价创下新高影响,目前的原油消费趋势意味着美国每日原油需求将下降超过 100 万桶。雅各布说,美国原油需求的降幅令中国需求的增量相形见绌。

实验 5.3 　Windows 资源管理器

一、实验目的

(1)了解"资源管理器"窗口的组成及文件、文件夹的浏览方式。
(2)掌握在"资源管理器"中文件和文件夹的基本操作。

二、实验内容

(1)启动"资源管理器"的方法。
(2)资源管理器的基本操作。
(3)文件、文件夹的操作:选中、建立、移动、复制、删除、恢复、重命名等。

三、实验指导

1."资源管理器"的使用

1)启动资源管理器的方法
方法 1:单击"开始"→"程序"→"附件"→"Windows 资源管理器"命令,即可启动如实验图 5.3.1 所示"资源管理器"窗口。

方法 2：用鼠标右击"开始"按钮，选择快捷菜单中的"资源管理器"命令。

方法 3：右击"我的电脑"、"回收站"等图标，选择快捷菜单中的"资源管理器"命令。

提示： Windows XP 的资源管理器窗口标题为当前打开的文件夹（或驱动器）名。

2）资源管理器的基本操作

（1）在"资源管理器"窗口显示或取消"工具栏"。

操作方法如下：

①在"资源管理器"窗口，单击"查看"→"工具栏"命令，显示如实验图 5.3.2 所示的"工具栏"级联菜单。

②在"工具栏"的级联菜单中，观察"标准按钮"、"地址栏"等命令选项，若命令前有"√"号，表示该项已经选中，否则表示该项尚未选中，可以单击该项将其选中，被选中的工具栏将在窗口中显示；若取消命令前的"√"号，工具栏将在窗口中消失。

（2）设置"资源管理器"中左窗格的显示风格。

操作方法如下：

在"资源管理器"窗口，打开"查看"菜单，指向"浏览栏"项，在弹出的级联菜单中，分别单击"文件夹"、"搜索"、"收藏夹"命令，观察左窗格的显示风格。通常，"资源管理器"左窗格显示为"文件夹"风格的树形结构；实验图 5.3.1 即为"文件夹"显示风格的"资源管理器"窗口。

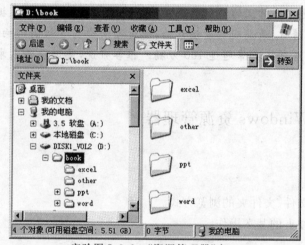

实验图 5.3.1 "资源管理器"窗口

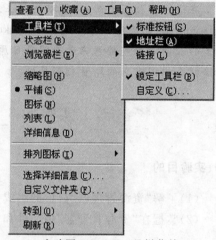

实验图 5.3.2 工具栏菜单

（3）使用"资源管理器"浏览计算机资源。

操作方法如下：

①在如实验图 5.3.1"资源管理器"窗口中，单击左窗格的上、下滚动按钮或拖动垂直滚动条，可上下移动来浏览左窗格中的显示内容。

②如果要访问、浏览的对象在某个文件夹的子文件夹中，可通过单击文件夹左边的"＋"号，逐级展开文件夹结构，直到目标文件夹显示出来（当单击"＋"号展开文件夹结构的同时，文件夹左侧的"＋"号变为"－"号；单击"－"号可以关闭文件夹结构）。

注意： 在展开"＋"和关闭"－"过程中，右边窗口的显示内容没有变化。

③单击左窗格中的某一文件夹，如 Program Files 文件夹，使该文件夹处于打开状态，在右窗格中将显示该文件夹中的内容。

④单击工具栏上的"向上"按钮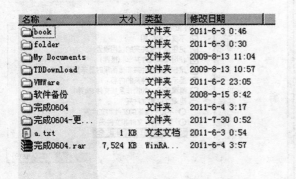（此图标实际位于文中），则回到当前文件夹 Program Files 的上一级文件夹（如 C 盘文件夹），此时右窗格内显示 C 盘文件夹的内容。

⑤在右窗格中双击 Program Files 文件夹图标，则同样可打开 Program Files 文件夹，右窗格显示 Program Files 文件夹中的内容。

（4）"资源管理器"窗口右窗格内容显示方式的设置。

操作方法如下：

①在"资源管理器"窗口中，单击"查看"菜单（或单击工具栏的"查看"下拉按钮）在其下拉菜单中，分别单击其中的"大图标"、"小图标"、"列表"、"详细资料"和"缩略图"命令，如实验图 5.3.2 所示，观察右窗口中显示方式的变化，命令项前有"●"标记的为当前选中显示方式。

②实验图 5.3.3 所示的是按"详细资料"方式的显示风格，若拖动右窗格上方任意两个属性之间的竖分隔线，可以对"名称"、"大小"、"类型"和"修改时间"各项的显示宽度进行调整。如将鼠标指向"名称"和"大小"之间的竖线上，当鼠标变为双向箭头时向右拖动鼠标至适当的位置时释放鼠标，可加大"名称"栏显示宽度，此时文件、文件夹列表的名称会全部显示于窗口中。

（5）对"资源管理器"右窗格文件、文件夹列表进行排序。

操作方法如下：

方法 1：在"查看"下拉菜单中，将鼠标指向"排列图标"命令，在弹出的级联菜单中，可以看到如实验图 5.3.4 所示各项命令，分别单击其中按类型、按大小、按名称和按日期排序命令，可以看到右窗格中内容按所选命令重新进行排列。

实验图 5.3.3　按"详细资料"方式显示

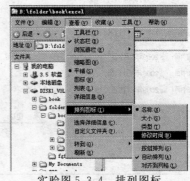

实验图 5.3.4　排列图标

方法 2：如果右窗格的显示方式是按"详细资料"方式显示的（实验图 5.3.3），直接单击右窗格上方的"名称"、"大小"、"类型"和"修改时间"各项，观察右窗格的变化。例如，单击"大小"选项，则可以看到显示方式是按文件从小到大排列，再次单击"大小"，则按从大到小排列；又如，单击"类型"选项，窗口中的文件、文件夹按扩展名的字母顺序排列。

（6）设置文件、文件夹的属性。

文件的属性有"只读"、"隐藏"、"系统"和"存档"四种属性。对于系统文件和隐藏文件，在资源管理器中一般是不显示的，但可以通过"文件夹选项"对话框来设置是否显示系统文件和隐藏文件。

例如：将 C 盘文件夹中的 calc.exe 文件属性设置为"隐藏"和"只读"，然后将其显示和隐藏。

操作方法如下：

①在资源管理器中打开 C 盘文件夹，浏览找到 calc.exe 文件。

②用鼠标右键单击 calc.exe 文件,在弹出的快捷菜单中选择"属性"命令,打开如实验图 5.3.5所示文件属性对话框。

③分别单击"隐藏"和"只读"复选框,将其选中,单击"确定"按钮,则该文件已被设置成只读和隐藏属性文件。

④单击"查看"→"刷新"命令,会发现 calc.exe 文件已经被隐藏了。

(7)设置文件夹选项。设置已知文件及文件夹的显示或隐藏。

操作方法如下:

①在"资源管理器"窗口,单击"工具"→"文件夹选项"命令,打开"文件夹选项"对话框,如实验图 5.3.6 所示;单击对话框的"查看"选项卡,从中可知,系统默认的显示方式为"不显示隐藏的文件和文件夹"。

②单击选中"显示所有文件和文件夹"单选按钮,再单击"确定"按钮,观察浏览窗口的变化。可见显示的文件数有所增加,隐藏的 calc.exe 文件被显示出来。

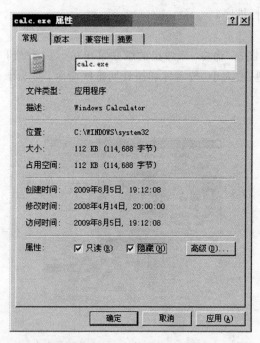

实验图 5.3.5　文件属性对话框

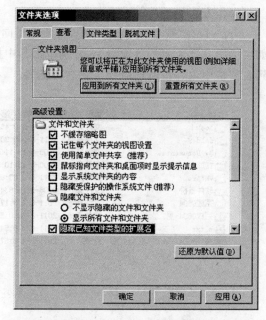

实验图 5.3.6　"文件夹选项"对话框

③再次打开"文件夹选项"的"查看"选项卡;单击"还原为默认值"按钮,再单击"确定"按钮,观察浏览窗口的变化。

④在实验图 5.3.6 中,单击"隐藏已知文件类型的扩展名"复选项,再单击"确定"按钮,观察浏览窗口会发现文件不再显示已知文件类型的扩展名(如 .exe,.doc 等);取消该选项,文件的扩展名又恢复显示。

3)文件或文件夹的操作

(1)选定文件或文件夹。

①选定单个文件或文件夹:单击"资源管理器"右窗格中的某个文件或文件夹的图标即可选定该文件或文件夹。

②选定多个连续的文件或文件夹：在"资源管理器"窗口，单击右窗格中的第一个要选定的文件或文件夹的图标，然后按住 Shift 键不放，再单击最后一个要选定的文件或文件夹图标。

③选定多个不连续的文件或文件夹：在"资源管理器"窗口，单击第一个要选定的文件或文件夹，按住 Ctrl 键不放，再逐一单击要选定的文件或文件夹图标。

④选定某个区域的文件或文件夹：在"资源管理器"窗口，按住鼠标左键，拖动鼠标形成一个矩形框，则矩形框中的文件将被选中，如实验图 5.3.7 所示。

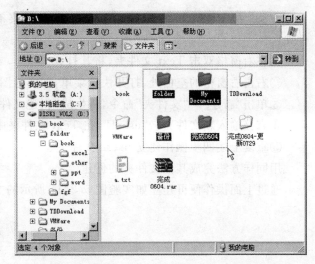

实验图 5.3.7　选择文件或文件夹区域

⑤选定全部文件和文件夹：在"资源管理器"窗口，单击"编辑"菜单中的"全选"命令，或按 Ctrl＋A 组合键，可选定全部文件和文件夹。

⑥选定大部分文件和文件夹：先选择少数不需选择的文件和文件夹，然后单击"编辑"菜单中的"反向选择"命令，即可选定多数所需的文件或文件夹。

(2)建立新文件夹。

例如：在 D 盘文件夹里使用不同方法新建如下文件夹结构。

$$\text{Text} \begin{cases} \text{user1——user3} \\ \text{user2} \begin{cases} \text{user4} \\ \text{user5} \end{cases} \end{cases}$$

方法 1：使用"文件"菜单建立 Text 文件夹。

①打开"资源管理器"窗口，在左窗格中找到 D 盘并单击。

②单击"文件"→"新建"→"文件夹"命令，将在当前 D 盘文件夹中新增一个名为"新建文件夹"的子文件夹，且此时文件名反白显示，如实验图 5.3.8 和实验图 5.3.9 所示。

③输入文字"Text"，按 Enter 键或单击其他任意位置完成 Text 文件夹的建立。

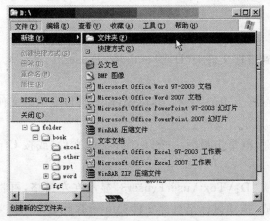

实验图 5.3.8　"文件"菜单中"新建"子菜单

实验图 5.3.9　新建文件夹时的窗口

方法2：在刚建立的Text文件夹中，使用快捷菜单方法建立user1和user2及其下一级的文件夹。

①在右窗格双击Text文件夹，将其打开。

②右击右窗格的空白处，打开快捷菜单，如实验图5.3.10所示。

③单击"新建"→"文件夹"命令，将生成"新建文件夹"。

④直接输入新文件夹名"user1"，在Text文件夹中建立user1子文件夹。

⑤重复上述四步操作建立user2文件夹。

用同样方法完成其他文件夹的创建。

通过上面操作便可建立如实验图5.2.11所示的文件夹结构。

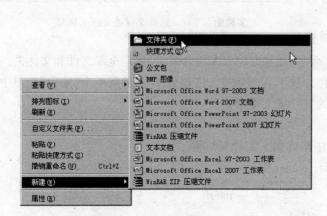

实验图5.3.10　快捷菜单图

实验图5.3.11　新建文件夹结构

（3）文件或文件夹的复制。

以下操作针对刚建立的Text文件夹。

方法1：使用鼠标拖放复制文件或文件夹。

例如：将C盘文件夹下的Windows文件夹中所有以C开头的文件（不含文件夹）复制到USER3文件夹中。

操作方法如下：

①打开"资源管理器"窗口，在左窗格浏览找到目标文件夹"D:\Text\user1\user3"。

②打开"C:\Windows"文件夹。

③单击"查看"→"详细信息"命令，再单击右窗格上边的"名称"列标题，使右窗口显示的文件和文件夹按名称排序。

④单击第一个以C开头的文件，按住Shift键，再单击最后一个以C开头的文件；或按Ctrl键，逐个单击以C开头的文件，将目标选中。

⑤在左窗口拖动"垂直滚动条"，使目标文件夹"D:\Text\user1\user3"显示在左窗格，再将鼠标指向右窗格选中的文件上，按住鼠标左键不放，拖动鼠标至目标文件夹user3（此时user3文件夹呈蓝底反白显示），完成复制；或按右键拖动目标文件到user3文件夹后，释放鼠标，在弹出的快捷菜单中选择"复制到当前位置"命令，也可进行复制。实验图5.3.12为拖动复制时的

样图。

提示：若是在同一个磁盘中实施复制操作，在拖放鼠标时需要同时按住 Ctrl 键。

方法 2：利用剪贴板进行对象的复制。

例如：将 C 盘文件夹下的 Windows 文件夹中所有扩展名为 .BMP 的文件，复制到 user2 文件夹中。

操作方法如下：

①在"资源管理器"窗口，打开 Windows 文件夹。

②单击"查看"→"详细信息"命令，再单击右窗格上边的"类型"列标题。此时右窗格以"详细信息"方式显示文件和文件夹，并按"类型"排序。

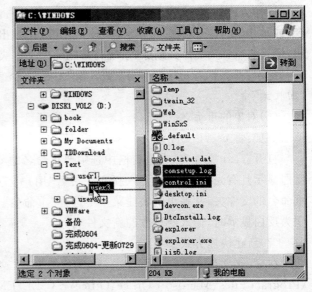

实验图 5.3.12　拖动复制操作样图

③单击第一个扩展名为 .bmp 的文件，按住 Shift 键再单击最后一个扩展名为 .bmp 的文件；或按 Ctrl 键，逐个单击扩展名为 .bmp 的文件，将目标文件选中。

④单击"编辑"→"复制"命令，或右击选中的对象从弹出的快捷菜单中选"复制"命令或按 Ctrl+C 键，完成复制。

⑤打开目标文件夹"user2"。单击"编辑"→"粘贴"命令，或右击右窗格空白处，从弹出的快捷菜单中选"粘贴"命令或按 Ctrl+V 键，完成粘贴。

（4）移动对象。

方法 1：使用鼠标拖动方法移动对象。

例如：将 user2 文件夹中的文件移动到 user4 中。

在资源管理器中，打开 user2 文件夹，选中全部文件，将鼠标指向被选中的文件，按住鼠标左键不放，拖动鼠标指针至目标文件夹 user4 后释放鼠标左键；或按住鼠标右键拖动文件到 user4 文件夹释放鼠标，在弹出的快捷菜单中选择"移动到当前位置"命令，完成文件的移动。

提示：若是在不同磁盘中实施移动操作，在拖放鼠标时需要同时按住 Shift 键。

使用鼠标拖动的方法复制或移动文件、文件夹时，注意观察鼠标指针下方是否有"+"号。有"+"号表示"复制"，无"+"号表示移动。

方法 2：利用剪贴板移动对象。

例如：将 user3 文件夹的文件移动到 user5 中。

操作方法如下：

①在资源管理器中，选中 user3 文件夹中的全部文件。

②单击"编辑"→"剪切"命令，或右键单击快捷菜单中"剪切"命令或按 Ctrl+X 键，将文件剪切到剪贴板中。

③打开目标文件夹 user5，单击"编辑"→"粘贴"命令；或右击右窗格空白处，从弹出的快捷菜单中选"粘贴"命令或按 Ctrl+V 键，完成文件的移动。

（5）对象的删除。

例如：删除 user3 文件夹。

操作方法如下：选定要删除的文件夹 user3 并右击鼠标，在弹出的快捷菜单中选择"删除"命令；或单击"文件"→"删除"命令；或按 Del 键；在弹出的"确认删除文件"对话框中，单击"是"按钮，即可将 user3 文件夹删除（系统将被删除的文件夹放到"回收站"中）。

提示：若在执行删除操作时，按住 Shift 键不放，可彻底从计算机中删除"user3"，而不存放到"回收站"中。

（6）对象的重命名。

例如：将 user1 文件夹更名为"用户 1"。

打开 Text 文件夹，在右窗格中选中要重命名的 user1 文件夹，单击其文件夹名，当名称变为反白显示且有光标闪烁时，键入新文件夹名"用户 1"，按 Enter 或单击空白处确认；也可右击要重命名的文件夹，从弹出的快捷菜单中选择"重命名"命令或单击"文件"→"重命名"命令，当名称变为反白显示时，输入要更改的新文件名。

（7）新建快捷方式。

在 Text 文件夹下创建 Excel. exe 的快捷方式（这里假设已知应用程序文件所在位置为：C：\Program Files\Microsoft Office\Office\EXCEL. EXE），并命名为"电子表格"。

方法 1：

①打开目标文件夹"D：\Text"文件夹。

②单击"文件"→"新建"→"快捷方式"命令（或右击右窗格空白处，在快捷菜单中选择"新建"→"快捷方式"命令）（实验图 5.3.8），打开"创建快捷方式"对话框，如实验图 5.3.13 所示。

③单击"浏览"按钮，弹出"浏览文件夹"对话框，如实验图 5.3.14 所示。在"浏览文件夹"对话框中，选择要建立快捷方式的文件 C：\Program Files\Microsoft Office\Office\EXCEL. EXE。

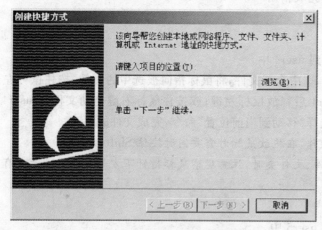

实验图 5.3.13 "创建快捷方式"对话框

实验图 5.3.14 "浏览文件夹"对话框

④单击"确定"按钮，返回"创建快捷方式"对话框如实验图 5.3.13 所示，在"请键入项目的位置"下面的文本框内将显示文件的绝对路径 C：\Program Files\Microsoft Office\Office\EXCEL. EXE。

⑤单击"创建快捷方式"对话框中的"下一步"按钮，在"选择程序标题"对话框中，输入该快捷方式的名称"电子表格"，单击"完成"按钮，如实验图 5.3.16 所示。则在 D：\Text 文件夹下创建了 EXCEL. EXE 应用程序的快捷方式"电子表格"。

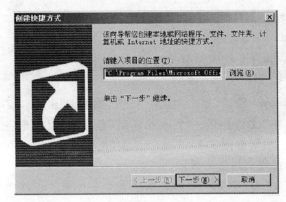

实验图 5.3.15 "创建快捷方式"对话框

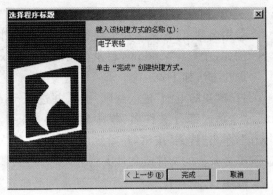

实验图 5.3.16 "选择程序标题"对话框

方法 2：

①打开已知应用程序文件所在的文件夹 C：\Program Files\Microsoft Office\Office\EXCEL. EXE，选择程序文件 EXCEL. EXE，单击"编辑"→"复制"命令，或从快捷菜单中选择"复制"命令。

②打开目标文件夹 D：\Text 文件夹，单击"编辑"→"粘贴快捷方式"命令，或右击右窗格空白处，从弹出的快捷菜单中选"粘贴快捷方式"命令，创建一个名称为 EXCEL. EXE 的快捷方式文件🖾 EXCEL. EXE。

③将快捷方式 EXCEL. EXE 重命名为"电子表格"。

4）搜索文件或文件夹

如果某些文件难以通过浏览找到，可以打开如实验图 5.3.17 所示"搜索结果"窗口，从中设置相应的搜索条件，查找所需文件或文件夹。

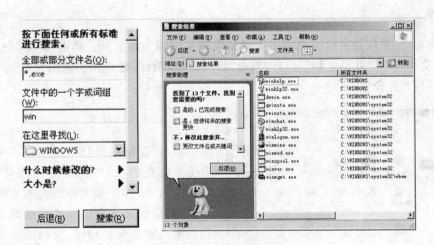

实验图 5.3.17 "搜索结果"窗口

①打开"搜索结果"窗口。

• 单击"开始"→"搜索"→"文件或文件夹"命令。

• 右击"开始"按钮，从快捷菜单中选择"搜索"命令。

• 右击某一盘符或某一文件夹图标，从弹出的快捷菜单中，选择"搜索"命令。

• 单击"资源管理器"窗口工具栏的"搜索"按钮,打开搜索窗口。

②用名称、包含文字和位置等条件查找文件

例如:在 C:\Windows 目录搜索后缀为 .exe 并且文档内容中含有 win 的文件。

操作方法如下:

打开"我的电脑"进入到"C 盘",并进入 windows 目录,单击"搜索"按钮,如实验图 5.3.17 所示"全部或部分文件名"框中输入"*.exe",在"文件中的一个字或词组"框中输入关键字"win";单击"搜索"按钮,开始搜索文件或文件夹,如实验图 5.3.17 所示。在"搜索"窗口的右边显示符合条件的文件或文件夹列表,状态行上显示找到的文件数目。

提示:在输入搜索文件名时,可使用通配符"*"和"?"。"*"可表示任意多个任意字符;"?"可表示一个任意字符。例如:"*.*"表示所有文件,"?A*.*"表示第二个字符为 A 的所有文件。

实验 5.4 Windows 控制面板

一、实验目的

掌握在控制面板中进行系统设置的基本方法。

二、实验内容

(1)显示属性设置。

(2)添加/删除程序。

(3)添加/删除输入法。

三、实验指导

"控制面板"是系统提供给用户用于更新和维护系统的主要工具。单击"开始"→"设置"→"控制面板"命令;或在"我的电脑"窗口中双击"控制面板"图标,打开如实验图 5.4.1 所示"控制面板"窗口进行相关设置。

实验图 5.4.1 "控制面板"窗口

1. 显示属性设置

双击"控制面板"窗口中的"显示"图标或右击桌面空白处,从弹出的快捷菜单中单击"属性"命令,打开如实验图 5.4.2 所示"显示属性"对话框。从中可以进行桌面背景(墙纸和图案)、屏幕保护程序、窗口的外观、更改桌面图标和显示效果、调整分辨率等设置。

1)背景设置

例如:将桌面背景设置为显示方式为"平铺"的"Bliss"图片墙纸,或将自己喜欢的图片文件设为背景。

操作方法如下：

①在实验图 5.4.2 中，单击"背景"选项卡。

②在"背景"列表框中选择 Bliss，在显示方式中选择"居中"，单击"应用"按钮，可从显示器预览窗口看到效果，满意后单击"确定"按钮，否则单击"取消"按钮。

③如果在显示方式中选择"居中"，则可单击"图案"按钮，在打开的"图案"对话框中的"图案"列表框中选择一种图案，单击"确定"按钮，可设置为带图案的背景。

④单击实验图 5.4.2 中的"浏览"按钮，可在浏览对话框中找到自己喜欢的图片文件，单击"确定"按钮，可将该图片设为背景。

实验图 5.4.2　"显示 属性"对话框

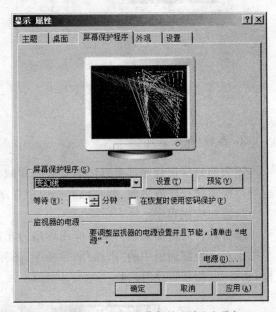
实验图 5.4.3　"屏幕保护程序"选项卡

2）屏幕保护程序设置

例如：将屏幕保护程序设置为"变幻线"，等待时间为 1 分钟。

操作方法如下：

①单击"屏幕保护程序"选项卡，如实验图 5.4.3 所示。

②在"屏幕保护程序"下拉列表框中选择"变幻线"，在"等待"栏内输入"1"。

③单击"确定"按钮。

这样，只要鼠标和键盘保持 1 分钟没有任何操作，屏幕保护程序就会运行。

3）外观设置

试将消息框"外观"方案设置为"沙漠"，字体颜色设为"蓝色"。

①单击"外观"选项卡，如实验图 5.4.4 所示。

②"色彩方案"下拉列表框中选择"淡绿色"。

③单击"确定"按钮。

4）屏幕分辨率设置

单击"设置"选项卡，如实验图 5.4.5 所示。在"颜色质量"下拉列表框中选择当前显示器表示颜色的位数；在"屏幕分辨率"项中，通过拖动滑块来调整屏幕的分辨率大小。

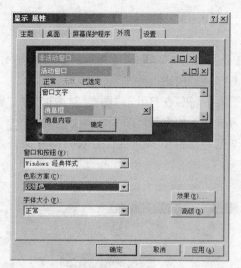 

实验图 5.4.4 "外观"选项卡   实验图 5.4.5 "设置"选项卡

2. 添加/删除程序

绝大部分应用程序都有自己的安装和卸载程序,利用控制面板中的"添加/删除程序"选项,也可以添加新程序或更改、删除已有的应用程序(包括 Windows XP 中的组件)。

1)添加应用程序

准备好含有需要安装的某个应用程序的光盘。

①双击控制面板中的"添加/删除程序"图标,打开实验图 5.4.6 所示"添加/删除程序"对话框,选择"添加新程序"按钮。

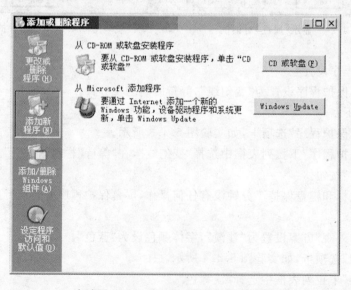

实验图 5.4.6 "添加/删除程序"对话框

②在光驱中插入含有要安装应用程序的光盘,单击"光盘或软盘"按钮,打开如实验图 5.4.7 所示"从软盘或光盘安装程序"对话框。

③单击"下一步"按钮,打开如实验图 5.4.8 所示"运行安装程序"对话框,单击"浏览"按钮,从光盘或软盘搜寻待安装的应用程序的安装程序名(通常为 Setup.exe),单击"完成"按钮。

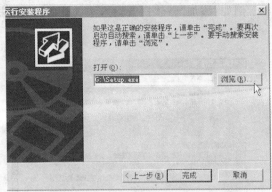

实验图 5.4.7 "从软盘或光盘安装程序"对话框　　　　实验图 5.4.8 "运行安装程序"对话框

④按提示完成后面的安装。

2)从 Windows XP 中卸载应用程序

下面以删除计算机中已安装的"飞信 2011"程序为例说明应用程序的卸载过程。

①在实验图 5.4.6 中单击"更改或删除程序"按钮,打开如实验图 5.4.9 对话框窗口,在打开的对话框中选中将要卸载的应用程序"飞信 2011",单击"更改/删除"按钮。

②按提示完成后面的操作。

提示:如果在卸载过程中系统提示保留共享文件,最好选择保留。

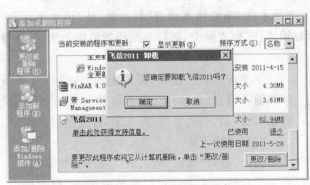

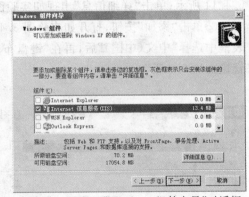

实验图 5.4.9　卸载应用程序　　　　　实验图 5.4.10　"Windows 组件向导"对话框

3)添加/删除 Windows 组件

①单击实验图 5.4.6 中的"添加/删除 Windows 组件"按钮,打开"Windows 组件向导"如实验图 5.4.10 所示。

②在"组件"列表框中选择要添加或删除的组件,如"Internet 信息服务(IIS)",单击其左边的复选框,单击"下一步"按钮,系统开始安装。

③单击"确定"按钮,完成安装。

提示:如要添加 Windows 组件,需要有 Windows 安装盘。

3．添加/删除输入法

1）添加输入法

例如：添加"微软拼音输入法 3.0 版"输入法。操作方法如下：

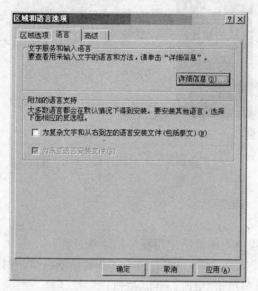

实验图 5.4.11　"语言"选项卡

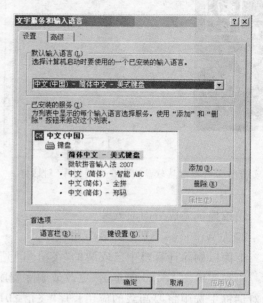

实验图 5.4.12　"文字服务和输入语言"对话框

①双击控制面板中的"区域选项"图标，如实验图 5.4.1 所示。单击"语言"选项卡，如实验图 5.4.11 所示；单击"详细信息"出现如实验图 5.4.12 所示"文字服务和输入语言"对话框。

②单击"添加"按钮，打开如实验图 5.4.13 所示的"添加输入语言"对话框，从"输入语言"列表框中选择"中文（中国）"后，再在"键盘布局/输入法"列表框中，选择所要添加的输入法"微软拼音输入法 3.0 版"。

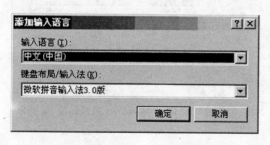

实验图 5.4.13　添加输入法

③单击"确定"按钮，即可添加并返回"文字服务和输入语言"对话框。若不是 Windows XP 包括的输入法，如"五笔字型"输入法，可通过磁盘添加。

2）删除输入法

例如：删除"郑码"输入法。操作方法如下：

①在图 5.4.12 的"已安装的服务"列表框中，选中要删除的"郑码"输入法。

②单击"删除"按钮。

③单击"确定"按钮。

实验 6 Ubuntu 11.04 桌面版安装及基本操作

Ubuntu 是一个社区开发的基于 Debian GNU/Linux 的操作系统,适合笔记本电脑、桌面计算机和服务器使用。它包含了所有用户需要的应用程序——网页浏览器、幻灯片演示、文档编辑、电子表格软件,即时通信软件、Web 服务和编程工具等。

本实验主要练习 Ubuntu 11.04(Natty Narwhal)安装,Ubuntu 桌面基本操作,Ubuntu 软件包管理。

实验 6.1 Ubuntu 11.04 桌面版安装

一、实验目的

(1)掌握使用光盘安装 Ubuntu 的方法。
(2)掌握使用 Wubi 在 Windows 上安装 Ubuntu 的方法。

二、实验内容

(1)安装前准备工作。
(2)光盘安装 Ubuntu。
(3)使用 Wubi 在 Windows 上安装 Ubuntu。

三、实验指导

1. 准备工作

1)硬件需求
处理器:300MHz×86(建议 700MHz)或更高的。
内存:256MB(建议 384MB)或更高的。
硬盘:4.4GB(建议 8GB 或更多,实际安装文件占 6.5GB)。
显卡与显示器:至少应支持 1024×768 分辨率。
要有 CD 或 DVD 光驱。
最好能连接到 Internet。
2)获得 Ubuntu 11.04 桌面发行版光盘
可以从很多途径取得 Ubuntu 的安装光盘,其一是从网上下载安装光盘的 ISO 映像再刻录到 CD-R 光盘中。如:
①从镜像站点上下载 ISO 的镜像文件。
中文官方:http://www.ubuntu.org.cn
英文官方:http://www.ubuntu.com
官方下载地址:http://releases.ubuntu.com/11.04
②刻录光盘。
本实验使用 PC(Intel x86)桌面版光盘为例,64bit PC(AMD64)的安装方法几乎相同,故只

下载并刻录 Ubuntu PC(Intel x86)桌面光盘(ubuntu-11.04-desktop-i386.iso)。

3)硬盘分区

在计算机上安装 Linux 系统,对硬盘进行分区是一个非常重要的步骤,下面介绍两种适合不同用户的分区方案。

①方案 1(初学者)。

/:建议大小在 5GB 以上。

/home:存放普通用户的数据,是普通用户的宿主目录,建议大小为剩下的空间。

swap:即交换分区,建议大小是物理内存的 1~2 倍。

②方案 2(开发者)。

/boot:用来存放与 Linux 系统启动有关的程序,如启动引导装载程序等,建议大小为 100MB 以上。

/:Linux 系统的根目录,所有的目录都挂在这个目录下面,建议大小为 5GB 以上。

/home:存放普通用户的数据,是普通用户的宿主目录,建议大小为剩下的空间。

/usr:用来存放 Linux 系统中的应用程序,其相关数据较多,建议大于 3GB 以上。

swap:实现虚拟内存,建议大小是物理内存的 1~2 倍。

实验图 6.1.1　初始界面

2. 光盘安装 Ubuntu

将用户计算机配置为从 CD 或 DVD 驱动器启动,并将 Ubuntu 11.04 桌面(Desktop)光盘放入光驱启动。

提示:不会设置光盘启动的用户可以参考实验 5.1 相关内容。

若一切正常,则用户会看到实验图 6.1.1 所示界面。

这时,按任一键,系统会跳到选择接口语言的画面,如实验图 6.1.2 所示。否则稍等一下,系统会启动如实验图 6.1.3 所示 Ubuntu 安装程序。

实验图 6.1.2　选择接口语言界面

实验图 6.1.3　Ubuntu 安装程序欢迎界面

提示:对于初学者来说,一般是实验图 6.1.1 所示位置不按任何按键,直接进入实验图 6.1.3 所示的 Ubuntu 安装程序欢迎界面。

1)安装

可以选择"试用 Ubuntu"(Try Ubuntu)启动 Live 系统试用 Ubuntu。试用满意可以双击 Live 系统桌面的安装图标 把 Ubuntu 安装至硬盘。如果不需要试用,可以直接选择"安装 Ubuntu"直接启动安装程序安装 Ubuntu 至硬盘。

2)语言

安装程序会问用户安装 Ubuntu 时使用哪种语言来显示信息,且选择的语言同时会成为安装后 Ubuntu 的缺省语言。在此选择"中文(简体)"并单击"安装 Ubuntu"按钮。

3)确认安装条件

安装程序会要求用户确认该计算机是否已符合相关硬件条件(实验图 6.1.4),满足则可以进行安装。

此外,下方还有两个选项供用户选取:

• 当安装时下载更新:安装后,自动上网下载最新的软件更新。

• 安装此第三方软件:安装程序会自动安装一些使用专利技术或非自由的软件,包括播放 MP3 音乐和 MPEG4 影片的译码程序、显示有 Flash 的网页的 Flash 播放器和一些硬件装置的驱动程序等,增加 Ubuntu 的可用性。

4)分区硬盘及格式化硬盘

分区硬盘是整个安装 Ubuntu 过程中最难及最易出错的部分。

Ubuntu 安装程序提供了几个方案:

• 清除并使用整个磁盘:这个方案会删除硬盘上所有分区和操作系统,然后再重新分区硬盘。如果用户计算机硬盘上有其他需要保留的操作系统,请不要选择此项。

• 使用最大的连续未使用空间:如果用户计算机硬盘有足够未使用的磁盘空间,就会看到这个方案。此方案会在硬盘上找出最长连续的空间,并在该空位上安装 Ubuntu。

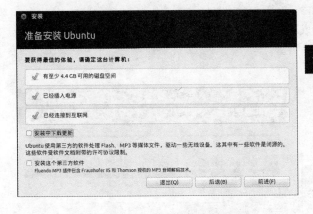

实验图 6.1.4　硬件条件检测界面

实验图 6.1.5　分配磁盘空间界面

• 其他选项:此方案不会帮用户自动分区,只能通过用户手动地自行分区硬盘。在这里可以根据用户需求创建、调整分区,或者为 Ubuntu 选择多个分区。

• 与其他操作系统共享:如果用户的计算机有包括微软 Windows 或 GNU/Linux 等其他操

作系统,就会看到这个方案。此方案会在不损害原有操作系统不影响用户已安装微软 Windows 系列操作系统情况下缩小其占用的磁盘分区(Partition),并在腾出的空间上安装 Ubuntu。

• 升级 Ubuntu x. x 到 11.04(Upgrade Ubuntu x. x to 11.04)。保留文档、音乐和其他个人重要数据文件,尽量保留用户先前已安装的软件。不会清除系统设置。

下面介绍安装时最常用的三种分区(实验图 6.1.15)情况。

①清除并使用整个磁盘。此方式最简单,最适合用 Linux 初学者,同时由于用户计算机没有安装任何的系统而又想安装第一个安装 Ubuntu Linux 操作系统,所以此种方式会自动为用户划分硬盘分区并开始安装,在实验图 6.1.6 中单击"前进"会进入到步骤 5。

②与其他操作系统共享:本实验 3"使用 Wubi 在 Windows 上安装 Ubuntu"章节将介绍这种最简单的与其他操作系统共享的方法,系统安装完成后,在系统启动时会看到如实验图 6.1.26 所示的系统选择界面。

③其他选项(something else)。选择"其他选项",按"前进"按钮。如实验图 6.1.6 所示。此时可以根据在前面准备工作中提到的硬盘分区方案中选择一种适合的方案来划分硬盘,假设选择分区方案 1:建立三个分区:/、/home、swap。

实验图 6.1.6 "分配磁盘空间"界面

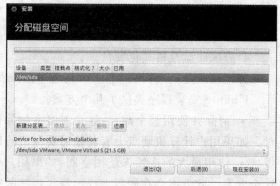

实验图 6.1.7 分区管理界面

提示:如果是全新硬盘,单击"新建分区表",单击"继续"按钮,就已经建立分区表,如实验图 6.1.8 所示。

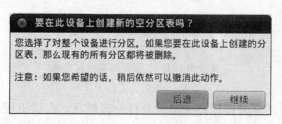

实验图 6.1.8 新建空分区表

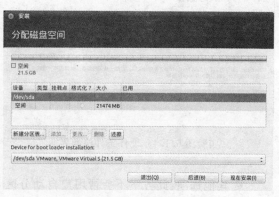

实验图 6.1.9 磁盘空间使用情况

硬盘分区操作步骤如下：

步骤1：创建"/"

①在实验图6.1.9所示图中选择要分区的空闲空间，单击"添加"按钮。

②新分区的类型：选择"主分区"，如实验图6.1.10所示。

③新建分区容量：输入分配的大小，如6144MB。

④新分区的位置：按默认选"起始"，"起始"意味着从所选空闲空间的开头位置处开始划分大小为6144MB的空间作为"/"。

⑤用于：后面选择新分区使用的文件系统，使用默认"Ext4日志文件系统"。

⑥挂载点：从下拉列表中选择"/"。

⑦单击"确定"按钮。

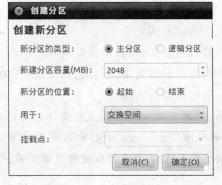

实验图6.1.10　创建分区对话框　　　　　实验图6.1.11　创建交换分区

步骤2：创建交换空间（实验图6.1.11）

①再选择空闲空间，单击"添加"按钮。

②新分区的类型：选择"主分区"。

③新建分区容量：输入交换分区空间分配的大小，以MB为单位，一般为物理内存的2倍。

④新分区的位置：按默认选"起始"。

⑤用于：后面选择"交换空间"。

⑥交换空间不用选择挂载点，所以挂载点为灰色不可选。

⑦单击"确定"按钮。

步骤3：创建"/home"分区（实验图6.1.12）

①继续选择空闲空间，单击"添加"按钮。

②新分区的类型：逻辑分区。

③新建分区容量：剩余的空间。

④新分区的位置：起始。

⑤用于：选择"Ext4日志文件系统"。

⑥挂载点：/home。

⑦单击"确定"按钮。

至此，分区已全部创建完毕，如实验图6.1.13所示。但"已用"都还是"未知"，如果不满意，还可以单击"还原"或"后退"按钮进行更改。如果确定，就单击"现在安装"按钮进入步骤5）。

实验图 6.1.12　创建"/home"分区　　　　　实验图 6.1.13　创建完的分区表

5）所在地区和国家

为方便日常操作，用户需要配置自己所在地区的时区。如果用户先前在选择语言时选「中文（繁体）」，时区将缺省为中国台湾；如果选了「中文（简体）」，时区缺省为上海（实验图 6.1.14）；选了 English，时区将为美国。

提示：用户可以在地图上点选最接近自己的所在地区，黑点表示选中位置。也可以在地图下"已选择的城市"（Selected city）输入所在城市名称。但要注意这个设定除了会影响系统时区外，还会影响安装后系统的语言和软件更新下载点。

实验图 6.1.14　选择地区和国家　　　　　实验图 6.1.15　键盘布局选择界面

6）键盘类型

不同国家键盘的排列可能会有少许分别，对一般中港澳台的用户来说，一般选择"美国"（USA），如实验图 6.1.15 所示。

7）使用者资料及密码

Ubuntu 是多用户（Multi-User）的操作系统，一台安装 Ubuntu 操作系统的计算机可以容许多个使用者同时使用。为方便管理每一个使用者的档案和资源，每个使用者都有自己的使用者账户（user account）及密码（password）。Ubuntu 会先要求使用者先建立一个属于自己的使用者账户，因此在实验图 6.1.16 中输入新安装 Ubuntu 系统第一个使用者的资料和密码。

用户需要输入以下资料：

①您的名字：这主要用作电子邮件等应用程序上的真实名称。可以由任何非冒号（:）和逗号（,）的字符组成，中间可以有空格。最好使用英文。

②计算机名称：设定计算机的名称，只可以用英文字母、数字、减号（一）及下划线（_）组成，中间不可以有空格。缺省会在使用者名称后面加上"－desktop"作为计算机名称。

③选择一个用户名：登录时使用的名称，只可以用英文字母、数字、减号（一）及下划线（_）组成，中间不可以有空格且首字符必须为英文字母。

提示：Ubuntu 的用户名称是区分大小写的，即 jrandom、JRANDOM 和 JRandom 为三个不同的用户。为避免混淆，建议最好用全小写字母作为用户名。

④密码（password）：同样区分大小写。为减低被人破解的机会，尽量避免使用电话号码、生日日期、人名或任何在字典找到的单词作为密码。

登录时有三个选项：

①自动登录。开启计算机后自动登录系统，不需要输入用户名和密码。

②登录时需要密码。开启计算机后必须输入用户名和密码，才可以登录系统。

③加密我的主目录。需要使用者的密码才能看用户自己主目录中的文件。

实验图 6.1.16　输入使用者信息界面

实验图 6.1.17　安装复制文件过程

8)完成安装

设定完用户资料后，将开始复制文件进行安装，在此过程中将有生动的幻灯片来介绍 Ubuntu 操作系统，用户可以按左右边箭头上一张幻灯片或返回跳向下一张幻灯片，如实验图 6.1.17 所示。

当看到如实验图 6.1.18 所示画面表示已成功安装好 Ubuntu，可以单击"现在重启"按钮重新启动进入安装好的 Ubuntu。

实验图 6.1.18　安装完成对话框

9）初次开机

重新开机后，计算机会自动进入开机管理员（boot manager）。

如果用户要启动其他操作系统，要在这几秒间按 Esc 键进入选单，再选其他操作系统。如果没有按任何键，开机管理员会自动启动 Ubuntu。成功启动新 Ubuntu 就可以看到以下的登录画面，如实验图 6.1.19 所示。

实验图 6.1.19　登录界面

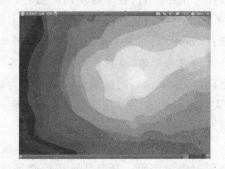

实验图 6.1.20　Ubuntu 桌面

鼠标单击使用者用户名如"shiyan"并输入该用户对应密码，系统验证成功则可以看到如实验图 6.1.20 所示 Ubuntu 桌面。

3. 使用 Wubi 在 Windows 上安装 Ubuntu

①启动 Windows XP 操作系统，确保计算机硬盘有足够连续的空间（建议最少有 5GB）。

②将 Ubuntu 桌面版光盘放入光驱，Windows 会自动运行光盘并打开 Ubuntu 菜单，如实验图 6.1.21 所示。

要使用 Wubi（Windows-based Ubuntu Installer）在 Windows 中安装 Ubuntu，须选择"安装在 Windows 中"按钮选项。

提示：如果 Windows 未弹出上面的 Ubuntu 菜单，可以直接执行光盘中的 Wubi.exe 程序。

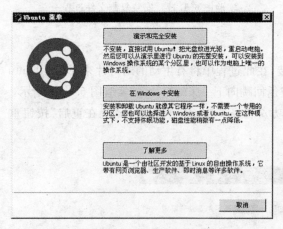

实验图 6.1.21　Ubuntu 菜单

实验图 6.1.22　Ubuntu 安装程序界面

如果只下载 Wubi 安装程序（wubi.exe），可以直接在 Windows 上执行此程序。成功执行

Wubi 会看见实验图 6.1.22 所示的画面,然而此方法须从网络下载大量的预安装程序,若没有流畅的网络环境不建议使用。

Ubuntu 安装程序所列选项就是用户使用 Wubi 安装 Ubuntu 的唯一需要选择的选项,包括以下几个方面:

- 目标驱动器:安装 Ubuntu 的磁盘驱动器名称,右边有该硬盘剩余的空间大小。
- 安装大小:用来安装 Ubuntu 的虚拟硬盘大小,最少 5GB。不能大于安装硬盘的剩余空间。
- 桌面环境:选择要安装的 Ubuntu 变体:Ubuntu 或 Kubuntu、Xubuntu 或 Mythubuntu 等。
- 语言:安装 Ubuntu 的接口语言及安装完成后系统所用语言。
- 用户名、口令:同前述用户名、密码。

③填好以上所有资料后,可以单击"安装"按钮开始安装工作。首先,Wubi 会检查安装文件并产生用于安装 Ubuntu 的虚拟硬盘,如实验图 6.1.23 所示。若安装文件完整无误,接下来开始复制安装文件,如实验图 6.1.24 所示。

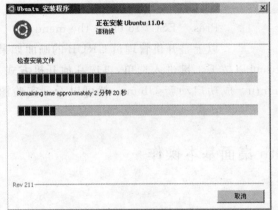

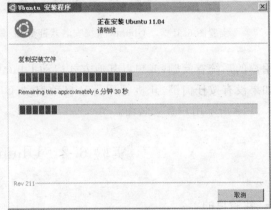

实验图 6.1.23　检查安装文件界面　　　　实验图 6.1.24　复制安装文件界面

④复制文件完成后,就会显示实验图 6.1.25 所示画面,重新启动计算机完成 Ubuntu 的安装程序。

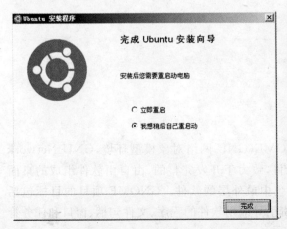

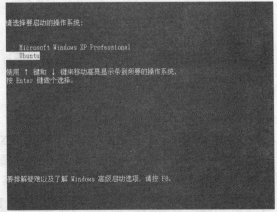

实验图 6.1.25　安装后重启界面　　　　实验图 6.1.26　系统启动选择菜单

⑤当重新启动计算机时,会看见实验图 6.1.26 所示系统启动选择菜单询问用户想启动 Windows 还是 Ubuntu。因为需要启动 Ubuntu 安装程序来安装 Ubuntu,所以选择启动 Ubuntu。

实验图 6.1.27　Ubuntu 系统安装欢迎界面

⑥稍后会看到实验图 6.1.27 所示的画面,表示 Ubuntu 安装程序已启动并进行安装工作。

至此,系统自动完成 Ubuntu 系统安装,完成后将重新启动。

再次重新启动计算机时又会看见实验图 6.1.28 所示画面。这次用户可以自由选择想启动 Windows 还是 Ubuntu。

如果用户是选择启动 Ubuntu,会看见类似以下的画面:

GRUB Loading stage1. 5.

GRUB loading. please wait…

Press 'ESC' to enter the menu…2

以上是开机管理员 GRUB 的画面如果用户的系统有问题,或想以其他方式启动 Ubuntu,可以按 Esc 键进入选单,再选其他开机方式。如果没有按任何键,开机管理员会自动启动 Ubuntu。成功启动新 Ubuntu 就可以看到实验图 6.1.19 所示用户登录画面。

实验 6.2　Ubuntu 桌面基本操作

一、实验目的

(1)掌握 Ubuntu 的桌面组件。
(2)掌握自定义桌面的基本方法。

二、实验内容

(1)Ubuntu 桌面组件。
(2)自定义桌面。

三、实验指导

1. Ubuntu 桌面组件

1)认识 GNOME

GNOME 是 Ubuntu 的默认桌面环境。GNOME(GNU 网络对象模型环境,GNU Network Object Model Environment)是一个国际性的项目,致力于开发完整的、由自由软件组成的桌面环境。桌面环境,即图形用户界面,是计算机系统中最外层的软件。GNOME 项目的目标包括创建软件开发框架,选择桌面应用程序,编写负责引导应用软件的程序、文件句柄、窗口和任务管理器等。

换言之,GNOME 是一种让使用者容易操作和设定计算机环境的工具。GNOME 包含了面板(用来启动此程序和显示目前的状态)、桌面(应用程序和资料放置的地方)、一系列的标准桌面工具和应用程序,并且能让各个应用程序都能正常地运行。

当启动 Ubuntu 时,首先出现的是登录界面。进入 Ubuntu 桌面之前,需要输入用户名和密码。默认的 Ubuntu 桌面除一张壁纸外,没有任何图标,如实验图 6.1.20 所示。

2)桌面面板

GNOME 的桌面面板是 GNOME 最核心的部分,用户可以自定义它的外观,添加或删除面板中的对象,除此之外,用户还可以使用多个面板,且每个面板都可以设定自己的内容。

GNOME 的桌面的顶部和底部有两个长条形区域,叫做面板。

顶部面板如实验图 6.2.1 所示。

实验图 6.2.1　顶部面板

底部面板如实验图 6.2.2 所示。

实验图 6.2.2　底部面板

3)顶部面板菜单

顶部面板的左端是三个主菜单:应用程序、位置和系统。

①应用程序:此菜单包含了已安装的程序,如游戏、音乐播放器、网页浏览器和邮件客户端等,如实验图 6.2.3 所示。

②位置:此菜单供快速访问主目录、外部设备和网络,如实验图 6.2.4 所示。

实验图 6.2.3　"应用程序"菜单　　实验图 6.2.4　"位置"菜单　　实验图 6.2.5　"系统"菜单

提示:默认情况下,系统将自动为每个用户创建以用户名命名的主目录,里面存储了该用户所有的配置文件。在一个多用户系统中,每个用户都应把个人数据存储在自己的主目录中。

③系统:此菜单供修改计算机设置和访问 Ubuntu 帮助系统,如实验图 6.2.5 所示。

主菜单的右边是默认快捷图标:Mozilla Firefox 网页浏览器。用户可以创建更多的快捷图标,指向任何位置、文件、应用程序均可。

4）顶部面板功能区

顶部面板的最右端的显示当前用户名的图标兼有关机、注销、登录、待机、重启等多种功能，快速用户切换选项也在这里面，如实验图 6.2.6 所示。

当前用户名左边系统托盘里显示有网络和声音图标，可以进行网络和声音设置，如检查网络设置或者调节音量。

系统托盘的旁边是当前时间和日期，单击它会出现日历，如实验图 6.2.7 所示。

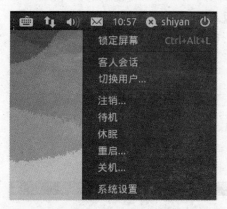 

实验图 6.2.6　系统托盘　　　　　　　　　　实验图 6.2.7　日历

5）底部面板

底部面板从左到右第一个图标是显示桌面（实验图 6.2.8）。当打开了很多窗口，想要把它们全部最小化时，只需要单击这个图标。再次单击它会恢复窗口到原来的大小（实验图 6.2.9）。

实验图 6.2.8　显示桌面　　　　　　　　　　实验图 6.2.9　恢复隐藏窗口

在显示桌面图标右边的空白区域中会显示当前打开的应用程序，像 Windows 中的任务栏。当打开一个应用程序时，它就会出现在这里，方便用户访问，如实验图 6.2.10 所示。

实验图 6.2.10　打开的应用程序

6）工作区切换器

底部面板右侧图标是工作区切换器，窗口可以被放到不同的工作区里。

①工作区切换。

除了可以很简单的使用鼠标单击右下角的工作区来切换工作区外，还可以使用键盘操作：按住 Ctrl＋Alt 键和左/右方向键（出现如实验图 6.2.11 所示对话框）可以方便地在各个工作区之间移动。使用工作区可以减少桌面的杂乱，更方便地在窗口间切换。

实验图 6.2.11　工作区切换

比如,在工作区 1 桌面上打开了一个 Firefox、一个 Openoffice 和一个计算器程序。要将 Firefox 应用程序移动到工作区 2,有如下两种方法可以完成此操作。

方法 1:在工作区 1 鼠标放在右下角的工作区 1 的 Firefox 图标上时,会出现如实验图 6.2.12 所示的提示信息。

此时若按住鼠标左键拖曳 Firefox 到工作区 2,则可将 Firefox 应用程序移动到工作区 2。

方法 2:按下 Ctrl+Alt+Shift 键和左/右方向键把 Firefox 移动到另一个工作区。桌面的右下角会显示两个工作区——一个有 Firefox,另一个是原来的工作区,有其他的窗口。

实验图 6.2.12　移动应用程序到新工作区

现在,拥有两个独立的工作区了。注意,Firefox 已经被移动到新的工作区了,所以根据用户的需要,可以把应用程序窗口放到不同的工作区里。

②创建新工作区。

Ubuntu 默认提供四个工作区。如果想要创建更多的,右击工作区图标,选择"首选项"(实验图 6.2.13),弹出"工作区切换器首选项"对话框,如实验图 6.2.14 所示。

在"工作区切换器首选项"对话框中,在"工作区数量"中输入或者选择用户想要的工作区数量,然后单击"关闭"按钮。指定数量的工作区会被显示在桌面的右下角。

7)"回收站"按钮

底部面板的最后一个按钮是"回收站",里面存放了被删除的文件。右击该图标,选择"打开回收站"命令,如实验图 6.2.15 所示,打开"回收站"窗口。

 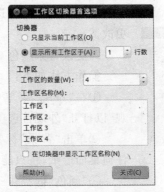 

实验图 6.2.13　工作区右键菜单　实验图 6.2.14　工作区切换器首选项对话框　实验图 6.2.15　打开回收站

2. 自定义桌面

1)更改背景

操作方法如下:

①在"系统"菜单中,单击"首选项",然后单击"外观",弹出"外观首选项"对话框;或右击桌面并在弹出的快捷菜单中选择"更改桌面背景"命令,打开"外观首选项"对话框。

②在"外观首选项"对话框中,选择一张可用的墙纸,背景将立即更改,如实验图 6.2.16 所示。

实验图 6.2.16 外观首选项对话框

提示："外观首选项"对话框的"背景"选项卡中还有"添加"和"删除"两个功能按钮。

"添加"：用于将除了 Ubuntu 提供的墙纸之外的其他任何来源的图片（如网上下载的图片或用户自己的数码相片等）添入"外观对话框"中的可用墙纸列表，并用作桌面背景。

"删除"：用于删除可用墙纸列表中图片。

实验图 6.2.17 拾取颜色

③单击"外观首选项"对话框中的"关闭"以应用更改。

2）更改背景颜色

操作方法如下：

①在"系统"菜单中，单击"首选项"，然后单击"外观"以打开"外观首选项"对话框。

②单击"背景"标签并选择"无墙纸"。如果未设定任何桌面墙纸，将只能看到颜色。

③"颜色"框提供三种背景类型：纯色、水平渐变以及垂直渐变。选择中意的桌面颜色，然后单击"颜色"框旁边的彩色方块，弹出"拾取颜色"对话框，如实验图 6.2.17 所示。

④选择一种颜色或诸如色调和饱和度之类的颜色属性来创建用户中意的颜色。单击"确定"按钮。桌面会立即按新设置发生变化。

⑤单击"关闭"以关闭"外观首选项"对话框。

3）自定义主题

桌面主题控制着按钮、滚动条、图标、面板、边框等元素的外观。操作方法如下：

①在"系统"菜单中，单击"首选项"，然后单击"外观"，弹出"外观首选项"对话框。

②在"主题"标签内选择用户中意的主题，桌面将立即改变其主题，如实验图 6.2.18 所示。想要更全面地自定义主题，单击"自定义"，弹出"自定义主题"对话框，如实验图 6.2.19 所示。

实验图 6.2.18　"主题"标签

实验图 6.2.19　"自定义主题"对话框

③"自定义主题"对话框中默认选中的标签是"控件"。"控件"标签页中的设置决定了窗口、面板和小程序的外观。在"控件"列表中选择一种控件。将立即看到已打开窗口外观的变化，如实验图 6.2.20 所示。

提示：用户可以自定义屏幕中的下列对象：窗口、面板、小程序以及窗口边框。

同样，用户还能通过配置"颜色"标签中的设置自定义窗口、输入框和选中项的背景色及文本颜色。

如果想要自定义窗口边框和图标，单击"自定义主题"对话框中的"窗口边框"和"图标"标签。

④单击"自定义主题"对话框中的"关闭"。要保存主题，单击"外观首选项"对话框中的"另存为"，弹出"主题另存为"对话框，如实验图 6.2.21 所示。

实验图 6.2.20　外观首选项对话框中的主题变化

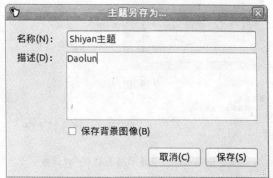

实验图 6.2.21　将主题另存

⑤为主题提供一个"名称",还可在"描述"框中写下描述后单击"保存"按钮。

⑥在"外观首选项"对话框中,单击"关闭"按钮,自定义主题设置完毕。

4)自定义屏幕保护

操作方法如下:

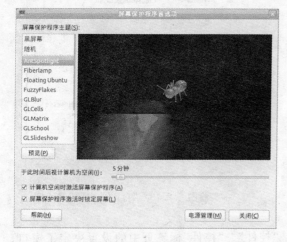

实验图 6.2.22 "屏幕保护程序首选项"对话框

①在"系统"菜单中,单击"首选项",然后单击"屏幕保护程序",弹出"屏幕保护程序首选项"对话框,如实验图 6.2.22 所示。

②从列表中选择一个屏幕保护,选择后可在右侧面板中预览该屏幕保护。

③于此时间后视计算机为空闲:滑块指定计算机未使用时启动屏幕保护的时机。默认时间设为 10 分钟。可使用此滑块选择屏幕保护激活前计算机需要处于空闲状态的时间长度。

④为了用户不在时防止计算机被恶搞,可以在屏幕保护激活时自动锁定计算机屏幕。锁定后需要用户输入密码后才能重新返回桌面。选择"屏幕保护程序激活时锁定屏幕"复选框以使屏幕保护启动时锁定屏幕。

⑤单击"关闭"按钮。

5)自定义屏幕分辨率

操作方法如下:

①在"系统"菜单中,单击"首选项",然后单击"显示器",弹出"显示器首选项"对话框,如实验图 6.2.23 所示。

②默认分辨率为 1024×768。可在"分辨率"框中更改分辨率。

③单击"应用"按钮。此时将弹出"显示是否正常"对话框,提示确认设置或使用先前的分辨率和恢复到初始设置。单击"保持当前配置"按钮以应用新的更改,如实验图 6.2.24 所示。

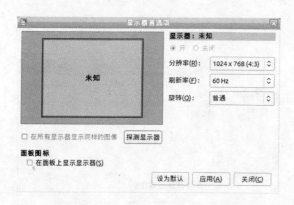

实验图 6.2.23 "显示器首选项"对话框

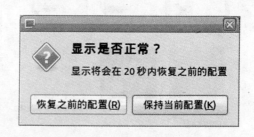

实验图 6.2.24 "显示是否正常"对话框

④屏幕分辨率更改完成。

实验 6.3 软件包管理器

一、实验目的

(1)掌握添加和删除应用程序的基本操作方法。

(2)掌握 Ubuntu 软件中心的使用方法。

(3)掌握新立得软件包管理器使用方法。

二、实验内容

(1)使用 Ubuntu 软件中心安装 RAR 和 7zip 压缩解压软件。

(2)使用新立得软件包管理器安装 Flash 插件。

(3)使用 Ubuntu 软件中心删除 RAR 压缩解压软件。

三、实验指导

1. 使用 Ubuntu 软件中心安装 RAR 和 7zip 压缩解压软件

操作方法如下：

①在"应用程序"菜单中,单击 Ubuntu 软件中心,弹出"Ubuntu 软件中心"窗口,如实验图 6.3.1 所示。

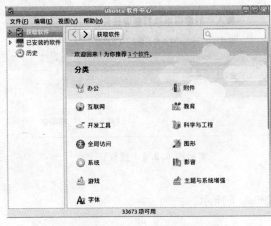

实验图 6.3.1 Ubuntu 软件中心

实验图 6.3.2 .rar 搜索结果

②在"搜索"框中,分别输入"RAR"、"7zip",如实验图 6.3.2所示。

③在介绍页面中,单击下方"安装"按钮执行相应操作。

④输入系统管理员 root 用户的密码(非使用者用户名对应密码)并单击"授权"按钮继续,如实验图 6.3.3 所示。

⑤页面中的进度条指示器将显示正在安装或删除的软件包状态。

⑥执行完毕,软件包安装完成,返回该软件介绍页面。单击已安装的软件,可以看到刚才安装的两个软件,如实验图 6.3.4 所示。

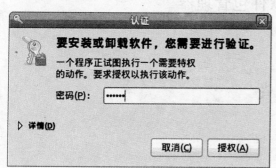

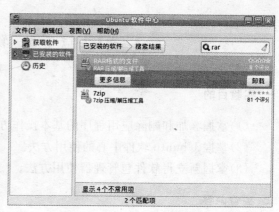

实验图 6.3.3 认证对话框   实验图 6.3.4 新安装的软件

2. 使用"新立得包管理器"安装 abiword

操作方法如下：

①在"系统"菜单中，单击"系统管理"，然后单击"新立得包管理器"，弹出"新立得包管理器"授权对话框，如实验图 6.3.5 所示，输入 root 用户密码单击"确定"按钮，如实验图 6.3.6 所示。

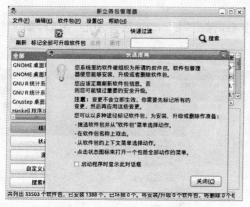

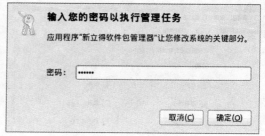

实验图 6.3.5 新立得包管理器   实验图 6.3.6 授权

②单击"搜索"文本框查找 abiword，如实验图 6.3.7 所示。

实验图 6.3.7 查找   实验图 6.3.8 标记以便安装

③选中"标记以便安装"复选框（实验图 6.3.8），弹出对话框显示此软件包需要依赖的其他软件包。

④单击"标记"选项继续标记所需的更改，如实验图 6.3.9 所示。

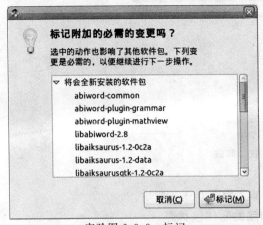

实验图 6.3.9　标记

实验图 6.3.10　单击"应用"

⑤单击"应用"按钮确认进行标记的更改（实验图 6.3.10）。弹出"摘要"对话框提示您在进行标记的更改前进行最后一次检查。

⑥单击"应用"按钮继续此更改，如实验图 6.3.11 所示。

⑦当所有标记的更改完成后，弹出"变更已应用"的通知对话框；单击"关闭"按钮，如实验图 6.3.12 所示。

实验图 6.3.11　"摘要"对话框

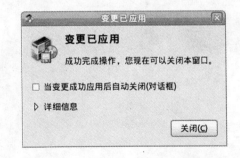

实验图 6.3.12　"变更已应用"对话框

3. 使用 Ubuntu 软件中心删除 rar 压缩解压软件

操作方法如下：

①在"应用程序"菜单中，单击 Ubuntu 软件中心，弹出"Ubuntu 软件中心"对话框，如实验图 6.3.1 所示。

②在"Ubuntu 软件中心"对话框左窗格中，选择"已安装的软件"选项。

③在介绍页面中，单击下方"卸载"按钮执行相应操作，如实验图 6.3.13 所示。

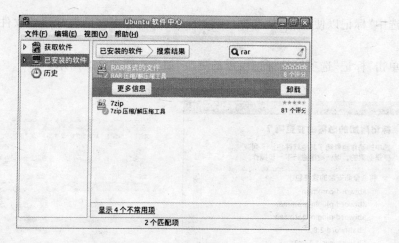

实验图 6.3.13　软件卸载

④输入 root 用户密码并单击"授权"按钮继续，如实验图 6.3.3 所示。

⑤页面中的进度条指示器将显示正在安装或删除的软件包状态。

⑥执行完毕，软件包安装完成，返回该软件介绍页面。

实验 7　MS-DOS 与 Ubuntu 常用命令操作

一、实验目的

(1)熟练掌握 MS-DOS 与 Ubuntu 常用命令的基本操作方法。

(2)熟悉常见命令的提示信息。

(3)掌握帮助命令的使用方法。

二、实验内容

(1)熟悉 MS-DOS 常用命令。

(2)熟悉 Ubuntu 常用命令。

(3)MS-DOS 与 Ubuntu 常用命令对比。

三、实验指导

1. MS-DOS 常用命令操作

1)查看所有 DOS 命令和查看所有命令参数

①Help:查看系统内可用的 DOS 命令或查看某个命令的具体用法,如实验图 7.1 所示。

②command/?:查看某个命令的参数信息。

2)常用 DOS 命令

①目录操作:

熟练运用 MD,CD,RD 通过相对路径或者绝对路径建立、改变、删除目录。

灵活运用 DIR 查看目录和文件及其相关参数的使用。

若当前目录是 D:\>,用 DIR 宽屏且逐屏察看 C:\WINDOWS\COMMAND 的文件或目录。操作方法如下:

方法 1:D:\>DIR C:\Windows\COMMAND/W/P 使用绝对路径

方法 2:D:\>CD C:\WINDOWS\COMMAND

D:\>C:

C:\WINDOWS\COMMAND\>DIR/W/P

尝试用其他方法完成此操作。

②文件操作:

熟练运用 COPY,DEL 实现对文件的复制、删除,了解 COPY 命令的多种用法,以及 DEL、RD 的区别。

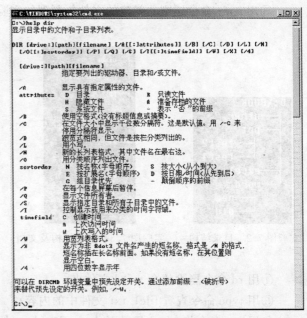

实验图 7.1　Help

例:C:\>MD MY   在 C 盘下建立一个目录 MY

C:\>COPY CON C:\MY\1.TXT   将键盘输入作为 1.TXT 的内容,必须以 Ctrl+Z 键结束。

C:\>D: 将盘符转到 D:

D:\>MD MY   在 D 盘下建立一个目录 MY

D:\>CD MY   改变当前目录为 D:\MY

D:\MY>COPY C:\MY\1.TXT 2.TXT 将 C 盘中 MY 目录下 1.TXT 复制到 D 盘中的 MY 下,文件名改为 2.TXT。

例:若想删除 D 盘中的 MY 目录该怎么办呢?(假定当前盘为 C:)

C:\>D: 改变盘符为 D:

D:\>CD MY   改变当前路径为 D:\MY

D:\MY>DEL *.*   删除 D:\MY 下的所有文件

D:\MY>CD..   退回到上一级目录

D:\>RD MY   删除目录 MY

想一想:用 Deltree 该怎么办呢? 灵活运用所学,不用上面的方法,实现相同的功能。

③磁盘操作:

学会运用 format 对磁盘进行格式化。了解"/q"、"/s"、"/u"的意义。

能够使用 DISKCOPY,DISKCOMP,CHKDSK 等命令对软盘进行操作。

④系统命令:

TIME DATA CLS VER 等输入时,一定要注意 TIME、DATA 的格式。

3)实验练习

①用 MD 命令在 D 盘根目录下建立如实验图 7.2 的目录结构;

②在 Windows 环境中,在 C 盘下新建立如实验图 7.4 所示的文档,并在文本文件中任意添加若干文字;

③用 copy 命令把刚才新建的文件复制到如实验图 7.3 所示的目录中;

实验图 7.2 目录结构   实验图 7.3 目录结构及文档

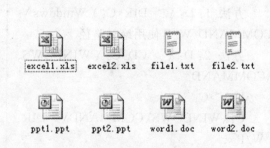

实验图 7.4 新建的文档

④用 rd 命令删除整个 word 文件夹;

⑤用 type 命令查看 file1.txt 文件中的内容;

⑥用 ren 命令将 excel 目录下的 excel1.xls 文件名修改为 exc.xls;

⑦用 attrib 命令修改文件 file2. txt 文件属性为只读；

⑧用 del 命令删除 file1. txt 文件；

⑨用 data 和 time 命令修改系统时间为 2011 年 5 月 31 日 22:19:37，完成后到 windows 下查看是否已修改。

2. Ubuntu 常用命令

1)Ubuntu 帮助命令相关

①man 显示帮助手册。

man 工具可以显示系统手册页中的内容，这些内容大多数都是对命令的解释信息。通过查看系统文档中的 man 页可以得到程序的更多相关主题信息和 Linux 的更多特性。man 是非常实用的一种工具，当你在使用到某一个并不熟悉的命令时，man 命令会显得非常有用。

当需要了解某个工具软件更为详细的信息时，可以使用命令 man 后跟工具软件名的方法来实现。

如在命令行中键入：

$ man fdisk

则会显示如实验图 7.5 所示的信息。

实验图 7.5　Man 显示的 Fdisk 命令信息

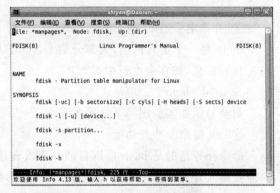

实验图 7.6　Info 显示的 Fdisk 命令信息

按 Space 键可以显示下一屏的文本信息，也可以利用 Pageup 和 Pagedown 键来进行滚动浏览。按下 Q 键则会退出 Man 并返回到 Shell 的提示符下。

②Info 显示比 Man 更详细的信息。

Info 工具是一个基于菜单的超文本系统，由 GNU 项目开发并由 Linux 发布。info 工具包括一些关于 Linux shell、工具、GNU 项目开发程序的说明文档。

如在命令行中键入：

$ info fdisk

则会显示如实验图 7.6 所示信息。

按？键，可以列出 Info 窗口中的相关命令。

按 Space 键，可以在菜单项中进行滚动浏览。

提示：Man 和 Info 就像两个集合，它们有一个交集部分，但与 Man 相比，Info 工具可显示更完整的最新的 GNU 工具信息。若 Man 页包含的某个工具的概要信息在 Info 中也有介绍，那么

Man 页中会有"请参考 Info 页更详细内容"的字样。通常情况下，Man 工具显示的非 GNU 工具的信息是唯一的，而 Info 工具显示的非 GNU 工具的信息是 Man 页内容的副本补充。

③whatis：显示命令的简短功能描述，也就是描述了一个命令具体执行什么功能。whatis 命令等同于使用 Man -f 命令。

如要找出 fdisk 命令做哪些操作，在命令行中键入：

whatis fdisk

这个命令产生如实验图 7.7 所示的输出。

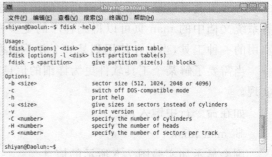

实验图 7.7　whatis 显示的 fdisk 命令信息　　　　实验图 7.8　-help 显示的 fdisk 命令信息

④[命令名]-v、-h、-version、-help 等。

-help 是一个工具选项，大部分的 GNU 工具都具备这个选项，"-help"选项可以用来显示一些工具的信息，如在命令行中键入：

$ fdisk -help

则会显示如实验图 7.8 所示的信息。

⑤Tab 键命令补齐功能。

命令补齐指的是 bash 可以自动补齐没有输入完整的命令。当用户不能拼写出整个命令时，只需要输入开头的几个字符，然后按 Tab 键。如果前面几个字符输入没有错误，系统会自动补齐整个命令。除了对命令输入进行提示以外，这个功能还可以加快输入命令的速度。例如，下面的操作使用了 bash 的命令补齐功能。

要进入/usr 目录，则可在命令行输入：

cd /u<Tab>

注：<Tab>表示按 Tab 键

此时会得到：

cd /usr

因此，可以很方便地根据命令或目录的前几个字母，来查找匹配的文件或子目录或命令。

2)常用 Ubuntu 命令

①系统关机、登录：

login：登录系统。

logout/exit：退出系统。

halt/shutdown/reboot/init 0：关机/重启。

su：用户切换。

who/w：显示目前登录系统的用户。

last：显示当前与过去登录系统的用户信息。

. bashrc/. bash_profile：登录时执行。

②目录操作：

pwd/cd/ls：查看工作目录/切换目录/列出目录内容。

mkdir/rmdir：建立目录/删除目录。

③目录及文件操作：

cp/mv/rm/rename：复制/移动/删除/批量重命名。

chmod/chown/chgrp：变更权限/所有者/所属群组。

ln -s：链接。

find：在目录里查找文件。

whereis：查找命令文件所在位置。

locate/updatedb：在数据库中查找文件/升级数据库。

④文件解压和归档：

tar zxvf ＊. tar. gz(tgz)：解压。

tar jxvf ＊. tar. bz2：解压。

tar cvf：压缩。

⑤文件操作：

file：判断文件类型。

cat/more/less/head/tail：查看文件内容。

vi/emacs：功能量大的文本编辑命令。

文件内容查找、统计、比较、转换：

grep、egrep、fgrep：查找符合条件的行。

sort：将文本文件内容加以排序。

wc：计算字数。

comm：比较两个已排序过的文件。

diff：比较文件的差异。

tr：转换字符。

sed：利用 script 来处理文本文件。

dd：读取并转换一个文件。

⑥管道/重定向：

cmd1 | cmd2：管道。cmd1 输出作为 cmd2 输入。

cmd ＞/＞＞/2＞ filename：输出/追加输出/错误消息输出。

cmd ＜ filename：输入重定向。

cmd1 'cmd2'：命令替换。cmd2 的输出将作为 cmd1 的参数。

例如：echo'perl-e'print"A"x 1024。

⑦磁盘管理：

df -h：显示磁盘使用情况。

du -sh：显示目录或文件的大小。

mount：挂载光盘或其他硬盘分区等档案系统。

fsck：检查文件系统并尝试修复错误。

hdparm：显示与设定硬盘的参数。

fdisk/parted：磁盘分区管理。

format：格式化磁盘分区。

⑧用户管理：

passwd：修改密码。

useradd/adduser/groupadd：添加用户/组。

userdel/groupdel：删除用户/组。

usermod/groupmod：修改用户/组。

whoami：显示自身的用户名称。

id：显示用户/组 ID 信息。

⑨系统管理：

uname -a：显示系统信息。

clear：清除屏幕。

echo：显示一行信息。

wall/write：传递消息。

mesg：设置终端机的写入权限。

sync：将内存缓冲区内的数据写入磁盘。

free：显示内存状态。

uptime：显示系统已运行多长时间。

cal：显示日历。

date：显示或设置系统时间与日期。

⑩进程管理：

ps aux：报告进程状况。

kill/pkill：杀死进程。

ctrl-c：终止程序。

&：后台启动。

top：显示管理执行中的任务。

nohup/nice/renice：不挂断执行程序/设置/调整。

程序执行的优先权。

at/batch/cron/crontab：管理计划任务。

jobs/bg/fg：作业控制命令。

Ubuntu 命令非常多而且非常灵活，要想熟练掌握这些命令，需要大量反复的实验练习。

3)实验练习

试在 Ubuntu 环境下完成本实验指导 MS-DOS 常用命令操作中的实验练习。

3. MS-DOS 与 Ubuntu 常用命令对比

通过上面的介绍与实验，可以看出在 Ubuntu shell 提示符下键入的命令与 DOS 下键入的命令基本相似。事实上，某些命令完全相同。

实验表 7.1 中提供了 Windows 的 DOS 提示符下的常用命令以及在 Ubuntu 中与它们等同

的命令,还提供了如何在 Ubuntu shell 提示符下使用这些命令的简单实例。

实验表 7.1　Ms-Dos 与 Ubuntu 常用命令对比

命令功能	MS-DOS	Linux	Linux 的简单操作实例
复制文件	copy	cp	cp thisfile. txt /home/thisdirectory
转移文件	move	mv	mv thisfile. txt /home/thisdirectory
列举文件	dir	ls	ls
清除屏幕	cls	clear	clear
关闭 shell 提示	exit	exit	exit
显示或设置日期	date	date	date
删除文件	del	rm	rm thisfile. txt
把输出"回响"到屏幕上	echo	echo	echo this message
用简单文本编辑器来编辑文件	edit	gedit([a])	gedit thisfile. txt
比较文件内容	fc	diff	diff file1 file2
在文件中寻找字串	find	grep	grep 词或词组 thisfile. txt
格式化软盘	format a:	mke2fs 或 mformat([b])	/sbin/mke2fs /dev/fd0
显示帮助命令	/?	Man([c])	Man 命令
创建目录	mkdir	mkdir	mkdir 目录
查看文件	more	less([d])	less thisfile. txt
重新命名文件	ren	mv([e])	mv thisfile. txt thatfile. txt
显示你在文件系统中的位置	chdir	pwd	pwd
绝对路径更改目录	cd 路径名	cd 路径名	cd /directory/directory
相对路径更改目录	cd..	cd..	cd ..
显示时间	time	date	date
显示已使用的内存	mem	free	free

实验 8　计算机网络技术基础实验

计算机网络技术基础实验共包含四部分内容：Windows XP 下 TCP/IP 配置与测试、Windows XP 常用网络命令、Ubunt 下 TCP/IP 配置与测试、Ubuntu 常用网络命令。分两次实验来做。

实验 8.1　Windows XP 下 TCP/IP 配置与测试

一、实验目的

(1)理解 IP 地址及其子网掩码的作用。

(2)理解 TCP/IP，掌握 IP 地址的配置方式。

(3)掌握 IP 网络连通性测试方法。

(4)熟练使用 Windows XP 常用网络命令。

二、实验环境

实验机房(对等局域网)、计算机安装 Windows XP 或 Windows 2003 系统。

三、实验内容

(1)TCP/IP 配置。

(2)常用网络命令简介。

(3)网络命令使用实验。

- 利用 ipconfig 命令查看本机的网络配置信息。
- 利用 ping 命令检测网络连通性。
- 利用 arp 命令检验 MAC 地址解析。
- 熟练使用 netstat、ftp、tracert 等网络命令。

四、实验指导

1. TCP/IP 配置

接入 Internet 中的每一台计算机都必须有一个唯一的 IP 地址，IP 地址的配置有典型设置和用户自定义两种方式。IP 地址由网络地址和网内主机地址组成，同一网络中的主机可以直接通信，不同网络中的主机则需要通过三层交换设备或路由器才能通信。如果只是在局域网内使用，则可以使用专用地址(亦称为私有地址)，在 RFC1918 中指明的专用地址为：

- 10.0.0.0 到 10.255.255.255(或记为 10/8)
- 172.16.0.0 到 172.31.255.255(或记为 172.16/12)
- 192.168.0.0 到 192.168.255.255(或记为 192.168/16)

操作方法如下：

1)选"控制面板"→"网络和拨号连接"→"本地连接"→"属性"命令，打开"本地连接属性"对话框；察看网络组件是否完整，若无则添加，同时删除 TCP/IP 协议以外的其他协议，如实验图 8.1.1 所示。

2)在"本地连接属性"对话框选中"Internet 协议(TCP/IP)"后单击"属性"按钮打开网络属性设置窗口,即"Internet 协议(TCP/IP)属性"窗口,如实验图 8.1.2 所示。

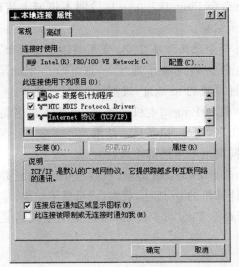

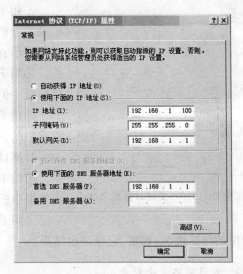

实验图 8.1.1　"本地连接属性"对话框　　　实验图 8.1.2　"Internet 协议(TCP/IP)属性"对话框

3)配置 IP 地址

在保留专用 IP 地址范围(192.168. x. y)中,任选 IP 地址指定给主机,选取原则是:x 为实验分组中的组别码,y 值是 1~254 之间的任意数值。如实验图 8.1.2 所示。

注意:同一实验分组的主机 IP 地址的网络 ID 应相同,主机 ID 应不同,子网掩码需相同。

全部设置完成后,不需重新启动,单击"确定"按钮退出此网络属性设置窗口后,所设即生效。

4)标识计算机

①右击"我的电脑"图标,在弹出的快捷菜单中选择"属性"命令,打开"系统属性"对话框,如实验图 8.1.3 所示。

②在"系统属性"对话框中,单击"计算机名"选项卡,将显示"计算机名"与"工作组"名。同一实验组的计算机应有相同的"工作组"和不同的"计算机名"。如实验图 8.1.4 所示。

如果要重新命名计算机或加入工作组(或加入域),单击"更改"按钮,如实验图 8.1.5 所示。

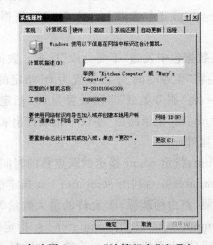

实验图 8.1.3　"系统属性"对话框　　　　实验图 8.1.4　"计算机名"选项卡

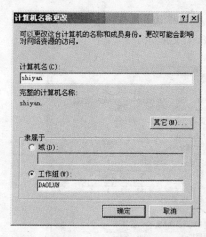

实验图 8.1.5　更改计算机名称

在"网上邻居"中查看能找到哪些主机,并记录结果。

5)测试同一网络中主机的连通性

①用 Ping 命令 Ping 127.0.0.1,检测本机网卡连通性,记录并分析显示结果。

提示:ping 命令使用方法见"2. 常用网络命令简介"。

②用 Ping 命令 Ping <ip 地址>,这里的 ip 地址是同一实验组中的某计算机的 ip 地址,观察、记录显示结果。

③用 Ping 命令 Ping<主机名>,这里的主机名是同一实验组的计算机名,观察、记录显示结果。

6)测试不同网络中主机的连通性

①用 Ping 命令 Ping<ip 地址>,这里的 ip 地址是不同实验组中的某计算机的 ip 地址,观察、记录显示结果。

②用 Ping 命令 Ping<主机名>,这里的主机名是不同实验组的计算机名,观察、记录显示结果。

2. 常用网络命令简介

Windows 操作系统本身带有多种网络命令,利用这些网络命令可以对网络进行简单的操作。需要注意是这些命令均是在 DOS 命令行下执行。本次实验学习使用 6 个最常用的网络命令。

1)Ping:验证与远程计算机的连接

①命令格式:

ping[-t][-a][-n count][-l length][-f][-i ttl][-v tos][-r count][-s count][[-j computer-list]|[-k computer-list]][-w timeout]destination-list

查看 ping 的相关帮助信息"ping/?"

②参数含义:

-t Ping:指定的计算机直到强制中断(如按 Ctrl+C 键)。

-a:将地址解析为计算机名。

-n count:发送 count 指定的 ECHO 数据包数。默认值为 4。

-l length:发送包含由 length 指定的数据量的 ECHO 数据包。默认为 32 字节;最大值是 65 527。

-f:在数据包中发送"不要分段"标志。数据包就不会被路由上的网关分段。

-i ttl:将"生存时间"字段设置为 ttl 指定的值。

-v tos:将"服务类型"字段设置为 tos 指定的值。

-r count:在"记录路由"字段中记录传出和返回数据包的路由。count 可以指定最少 1 台,最多 9 台计算机。

-s count:指定 count 指定的跃点数的时间戳。

-j computer-list:利用 computer-list 指定的计算机列表路由数据包。连续计算机可以被中间网关分隔(路由稀疏源)IP 允许的最大数量为 9。

-k computer-list:利用 computer-list 指定的计算机列表路由数据包。连续计算机不能被中间网关分隔(路由严格源)IP 允许的最大数量为 9。

-w timeout:指定超时间隔,单位为毫秒。

destination-list:指定要 ping 的远程计算机。

③操作实例:

```
C:\>ping www.edu.cn

Pinging www.edu.cn [211.151.94.138] with 32 bytes of data:

Reply from 211.151.94.138: bytes=32 time=268ms TTL=47
Reply from 211.151.94.138: bytes=32 time=289ms TTL=47
Reply from 211.151.94.138: bytes=32 time=303ms TTL=47
Reply from 211.151.94.138: bytes=32 time=315ms TTL=47

Ping statistics for 211.151.94.138:
    Packets: Sent = 4, Received = 4, Lost = 0 (0% loss),
Approximate round trip times in milli-seconds:
    Minimum = 268ms, Maximum = 315ms, Average = 293ms

C:\>_
```

2)ipconfig 命令

ipconfig 是 Windows 操作系统中用于查看主机的 IP 配置命令,其显示信息中还包括主机网卡的 MAC 地址信息。该命令还可释放动态获得的 IP 地址并启动新一次的动态 IP 分配请求。

①命令格式:

ipconfig[/? | /all | /renew [adapter] | /release [adapter] |

               /flushdns | /displaydns | /registerdns |

               /showclassid adapter |

               /setclassid adapter [classid]]where adapter Connection name

②参数含义:

Ipconfig /all:显示本机 TCP/IP 配置的详细信息。

Ipconfig /release:DHCP 客户端手工释放 IP 地址。

Ipconfig /renew:DHCP 客户端手工向服务器刷新请求。

Ipconfig /flushdns:清除本地 DNS 缓存内容。

Ipconfig /displaydns:显示本地 DNS 内容。

Ipconfig /registerdns:DNS 客户端手工向服务器进行注册。

Ipconfig /showclassid:显示网络适配器的 DHCP 类别信息。

Ipconfig /setclassid:设置网络适配器的 DHCP 类别。

ipconfig /renew"Local Area Connection":更新"本地连接"适配器的由 DHCP 分配 IP 地址的配置。

ipconfig /showclassid Local * :显示名称以 Local 开头的所有适配器的 DHCP 类别 ID。

ipconfig /setclassid"Local Area Connection"TEST:将"本地连接"适配器的 DHCP 类别 ID 设置为 TEST。

③操作实例:

利用 ipconfig 显示本机的 IP 地址、子网掩码和每个网卡的默认网关值。

```
C:\>ipconfig

Windows IP Configuration

Ethernet adapter 本地连接:

        Connection-specific DNS Suffix  . :
        IP Address. . . . . . . . . . . . : 192.168.1.100
        Subnet Mask . . . . . . . . . . . : 255.255.255.0
        Default Gateway . . . . . . . . . : 192.168.1.1

C:\>_
```

利用 ipconfig/all 完整查看本地 IP 地址、子网掩码、网关、DNS 等。

```
C:\>ipconfig/all

Windows IP Configuration

        Host Name . . . . . . . . . . . . : Shiyan
        Primary Dns Suffix  . . . . . . . :
        Node Type . . . . . . . . . . . . : Unknown
        IP Routing Enabled. . . . . . . . : No
        WINS Proxy Enabled. . . . . . . . : No

Ethernet adapter 本地连接:

        Connection-specific DNS Suffix  . :
        Description . . . . . . . . . . . : Intel(R) PRO/100 VE Network Co
nnection
        Physical Address. . . . . . . . . : 00-16-76-82-C3-58
        Dhcp Enabled. . . . . . . . . . . : No
        IP Address. . . . . . . . . . . . : 192.168.1.100
        Subnet Mask . . . . . . . . . . . : 255.255.255.0
        Default Gateway . . . . . . . . . : 192.168.1.1
        DNS Servers . . . . . . . . . . . : 192.168.1.1

C:\>_
```

3)ARP 命令

显示和修改 IP 地址与物理地址之间的转换表。

①命令格式

ARP- s inet_addr eth_addr [if_addr]

ARP- d inet_addr [if_addr]

ARP- a [inet_addr] [-N if_addr]

②参数含义

-a:显示当前的 ARP 信息,可以指定网络地址,不指定显示所有的表项。

-g:跟-a 一样。

-d:删除由 inet_addr 指定的主机,可以使用 * 来删除所有主机。

-s:添加主机,并将网络地址跟物理地址相对应,这一项是永久生效的。

eth_addr:物理地址。

if_addr:网卡的 IP 地址。

inet_Addr:代表指定的 IP 地址。

③操作实例:

比较 arp- a 与 apr- g 结果是否一致,如实验图 8.1.6 所示。

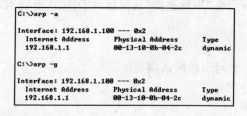

实验图 8.1.6 比较 arp- a 与 apr- g 命令结果

```
C:\>tracert www.163.com

Tracing route to 163.xdwscache.glb0.lxdns.com [222.88.93.169]
over a maximum of 30 hops:

  1     1 ms    <1 ms    <1 ms  KinKir [192.168.1.1]
  2    33 ms    94 ms    31 ms  123.55.150.1
  3    31 ms    33 ms    31 ms  219.150.193.217
  4    35 ms    91 ms    33 ms  219.147.49.149
  5    34 ms    77 ms   141 ms  219.147.49.73
  6    45 ms    37 ms    35 ms  219.150.119.106
  7    39 ms    37 ms    37 ms  219.150.119.234
  8    36 ms    35 ms    47 ms  219.150.119.158
  9     *        *        *     Request timed out.
 10    49 ms    35 ms    33 ms  222.88.93.169

Trace complete.
```

实验图 8.1.7　tracert www.163.com 显示结果

```
C:\>tracert www.163.com -d

Tracing route to 163.xdwscache.glb0.lxdns.com [222.88.93.169]
over a maximum of 30 hops:

  1    <1 ms    <1 ms    <1 ms  192.168.1.1
  2    35 ms    31 ms    31 ms  123.55.150.1
  3    31 ms   103 ms   111 ms  219.150.193.217
  4    34 ms    31 ms    35 ms  219.147.49.149
  5    34 ms    33 ms    41 ms  219.147.49.73
  6    34 ms    35 ms    35 ms  219.150.119.106
  7    37 ms    37 ms    37 ms  219.150.119.234
  8    37 ms    37 ms    38 ms  219.150.119.158
  9     *        *        *     Request timed out.
 10    78 ms    75 ms    35 ms  222.88.93.169

Trace complete.
```

实验图 8.1.8　tracert www.163.com -d 显示结果

4)tracert 命令

判断数据包到达目的主机所经过的路径,显示数据包经过的中继结点的清单和到达时间。

①命令格式:

tracert IP 地址或主机名 [-d][-h maximumhops][-j host_list] [-w timeout]

②参数含义:

-d:不解析目标主机的名字。

-h maximum_hops:指定搜索到目标地址的最大跳跃数。

-j host_list:按照主机列表中的地址释放源路由。

-w timeout:指定超时时间间隔,程序默认的时间单位是毫秒。

③操作实例:

若想要了解自己的计算机与目标主机 www.163.com 之间详细的传输路径信息,可以在 MS-DOS 方式输入 tracert www.163.com,如实验图 8.1.7 所示。

同加上-d 参数后得到的结果(实验图 8.1.8)比较。

5)netstat 命令

显示协议统计信息和当前 TCP/IP 网络连接。

①命令格式:

NETSTAT [-a] [-b] [-e] [-n] [-o] [-p proto] [-r] [-s] [-v] [interval]

②参数含义:

-a:显示所有连接和监听端口。

-b:显示包含于创建每个连接或监听端口的可执行组件。在某些情况下已知可执行组件拥有多个独立组件,并且在这些情况下包含于创建连接或监听端口的组件序列被显示。这种情况下,可执行组件名在底部的[]中,顶部是其调用的组件等等,直到 TCP/IP 部分。注意此选项可能需要很长时间,如果没有足够权限可能失败。

-e:显示以太网统计信息。此选项可以与-s 选项组合使用。

```
C:\>netstat -s

IPv4 Statistics

  Packets Received                   = 4453
  Received Header Errors             = 0
  Received Address Errors            = 175
  Datagrams Forwarded                = 0
  Unknown Protocols Received         = 0
  Received Packets Discarded         = 0
  Received Packets Delivered         = 4453
  Output Requests                    = 4204
  Routing Discards                   = 0
  Discarded Output Packets           = 0
  Output Packet No Route             = 0
  Reassembly Required                = 0
  Reassembly Successful              = 0
  Reassembly Failures                = 0
  Datagrams Successfully Fragmented  = 0
  Datagrams Failing Fragmentation    = 0
  Fragments Created                  = 0

ICMPv4 Statistics

                           Received    Sent
  Messages                   511        689
  Errors                     0          0
  Destination Unreachable    1          6
  Time Exceeded              482         0
  Parameter Problems         0          0
  Source Quenches            0          0
  Redirects                  0          0
  Echos                      0         684
  Echo Replies               28         0
  Timestamps                 0          0
  Timestamp Replies          0          0
  Address Masks              0          0
  Address Mask Replies       0          0

TCP Statistics for IPv4

  Active Opens                 = 397
  Passive Opens                = 31
  Failed Connection Attempts   = 4
  Reset Connections            = 185
  Current Connections          = 2
  Segments Received            = 3290
  Segments Sent                = 3037
  Segments Retransmitted       = 0

UDP Statistics for IPv4

  Datagrams Received   = 643
  No Ports             = 523
  Receive Errors       = 0
  Datagrams Sent       = 476

C:\>
```

实验图 8.1.9　netstat -s

-n:以数字形式显示地址和端口号。

-o:显示与每个连接相关的所属进程 ID。

-p proto:显示 proto 指定的协议的连接;proto 可以是下列协议之一:TCP、UDP、TCPv6 或 UDPv6。如果与-s 选项一起使用以显示按协议统计信息,proto 可以是下列协议之一:IP、IPv6、ICMP、ICMPv6、TCP、TCPv6、UDP 或 UDPv6。

-r:显示路由表。

-s:显示按协议统计信息。默认显示 IP、IPv6、ICMP、ICMPv6、TCP、TCPv6、UDP 和 UDPv6 的统计信息。

-p 选项用于指定默认情况的子集。

-v:与-b 选项一起使用时将显示包含于为所有可执行组件创建连接或监听端口的组件。

interval:重新显示选定统计信息,每次显示之间暂停时间间隔(以秒计)。按 Ctrl+C 键停止重新显示统计信息。如果省略,netstat 显示当前配置信息(只显示一次)。

③操作实例:

netstat -s:本选项能够按照各个协议分别显示其统计数据(实验图 8.1.9)。如果用户应用程序(如 Web 浏览器)运行速度比较慢,或者不能显示 Web 页之类的数据,那么你就可以用本选项来查看一下所显示的信息。需要仔细查看各行统计数据,找到出错的关键字,进而确定问题所在。

netstat -e:本选项用于显示关于以太网的统计数据(实验图 8.1.10)。它列出的项目包括传送的数据包的总字节数、错误数、删除数、数据包的数量和广播的数量。这些统计数据既有发送的数据报数量,也有接收的数据报数量。这个选项可以用来统计一些基本的网络流量。

netstat -r:本选项可以显示关于路由表的信息,类似于后面所讲使用 route print 命令时看到的信息。除了显示有效路由外,还显示当前有效的连接,如实验图 8.1.11 所示。

实验图 8.1.10　netstat -e

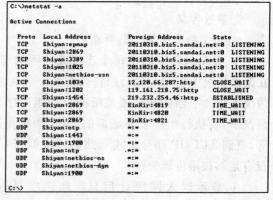

实验图 8.1.11　netstat -r　　　　　实验图 8.1.12　netstat -a

netstat -a:本选项显示一个所有的有效连接信息列表,包括已建立的连接(ESTAB-LISHED),也包括监听连接请求(LISTENING)的那些连接,断开连接(CLOSE_WAIT)或者处于联机等待状态的(TIME_WAIT)等,如实验图8.1.12所示。

netstat -n:显示所有已建立的有效连接,如实验图8.1.13所示。

```
C:\>netstat -n

Active Connections

   Proto  Local Address          Foreign Address        State
   TCP    192.168.1.100:1034     12.120.66.207:80       CLOSE_WAIT
   TCP    192.168.1.100:1202     119.161.218.75:80      CLOSE_WAIT
   TCP    192.168.1.100:2869     192.168.1.1:4819       TIME_WAIT
   TCP    192.168.1.100:2869     192.168.1.1:4820       TIME_WAIT
   TCP    192.168.1.100:2869     192.168.1.1:4821       TIME_WAIT

C:\>_
```

实验图8.1.13　netstat -n

6)Telnet:功能强大的远程登录命令

telnet [-a][-e escape char][-f log file][-l user][-t term][host [port]]

-a:企图自动登录。除了用当前已登录的用户名以外,与-l选项相同。

-e:跳过字符来进入 telnet 客户提示。

-f:客户端登录的文件名。

-l:指定远程系统上登录用的用户名称。要求远程系统支持 TELNET ENVIRON 选项。

-t:指定终端类型。支持的终端类型仅是 vt100、vt52、ansi 和 vtnt。

host:指定要连接的远程计算机的主机名或 IP 地址。

port:指定端口号或服务名。

3. 网络命令使用实验

实验操作步骤如下:

1)记录本机的主机名、MAC 地址、IP 地址、DNS、网关等信息

ipconfig-all

2)利用 ping 工具检测网络连通性

①当一台计算机不能和网络中其他计算机进行通信时,可以按照如下步骤进行检测。在 DOS 窗口下输入"ping 127.0.0.1"命令,此命令用于检查本机的 TCP/IP 协议安装是否正确,注:凡是以 127 开头的 IP 地址都代表本机。

②在 DOS 窗口下输入"ping 本机 IP 地址"命令,此命令用于检查本机的服务和网络适配器的绑定是否正确。注:这里的服务一般是指"Microsoft 网络客户端"和"Microsoft 网络的文件和打印机共享"。

③在 DOS 窗口下输入"ping 网关 IP 地址"命令,此命令用来检查本机和网关的连接是否正常。

④在 DOS 窗口下输入"ping 远程主机 IP 地址"命令,此命令用来检查网关能否将数据包转发出去。

⑤利用 ping 命令还可以来检测其他的一些配置是否正确。在 DOS 窗口下输入"ping 主机名"命令,此命令用来检测 DNS 服务器能否进行主机名称解析。

⑥在 DOS 窗口下输入"ping 远程主机 IP 地址"命令,如果显示的信息为"Destination host unreachable"(目标主机不可达),说明这台计算机没有配置网关地址。运行"ipconfig /all"命令进行查看,网关地址为空。

在配置网关地址后再次运行同样命令,信息变为"Request timed out"(请求时间超时)。此信息表示网关已经接到请求,只是找不到 IP 地址为"远程主机"的计算机。

命令描述:＿＿＿＿＿＿＿＿＿＿＿＿＿＿＿＿＿＿＿＿＿＿＿＿＿＿＿＿＿＿＿＿

执行结果:＿＿＿＿＿＿＿＿＿＿＿＿＿＿＿＿＿＿＿＿＿＿＿＿＿＿＿＿＿＿＿＿

3)Ping 命令的其他用法

①连续发送 ping 探测报文:如 ping 202.196.96.4 -t(这个地址需要根据具体的实验环境来搭配),如实验图 8.1.14 所示。

按 Ctrl＋Break 键查看统计信息,按 Ctrl＋C 键结束命令

命令描述:＿＿＿＿＿＿＿＿＿＿＿＿＿＿＿＿＿＿＿＿＿＿＿＿＿＿＿＿＿＿＿＿

执行结果:＿＿＿＿＿＿＿＿＿＿＿＿＿＿＿＿＿＿＿＿＿＿＿＿＿＿＿＿＿＿＿＿

```
C:\>ping 202.196.96.4 -t

Pinging 202.196.96.4 with 32 bytes of data:

Reply from 202.196.96.4: bytes=32 time=174ms TTL=108
Reply from 202.196.96.4: bytes=32 time=152ms TTL=108
Reply from 202.196.96.4: bytes=32 time=233ms TTL=108
Reply from 202.196.96.4: bytes=32 time=152ms TTL=108
Reply from 202.196.96.4: bytes=32 time=149ms TTL=108
Reply from 202.196.96.4: bytes=32 time=236ms TTL=108
Reply from 202.196.96.4: bytes=32 time=149ms TTL=108
Reply from 202.196.96.4: bytes=32 time=156ms TTL=108

Ping statistics for 202.196.96.4:
    Packets: Sent = 8, Received = 8, Lost = 0 <0% loss>,
Approximate round trip times in milli-seconds:
    Minimum = 149ms, Maximum = 236ms, Average = 175ms
Control-Break
Reply from 202.196.96.4: bytes=32 time=153ms TTL=108
Reply from 202.196.96.4: bytes=32 time=160ms TTL=108
Reply from 202.196.96.4: bytes=32 time=149ms TTL=108
Reply from 202.196.96.4: bytes=32 time=158ms TTL=108
Reply from 202.196.96.4: bytes=32 time=173ms TTL=108
Reply from 202.196.96.4: bytes=32 time=170ms TTL=108

Ping statistics for 202.196.96.4:
    Packets: Sent = 14, Received = 14, Lost = 0 <0% loss>,
Approximate round trip times in milli-seconds:
    Minimum = 149ms, Maximum = 236ms, Average = 168ms
Control-C
^C
C:\>
```

实验图 8.1.14 ping -t

②自选数据长度的 ping 探测报文：ping 目的主机 IP 地址-l size，如实验图 8.1.15 所示。

```
C:\>ping -l 2048 192.168.1.102

Pinging 192.168.1.102 with 2048 bytes of data:

Reply from 192.168.1.102: bytes=2048 time<1ms TTL=128
Reply from 192.168.1.102: bytes=2048 time<1ms TTL=128
Reply from 192.168.1.102: bytes=2048 time<1ms TTL=128
Reply from 192.168.1.102: bytes=2048 time<1ms TTL=128

Ping statistics for 192.168.1.102:
    Packets: Sent = 4, Received = 4, Lost = 0 (0% loss),
Approximate round trip times in milli-seconds:
    Minimum = 0ms, Maximum = 0ms, Average = 0ms

C:\>_
```

实验图 8.1.15　ping -l 命令

③不允许对 ping 探测报分片：ping -f -l 目的主机 IP 地址，如实验 8.1.16 所示。

```
C:\>ping -f -l 2048 192.168.1.102

Pinging 192.168.1.102 with 2048 bytes of data:

Packet needs to be fragmented but DF set.
Packet needs to be fragmented but DF set.
Packet needs to be fragmented but DF set.
Packet needs to be fragmented but DF set.

Ping statistics for 192.168.1.102:
    Packets: Sent = 4, Received = 0, Lost = 4 (100% loss),

C:\>_
```

实验图 8.1.16　ping-f-l 命令

在禁止分片的情况下，探测报文过长造成目的地不可达。

命令描述：_____

执行结果：_____

4）利用 Arp 工具检验 MAC 地址解析

①输入"arp -a"命令，可以查看本机的 arp 缓存内容

命令描述：_____

执行结果：_____

②如本机的 ARP 表是空的，则 ping 本组相邻机的 IP 地址（要能 PING 通），再查看本机的
arp 缓存内容此时是否还是空的，如实验图 8.1.17 所示。

③利用 ping 命令将一个站点的 IP 地址与 MAC 地址的映射关系加入 ARP 表。

命令描述：_____

```
C:\>arp -a

Interface: 192.168.1.100 --- 0x2
  Internet Address      Physical Address      Type
  192.168.1.1           00-13-10-0b-04-2c     dynamic

C:\>ping 192.168.1.101

Pinging 192.168.1.101 with 32 bytes of data:

Reply from 192.168.1.101: bytes=32 time<1ms TTL=64
Reply from 192.168.1.101: bytes=32 time<1ms TTL=64
Reply from 192.168.1.101: bytes=32 time<1ms TTL=64
Reply from 192.168.1.101: bytes=32 time<1ms TTL=64

Ping statistics for 192.168.1.101:
    Packets: Sent = 4, Received = 4, Lost = 0 (0% loss),
Approximate round trip times in milli-seconds:
    Minimum = 0ms, Maximum = 0ms, Average = 0ms

C:\>arp -a

Interface: 192.168.1.100 --- 0x2
  Internet Address      Physical Address      Type
  192.168.1.1           00-13-10-0b-04-2c     dynamic
  192.168.1.101         00-1a-4d-f6-25-e9     dynamic

C:\>
```

实验图 8.1.17   arp -a 命令

执行结果：_____

命令描述：_____

执行结果：_____

④利用 arp-d 命令删除 ARP 表项，如实验图 8.1.18 所示。

命令描述：_____

执行结果：_____

⑤给相邻机的 IP 添加一个静止的错误的 MAC 地址对应项，再 PING 相邻机此时是否能 PING 通。
arp -s ip 地址 MAC 地址 注：利用 arp -s 添加静态表项，将 IP 地址和物理地址关联。

注意：192.168.1.1：对应的正确 MAC 是 00-13-10-0b-04-2c

192.168.1.101：对应的正确 MAC 是 00-1a-4d-f6-25-e9

```
C:\>arp -a

Interface: 192.168.1.100 --- 0x2
  Internet Address      Physical Address      Type
  192.168.1.1           00-13-10-0b-04-2c     dynamic
  192.168.1.101         00-1a-4d-f6-25-e9     dynamic

C:\>arp -d 192.168.1.101

C:\>arp -a

Interface: 192.168.1.100 --- 0x2
  Internet Address      Physical Address      Type
  192.168.1.1           00-13-10-0b-04-2c     dynamic

C:\>arp -d *

C:\>arp -a
No ARP Entries Found

C:\>
```

实验图 8.1.18   arp -a 命令

```
C:\>arp -a

Interface: 192.168.1.100 --- 0x2
  Internet Address      Physical Address      Type
  192.168.1.1           00-13-10-0b-04-2c     dynamic

C:\>arp -s 192.168.1.101 00-00-00-00-00-00

C:\>arp -a

Interface: 192.168.1.100 --- 0x2
  Internet Address      Physical Address      Type
  192.168.1.1           00-13-10-0b-04-2c     dynamic
  192.168.1.101         00-00-00-00-00-00     static

C:\>ping 192.168.1.101

Pinging 192.168.1.101 with 32 bytes of data:

Request timed out.
Request timed out.
Request timed out.
Request timed out.

Ping statistics for 192.168.1.101:
    Packets: Sent = 4, Received = 0, Lost = 4 (100% loss),

C:\>_
```

实验图 8.1.19   测试添加错误的静态项

[**例 1**] 添加错误的 MAC,测试其连通性,如实验图 8.1.19 所示。

arp -s 192.168.1.101 00-00-00-00-00-00 表示添加 IP 地址为 192.168.1.101 与 MAC 地址为 00-00-00-00-00-00 的表项。

[**例 2**] 添加正确的 MAC,测试其连通性,如实验图 8.1.20 所示。

arp -s 192.168.1.101 00-1a-4d-f6-25-e9 表示添加 IP 地址为 192.168.1.101 与其对应的 MAC 地址为 00-1a-4d-f6-25-e9 的表项 。

5)熟练练习以下命令

①通过截图的形式记录实验结果

netstat

netstat -r

netstat -s

netstat -n

netstat -a

②tracert

判断数据包到达目的主机所经过的路径,显示数据包经过的中继结点的清单和到达时间,通过截图的形式记录实验结果。如实验图 8.1.21 所示。

```
C:\>arp -a

Interface: 192.168.1.100 --- 0x2
  Internet Address    Physical Address     Type
  192.168.1.1         00-13-10-0b-04-2c    dynamic

C:\>arp -s 192.168.1.101 00-1a-4d-f6-25-e9

C:\>arp -a

Interface: 192.168.1.100 --- 0x2
  Internet Address    Physical Address     Type
  192.168.1.1         00-13-10-0b-04-2c    dynamic
  192.168.1.101       00-1a-4d-f6-25-e9    static

C:\>ping 192.168.1.101

Pinging 192.168.1.101 with 32 bytes of data:

Reply from 192.168.1.101: bytes=32 time<1ms TTL=64
Reply from 192.168.1.101: bytes=32 time<1ms TTL=64
Reply from 192.168.1.101: bytes=32 time<1ms TTL=64
Reply from 192.168.1.101: bytes=32 time<1ms TTL=64

Ping statistics for 192.168.1.101:
    Packets: Sent = 4, Received = 4, Lost = 0 (0% loss),
Approximate round trip times in milli-seconds:
    Minimum = 0ms, Maximum = 0ms, Average = 0ms

C:\>
```

实验图 8.1.20　测试添加的正确静态项

```
C:\>tracert www.163.com

Tracing route to 163.xdwscache.glb0.lxdns.com [222.88.93.169]
over a maximum of 30 hops:

  1     1 ms    <1 ms    <1 ms  KinKir [192.168.1.1]
  2    33 ms    94 ms    31 ms  123.55.150.1
  3    31 ms    33 ms    31 ms  219.150.193.217
  4    35 ms    91 ms    33 ms  219.147.49.149
  5    34 ms    77 ms   141 ms  219.147.49.73
  6    45 ms    37 ms    35 ms  219.150.119.106
  7    39 ms    37 ms    37 ms  219.150.119.234
  8    36 ms    35 ms    47 ms  219.150.119.158
  9     *        *        *     Request timed out.
 10    49 ms    35 ms    33 ms  222.88.93.169

Trace complete.
```

实验图 8.1.21　tracert 命令

实验 8.2　Ubuntu 下 TCP/IP 配置与测试

一、实验目的

(1)掌握 IP 地址的配置方式。

(2)熟练使用 Ubuntu 常用网络命令。

二、实验环境

实验机房(对等局域网)、计算机安装 Windows XP 或 Ubuntu 系统。

三、实验内容

(1)网络管理器。

(2)TCP/IP 网络配置。

(3)常用网络命令简介。

(4)网络命令使用实验。

- 利用 ipconfig 命令查看本机的网络配置信息。
- 利用 ping 命令检测网络连通性。
- 利用 arp 命令检验 MAC 地址解析。
- 熟练使用 netstat、ftp、tracert 等网络命令。

四、实验指导

1. 网络管理器

Ubuntu 的网络管理器是一个使用简单但功能强大的工具,如实验图 8.2.1 所示。它位于顶部面板的右侧,用左键单击它就可以查看用户计算机是否已经连接到一个有线或无线的网络。如果是一个有密码保护的无线网络,则会弹出一个对话框要求输入密码。这个密码可以存储在密钥环中,再次连接时就不必输入密码了。不过,当注销并再次登录后仍然需要提供密钥环密码,以确保安全。

用户还可以右击网络管理器来启用或禁用无线或有线连接。"连接信息"可以看到当前使用的网络的参数。

2. TCP/IP 网络配置

要设置网络,首先得根据网络接入情况来选择合适的配置,下面介绍几种不同接入情况的配置操作步骤。

1)使用有线线缆接入

①在"系统"菜单中,单击"首选项"→"网络连接"命令,弹出"网络连接"对话框。或单击图 8.2.1 上的"编辑连接"按钮也可以打开"网络连接"对话框,如实验图 8.2.2 所示。

实验图 8.2.1 网络管理器

实验图 8.2.2 网络连接对话框

②在"有线"选项卡下单击"添加"按钮。

③选择"IPv4 设置"来配置连接,如实验图 8.2.3 所示。

接下来的步骤用于设定使用静态 IP 地址的连接。

- 在"方法"复选框中,选择"手动",并在"地址"右侧单击"添加"按钮。

- 在"地址"框中输入计算机的 IP 地址。

- 在"子网掩码"框中输入计算机 IP 地址的子网掩码。子网掩码将一个 IP 地址段分为多个组,便于路由选择。

- 在"网关"框中输入服务商的 IP 地址。网关是将用户与互联网相连接的设备,由网络管理员提供。

提示:绝大多数宽带提供商使用动态主机配置协议(DHCP)来提供给用户一个动态 IP 地址。如果需要使用静态 IP 地址,用户可咨询网络管理员。

④单击"应用"按钮完成电缆连接的配置,如实验图 8.2.4 所示。

实验图 8.2.3　IPv4 设置

实验图 8.2.4　已添加的静态 IP

如果网络提供商使用 DHCP(动态主机配置协议),但需要额外的 DNS 服务,那么只需在 IPv4 设置的"方法"下拉列表中选择"自动配置(DHCP)仅地址",然后在"DNS 服务器"一栏中依次输入服务器的地址,多个地址之间用逗号分隔。

2)使用 ADSL 连接

ADSL 在物理上使用您的电话线路连接到互联网,但不同于传统的调制解调器方式,ADSL 通常用远高于调制解调器的链接速度和质量,用户还可以在上网的同时拨打或接听电话。设置操作步骤如下:

①在"系统"菜单上,单击"首选项"→"网络"命令,弹出"网络设置"对话框。

②配置 ADSL 连接。

- 在"系统"菜单中,单击"首选项"→"网络"命令,弹出"网络设置"对话框,如实验图 8.2.5 所示。

- 选择"DSL"选项卡。

- 单击"添加"按钮,弹出编辑连接对话框。

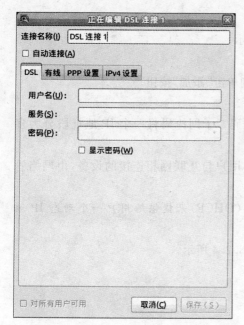

实验图 8.2.5　编辑 ADSL 连接

实验图 8.2.6　"无线"选项卡

- 在"用户名"和"密码"框中分别填入用户名和密码。
- 单击"应用"按钮来完成 ADSL 配置。

3）使用无线网卡

Ubuntu 会自动检测是否支持无线网卡。具体操作步骤如下：

①手动配置无线网络。在"系统"菜单中，单击"首选项"→"网络连接"命令，弹出"网络设置"对话框，选择"无线"选项卡，如实验图 8.2.6 所示。

②单击"添加"按钮，弹出编辑网络对话框，如实验图 8.2.7 所示。

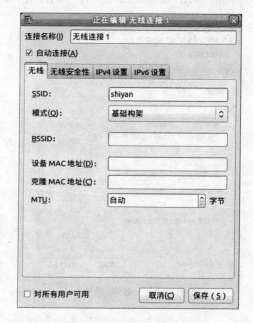

实验图 8.2.7　无线网络对话框

③输入想设定的连接名称。

④在"无线"选项页的"SSID"框里输入要连接到的无线网络的 SSID（服务集标识），然后在"模式"下拉列表中选择"架构"。

⑤在"无线安全性"选项卡的"安全性"下拉列表中选择无线网络的加密方式，如 WPA 或 WPA2.0。

⑥选择"IPv4 设置"来在配置连接。

- 在"方法"复选框中，选择"手动"，并在"地址"右侧单击"添加"按钮。
- 在"地址"框中输入计算机的 IP 地址。
- 在"子网掩码"框中输入计算机 IP 地址的子网掩码。
- 在"网关"框中输入网络服务商的 IP 地址。

⑦单击"应用"按钮保存设置。

3. Ubuntu 常用网络命令

(1)ifconfig:配置并查看网络接口的配置情况

例如:

①配置 eth0 的 IP 地址,同时激活该设备。

ifconfig eth0 192.168.1.10 netmask 255.255.255.0 up

②配置 eth0 别名设备 eth0:1 的 IP 地址,并添加路由。

ifconfig eth0 192.168.1.3

route add -host 192.168.1.3 dev eth0:1

③激活设备。

ifconfig eth0 up

④禁用设备。

ifconfig eth0 down

⑤查看指定的网络接口的配置。

ifconfig eth0

⑥查看所有的网络接口配置。

ifconfig

(2)route:配置并查看内核路由表的配置情况。

例如:

①添加到主机的路由。

route add -host 192.168.1.2 dev eth0:0

route add -host 10.20.30.148 gw 10.20.30.40

②添加到网络的路由。

route add -net 10.20.30.40 netmask 255.255.255.248 eth0

route add -net 10.20.30.48 netmask 255.255.255.248 gw 10.20.30.41

route add -net 192.168.1.0/24 eth1

③添加默认网关。

route add default gw 192.168.1.1

④查看内核路由表的配置。

route

⑤删除路由。

route del -host 192.168.1.2 dev eth0:0

route del -host 10.20.30.148 gw 10.20.30.40

route del -net 10.20.30.40 netmask 255.255.255.248 eth0

route del -net 10.20.30.48 netmask 255.255.255.248 gw 10.20.30.41

route del -net 192.168.1.0/24 eth1

route del default gw 192.168.1.1

⑥对于①和②也使用下面的语句实现:

Ifconfig eth0 172.16.19.71 netmask 255.255.255.0

Route 0.0.0.0 gw 172.16.19.254

\# Service network restart

（3）traceroute：显示数据包到达目的主机所经过的路由。

例如：

\# traceroute www. sina. com. cn

（4）ping：测试网络的连通性。

例如：

\# ping www. sina. com. cn

\# ping -c 4 192. 168. 1. 12

（5）netstat：显示网络状态信息。

例如：

①显示网络接口状态信息。

\# netstat -i

②显示所有监控中的服务器的 Socket 和正使用 Socket 的程序信息。

\# netstat -lpe

③显示内核路由表信息。

\# netstat -r

\# netstat -nr

④显示 TCP/UDP 传输协议的连接状态。

\# netstat -t

\# netstat -u

（6）hostname：更改主机名。

例如：

\# hostname myhost

（7）arp：配置并查看 arp 缓存。

例如：

①查看 arp 缓存。

\# arp

②添加一个 IP 地址和 MAC 地址的对应记录。

\# arp -s 192. 168. 33. 15 00:60:08:27:CE:B2

③删除一个 IP 地址和 MAC 地址的对应缓存记录。

\# arp -d192. 168. 33. 15

以上命令均为 Ubuntu Linux 常用命令，上面只做简单介绍及使用实例，具体每个命令的使用操作，可以使用实验 3 中在 Ubuntu 下获取命令帮助的方法得到。

4. Ubuntu 网络命令练习

请在 Ubunt Linux 下完成实验 8.2 的实验练习部分。

实验 9　搜索软件的使用

一、实验目的

(1)熟练掌握百度搜索引擎的基本使用方法及二次检索功能。

(2)熟练掌握 Google 搜索引擎的基本使用方法及利用二次检索缩小搜索结果范围的方法。

二、实验内容

(1)从网上检索 2003 年诺贝尔和平奖获奖者在颁奖仪式上的演讲词。

(2)从网上检索有关发现生物病毒的文章。

三、实验原理

本实验是对百度、谷歌等搜索软件的简单应用。

四、实验步骤

1. 百度搜索

①启动浏览器,如 IE。

②在浏览器地址栏输入"http://www.baidu.com",在检索关键字栏输入"2009 年诺贝尔和平奖",如实验图 9.1 所示。

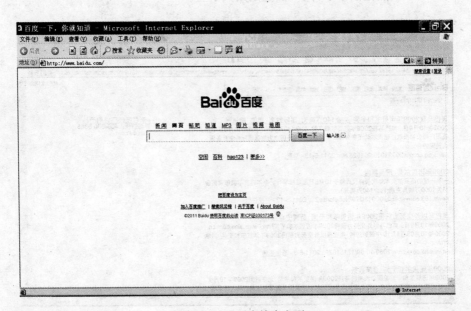

实验图 9.1　百度搜索主页

输入查询内容后并按 Enter 键即可得到相关资料。或单击"百度一下"按钮,也可得到相关资料。输入的查询内容可以是一个词语、多个词语,也可以是一句话。系统默认为搜索"网页",

一般情况下都是采用这个设置。搜索得到的结果如实验图 9.2 所示。一共有 140 万个相匹配的网页。搜索结果太多，不易找到需要的内容。

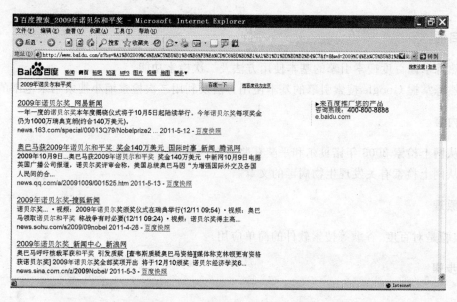

实验图 9.2　2009 年诺贝尔和平奖检索结果

③将关键栏的内容加英文双引号："2009 年图灵奖"，这样保证匹配关键字为"2009 年诺贝尔和平奖"完整词句应该能缩小搜索结果。再搜索后得到结果如实验图 9.3 所示。一共有 55400 个相匹配的网页。果然范围小了许多，但还是太大了些。

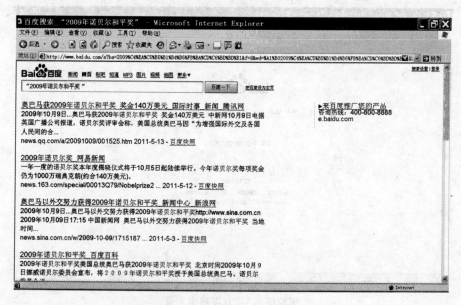

实验图 9.3　2009 年诺贝尔和平奖检索结果

④在关键字栏里输入"演讲辞"，单击"百度一下"按钮。得到结果如实验图 9.4 所示。

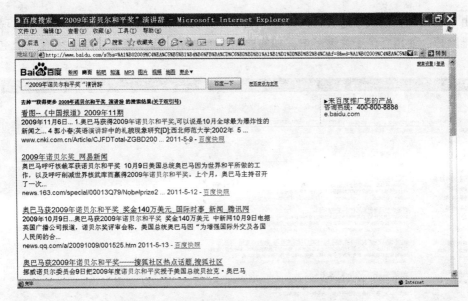

实验图 9.4　2009 年诺贝尔和平奖演讲辞检索结果

相匹配的网页仅剩 300 个。

2. Google 搜索

①启动浏览器，如 IE。

②在浏览器地址栏输入 google 的域名"http://www.google.com.hk/"。google 主页出现后在其关键字栏输入"发现病毒"，如实验图 9.5 所示。为去掉发现与病毒单独出现的资料需加英文的双引号，如不加则会出现发现或者是病毒单独存在的网页。然后单击"Google 搜索"按钮。从得到的结果网页知道找到的资料有关键字"发现病毒"出现，其中一部分都是有关计算机病毒的。

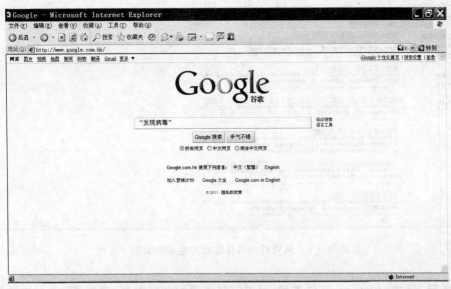

实验图 9.5　"病毒发现"搜索主页

③由于有关计算机病毒的资料大都有关键字计算机出现，因此，如果想把结果中出现计算机的资料排除掉。使用"－"于关键字中。如实验图 9.6 所示。需注意"－"前必须有一个空格。

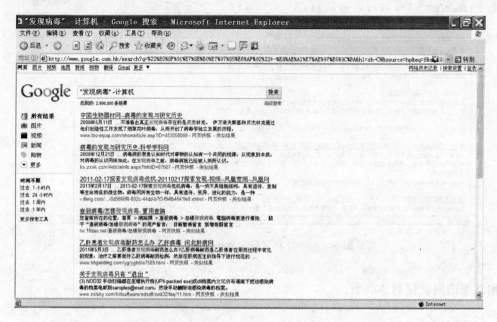

实验图 9.6　从资料中排除有计算机的关键字写法

④再在关键字中加"－电脑"去掉出现电脑的资料，如实验图 9.7 所示。

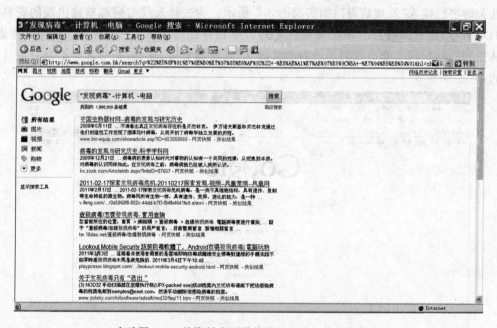

实验图 9.7　从资料中再排除有关电脑的关键字写法

⑤在关键字后加 filetype：文件类型，可以定制需要的文件类型，注意 filetype 与关键字之间要有一个空格。如查询 doc 文件，在关键字后加上 filetype：doc，如实验图 9.8 所示。

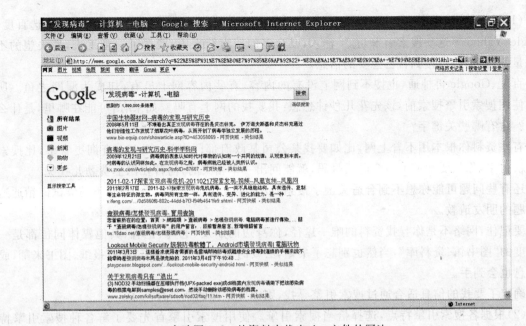

实验图 9.8　从资料中找出 doc 文件的写法

五、检索技巧

1. 检索的关键词要恰当

搜索词是否恰当与否,直接决定着查找的成功与否,选择查询词是一种经验,一般也可做到有章可循。

具体在操作的时候,可以从以下几个方面考虑。

(1)表述要准确,不能模糊。搜索软件会严格按照提交的关键词去检索匹配的内容。例如要查找"2011 重大事件",如果直接输入"2011 重大新闻",则最终的检索就不符要求。

(2)查找的关键词尽量与主题符合。关键词就是输入到搜索框的内容。因为它决定了返回的结果好坏,非常关键,所以称为"关键词"。

目前的搜索引擎并不能很好的处理自然语言。因此,在提交搜索请求时,最好把自己的想法,提炼成简单的,而且与希望找到的信息内容主题关联的关键词。

还是用实际例子说明。假设要搜索某个大学毕业的大学生成名后,想查一些关于时间的名人名言,关键词是"大学期间 ＊ ＊ ＊关于时间的名人名言"。这个查询词很完整的体现了搜索者的搜索意图,但效果并不好。绝大多数名人名言,并不规定是针对大学这个限制的,因此,"大学期间"事实上和主题无关,会使得搜索引擎丢掉大量不含"大学期间",但非常有价值的信息;"关于"也是一个与名人名言本身没有关系的词,多一个这样的词,又会减少很多有价值信息;"时间的名人名言",其中的"的"也不是一个必要的词,会对搜索结果产生干扰;"名人名言",名言通常就是名人留下来的,在名言前加上名人,是一种不必要的重复。

因此,最好的查询词,应该是"时间名言"。

2. 一些快速准确搜索资料的技巧

在搜索前精选搜索引擎,利用其搜索特长,达到搜索目的。

（1）根据情况，考虑一下网搜是不是最快最合适的方式。估计不少人搜东西一般首选百度、Google、Yahoo 等这些搜索引擎，直接输入，在众多的搜索结果中，费尽了一番工夫，最失望的不是海量筛选，而是没搜到自己想要的信息。

百度、Google 再神通，也搜不到网上没有的内容，有些内容网上虽有，却成为漏网之鱼。所以在使用搜索引擎搜索前，该先花几秒钟想想：我要找的网上有吗？如果有，可能在哪里，是什么样子？含有哪些关键字？

有些资料你根本用不着上网，比如要找某公司某政府部门电话，打 114 查询更省事，比搜索引擎快得多，你只要知道了一个电话号码，就能问出一串相关的，何苦在网上费劲儿找呢？

还有些问题可能你想不到合适关键字搜索，或不能直接用搜索引擎搜到，不妨尝试向精通这个问题的朋友请教。

要记住，网络不是你寻找资料的唯一途径，你身边的朋友、老师、记者、其他媒体同仁都是一定程度的"图书馆、资料库"，当然也别忘了书籍，必要时跑趟附近图书馆，找些报纸、图书来翻，成吨信息也会到手。

确定了要找的信息适合通过搜索引擎寻找，则需要掌握的就是技巧了。

（2）根据各搜索引擎特点，选择恰当搜索引擎。使用搜索引擎首先要了解各种搜索引擎特点，泾渭分明，否则可能浪费大量时间。这次搜索，应该使用百度还是 Yahoo？根据需求，选根据需求找拥有相应功能优势的搜索引擎。

（3）从行业入手查找，比较好用的是"百度产品大全"（点击首页"更多"选项即可）：行业报告——各行业官方报告/评定、专家解读、行业与单个品牌市场综述/分析、行业与单个品牌数据、过往新闻。当然这个不乏广告成分，所以需要鉴别，当心受骗。

（4）想找特定领域的人了解情况，想找合适采访对象，如专家学者、前辈，想先熟悉某个领域或了解某个城市、历史、词条等，这些比较细致的东西，可以用"百度百科"，网友们集体贡献的智慧是无穷的，而且网友的料也是无穷的，往往能有意外收获。另外 wikipedia（维基百科）也是巨型资料库，而且更新很快，如果有时打不开，可以用代理服务器上。

（5）Google 有一个实用搜索功能是"大学搜索"，现在多数有点名的所谓专家学者都在大学挂职，各种研究所、实验室、官方组织的不少也扎根大学，而大学又是产生思想文化的重要阵地。用这个搜索可以一网打尽和某所大学有关的所有信息。

（6）现在有一些新开发的搜索引擎，它们可以对网页库中的某类专闪的信息进行一次整合。有人称之为：元搜索引擎。这种搜索引擎的特点是大大减少了整合资料的时间。比如，比比猫（Bbmao）。这个搜索引擎的特点是：自动分类整理、自动去掉重复结果、汇集五大搜索引擎结果。智能分类，可能在分类中发现一些不曾想到的东西。

（7）学会使用逻辑符号。搜索引擎基本上都支持附加逻辑命令查询。

①＋。例如，"北京＋旅游"表示搜索包含所有北京和旅游这两个词组的页面，不过现在基本用不着这个了，一般敲个空格就可以了。

②－。"－"可去除无关搜索结果，提高搜索结果相关性。比如，要找"青岛"的城市信息，输入"青岛"却找搜到一堆"青岛啤酒"的新闻，在发现这些新闻的共同特征是"啤酒"后，输入"青岛－啤酒"来搜索，就不会再有啤酒。

③""。利用双引号（""）来查询完全符合关键字串的网站。例如：键入"＊＊＊喜剧"，会找出包含完整＊＊＊喜剧词组的页面。这种查询方法要求用一对半角的双引号来把关键字包括起来。

常用搜索引擎如下。

1)国外搜索引擎

搜索目标(英文)搜索引擎/目录索引;

一般资料 Google,Yahoo,Live,Ask;

资料涉及非常冷僻的领域 All The Web;

特殊资料(其他主要引擎都查不到时) Dogpile/Vivisimo/Clusty 等多元引擎;

资料百科 Wikipedia;

产品或服务 Yahoo/Overture。

2)国内搜索引擎

搜索目标(中文) 搜索引擎/目录索引;

一般资料 Google、百度、雅虎;

古汉语(诗词)类资料:百度(个案显示这方面百度有独到之处);

产品或服务:搜狐、新浪(质量较高)/网易(较全)、聚合、分类、比比猫。

实验 10　数据库的创建和简单数据操作

一、实验目的

通过掌握数据库的基本概念,熟悉对 SQL Server 2005 的基本操作,包括数据库、表的建立以及使用 T-SQL 进行简单的数据操作。

二、实验内容

(1)SQL Server2005 基础操作。

(2)数据库的创建。

(3)数据表的创建。

(4)数据操作。

三、实验步骤

1. SQL Server 2005 基本操作

1)SQL Server 2005 的启动

在开始菜单中选择程序,选择 SQL Server 2005,打开集成管理器 SQL Server Management Studio,即可启动 SQL Server 2005,也可以双击 SQL Server Management Studio 的快捷方式启动 SQL Server 2005。然后,通过 Windows 身份验证或 SQL Server 身份验证登录 DBMS,登录界面如实验图 10.1 所示,实验图(a)为 Windows 身份验证,实验图(b)为 SQL Server 身份验证。其中 Windows 身份验证不需要输入用户名和密码,而 SQL Server 身份验证需要输入。

| (a) | (b) |

实验图 10.1　SQL Server 登录界面

登录后界面如实验图 10.2 所示,主要由标题栏、菜单栏、工具栏、对象资源管理器组件窗口以及文档组件窗口组成。其中,对象资源管理器是服务器中所有数据库对象的树形视图。此包括 SQL Server 数据库引擎、分析服务器、报表服务、集成服务和 SQL Server Mobile 等服务实例。文档窗口包含查询分析器与当前计算机上的数据库引擎实例连接的摘要页。

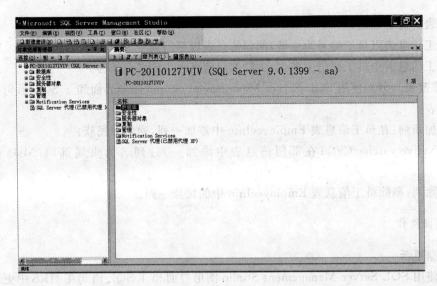

实验图 10.2　SQL Server Management Studio 界面

2)SQL Server 2005 的退出

选择"文件"→"退出"命令,即可退出 SQL Server,也可以直接单击窗口的关闭按钮。

2. 创建数据库

(1)在集成管理器 SQL Server Management Studio 中,使用图形界面创建一个数据库 HRS,该数据库的主数据文件逻辑名称为 HRS_data,物理文件名 HRS. mdf,初始大小为 10MB,最大尺寸为无限大,增长速度为 10%;数据库的日志文件逻辑名称为 HRS_log,物理文件名为 HRS. ldf,初始大小为 1MB,最大尺寸 10MB,增长速度 1MB。

(2)在集成管理器 SQL Server Management Studio 中,使用图形界面修改数据库 HRS:

①将 HRS 数据库的事务日志文件 HRS_log 的大小由原来的 10MB 扩充为 20MB,增长速度由原来的 1MB 修改为 2MB。

②使用图形界面对数据库 HRS 进行分离和附加操作。

③删除数据库 HRS。

3. 创建表

(1)分别使用图形界面和 T-SQL 语句创建数据表:

员工信息表 EmployeeInfo(员工编号 EmpID,员工姓名 EmpName,出生日期 EmpBirth-Day,员工部门 EmpDept,性别 EmpSex),如实验图 10.3 所示。

部门信息表 DeptInfo(部门编号 DeptID,部门名称 DeptName),如实验图 10.4 所示。

列名	数据类型	允许空
EmpID	varchar(20)	☐
EmpName	varchar(20)	☑
EmpBirthDay	datetime	☑
EmpDept	varchar(20)	☑
EmpSex	char(2)	☑

列名	数据类型	允许空
DeptID	varchar(20)	☐
DeptName	varchar(20)	☐

实验图 10.3　员工信息表　　　　　　　　　　实验图 10.4　部门信息表

创建表时需要满足:

①员工信息表以员工编号为主键,部门信息表以部门编号为主键。

②员工信息表中员工部门为外键,关联部门信息表中的部门编号。

(2)修改表。分别使用 SQL Server Management Studio 图形界面和 T-SQL 语句在 HRS 中修改数据表:

①添加新列:在员工信息表 EmployeeInfo 中添加一列,列名为民族:

EmpNative varchar(20);在部门信息表中添加一列:列名为隶属部门:MsDept varchar(20)。

②删除列:删除员工信息表 EmployeeInfo 中的民族一列。

4. 数据操作

1)数据更新

分别使用 SQL Server Management Studio 图形界面和 T-SQL 语句在 HRS 中更新数据:

(1)添加数据。在员工信息表 EmployeeInfo 中添加如实验表 10.1 所示的数据。

实验表 10.1

员工编号	姓名	性别	出生日期	部门
201001001	吴金华	男	1985.3.6	1010001
201002186	张成刚	男	1983.8.9	1010001
201002162	王婷	女	1977.6.5	1010002
201001198	高敬	女	1972.9.1	1020001

在部门信息表 DeptInfo 中添加如实验表 10.2 所示的数据。

实验表 10.2

部门编号	部门名称
1010001	人力资源部
1010002	科技信息部
1020001	河南办事处

(2)修改数据。将员工信息表 EmployeeInfo 中员工编号为 201001001 的部门改为科技信息部。

(3)删除数据。删除员工信息表 EmployeeInfo 中员工编号为 201001198 的一行信息。

2)数据查询

(1)简单查询。查询员工信息表 EmployeeInfo 中的所有男员工的信息。

查询员工信息表 EmployeeInfo 中出生日期在 1980.1.1 以后的员工信息。

查询员工姓名为张成刚的信息。

(2)连接查询。查询所有员工的姓名、出生日期、部门名称。

查询部门为人力资源部的所有员工信息。

实验 11　Office 办公软件

一、实验目的

(1)熟悉 Office 2003 的工作环境。

(2)掌握 Word 2003 文档的基本操作。

(3)掌握 Excel 2003 工作表的基本操作。

(4)掌握 PowerPoint 的制作。

二、实验内容

Word 是一款中英文的文字处理软件,所谓文字处理软件,是指能够辅助人们在计算机上制作文档的系统。一般来说,文字处理软件至少应具有文字的输入、编辑、排版和打印功能,它处理的对象包括文字、图形、图片、表格、各种链接对象等。利用它,可以编辑出图文并茂的文档、报纸、书和因特网上的主页。

三、实验原理

1. Word 2003 文档的基本操作

1)启动和退出 Word

在 Windows 桌面上,执行"开始"→"程序"→"Microsoft office"→"Microsoft office Word 2003"命令,或双击桌面上的 Word 快捷图标,打开 Word 应用程序窗口如实验图 11.1 所示。退出 Word 的方法有多种,常用的方法是使用 Word 工作窗口"文件"→"退出"命令,或直接单击

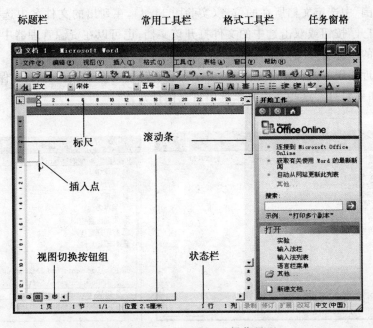

实验图 11.1　Word 2003 操作界面

Word 工作窗口标题栏右端的"关闭"按钮。关闭 Word 前,系统会检测当前编辑文档是否保存,如未保存则弹出对话框供用户选择是否保存后退出或直接退出。

标题栏用于显示正在被编辑的文档名;菜单栏和工具栏是 Word 2003 应用程序的命令集,包括了对 Word 2003 的一切操作;标尺包括水平标尺和垂直标尺,用于显示文档在窗口中的位置,利用标尺可以对文档进行快速排版;工作区用于对 Word 文档的操作,包括显示与编辑;滚动条分为水平滚动条和垂直滚动条,可以调整窗口中的文档显示的内容;状态栏用于指示文档的当前状态,如目前的页码、行号等。

2)文档的创建、保存及打开

(1)文档的创建。在启动 Word 后,系统就打开一个空白文档,并在标题栏中显示名字"文档1",用户可直接在插入点后输入文字、符号、表格、图形等内容;还可以在菜单中选择"文件"→"新建"命令,新建一个空白文档,如实验图 11.2 所示;也可以利用工具栏中的"新建"按钮来创建新文档,如实验图 11.3 所示。

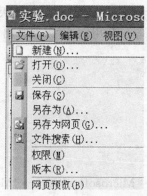

实验图 11.2　菜单栏创建新文档　　　　实验图 11.3　工具栏创建新文档

(2)文档的打开。要打开已存在的文档,可以单击"文件"→"打开"命令,在弹出的"打开"对话框的"查找范围"中选定文档所在的位置(实验图 11.4),在列出的文件名中选择需要打开的文件,然后单击"打开"按钮或双击选中的文件打开该文档;也可以在资源管理器中找出需要打开的文档,双击文档的图标打开文档。

(3)打开最近使用的文档。Word2003 中,最近编辑过的会在文件菜单中保存记录,如实验图 11.5 所示,如果要打开这些文档可以选中后直接打开。

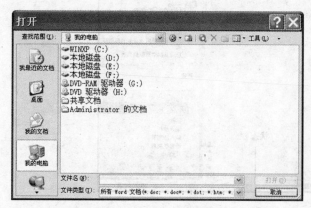
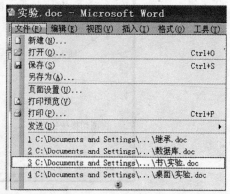

实验图 11.4　打开文档对话框　　　　　实验图 11.5　打开最近使用的文档

（4）文档的保存。处理完文档输入后都需要进行保存的操作，以便让文档以文件的形式存储在磁盘上。选择"文件"→"保存"命令，或单击常用工具栏上的"保存"按钮都可以保存，也可以按Ctrl+S键保存。

第一次执行保存操作，系统会弹出"另存为"对话框，用户可以在其中选择保存位置、文件类型，然后输入文件名，单击"保存"按钮即可将文档保存，如实验图11.6所示。在其后的操作中，若用户希望修改所保存文档的位置、类型或文件名等选项，可执行"文件"→"另存为"命令，系统会再次打开"另存为"对话框。如果只是保存当前文档的内容，不修改保存的各种选项，可执行"文件"→"保存"命令，或直接单击常用工具栏上的"保存"按钮即可保存。Word文档存盘后，其文件扩展名为 .doc。

（5）文档的关闭。对某个文档操作完毕，应该选择"文件"→"关闭"命令，关闭该文档；也可以单击菜单栏最右端的"关闭"按钮来关闭文档。

3）文档的编辑操作

文档的编辑操作包括文本的输入、删除、移动、复制、查找、替换等。

（1）文档的输入。输入文字是文字处理的一项最基本、最重要的操作，文字包括了汉字、英文及特殊的字符。输入汉字和英文应注意及时切换 Windows 任务栏上的输入法状态。对于一些在键盘上找不到的符号，可以使用"插入"→"特殊符号"命令，在"插入特殊符号"对话框中查找，如实验图11.7所示。

实验图 11.6　文档保存对话框

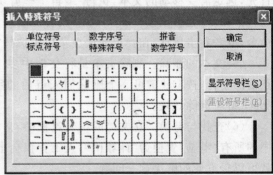

实验图 11.7　"插入特殊符号"对话框

（2）选定文本。在 Word 中，很多操作都是针对选定的文本进行的，所谓"选定"，就是在文档中反黑显示该文本，让 Word 知道它要操作的对象，如实验图11.8所示。

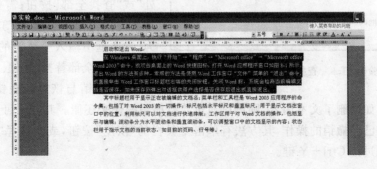

实验图 11.8　文本的选中效果

选定文本有如下几种常用的方法：

①移动鼠标。将鼠标指针移动到要选定文本的开始位置，然后按住鼠标左键不放，拖动鼠标至要选取的文本块结束的位置才松开鼠标。

②双击鼠标。在一行文字上双击鼠标左键，可选定一个英文单词或中文词汇。

③三击鼠标。在一个段落上连击鼠标三次，可选定该段落。

④在左边缘选取文本。将鼠标指针移动到页的左边缘上，这时鼠标指针变成向右的箭头形状。单击鼠标则选取所指向的一行；双击鼠标则选取所指向的一段；三击鼠标则选取全文；按住鼠标左键不松开然后拖动，则选取所拖动过的若干行。

⑤选择垂直文本块。移动鼠标到该文本块的左上角，然后按住 Alt 键并拖动鼠标，则鼠标所经过的文本会被选定。

⑥鼠标与键盘选中文本。将鼠标指针移动到要选定文本的开始位置，然后按下 Shift 键不释放，移动鼠标至文本块结束的位置单击，然后释放 Shift 键即可选的文本块。

(3)文本的复制。复制文本是把原文本的一个完全相同的文本插入到一个新的位置上。首先，选定需要复制的文本，执行"编辑"→"复制"命令，或者右击鼠标，在弹出的快捷菜单中选择"复制执行复制"命令，也可以按 Ctrl＋C 键执行复制命令，然后将插入点定位在需要插入的位置，执行"编辑"→"粘贴"命令，或者右击鼠标，在弹出的快捷菜单中选择"粘贴"命令，也可以按 Ctrl＋V 键执行粘贴命令。

(4)文本的移动。移动文本是指将文本从原来的位置删除并将其插入到另一个新的位置上。首先，选定需要移动的文本，执行"编辑"→"剪切"命令，或者右击鼠标，在弹出的快捷菜单中选择"剪切"命令，也可以按 Ctrl＋X 键，然后将插入点定位在需要插入的位置，执行"编辑"→"粘贴"命令，或者右击鼠标，在弹出的快捷菜单中选择"粘贴"命令，也可以按 Ctrl＋V 键。

(5)文本的删除。删除文本是将文档中多余的内容去掉。按 Backspace 键可逐个删除插入点前的字符；按 Del 键可逐个删除插入点后的字符；选定需要删除的文本块，按 Del 键或 Backspace 键可删除该块。

(6)查找与替换。在文档的编辑过程中，常常需要定位或替换某些内容，如需要将整个文档中的所有"电脑"置换为"计算机"，人工查找会十分耗时且很可能有遗漏，而使用查找与替换功能就可以很方便的解决这一问题。

实验图 11.9　查找/替换对话框

执行"编辑"→"查找"命令或按 Ctrl＋F 键，出现"查找和替换"对话框，如实验图 11.9 所示。在"查找内容"中输入要查找的文本，定义查找范围，然后单击查找"下一处"或"查找全部"按钮；需要把查找的内容替换的话，再单击"替换"选项卡，在"替换为"文本框中输入要替换的文本，然后单击"替换"或"全部替换"按钮。

(7)撤销与恢复。撤销是如果对文档进行了误操作，如误删了文本内容，则可以通过执行撤销操作来还原。其方法可以通过操作的逆操作，能够恢复已经撤销的操作，其方法有单击工具栏的"恢复"按钮，或者选择"编辑"→"恢复"命令，也可以通过按 Ctrl＋Y 键。

4)文档的格式化

文档的格式化是指对文档的字符、段落、图片等内容在显示方式上进行设置和修改,也就是按照一定的要求改变文档外观的一种操作。

(1)字符格式化。在 Word 中字符是指作为文本输入的字母、数字、汉字、标点符号及特殊符号等。对字符的格式化处理,包括选择字体、字号、颜色、下划线、特殊效果、设置字符间距、动态效果等,各种效果如实验表 11.1 所示。

实验表 11.1　字符格式化

格式名称	效　果
字体	宋体　隶书　楷体　…
字号	五号　三号　…
字形	常规　倾斜　**加粗**　*倾斜加粗*
颜色	红色　蓝色
下划线	单下划线　双下划线　波浪线
着重号	着重号
效果	~~删除线~~　~~双删除线~~　上标 下标　阴影　空心　阳文　阴文
字符间距	标准　加宽 0.1 厘米　紧缩 1 磅
边框	文字边框
底纹	文字底纹　—25%灰色　黑色 30%

进行字符格式化,首先可选定文本,然后选择"格式"→"字体"命令,在弹出的"字体"对话框中对各项进行设置,如实验图 11.10 所示;也可以在选定文本后右击鼠标,在弹出快捷菜单中选择"字体"命令来执行对字体的设置。

设置字符间距时,默认的间距单位为"磅",若要求设置的单位为"厘米"或"字符",可直接在设置框中输入如"1 厘米"、"2 字符"等,Word 将自动转换单位。给文字添加边框和底纹,选择"格式"→"边框和底纹"命令,在弹出的"边框和底纹"对话框中在"应用于"一项选择"文字",如实验图 11.11 所示。

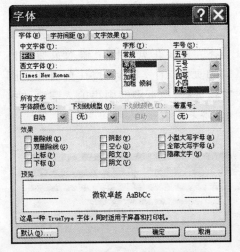

实验图 11.10　"字体"对话框

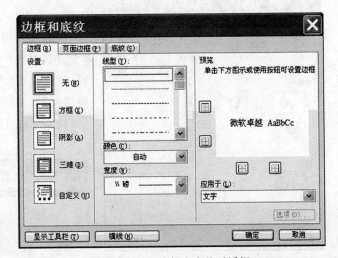

实验图 11.11　边框和底纹对话框

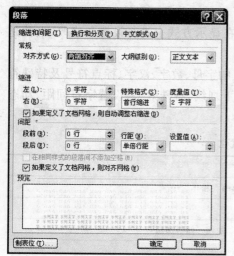

实验图 11.12 "段落"对话框

（2）段落格式化。在文档中，凡是以"↵"标记为结束的一段内容称为一个段落。段落格式化包括了段落的对齐方式、左缩进、右缩进、首行缩进、段前段后间距、行间距、段落边框、段落底纹、首字下沉、设置分栏等的设置。选定段落后，单击"格式"工具栏上相应的段落设置按钮；或使用水平标尺设置段落的缩进格式；或选择"格式"→"段落"命令，在"段落"对话框中设定都可以进行段落格式化；也可以选定段落后右击鼠标，在弹出的菜单中选择"段落"→"段落"命令。"段落"对话框如实验图 11.12 所示。

给段落添加边框与底纹，选择"格式"→"边框和底纹"命令，在"边框和底纹"对话框中在"应用于"一项选择"段落"。

给段落设置首字下沉，可选择段落后选择"格式"→"首字下沉"命令，出现"首字下沉"对话框，设置下沉的行数即可。

给段落分栏，可选定段落，选择"格式"→"分栏"命令，出现"分栏"对话框，选择栏数、栏宽即可。

（3）使用格式刷。

格式刷是一种可以复制现有格式的工具，使用它可以将已有设置的格式迅速应用于其他文本。首先选择已设置格式的文本，然后在工具栏中单击格式刷按钮，再在要应用格式的文本上拖过。双击格式刷按钮还可以将相应的格式应用到同一文档中的位置。

（4）页面格式化。

页面格式化主要设置页面的上、下、左、右边距，页面方向，文字方向，纸张大小，分栏，分隔符，行号，以及页眉页脚距边界的距离等。可以选择"文件"→"页面设置"命令进行设置，如实验图 11.13 所示。

（5）页眉页脚的设置。

页眉页脚是出现在每页顶端和底端的文字。页眉页脚中常常包含页码、页数、章节标题等。选择"视图"→"页眉和页脚"命令，插入点将定位在页眉处，并出现"页眉和页脚"工具栏，直接在页眉框中输入页眉的内容，然后单击"页眉和页脚"工具栏上的"在页眉和页脚间切换"按钮，切换到页脚，在页脚框中再输入需要的内容，如实验图 11.14 所示。

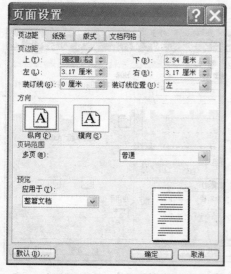

实验图 11.13 页面设置对话框

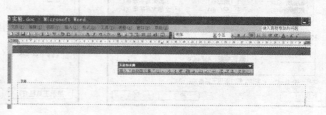

实验图 11.14 设置页眉页脚

5)表格的应用

表格是文档中用于组织内容或显示信息的一个重要的形式,通常由行列组成,而行与列又有单元格组成,因此,表格中的信息都有单元格来体现。在单元格中输入文本的方法与在文档中一样,随着文本内容的增加,单元格会自动调整大小。

表格通常分为标准的二维表和复杂的自定义表格。创建标准的二维表是非常简单的,而创建复杂的自定义表格需要在标准的二维表基础上进行。

(1)创建表格。

创建一个标准的二维表,可将插入点定位在待插入表格处,选择"表格"→"插入"命令,然后选择"表格"命令,出现"插入表格"对话框,如实验图 11.15 所示,分别输入表格的列数、行数及列宽即可;或者单击工具栏中的"插入表格"按钮,然后拖动鼠标确定表格的行数、列数,如实验图 11.16 所示。

实验图 11.15　创建表格对话框

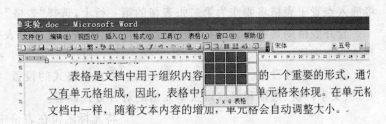

实验图 11.16　创建表格

创建复杂的自定义表格,可在标准表格的基础上通过选择"表格"→"拆分单元格"、"合并单元格"等命令实现,首先,选中要合并或拆分的单元格,选择菜单栏中"表格"中的"拆分单元格"、"合并单元格"命令,或右击鼠标,在弹出的快捷菜单中选择"拆分单元格"、"合并单元格"命令;也可以直接使用"表格"→"绘制表格"命令自行绘制。

(2)编辑表格。

①表格区域的选定操作如实验表 11.2 所示。

实验表 11.2　表格区域选定操作

要选定的对象	操　作
一个单元格	单击该单元格
一行	在该行左端单击
一列	在该列顶端单击
某个矩形区域	从区域的左上角拖动鼠标到右下角
整个表格	从表格的左上角拖动鼠标到右下角

②插入单元格、行或列。选定单元格,选择"表格"→"插入"→"单元格"命令,打开"插入单元格"对话框,可选择插入单元格、行或列,如实验图 11.17 所示。

③删除单元格、行或列。选定单元格,选择"表格"→"删除"→"单元格"命令,打开"删除单元格"对话框,可选择删除单元格、行或列,如实验图 11.18 所示;也可以选定单元格,右击鼠标在弹

出快捷菜单中选择"删除单元格"命令。

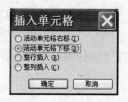 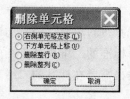

实验图 11.17　插入单元格对话框　　　　　实验图 11.18　删除单元格对话框

④合并与拆分单元格。合并单元格,即将表格中左右相邻的组成矩形区域的多个单元格合并为一个。选定待合并的单元格区域,选择"表格"→"合并单元格"命令即可。

拆分单元格,是将一个单元格拆若干个单元格。选定待拆分的单元格区域,选择"表格"→"拆分单元格"命令,出现"拆分单元格"对话框,选择需要的行数和列数即可。

⑤拆分与合并表格。拆分表格是将一个表格以某一行为界,拆分为上下两个独立的表格。将插入点置于表格将要作为第二张表格的第一行上,选择"表格"→"拆分表格"命令即可。

合并表格则是将上、下两个表格合并为一个表格。将两个表格之间的段落标记删除即可合并该两个表格。

⑥表格属性设置。表格属性设置实际上是表格格式的设置,它涉及表格的行高、列宽、对齐方式、文字环绕、边框和底纹以及单元格的对齐方式设置。

实验图 11.19　表格属性对话框

将光标定位在表格中,选择"表格"→"表格属性"命令,或者右击鼠标在弹出的快捷菜单中选择"表格属性"命令,出现"表格属性"对话框如实验图 11.19 所示,在"表格"标签中可设置单元格中文字的对齐方式、环绕方式、边框与底纹;在"行"标签、"列"标签可直接设置行高、列宽;在"单元格"标签中可设置单元格中文字的垂直对齐方式。

(3)表格内容的编辑。

①表格内容的输入。在表格中输入内容,只要选定某个单元格,直接输入即可。输入完毕后,可使用鼠标或键盘上的←、→、↑、↓键移动插入点到其他单元格。

②表格排序。排序是数据库的基本功能之一,是指根据某一指定列数据的顺序重新对行的位置进行调整。如实验表 11.3 所示为原表,将插入点置于表中,执行"表格"菜单的"排序"命令,出现"排序"对话框,在"主要关键字"中选择"列 3",在"类型"中选择按"数字"排列,并选择"升序",则排序后结果如实验表 11.4 所示。

实验表 11.3　排序前

书名	作者	价格
我爱小馆子	梁春雪等	28
旧时月色	董桥	20
哈利·波特与凤凰令	J.K罗琳	59.8

实验表 11.4　排序后

书名	作者	价格
旧时月色	董桥	20
我爱小馆子	梁春雪等	28
哈利·波特与凤凰令	J.K罗琳	59.8

③表格计算。Word 表格还提供了一些简单的计算，如求和、平均值、最大值、最小值等。如实验表 11.5 所示，将插入点放在第三列的最下方单元格中，选择"表格"→"公式"命令，出现"公式"对话框，在"公式"框中输入"＝sum(c2：c4)"，则计算结果显示在实验表 11.5 中。其中，"粘贴函数"列表框列出了可供选用的函数，不熟悉函数的用户可在其中查找需要的数。

实验表 11.5　求和计算

书名	作者	价格
我爱小馆子	梁春雪等	28
旧时月色	董桥	20
哈利·波特与凤凰令	J.K 罗琳	59.8
		107.11

6）图形、艺术字与数学公式处理

在 Word 中，图形、艺术字与数学公式都是作为图形对象进行处理。

（1）图形处理。

图形对象可以是已有的图形文件，也可以由用户自己绘制。对图形对象的操作包括以下几个步骤。

①插入图形。根据图形对象来源的不同，可能需要插入以下几类的图形对象：

• 插入 Word 提供的剪贴画。移动光标到需要插入图片的位置，选择"插入"→"图片"命令，然后执行"剪贴画"命令，弹出剪贴画任务窗格，在"搜索文字"文本框中输入类型，在"结果类型"中选择"剪贴画"，然后单击"搜索"按钮。结果出现在窗格下部，双击需要的剪贴画将它插入到文档中。

• 插入已有的图形文件。选择"插入"→"图片"，然后执行"来自文件"命令，然后在"插入图片"对话框中选择需要插入的已存在的图形文件，如实验图 11.20 所示。

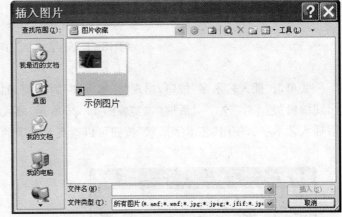

实验图 11.20　插入图片对话框

• 截屏后插入。按 PrtScrn 键可以把屏幕复制到剪贴板上，同时按 Alt 键和 PrtScrn 键可以把当前活动窗口复制到剪贴板上，单击"粘贴"按钮可把复制到剪贴板上的图插入到当前位置。

• 插入自绘图形。可以使用工具栏中的"绘图"按钮，启动"绘图"工具栏，按照要求绘制图形后插入。

• 插入自选图形。"绘图"工具栏上的"自选图形"按钮提供了多种自选图形，如连接符、流程图、标注等，可作为图形直接插入。

②编辑图片。

编辑图片包括移动图片、改变图片大小、裁剪图片，旋转图片、调整亮度、调整对比度等。选中图片，选择"格式"→"图片"命令，或是使用"图片工具栏"中的工具按钮编辑图形对象。"图片"工具栏如实验图 11.21 所示。

实验图 11.21　图片工具栏

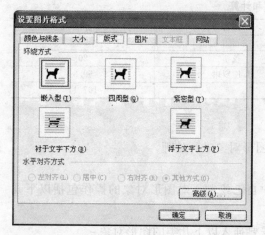

实验图 11.22　设置图片格式对话框

"图片工具栏"属于浮动工具栏,即只有当选中一个图片对象时,"图片工具栏"才会出现,如果没有选中的图形对象,则"图片工具栏"不会出现。如果选中图片时也不出现"图片工具栏",则应使用"视图"→"工具栏"命令,在工具栏对话框中选中"图片"复选框。

③调整图片与文字的位置关系。

用鼠标单击图形对象的任一位置,该图形四周将出现八个小矩形控点,表明该图形对象被选中。选择"格式"→"图片"命令,出现"设置图片格式"对话框,选择"版式"标签,出现对话框如实验图 11.22所示。

可以选择图中各种位置关系,单击"高级"按钮将有更细致的选择,如可确定在"四周型"中图片的上下左右距离文字的精确距离。

(2)插入艺术字。

①选择"视图"→"工具栏"→"艺术字"命令,出现"艺术字"工具栏如实验图 11.23 所示。

实验图 11.23　艺术字工具栏

②单击"插入艺术字"按钮,出现"艺术字库"对话框,如实验图 11.24 所示,选择一种样式后,出现编辑"艺术字"文字对话框,如实验图 11.25 所示,输入文字后可设置字体、字号与字形,确定后插入艺术字。使用"艺术字形状"按钮可以改变艺术字的形状。

实验图 11.24　艺术字库对话框

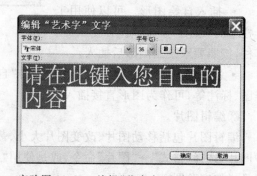

实验图 11.25　编辑"艺术字"文字对话框

（3）插入公式。

Word 提供了一个功能强大的公式编辑器 Microsoft 公式 3.0，它专门用来编辑数学公式，可使编辑公式如同手写一样方便。

选择"插入"→"对象"命令，打开"对象"对话框，在"对象类型"中选择"Microsoft 公式 3.0"，单击"确定"按钮，则屏幕就会出现公式编辑窗口和"公式"工具栏，如实验图 11.26 所示。

实验图 11.26 公式编辑窗口与公式工具栏

"公式"工具栏上面一栏为符号工具栏，下面一栏为模板工具栏。符号工具栏包括 10 类 150 种在公式中经常使用的数学符号、特殊符号和希腊字母等。模板工具栏提供了 9 类格式化的符号和公式槽的集合。

插入公式的工作在"公式编辑窗口"中进行，根据要输入公式的结构特点选择好相应的公式模板，向公式中填写有关的符号和数字。

7）应用举例

①创建文档，按照样文（即该文档的最终编排效果），插入图片并设置文本格式。

②制作艺术字："贝多芬年祭"，艺术字库中第一行第五种；环绕方式为"四周"。

③设置第一句"一百年前"隶书、小四、红色。

④插入指定目录下的图片："贝多芬"和"piano"，拖到文档中间，环绕方式为"四周"。

⑤添加页眉："音乐家的故事"。

⑥给最后一段文字添加底纹，文字倾斜并加边框。

⑦插入公式如样文所示。

贝多芬年祭

一百年前，一位已聋得听不见大型交响乐队演奏自己的乐曲的单身老人最后一次举拳向着咆哮的天空，然后逝去了，还是和他生前一直那样地唐突，神灵，蔑视天地。他是反抗性的化身；他甚至在街上遇上一位大公和他的随从时也总不免把帽子向下按得紧紧地，然后从他们正中间大踏步地直穿而过。他穿衣服不讲究尤甚于田间的稻草人；事实上有一次他竟被当做流浪汉给抓了起来，因为警察不肯相信穿得这样破破烂烂的人竟会是一位大作曲家，更不能相信这副躯体竟能容得下纯音响世界最奔腾澎湃的灵魂。他的灵魂是伟大的；但是如果我使用了最伟大的这种字眼，那就是说比汉德尔的灵魂还要伟大，贝多芬自己就会责怪我；而且谁又能自负为灵魂比巴哈的还伟大呢？但是说贝多芬的灵魂是最奔腾澎湃的那可没有一点问题。他的狂风怒涛一般的力量他自己能很容易控制住，可是常常并不愿意去控制，他狂呼和大笑的滑稽诙谐之处在别的作曲家作品里都找不到的。毛头

小伙子们现在一提起切分音就好像是一种使音乐节奏成为最强有力的新方法；但是听过贝多芬的第三里昂诺拉前奏曲之后，最狂热的爵士乐听起来也像"少女的祈祷"那样温和了。

……这样奔腾澎湃，这种有意的散乱无章，这种嘲讽，这样无顾忌的骄纵的不理睬传统的风尚——这些就是使得贝多芬不同于十七和十八世纪谨守法度的其他音乐天才的地方。他是造成法国革命的精神风暴中的一个巨浪。

$$s=\frac{a^2-b^2}{\sqrt{3}}+\sum_{1}^{100}(x^2+y^2)$$

操作步骤：

①打开文档 word01.doc。

②制作艺术字

选择"插入"→"图片"/"艺术字"命令，出现"艺术字库"对话框，双击艺术字符的第一行第五种后，出现"编辑'艺术字'文字"对话框，在"文字框"中输入"贝多芬年祭"，单击"确定"按钮。

单击选中艺术字，选择"格式"→"艺术字"命令，出现"设置艺术字格式"对话框，选中"版式"

标签,在"环绕方式"中选择"四周型",单击"确定"按钮退出。拖动艺术字到合适的位置。

③设置第一句"一百年前"隶书、小四、红色。

选择第一句"一百年前",使用"格式"菜单的"字体"命令,出现"字体"对话框,在"中文字体"中选择"隶书",字号设为"小四",字体颜色设为"红色"。

④插入图片"贝多芬"和"piano"

选择"插入"→"图片"→"来自文件"命令,出现"插入图片"对话框,选择指定目录为当前目录,先后选择图片文件"贝多芬"和"piano",单击"插入"按钮退出。

选中图片,选择"格式"→"图片"命令,出现"设置图片格式"对话框,选择"版式"标签,设置其环绕方式为"四周型",然后拖动图片到合适位置。

⑤添加页眉:"音乐家的故事",插入页码。

选择"视图"→"页眉和页脚"命令,出现"页眉和页脚"工具栏,在页眉处输入"音乐家的故事",单击"格式"工具栏的"两端对齐"按钮,使文字右对齐;移动光标到页眉右端,单击"页眉和页脚"工具栏上的"插入页码"按钮插入页码,然后关闭"页眉和页脚"工具栏。

⑥给最后一段文字添加底纹,文字倾斜并加边框。

选中最后一段,单击"格式"工具栏的"倾斜"按钮,使文字倾斜。

选择"格式"→"边框和底纹"命令,出现"边框和底纹"对话框,在"边框"标签中单击选中"边框"按钮,在"应用于"下拉框中选择"文字";在"底纹"标签中选择填充颜色为"灰色-20%",在"应用于"下拉框中选择"文字",单击"确定"按钮退出。

⑦插入公式如样文所示。

选择"插入"→"对象"命令,出现"对象"对话框,在"对象类型"中选择 Microsoft Equation 3.0",单击"确定"按钮,则屏幕出现公式编辑窗口和"公式"工具栏。

在公式编辑窗口中输入"S＝"。

单击"公式"工具栏的"分式和根式模板",选中分式模板,在分子处选择"上标和下标模板",输入"a2-b2";在分母处选择根式模板,输入"√3"。

输入"＋"后,选择"求和"模板,输入 1 到 100 的和。

实验习题

操作要求:创建文档,参照样文设置文本格式。

(1)设置标题文字格式:宋体、一号、紫色、居中。

(2)设置正文文字格式:楷体、小四、紫色、第四段的"段前"和"段后"为"自动"。

(3)将各段设置首行缩进:2 字符。

(4)按照样文插入图片:图片库中"音乐"类中的图片(音符);将图片颜色设置为水印;并将其衬于文字下方。居中对齐。

(5)按照样文插入图片:图片库中"人"类中的图片(跳舞);设置环绕方式"紧密"型,居中对齐。

(6)插入表格。表中字体为:宋体、小五。

《费加罗的序曲》

管弦乐曲，是莫扎特为四幕同名喜剧所作的序曲，于1786年5月1日在维也纳宫廷剧场首次演出。该剧大意是：伯爵阿尔马维华极轻浮地觊觎着夫人罗西娜的使女苏姗娜，而当纯洁善良的苏姗娜与男仆即将举行婚礼之际，费加罗机智勇敢地排除了伯爵设置的重重障碍，使无耻的伯爵当众出丑，苏珊娜与费加罗圆满地举行了婚礼。歌剧首演当年就重演了八次，观（听）众反映强烈，从此成为音乐史上的杰出作品之一。本序曲的总气氛和音乐风格与喜歌剧十分融洽一致，有着内在的联系，常作为音乐会曲目单独演奏。

乐曲采用无开展部的奏鸣曲式，D大调，急板。据说莫扎特曾表明，不论快到什么程度都可以（越快越好）。弦乐齐奏的第一主题轻捷而明朗，充满了幽默诙谐的色彩，仿佛预示着即将展开的错综复杂的戏剧性变化。

接着由明亮的号角性音调组成的主部第二主题带有浓厚的乐观情绪。而具有对比性的副部主题则采用小二度音调；带有不安定的紧张情绪，这个主题的发展变化涌现出一个接一个的新的乐思，它们之间的对比鲜明而流畅。在呈示部的结束处又响起了明快而充满乐观精神的乐句。现部中，呈示部的主题相继重现，使音乐充满了欢快情绪，最后全曲在欢欣鼓舞的气氛中结束（演奏时间约4分钟）。

歌剧	费加罗的婚礼	Le nozze di Figaro	1785—1786年	协奏曲	第九钢琴协奏曲	Piano Concerto No. 9
	唐璜	Don Giovanni	1787		第十钢琴协奏曲	Piano Concerto No. 10
	魔笛	Die Zauberflte	1791		第一长笛协奏曲	第一长笛协奏曲

2. Excel 工作表的基本操作

Excel 是一个集电子表格、各种数据处理、统计图表于一身的应用软件。所谓电子表格，是指带有数值计算的表格，即可向表格输入数据、公式或函数，并完成复杂的数学运算及数学分析。Excel 的电子表格是二维表格，提供排序、筛选、分类汇总、数据透视表等功能。Excel 还提供了100 多种统计图，可将表格中的数据以图表的方式输出和打印。

1）Excel 的启动及退出

执行"开始"→"程序"→"Microsoft office"→"Microsoft office Excel 2003"命令，或双击桌面上的 Excel 快捷图标，打开 Excel 应用程序窗口，如实验图 11.27 所示。

（1）Excel 工作窗口的组成。

从实验图 11.27 中可以看到，Excel 的工作窗口由标题栏、工具栏、编辑栏、工作区、任务窗格、标签栏以及状态栏组成。

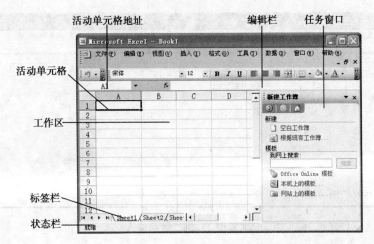

实验图 11.27　Excel 工作窗口

①单元格。工作区是一张表格,称为工作表,表中每行由数字 1、2、3 等行名标识,每列由 A、B、C 等列名标识,行与列交叉的方格称为单元格。单元格以单元格地址标识,单元格地址由列号和行号组成,如地址 C6 表示第 C 列第 6 行的单元格。形式"C6"称为相对地址;在列号和行号前加入"$"符号便构成绝对地址,如"$C$6","$C6"或"C$6"称为绝对地址。然后把鼠标定位到 C6 单元格的右下角,向右拖动鼠标填充其他单元格,这一单元格引用没有发生变化。

②单元格区域。若干个连续的单元格组成的矩形形状的区域称为单元格区域。

③工作表与工作簿。工作表用于存储和处理数据,也称为电子表格,由排列成行或列的单元格组成。窗口下面的标签栏上标有 Sheet1、Sheet2、Sheet3,表示有三张工作表,具有下划线且白底的工作表名称为当前工作表,单击工作表名称可选择工作表。多个工作表组成一个工作簿,工作簿以文件形式存储在磁盘上,其扩展名为 .XLS。在 Excel 中,处理数据的任务都是工作簿、工作表和单元格完成的。

(2)退出 Excel。退出 Excel 的方法有多种,常用的方法是使用"文件"→"退出"命令,或直接单击 Excel 工作窗口标题栏右端的关闭按钮。关闭 Excel 前,系统会检测当前编辑的工作簿是否保存,如未保存则弹出对话框供用户选择是否保存后退出或直接退出。

2)创建工作簿

启动 Excel 后,系统会新建一个工作簿,名为 Book1。Excel 在新建一个工作簿时,同时在该工作簿中新建了三个空的工作表,选择其中一张工作表作为当前工作表,可向表中输入数据或是编辑数据。

(1)更改工作表数量。默认情况下,新建的空白工作簿有三个工作表,用户可以根据需要添加或删除工作表。双击工作表的标签,可以修改工作表的名称。执行"插入"→"工作表"命令可以在当前工作簿下添加一个工作表;选定某个工作表并右击鼠标在弹出的快捷菜单中选择"删除"命令,可以删除被选定的工作表。

(2)在工作表中输入数据。Excel 中数据分为常量与公式两种,其中常量又分为文字常量、数值常量和日期时间常量。

①文字常量的输入。文字常量包含了字符、汉字、空格以及要作为字符串处理的数字等。实验图 11.28 中 A 列数据为文字常量,其默认状态是在单元格中左对齐。

②数值的输入。在 Excel 中,数字只可以是以下字符:0、1、2、3、4、5、6、7、8、9、＋、－、

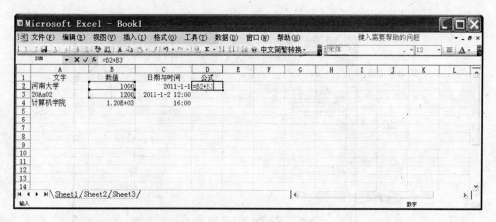

实验图 11.28　数据输入

实验图 11.29　单元格格式对话框

(、)、,、./、$、%、E、e 等。实验图中 11.28 中 B 列数据为数值常量，其默认状态是在单元格中右对齐。当需要在单元格中输入小数或后面尾随多个 0 的数字时，可以在输入数字时直接键入小数点或 0，也可以让 Excel 自动设置小数点或尾随 0 的数字。

首先，选择"格式"→"单元格"命令，弹出单元格格式对话框，在分类列表中选择数值，然后在小数位数中设置合适的数字，如实验图 11.29 所示，单击"确定"按钮，之后即可在单元格中键入具有自动设置小数点或尾随 0 的数字。

③日期与时间的输入。日期和时间的输入必须按照 Excel 认可的日期和时间格式输入，即使用"/"或"-"作为分隔符，输入格式为"年/月/日"，否则将被当作文字常量处理。例如，2007-6-30，2007/6/30，12:50，2007/6/30 12:50，都是正确的日期和时间描述。实验图 11.28 中 C 列数据为日期与时间常量。在输入时间时，如果是按 12 小时制输入，应在时间数字后空一格，并输入字母 a（上午），p（下午），如 9:00 p，否则，如果只输入数字，Excel 将按上午处理。如果要输入当前时间，则按下键盘上的 Ctrl+Shift+:（冒号）组合键即可。

④公式的输入。公式是指以等号"="开始，后跟运算数和运算符的表达式，每个运算数可以是常量、单元格或单元格区域的引用地址、名字或函数等。实验图 11.28 中 D 列数据为公式输入。

⑤函数的输入。Excel 提供了财务函数、日期与时间函数、数学与三角函数、统计函数、查找与引用函数、数据库函数、文本函数、逻辑函数、信息函数与工程函数共 10 类数百种函数，使用函数可以更方便地进行数值运算。

将光标定位在需要插入函数的单元格，选择"插入"→"函数"命令，出现"插入函数"对话框，如实验图 11.30 所示，在"选择类别"列表框中选择一类函数，则该类函数列表出现在"选择函数"列表框中，选择某个函数后单击"确定"按钮，出现"函数参数"对话框，如实验图 11.31 所示，根据需要输入数值或单元格地址等参数后，则计算结果显示在该单元格中。

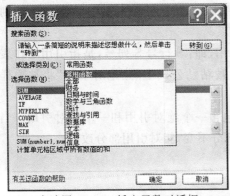

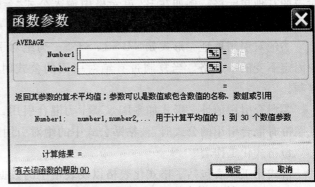

実验图 11.30　插入函数对话框　　　　　实验图 11.31　函数参数对话框

（3）保存工作簿。完成数据输入后，保存工作簿。选择"文件"→"保存"命令，出现"另存为"对话框，在"保存位置"选择保存的文件路径，输入文件名，并在"保存类型"中选择"Microsoft Office Excel 工作簿"，单击"保存"按钮即可保存工作簿，如实验图 11.32 所示。也可以按 Ctrl＋S 键执行保存操作。

（4）关闭工作簿。对某个工作簿的操作完成后，应该关闭它，选择"文件"→"关闭"命令，或者单击工具栏最右边的"关闭"按钮。

（5）打开工作簿。要对某个已经存在的工作簿进行操作，选择"文件"→"打开"命令，在"打开"对话框中选择需要打开的文件，或者在资源管理器中双击需要打开的文件即可打开文件。

3）单元格引用与公式复制

（1）引用的作用。在公式中使用单元格地址或单元格区域，称为单元格引用。其优点在于用户不必关心公式中的单元格中存放什么内容，以及这些内容如何发生改变。如实验图 11.33 所示，在 D2 单元格中计算万明的税金，输入公式为"＝B2＊C2"，即在单元格 D2 中引用了 B2 和 C2。如果万明的工资或纳税比例发生变化，只需修改单元格 B2 或 C2 的内容，只要 D2 与 B2、C2 的引用关系不变，那么 D2 的计算结果会自动随 B2、C2 的内容而改变。

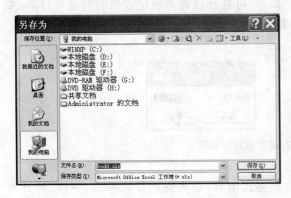

实验图 11.32　工作簿另存为对话框　　　　　实验图 11.33　单元格引用

（2）引用的类型。根据在公式中引用单元格地址的不同形式，被引用的单元格地址可分为：

①相对地址引用。形式如 B1、C1 为相对引用，是指引用相对于所在单元格位置的单元格。当复制带有相对引用的公式时，被粘贴公式中的"相对引用"将被更新，并指向与当前公式位置相

对应的其他单元格。例如在 B2 单元格中输入公式"＝C1-A1",将公式复制到单元格 D2 中,则 D2 中的公式为"＝E1-C1"。其复制的是一种相对位置关系。

②绝对引用地址。形式如 $B$1、$C$1 为绝对引用,即:$行号$列号,是指引用工作表中固定不变的单元格。当复制带有绝对引用的公式时,被粘贴公式中的"绝对引用"将被原样复制。

③混合引用地址。形式如 $B1、C$1 为混合引用,包含一个绝对引用和一个相对引用。当复制带有混合引用的公式时,被粘贴公式中的绝对引用部分不变,相对引用部分改变。

4)格式化工作表

格式化工作表包括了格式化表格以及表格中的数据。

(1)格式化数据。格式化工作表中的数据,就是定义数据(显示)格式、对齐方式、字体、单元格边框、背景图案、是否保护数据等。

选择"格式"→"单元格"命令,出现"单元格格式"对话框如实验图 11.29 所示,使用对话框中不同的标签可进行如下设置。

①数据显示格式。选择"数字"标签,窗口左边显示了可使用的各种数据格式,如数值、货币、日期、时间、百分比等,而每一类数据都有多种显示格式。

②对齐方式。单元格中的数据默认对齐方式是,水平方向文字左对齐、数值右对齐、垂直方向靠下对齐。使用"对齐"标签可以改变默认的对齐方式。

③字体、字形、字号及颜色。使用"字体"标签,可设置选定单元格数据的字体、字形、字号、颜色、下划线、特殊效果。

④边框。"边框"标签,可以给选定的单元格设置边框线以及边框线的线型与颜色。

⑤图案。"图案"标签,可以给选定的单元格设置底纹的颜色与图案。

⑥保护。打开"保护"标签,会发现所有的单元格默认都是处于"锁定"状态。只有在工作表被保护时,锁定单元格才有效,即被锁定的单元格不可以被编辑。将某些单元格的锁定状态取消,则在工作表被保护时,允许对这些非锁定的单元格进行编辑。

(2)调整行高和列宽。Excel 中默认的列宽是 11.38,行高是 14.25。要调整列宽、行高,可执行"格式"菜单的"列"或"行"中的"列宽"、"行高"命令,可自行设置为确定数值的列宽与行高,如实验图 11.34 所示,或设置为最适合的列宽、行高。

实验图 11.34　行高与列宽对话框

(3)自动套用格式。Excel 内部已定义好一些格式组合,如数据的显示格式、字体、对齐方式、列宽、行高等,选用这些格式,可快速格式化表格。使用"格式"菜单的"自动套用格式"命令,出现"自动套用格式"对话框(实验图 11.35),可在其中选择需要的样式。

5)管理工作表

管理工作表主要是对工作表进行插入、删除、移动与复制等操作。

(1)选定工作表。要对工作表进行操作,首先要选择它,使它成为当前工作表。直接用鼠标单击位于工作表窗口底部该工作表的名字，就可以选定该工作表。按住 Ctrl 键不放，单击多张工作表名字，可同时选定它们为当前工作表。

（2）工作表改名。双击工作表名字 Sheet1，当它处于被选中状态时，输入新的工作表名如"学生成绩表"。

（3）插入新的工作表。选择"插入"→"工作表"命令，可在当前工作表之前插入一张新的工作表。

（4）删除工作表。选定需要删除的工作表，使其成为当前工作表，然后选择"编辑"→"删除工作表"命令，将永久性删除该工作表，或者右击鼠标，在弹出快捷菜单中选择"删除"命令删除工作表。

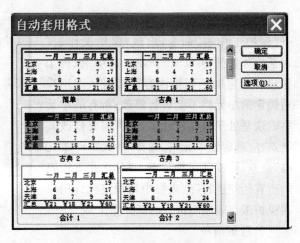

实验图 11.35 "自动套用格式"对话框

（5）移动或复制工作表。选定要移动的工作表，选择"编辑"→"移动或复制工作表"命令，在"移动或复制工作表"对话框中选择要移动到的目的工作簿、要移动到的工作表位置，单击"确定"按钮即可移动。

在以上操作的同时，选中对话框中的"建立副本"复选框，则为复制工作表。

（6）保护数据。工作表中的某些数据需要加以保护，以防误操作破坏数据或是被他人任意更改数据，可以执行 Excel 的保护操作。

①保护工作簿。选择"工具"→"保护"→"保护工作簿"命令，出现"保护工作簿"对话框，如实验图 11.36 所示。保护"结构"，则用户不能再对工作簿中的工作表进行改名、删除、改变次序等操作。保护"窗口"，则不能最大化、最小化工作簿窗口，其大小被固定。设置"密码"后，如果执行"撤销工作簿保护"命令，必须输入正确的口令。

实验图 11.36 "保护工作簿"对话框

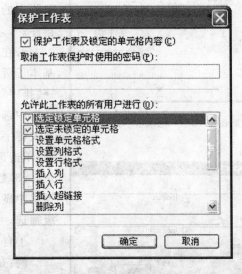

实验图 11.37 "保护工作表"对话框

②保护工作表。选择"工具"→"保护"→"保护工作表"命令,出现"保护工作表"对话框如实验图 11.37 所示。选中"保护工作表及锁定的单元格内容"复选框,则用户对锁定的单元格不能进行修改;所有的单元格默认是处于被锁定状态的,若需要修改其状态,应选定该单元格,选择"格式"→"单元格"命令,修改其保护状态。"允许此工作表的所有用户进行"列表框中可设定允许用户在保护工作表期间进行的部分操作。

6)数据清单

在 Excel 中把如实验图 11.38 所示的二维表格看作是一张数据清单,第二行的名称员工编号、姓名、出生日期、部门、基本工资、补贴、工资总额等称为字段名,以下的每一行称为一个记录,该清单中具有 7 个字段,13 个记录。

对于数据清单,Excel 提供了记录插入、删除、查找、排序、筛选、分类汇总、数据透视表等数据库管理的操作。

(1)记录单的使用。将光标定位在数据清单的某个单元格上,选择"数据"→"记录单"命令,出现"记录单"对话框,如实验图 11.39 所示。在该对话框中可以增加、删除记录,修改或恢复记录,搜索满足某种条件的记录。

(2)排序。排序是指按照清单中某一列数据的大小顺序重新排列记录的顺序,排序并不改变记录的内容,排序后的清单有利于记录查询。

如在实验图 11.38 中按照"出生日期"重新排序。单击选中 C2 单元格,即字段名"出生日期",单击常用工具栏上的"升序排序"按钮,则记录按出生日期从小到大排序。

若在实验图 11.38 中按"基本工资"降序排序,如果基本工资数额相同,则按"补贴"降序排序。选择"数据"→"排序"命令,出现"排序"对话框,在"主要关键字"列表框中选中"基本工资",单击右侧的"降序"按钮;在"次要关键字"列表框中选中"补贴",单击右侧的"降序"按钮;单击选中"有标题行";单击"确定"按钮。

(3)数据筛选。数据筛选的作用是将满足条件的数据集中显示在工作表上。数据筛选分为自动筛选和高级筛选。

①自动筛选。

例:在实验图 11.38 中筛选出在 1980 年出生的员工,结果显示在原来数据清单区域。

将光标定位在清单中任一单元格,选择"数据"→

实验图 11.39 "记录单"对话框

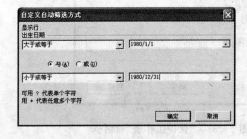

实验图 11.40 自动筛选对话框

实验图 11.38 数据清单

"筛选"→"自动筛选"命令,每个字段名右侧出现一个下拉箭头,单击"出生日期"字段名右侧的下拉按钮,选择"自定义"项,出现如实验图11.40所示的对话框,输入筛选条件,单击"确定"按钮。

再次单击"出生日期"字段名右侧的下拉按钮,选择"(全部)"项,恢复所有记录。

例:在实验图11.38中筛选出工资总额大于1500的市场部员工,结果显示在原来数据清单区域。单击"部门"右侧的下拉按钮,选择"市场部";单击"工资总额"右侧的下拉按钮,选择"自定义",出现"自定义自动筛选方式"对话框,在"工资总额"下拉列表框中选择"大于或等于",在其右侧的列表框中输入"1500",单击"确定"按钮,得到如实验图11.41所示的筛选结果。

实验图11.41 自动筛选的结果

恢复所有的数据,并选择"数据"→"筛选"→"自动筛选"命令,取消"自动筛选"命令前的选定符号"√"。

②高级筛选。使用高级筛选之前,必须建立条件区域。条件区域第一行是跟条件有关的字段名,以下行是条件行。条件行有以下规定:

- 一条空白的条件行表示无条件。
- 同一条件行不同单元格的条件,互为"与"的关系。
- 不同条件行不同单元格中的条件,互为"或"的关系。
- 对相同的字段指定一个以上的条件,或条件为一数据范围,应重复输入字段名。

例:在实验图11.38中筛选出基本工资大于1000,同时工资总额大于1500的所有员工,并将筛选结果显示在以单元格A22为首的区域中。

"基本工资大于1000"和"工资总额大于1500"这两个条件必须同时满足,所以是互为"与"的关系。首先在区域A18:B19建立条件区域在A18输入"基本工资",在B18输入"工资总额",在A19输入">1000",在B19输入">1500"。执行"筛选"→"高级筛选"命令,出现"高级筛选"对话框如实验图5.10(a)所示。选中"将筛选结果复制到其他位置",在列表区域输入"$A$2:$G$15",在"条件区域"输入"$A$18:$B$19",在"复制到"输入"$A$22:$G$22",单击"确定",得到如实验图11.42(b)所示的筛选结果。

(a)

(b)

实验图11.42 高级筛选对话框及筛选结果

例：在实验图 11.38 筛选出基本工资大于 1000，或者工资总额大于 1500 的所有员工，并将筛选结果显示在以单元格 A30 为首的区域中。

"基本工资大于 1000"和"工资总额大于 1500"这两个条件满足一个就可以，所以是互为"或"的关系。首先建立条件区域，将单元格 B19 的内容移动到 B20，则区域 A18:B20 组成了新的条件区域。执行"筛选"→"高级筛选"命令，在"高级筛选"对话框中，选中"将筛选结果复制到其他位置"，列表区域与例 1 中设置相同，条件区域输入"＄A＄18：＄B＄20"，在"复制到"输入"＄A＄30：＄G＄30"，单击"确定"按钮。筛选结果如实验图 11.43 所示。

18	基本工资	工资总额					
19	>1000						
20		>1500					
29							
30	员工编号	姓名	出生日期	部门	基本工资	补贴	工资总额
31	30001	陈欣荣	11-May-78	销售部	1280.00	600.00	1880.00
32	30003	万明	28-Dec-79	市场部	1050.00	500.00	1550.00
33	30005	刘方	3-Mar-80	销售部	980.00	600.00	1580.00
34	30006	郑明忠	18-Feb-81	财务部	1600.00	500.00	2100.00
35	30007	李华	2-May-78	市场部	1500.00	500.00	2000.00
36	30008	刘平	29-Nov-77	销售部	1680.00	600.00	2280.00
37	30011	韦一鸣	5-Jul-79	销售部	1000.00	600.00	1600.00
38	30012	温青青	16-Nov-78	销售部	1350.00	600.00	1950.00

实验图 11.43　"基本工资大于 1000 或工资总额大于 1500"的筛选结果

(4)分类汇总。对数据清单中的数据按某一字段进行分类，再对分类数据作求和、求平均值等统计操作，称为分类汇总。所以分类汇总的前提是首先对数据清单按字段排序。

例：统计各部门的补贴总金额。

①将数据清单按"部门"进行排序(升序降序皆可)。

②选择数据清单中任一单元格，选择"数据"→"分类汇总"命令，出现"分类汇总"对话框，如实验图 11.44 所示，在"分类字段"中选择"部门"，在"汇总方式"中选择"求和"，在"选定汇总项"中选择"补贴"，选中"替换分类汇总"、"汇总结果显示在数据下方"复选框，单击"确定"按钮。结果如实验图 11.45 所示。

实验图 11.44　分类汇总对话框

畅想公司员工工资表

1							
2	员工编号	姓名	出生日期	部门	基本工资	补贴	工资总额
3	30006	郑明忠	18-Feb-81	财务部	1600.00	500.00	2100.00
4				财务部 汇总		500.00	
5	30002	沈卫国	10-Jan-80	市场部	980.00	500.00	1480.00
6	30003	万明	28-Dec-79	市场部	1050.00	500.00	1550.00
7	30004	胡光华	25-Dec-80	市场部	950.00	500.00	1450.00
8	30007	李华	2-May-78	市场部	1500.00	500.00	2000.00
9	30009	甄菲菲	8-Nov-80	市场部	900.00	500.00	1400.00
10	30010	张喻平	1-Feb-80	市场部	950.00	500.00	1450.00
11	30013	谢觉新	3-Oct-78	市场部	960.00	500.00	1460.00
12				市场部 汇总		3500.00	
13	30001	陈欣荣	11-May-78	销售部	1280.00	600.00	1880.00
14	30005	刘方	3-Mar-80	销售部	980.00	600.00	1580.00
15	30008	刘平	29-Nov-77	销售部	1680.00	600.00	2280.00
16	30011	韦一鸣	5-Jul-79	销售部	1000.00	600.00	1600.00
17	30012	温青青	16-Nov-78	销售部	1350.00	600.00	1950.00
18				销售部 汇总		3000.00	
19				总计		7000.00	

实验图 11.45　按部门分类汇总的结果

在"分类汇总"对话框中单击"全部删除"按钮可恢复清单原样。

(5)使用数据透视表。

数据透视表是一种交互式报表,主要用于快速汇总大量数据。它通过对行或列的不同组合来查看对源数据的汇总,还可以通过显示不同的页来筛选数据。

例:在实验图 11.38 中求出每个部门的工资总额的最大值、最小值及平均值。

①选择数据清单中任一单元格,选择"数据"→"数据透视表和数据透视图"命令,出现"数据透视表和数据透视图向导-3 步骤之 1"对话框,如实验图 11.46 所示,选中"Microsoft Excel 数据清单或数据库"及"数据透视表"两项,单击"下一步"按钮。

②出现"数据透视表和数据透视图向导-3 步骤之 2"对话框,确定"选定区域"输入项是正确,单击"下一步"按钮。

③出现"数据透视表和数据透视图向导-3 步骤之 3"对话框,选择"现有工作表"作为透视表显示位置,并输入单元格地址"I3";单击"布局"按钮,出现"数据透视表和数据透视图向导-布局"对话框,如实验图 11.47 所示。

实验图 11.46　数据透视表对话框

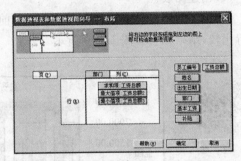

实验图 11.47　数据透视表之布局对话框

④对话框右部以按钮的形式列出了数据清单中的字段名,拖动"部门"按钮到"列"区域,连续三次拖动"工资总额"按钮到"数据"区域;双击第二个工资总额按钮,在打开的对话框中汇总方式为"最大值",同样,设置第三个按钮的汇总方式为"最小值"。单击"确定"按钮回到"数据透视表和数据透视图向导-3 步骤之 3"对话框,单击"完成"按钮。得到结果如实验图 11.48 所示。

	部门 ▼			
数据 ▼	财务部	市场部	销售部	总计
求和项:工资总额	2100	10790	9290	22180
最大值项:工资总额2	2100	2000	2280	2280
最小值项:工资总额3	2100	1400	1580	1400

实验图 11.48　数据透视表

(6)使用数据库统计函数。

数据库统计函数用于对满足给定条件的数据库记录进行统计。所以使用数据库统计函数的前提也是建立条件区域。

例:在实验图 11.38 中统计市场部的员工的工资总额的平均值,结果保留在 I11 单元格。

①建立条件区域。在 K11 单元格输入"部门",在 K12 单元格输入"市场部",则区域 K11:K12 为所建立的条件区域。

②在单元格 I11 输入数据库统计函数。选中单元格 I11,选择"插入"→"函数"命令,出现"插入函数"对话框,首先在"选择类别"下拉列表框中选择"数据库"类别,然后在"选择函数"列表框中选择"DAVERAGE"函数,单击"确定"按钮。出现如实验图 11.49 所示的"函数参数"对话框。

③在"Database(数据库区域)"中输入"A2:G15",在"Field(被统计的列的编号)"中输入"7",在"Criteria(条件区域)"中输入"K11:K12",然后单击"确定"按钮。

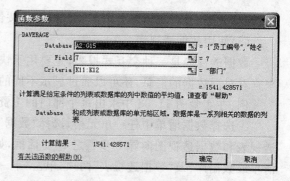

实验图 11.49　数据库统计函数

7)图表操作

图表是工作表数据的图形表示,可以使数据显得更为清晰直观,还能帮助用户分析数据。Excel 提供了强大的图表制作功能。它能根据用户的要求,制作出各种不同类型的图表。

(1)创建图表。

例:将实验图 11.38 中将工资总额位于前 5 名的员工的基本工资、补贴、工资总额以柱形图进行比较,结果如实验图 11.50 所示。

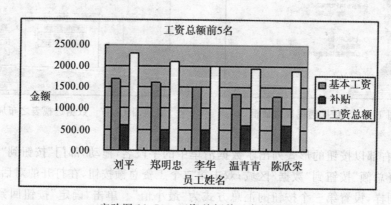

实验图 11.50　工资总额前 5 名柱形图

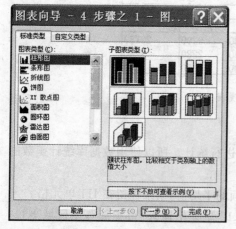

实验图 11.51　图表向导对话框

操作步骤:

①打开工作簿,选择工作表"工资表"为当前工作表,将数据清单按"工资总额"的降序进行排序。

②执行"插入"→"图表"命令,打开"图表向导-4 步骤之 1-图表类型"对话框,如实验图 11.51 所示。

③选择图表类型。在"图表向导-4 步骤之 1-图表类型"对话框中选择"标准类型"卡,从"图表类型"列表框中选择"柱形图",从"子图表类型"中选择"簇状柱形图",单击"下一步"按钮,进入"图表向导-4 步骤之 2-图表数据源"对话框。

④选择图表数据源。在"图表向导-4 步骤之 2-图表数据源"对话框中,选择"数据区域"卡,选中"数据区域"

输入框中全部内容,然后在工作表中拖动选择区域"A2:G7";选择"系列"卡,选中"分类(X)轴标志(T)"输入框中全部内容,然后在工作表中拖动选择区域"B3:B7"。单击"下一步"按钮,进入"图表向导-4 步骤之 3-图表选项"对话框。

⑤设置图表选项。在"图表向导-4 步骤之 3-图表选项"对话框中,选择"标题"卡,在"图表标题"中输入"工资总额前 5 名",在"分类 X 轴"中输入"员工姓名",在"数值(Y)轴"中输入"金额";选择"图例"卡,选中"显示图例"复选框,在"位置"中选择"靠右"。单击"下一步"按钮,进入"图表向导-4 步骤之 4-图表位置"对话框。

⑥设置图表位置。在"图表向导-4 步骤之 4-图表位置"对话框中,选择"作为其中的对象插入",单击"完成"按钮。将得到的图表放大并拖动到适当的位置。

(2)格式化图表。在图表中双击图表标题"工资总额前 5 名",打开"图表标题格式"对话框,将其格式设置为 22 号、隶书、粗体字。同法,可修改坐标轴、图例的格式。

(3)修改图表。选中图表,执行"图表"命令,在其中选择"图表类型"、"源数据"、"图表选项"、"位置"可重新启动图表向导对每项进行修改。

8)应用举例

操作要求:

创建工作簿文件 ex0.XLS,依照样文按下列要求操作,样文如实验图 11.52 所示。

(1)格式编排。

①设置表中的行或列:首先插入一行,在列标题行(第 2 行)下面插入一行,将原单元格 D2 和 E2 内带括号的单位说明移到下一行 D3、E3 中,并居中对齐。

②设置单元格数据、文字格式及底纹:(标题单元格:A1)

标题行格式:宋体、18 磅、加粗,绿色底纹、白色字体,跨列合并,居中对齐;列标题行:黑体、12 磅、加粗;

A2~A3、B2~B3、C2~C3 分别跨两行合并、居中对齐;A20~E20 跨列合并、居中对齐,加灰色-40%底纹,字体加粗;A4~A19 中的数据左对齐,其余单元格右对齐。

③设置表格边框线:按样文为表格设置相应的边框格式。

(2)公式计算。

①在 D4~D19 中用"出生率-死亡率"求各年的自然增长率(保留两位小数);

②在 B21 中用求平均值的函数统计 1949~1999 年的平均增长率;

③在 C22 中用求平均值的函数统计 1949~1999 年的平均死亡率;

④在 D23 中用求平均值的函数统计 1949~1999 年的平均自然增长率。

(3)建立图表。

按样文(实验图 11.52)中的图表格式用 B4~B19 和 D4~D19 两列数据创建一个数据点折线图(忽略 X 轴旁的标志)。

中国历年人口状况统计				
年份	出生率	死亡率	自然增长率 (‰)	总和生育率 (TER)
1949	36	20	16.00	6.139
1952	37	17	20.00	6.472
1955	32.6	12.28	20.32	6.261
1958	29.22	11.98	17.24	5.679
1964	39.14	11.5	27.64	6.176
1968	35.59	8.21	27.38	6.448
1970	33.43	7.6	25.83	5.812
1973	29.93	7.04	22.89	4.539
1975	23.01	7.32	15.69	3.571
1982	21.09	6.6	14.49	2.86
1985	21.04	6.78	14.26	2.2
1990	21.06	6.67	14.39	2.31
1992	18.24	6.64	11.60	2
1995	17.12	6.57	10.55	1.9
1997	16.57	6.51	10.06	1.8
1999	15.23	6.46	8.77	1.8
50年平均值				
出生率	26.64			
死亡率		9.32		
自然增长率			17.32	

实验图 11.52　样文图

操作步骤：

(1)格式编排。

①选择第三行,选择"插入"→"行"命令插入一行,将原单元格 D2 和 E2 内带括号的单位说明移到下一行 D3、E3 中,并居中对齐。

②设置单元格数据、文字格式及底纹:选择标题行,选择"格式"→"单元格"命令,设置其格式为宋体、18 磅、加粗、绿色底纹、白色字体,跨列合并,居中对齐。

选择列标题行,设置其格式为黑体、12 磅、加粗。

分别选择区域 A2~A3、B2~B3、C2~C3,单击"格式"工具栏的"合并及居中"按钮分别跨两行合并、居中对齐。

选择 A20~E20 区域,设置为跨列合并、居中对齐,加灰色-40%底纹,字体加粗。

选择区域 A4~A19,设置其中的数据左对齐,设置其余单元格右对齐。

③选择 A1:E19 区域,选择"格式"→"单元格"命令,选择"边框"标签,设置区域上、左、右边框线为单线,下边框线为双线。

选择区域 A20:E23,设置其左、右、下边框线为单线。

(2)公式计算。

①在 D4 单元格输入公式"=B4-C4",然后把 D4 复制到区域 D5:D19。选择区域 D4:D19,选择"格式"→"单元格"命令,设置其小数位数为 2 位。

②在单元格 B21 输入公式"=AVERAGE(B4:B20)",在单元格 C22 输入公式"=AVERAGE(C4:C20)",在单元格 D23 输入公式"=AVERAGE(D4:D20)"。

(3)建立图表。

①选择"插入"→"图表"命令,出现"图表向导-4 步骤之 1-图表类型"对话框,选择"折线图",单击"下一步"按钮。

②出现"图表向导-4 步骤之 1-图表源数据"对话框,当插入点在数据区域框时,先选择区域"B2:B19",然后输入逗号,再选择区域"D2:D19"。如实验图 11.53 所示。单击"完成"按钮退出。

③生成的图表如实验图 11.54 所示。

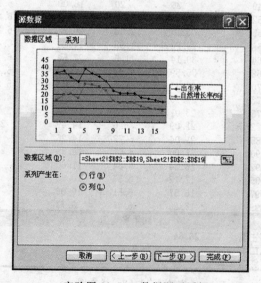

实验图 11.53　数据源对话框

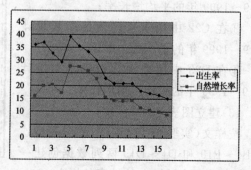

实验图 11.54　折线图

9)上机习题

创建工作簿文件,依照样文按下列要求操作,样文如实验图 11.55 所示。

(1)格式编排。

①设置工作表的行、列:在标题下插入一空行;在"商品种类"列下面(A9)中填入"总计"。

②设置标题单元格(A1)格式:黑体、加粗、20 磅,跨列合并居中,酸橙色底纹。

③更改表格对齐方式:所有数据数值列居右,会计专用货币样式,其他单元格居中。

④设置表格边框线:按样文为表格设置相应的边框格式。

(2)公式计算(需严格遵照题目要求)。

①求每个季节各类商品的销售总额填入"总计";

②在"合计"一栏求每种商品的全年销售总额,格式同样文。

(3)建立图表。

按照实验图 11.55 所示样文中的图表格式以季节名称和"服装"两行的文字和数据(不包括"合计"列)创建一个三维簇状柱形图图表,如实验图 11.56 所示。

民生大楼四季销售计划					
商品种类	春季	夏季	秋季	冬季	合计
服装	¥75,000	¥81,500	¥68,000	¥75,500	¥300,000
鞋帽	¥22,500	¥22,800	¥24,000	¥38,400	¥107,700
家电	¥686,020	¥886,000	¥562,000	¥749,000	¥2,883,020
百货	¥18,900	¥12,800	¥14,400	¥15,500	¥61,600
化妆品	¥293,980	¥223,900	¥191,550	¥289,000	¥998,430
总计	¥1,096,400	¥1,227,000	¥859,950	¥1,167,400	

实验图 11.55　样文图

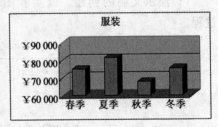

实验图 11.56　簇状柱形图

3. PowerPoint 的制作

中文 PowerPoint 是用于制作、维护和播放幻灯片的应用软件。它将文字、表格、图像、声音或视频等对象组织在幻灯片中,能够以形状各异、缤纷多彩的效果播放幻灯片,广泛应用于广告、教学、会议等场所。

1)PowerPoint 的启动及其窗口

选择"开始"菜单→"程序"→"Microsoft office"→"Microsoft office PowerPoint 2003"命令,或双击桌面上的 PowerPoint 快捷图标,打开 PowerPoint 应用程序窗口如实验图 11.57 所示。

PowerPoint 的工作窗口主要由大纲窗格、演示文稿编辑区和备注区三部分组成。

(1)大纲窗格。在大纲窗格中,每张幻灯片以微型方式顺序列出,单击某张可使其成为当前编辑幻灯片,并显示在演示文稿编辑区。

(2)演示文稿编辑区。可编辑当前幻灯片的文本外观,添加多媒体元素,创建超级链接,设置播放方式等。

(3)备注区。可添加演讲者备注或信息等。

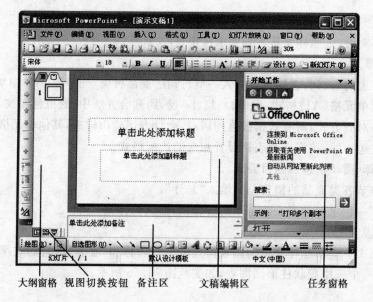

实验图 11.57　PowerPoint 工作窗口

2) 演示文稿的创建、保存与打开

(1) 演示文稿的创建。以实验图 11.58 所示的两张演示文稿为例,说明建立演示文稿的过程。

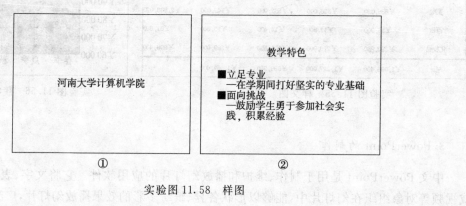

实验图 11.58　样图

①建立第一张文稿。启动 PowerPoint 后,演示文稿编辑区显示一张空白的幻灯片如实验图 11.59(a) 所示。用户可以先单击标题文本框,输入文本"河南大学计算机学院",如实验图 11.59(b) 所示。

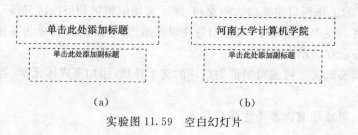

实验图 11.59　空白幻灯片

②建立第二张文稿。

选择"插入"→"新幻灯片"命令，PowerPoint 会自动增加一张版式为"标题和文本"的新幻灯片，或者在大纲窗格中选中第一张文稿，然后按 Enter 键也可建立。如实验图 11.60 所示。

实验图 11.60 "标题和文本"版式

建立后编辑文稿，首先，单击标题文本框，输入文本"教学特色"。然后，单击添加文本的文本框，输入第一行文本"立足专业"，按 Enter 键光标移动到第二行行首。按 Tab 键增加缩进量，令目录降为第二级，输入文本"在学期间打好坚实的专业基础"。按 Enter 键光标移动到第三行，单击"格式"工具栏上的"减少缩进量"按钮，令目录恢复到第一级，输入第三行文本"面向挑战"。按 Enter 键，光标移动到第四行，按 Tab 键，该目录降为第二级，输入第四行文本。

(2)演示文稿的保存。

演示文稿建立完毕，选择"文件"→"保存"命令保存文稿。首次保存会出现"另存为"对话框，可以选择保存的位置、类型、文件名，再次保存则不再出现"另存为"对话框；也可以按 Ctrl＋S 键执行保存。若希望改变某些保存选项，可选择"文件"→"另存为"命令，即可弹出"另存为"对话框，可改变保存选项。演示文稿存盘后，其文件扩展名为 .ppt。

(3)演示文稿的关闭。选择"文件"→"关闭"命令可关闭暂时不再使用的演示文稿，也可以单击菜单栏最右端的关闭按钮关闭当前文稿。

(4)演示文稿的打开。

选择"文件"→"打开"命令可以打开一个已存在的演示文稿，也可以通过单击工具栏中的"打开"按钮弹出"打开"对话框，然后选择需要打开的演示文稿，或者双击文稿的图标直接打开。

3)演示文稿视图

PowerPoint 提供了普通视图、幻灯片浏览视图、幻灯片放映三种视图，方便用户创建、编辑和浏览演示文稿。可以使用"视图"菜单的"普通"、"幻灯片浏览"、"幻灯片放映"命令切换三种视图。或者，直接使用"大纲窗格"底部的视图切换按钮切换视图。

(1)普通视图。普通视图包括幻灯片视图和大纲视图，适合于演示文稿的编辑。实验图 11.61(a)为普通视图。

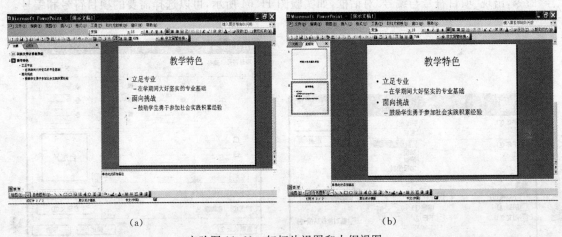

(a)　　　　　　　　　　　　　　　(b)

实验图 11.61 幻灯片视图和大纲视图

左边窗格以缩略图的形式显示演示文稿中的幻灯片,以便观看幻灯片的设计效果,也可以通过拖动来重排幻灯片的次序。

单击窗格顶部的"大纲"标签后,则左边窗格内以大纲的方式显示幻灯片文本,如实验图11.61(b)所示,用户可以方便地使用它进行组织和编辑文稿中的内容。

(2)幻灯片浏览视图。在实验图11.62(a)为幻灯片浏览视图,用户可在屏幕上同时看到所有的幻灯片,方便用户移动、插入和删除幻灯片。

(3)幻灯片放映视图。实验图11.62(b)为幻灯片放映视图,每张幻灯片以全屏显示的方式进行放映。

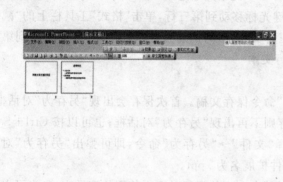

教学特色

· 立足专业
　–在学期间打好坚实的专业基础
· 面向挑战
　–鼓励学生勇于参加社会实践积
累经验

(a)　　　　　　　　　　　　　　(b)

实验图11.62　幻灯片浏览视图和幻灯片放映图

4)格式化幻灯片

格式化幻灯片,包括了文本的格式化,以及使用 PowerPoint 提供的格式化工具,如更改背景、使用版式与模板等。

(1)文本格式化。选中需要格式化的文本,选择"格式"→"字体"命令,出现"字体"对话框,可以设置文本的字体、字形、字号、颜色以及效果,如实验图11.63所示。

选择"格式"→"行距"命令,可以设置行间、段前、段后的距离。选择"格式"→"项目符号与编号"命令,出现"项目符号与编号"对话框,如实验图11.64所示,可以选择需要的项目符号和编号。

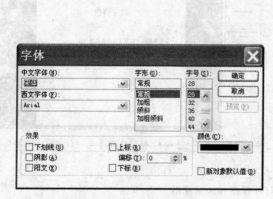

实验图11.63　字体对话框

实验图11.64　项目符号和编号对话框

(2)修饰幻灯片背景。用户可通过对幻灯片的颜色、填充效果的更改,使幻灯片的背景样式得到不同的改变。PowerPoint 提供了渐变背景、纹理背景、图案背景,或者以图片作为背景,但每张幻灯片上只能使用一种背景。设置背景时,可将该项改变只应用于当前幻灯片或所有幻灯片。

①选择"格式"→"背景"命令,出现"背景"对话框,如实验图 11.65 所示。

②单击"其他颜色",可为幻灯片选择其他的背景颜色。单击"填充效果",出现"填充效果"对话框,分别有"渐变"、"纹理"、"图案"、"图片"若干种效果供用户使用。实验图 11.66 是"水滴"纹理的效果。

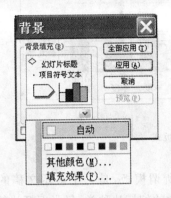

实验图 11.65　背景对话框

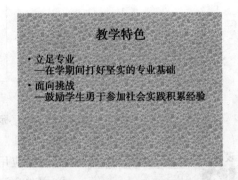

实验图 11.66　水滴纹理效果图

(3)使用配色方案。选择"格式"→"幻灯片设计"命令,任务窗格的标题切换为"幻灯片设计",单击其下方的"配色方案",出现"应用配色方案"任务窗格,单击需要的方案即可改变幻灯片的配色。

(4)修改母版。母版是指一张已设置了特殊格式的占位符,这些占位符是为标题、主要文本及所在幻灯片中出现的对象而设置的。当修改了幻灯片母版的样式,将会影响所有基于该母版的演示文稿的样式。通常,使用某一母版建立一篇演示文稿时,演示文稿中的所有幻灯片都采用该母版的特征,能使演示文稿的风格更为统一。

打开演示文稿后,选择"视图"→"母版"→"幻灯片母版"命令,出现"标题与文本"版式的母版,如实验图 11.67 所示。直接在母版上按需要进行修改,关闭母版后,母版将按修改后的样式保存。

(5)应用版式。所谓版式,指的是幻灯片内容在幻灯片上的排列方式。版式由占位符组成,而占位符可放置文字(例如,标题和项目符号列表)和幻灯片内容(如表格、图表、图片、形状和剪贴画)。实验图 11.68 中①为"标题与文本"版式,可放置标题与文本;②为"标题、文本与内容"版式,可放置标题、文本及内容,内容即表格、图表、图片、形状或剪贴画。

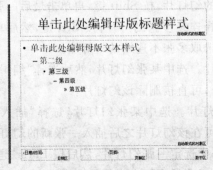

实验图 11.67　幻灯片母版

实验图 11.68　"标题与文本"和
"标题、文本与内容"版式

选择"格式"→"幻灯片版式"命令,出现"应用幻灯片版式"窗格,单击某个版式,可为当前幻灯片选择版式。

如使用"标题和内容"版式,如实验图 11.69(a)内容为"组织结构图"、实验图 11.69(b)内容为"图表"。

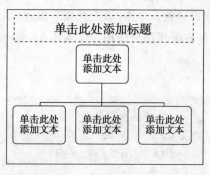

(a)

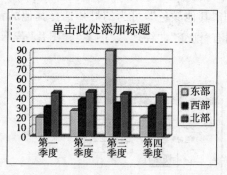

(b)

实验图 11.69　标题和内容版式

实验图 11.70　设计模板窗格

(6)应用模板。所谓模板,是一个演示文稿的整体格式,它包含演示文稿中的幻灯片种类,每张幻灯片的特殊图形元素、颜色、字号,幻灯片背景及多种特殊效果。使用模板可以简化幻灯片编辑的复杂程度,使大量具有相同设置或者内容的幻灯片能够快速地编辑,并且能够统一幻灯片的设计风格。

选择"格式"→"幻灯片设计"命令,弹出"幻灯片设计"任务窗格,从中选择"设计模板",弹出"应用设计模板"任务窗格,如实验图 11.70 所示。单击模板右边的下拉按钮,在弹出的菜单中选择"应用于所有幻灯片"或"应用于选定幻灯片"。

5)管理幻灯片

管理幻灯片包括选择、插入、删除、移动与复制幻灯片。在"幻灯片浏览视图"中进行操作是最方便的。切换到"幻灯片浏览视图"。

(1)选择幻灯片。直接单击幻灯片,可以选取一张幻灯片;单击首张所需的幻灯片,按 Shift 键,再单击最后一张所需的幻灯片,可选择连续多张幻灯片;按 Ctrl 键,然后单击所需的幻灯片,可选取多张不连续的幻灯片。

(2)删除幻灯片。选中某张幻灯片,然后选择"编辑"→"删除幻灯片"命令,可直接删除该幻灯片。

(3)插入新幻灯片。选中某张幻灯片,选择"插入"→"新幻灯片"命令,可在该幻灯片之后插入一张新的幻灯片,也可以在大纲窗格中选定一张幻灯片,然后按 Enter 键,即可在选定幻灯片的后边插入一个新的幻灯片。